纺织前沿技术出版工程

织物基柔性器件喷射打印成形技术

肖渊 著

中国纺织出版社有限公司

内 容 提 要

本书主要阐述基于均匀微滴喷射打印和化学沉积成形技术相关的原理和应用，着重分析了微滴喷射、织物表面微滴喷射打印碰撞沉积、微滴化学反应沉积导电线路成形的机理和过程，深入分析各试验参数对导电线路性能的影响，探讨了微滴喷射打印织物基柔性电容式传感器、心电电极、RFID天线等柔性器件成形工艺，为织物基柔性器件的喷射打印成形及应用奠定基础。

本书可供机电工程、智能纺织品、柔性器件制造等相关行业的工程技术人员、科研人员及高等院校相关专业的师生参考阅读。

图书在版编目（CIP）数据

织物基柔性器件喷射打印成形技术／肖渊著 . -- 北京：中国纺织出版社有限公司，2021.10

（纺织前沿技术出版工程）

ISBN 978-7-5180-8988-8

Ⅰ. ①织… Ⅱ. ①肖… Ⅲ. ①智能控制—纺织品—快速成型技术 Ⅳ. ① TS05

中国版本图书馆 CIP 数据核字（2021）第 209258 号

责任编辑：范雨昕　　责任校对：王花妮　　责任印制：何　建

中国纺织出版社有限公司出版发行

地址：北京市朝阳区百子湾东里A407号楼　邮政编码：100124

销售电话：010—67004422　传真：010—87155801

http://www.c-textilep.com

中国纺织出版社天猫旗舰店

官方微博 http://weibo.com/2119887771

三河市延风印装有限公司印刷　各地新华书店经销

2021年10月第1版第1次印刷

开本：710×1000　1/16　印张：25

字数：306千字　定价：98.00元

前　言

随着科学技术的发展和生活水平的提高，人们对服装以及日用、产业用纺织品的要求也越来越高。出现了能对温度、运动、位置及生物活性等测量和感应的智能纺织品，使纺织品具有传感、通信和学习等功能，在航空航天、生物医学、体育休闲和医疗保健等领域拥有广阔的应用前景。

可穿戴智能纺织品作为一个完整的电子信息系统，由传感器、执行器、数据处理、通信和电源等组成，传统的电路和传感器件均为固体结构，直接与织物集成后无法随其一起变形，影响织物的柔性和穿着舒适性。因此，实现电子信息技术与织物的柔性化集成已成为目前可穿戴智能纺织品领域发展的热点。当前，相关技术和理论针对织物基柔性器件的制造方法已有诸多报道，但作为一个刚起步不久的新兴领域，仍需对织物基柔性器件的制造原理、成形方法和生产技术进行研究和探索，揭示其成形的内在规律，以指导实际应用。

本书主要围绕微滴喷射打印和化学沉积技术，从微滴在织物表面的碰撞和沉积过程、导电线路喷射打印化学沉积成形影响因素、织物基柔性可拉伸导电线路理论建模及试验研究、柔性器件制备工艺等角度分析制备过程涉及的科学和技术问题，为织物基柔性器件的制备提供借鉴。

本书是作者在国家自然科学基金等课题资助下完成的科技成果，同时融入国内外智能纺织品和柔性器件成形方面的研究进展。黄亚超、陈兰、蒋龙、吴姗、张丹、刘欢欢、张威、王盼、尹博、刘金玲、申松、张成坤、李红英、贠伟博等在织物基柔性器件打印成形研究过程中做出了重要贡献，在本书前期的资料收集与整理过程中得到张成坤、李红英、贠伟博、刘进超、胡汉春等的大力帮助，西安工程大学机电工程学院为有关研究提供了良好的设施与条件，在此一并表示衷心的感谢。

由于著者水平有限，书中难免存在疏漏和不妥之处，殷切希望读者批评指正。

著者

2021年5月

目　录

第1章 绪论

1.1 智能纺织品

人类文明发展的6000余年，始终伴随着纺织品的发展，从最初用树叶、兽皮遮羞御寒，到如今种类繁多、应用广泛的纺织品，无不渗透着人类文明发展的历程。早期的纺织业作为一种服务于人类穿着的手工行业，最早可追溯到5000年前新石器时期纺轮和腰机的出现。随着纺织业的快速发展，逐渐采用传统机械（包括纺车、织机、斜织机）等来进行纺纱织布和制作衣服，以满足人们的一些简单需求包括遮丑饰美、御寒保暖、防风护体等。

随着现代技术的进步，纺织品的内涵也在不断发生变化，GB 3291—1982第1.1.3条对纺织品的定义是：纺织品是经过纺织、印染或复制加工，可供直接使用或需进一步加工的纺织工业产品的总称。按用途可以分生活用、装饰用和产业用纺织品三类。

随着纺织科技的发展，纺织品已突破了原有的保暖和美化范畴，正在逐步走向功能化和智能化。20世纪80年代，日本学者高木俊宜提出"智能材料"（intelligent material）的概念。智能材料是一种根据外部环境的变化，自身感知并做出判断的材料，感知、反馈、响应是其三大要素。智能材料的发展促进了智能纺织品的发展，通过将智能材料应用于纺织品或使纺织品智能化，赋予纺织品以智能，为传统纺织向现代纺织发展开辟了新的路径。

进入21世纪，人们对纺织品的要求不再局限于保暖、舒适等原有基本特性，更加希望纺织品除具有传统功能外，还具有通信、发热、形状记忆、传感、变色等附加功能，智能纺织品便应运而生。

1.1.1 概述

所谓智能纺织品（intelligent textile），就是较普通纺织品具有更多功能的纺织品，它能感应外部条件变化来改变其性质以适应外界环境，又称为"能独立思考的纺织品"。其智能化来源于织造织物纤维的智能化程度或在织物中加入的特殊组分，这些特殊组分可以为电子装置、特殊功能的高分子聚合物或其他添加剂。

智能纺织品通常由传感器、执行器、微控制器、存储器及电源等模块构成，是一类贯穿纺织、电子、化学、生物、医学等多学科综合开发的纺织品，其在增强服装舒适性、提高人们的生活质量、改善人们的劳动条件、满足某些特种行业和特种场合的需要等方面逐渐发挥越来越重要的作用。

1.1.2 智能纺织品的分类

1.1.2.1 按响应程度分类

根据智能纺织品对外界环境和因素响应的程度，可将其分为三类：消极智能纺织品、积极智能纺织品和高级智能纺织品。

（1）消极智能纺织品

消极智能纺织品是指能感知外界环境的变化和刺激，而不做出相应反应的纺织品。其典型应用主要有抗紫外线服装、压敏织物、光导纤维以及光学传感器等，它可以感知并检测应变、位移、压力、磁场等的变化，同时将检测到的信息或能量传输给接收装置。

（2）积极智能纺织品

积极智能纺织品不仅能够感知外界环境的变化和刺激，还可对此做出相应的反应。除具有传感器外，还包含有制动器，当外界环境发生变化时，传感器感知其变化，并对感知的信息进行处理，再传至驱动部分，从而对智能纺织品材料结构进行调整，以适应外界环境的变化。

（3）高级智能纺织品

高级智能纺织品将纺织技术、材料技术、人工智能、传感器、通信技术和生物科技等先进技术相配合，不仅能够感知外界环境和刺激并做出响应，还能进行自我检测、诊断、调节和修复。

1.1.2.2 按基础功能分类

纺织品具有调温、形状记忆、变色、防水透湿以及电子智能等多种基础功能，其中调温、形状记忆、变色和防水透湿功能可以通过将高分子材料整理到织物上得以实现，而电子智能则需要在纺织品中嵌入传感器，结合通信和计算机技术，实时采集数据和反馈。

近年来，科研工作者依据其基础功能在织物上已经开发出多种类型的智能纺织品，如智能调温纺织品、形状记忆纺织品、智能变色纺织品、防水透湿纺织品、电子信息智能纺织品等。

（1）智能调温纺织品

智能调温纺织品是指在外界温度发生变化时，纺织品的温度可在一定范围内保持相对恒定，当其应用到特殊的工作环境中时，能够保持人体表面温度相对恒定。其中调温纺织品主要包括相变材料调温纺织品和温敏凝胶调温纺织品，前者通过微胶囊技术将相变材料包裹起来，使其与外界环境隔离，在外界温度发生变化时，通过发生相转变进行热量的存储和释放，使织物具有调温效果，且具有良好的热舒适性。而温敏凝胶纺织品则是将温敏凝胶或相转变凝胶化合物引入纺织品中，当温度低于温敏凝胶的相转变温度时，纤维发生溶胀，可防止存储的热量散失。相反，当温度高于凝胶的相转变温度时，纤维发生皱缩现象，纤维之间空隙变大，热量容易散失，因此纺织品具有双向调温的作用。图1-1为具有智能加热功能的保暖内衣。

图1-1 智能温控纺织品

（2）形状记忆智能纺织品

形状记忆纺织品是一种将具有形状记忆功能的材料通过织造或整理的方式引入纺织品中，在温度、机械力、光、pH等外界条件下，具有形状记忆、高形变恢复、良好的抗震和适应性等优异性能的纺织品。形状记忆材料有形状记忆合金、形状记忆陶瓷、形状记忆高聚物和形状记忆水凝胶等，其中形状记忆合金、高聚物和水凝胶在纺织领域已得到应用，赋予了纺织品特殊的形状记忆功能。

2001年，意大利Corpo Nove公司设计了一款懒人衬衫，在衬衫面料中加入镍、钛和锦纶，使之具有形状记忆功能的特性。在外界温度发生变化时，衬衫的袖子会在几秒内自动从手腕转到肘部或自动复原。随着对形状记忆材料研究的深入以及纺织品加工技术的进一步提高，形状记忆功能纺织品的研究和应用将会取得更大的进展。

（3）智能变色纺织品

智能变色纺织品是指随外界环境条件（如光、温度、压力等）的变化而显示不同色泽的纺织品。它的设计灵感最初来源于变色龙（当变色龙处于危险状况时，其身体表面的颜色会发生变化），依据变色龙变色的特点，科学家进行了大量的实验，并研发出可逆变色的化学材料。可逆变色材料分为光敏变色、热敏变色、电致变色以及热致变色。其中对光敏变色和热敏变色材料研究较多，在外界光照或温度发生变化时，两种材料可发生电子得失、晶体转变和构型变化，使材料的颜色发生转变。

Karpagam等开发出可逆变色涂料并应用于棉织物，织物呈现出经典的绿色和棕色的迷彩图案，两种图案颜色根据外界环境温度的变化而变化，可作为军事防御织物应用于丛林和沙漠地区。图1-2为图案在不同温度下呈现的颜色变化效果和在外界光线刺激下可自主变色的伪装军装。

（4）防水透湿纺织品

防水透湿纺织品又称防水透气纺织品，既可以防止外界一定压力的水渗进织物，在服用过程中还具有良好的透气性，不会阻碍人体自身产热的挥发。防水透湿纺织品按机制可分为微孔隙防水透湿和高分子薄膜防水透湿，其中微孔

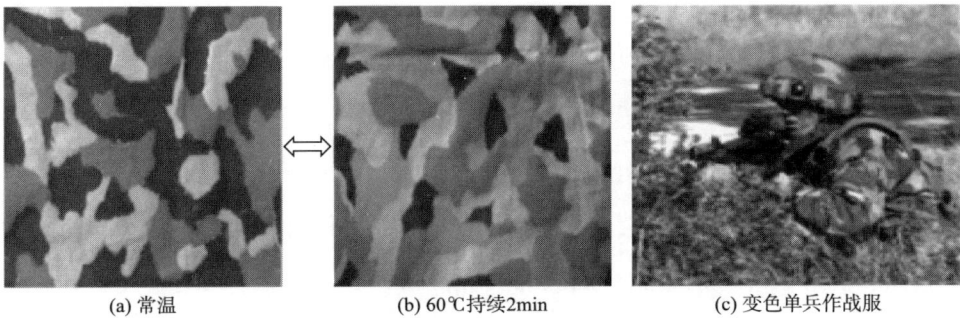

(a) 常温   (b) 60℃持续2min   (c) 变色单兵作战服

图1-2 可逆变色涂层棉织物

隙防水透湿的原理是：水分子的直径一般为100～300μm，而水蒸气分子的直径为0.0004μm，当纤维之间的孔隙介于0.0004～100μm时，织物就可以起到良好的防水透湿效果，微孔隙透湿原理如图1-3（a）所示；高分子薄膜防水透湿的原理是将制得的高分子物整理到织物上。高分子薄膜具有良好的防水性，同时高分子之间带有亲水基团，对水蒸气起到吸附、扩散和解吸的作用，因此织物兼有防水和透湿的功能。

Das等将天然橡胶乳胶、聚乙烯醇和淀粉混合成水性分散体，然后均匀涂覆在棉织物上，再对整理后的棉织物进行焙烘和硫化，制备出具有防水透湿功能的棉织物。实验结果表明，整理后的织物表面形成了簇状结构，如图1-3（b）所示，（c）为防水透湿织物。

(a) 微孔隙防水透湿原理   (b) 棉织物表面星辰般的簇状结构   (c) 防水透湿织物

图1-3 防水透湿纺织品

（5）电子智能纺织品

电子智能纺织品是将传感、通信、人工智能等新兴技术与传统的纺织材料交叉融合而衍生出的一种新型纺织品，其以传统纺织品为平台，由功能元件（电源、通信、执行器、处理器、传感器）和承载电子功能元件（微型计算机）共同组成。作为智能纺织品的重要组成部分，其同样具备智能纺织品的基本特点，能够对外界的刺激做出及时反应，同时对人体给予回应，即感知、反馈和响应。

英国Optima-life公司开发了一种用于心率监测的智能T恤，名称为Vital Jacket HWM（heart wave monitor），这种T恤可实时监测人体的心电图和心率情况，其设计过程是将心电图检测仪巧妙地植入T恤，并带有储存卡，数据经蓝牙设备反馈给计算机。

Lapland大学与Finnish Reima Tutta公司联合开发出包括加速针、罗盘和全球定位系统的滑雪运动服，如果在户外滑雪过程中发生意外或者紧急情况，滑雪服会通过发射器向监控设备发送当前位置和人体的健康状况，便于对滑雪者进行及时救援。

马函婧等整理了近年来部分电子智能纺织品在相关领域的应用情况，如图1-4所示。图1-4（a）是一种植入Lillypad Arduino微控制器芯片的绣花纺织品，其内部芯片可向纺织品系统内的其他设备提供数据。图1-4（b）为LED技术在纺织品中的应用，LED灯和导电纱线共同形成了矩阵织物显示器，使纺织品具有照明和色彩变化的功能；图1-4（c）为智能婴儿毯，可长期监测婴儿的健康状况，包括心率和呼吸的变化；图1-4（d）为弹性纺织品，该纺织品通过层压法将弹性电路板整合到服装中，可用于服装、窗帘等纺织品的照明。

除此之外，目前电子智能纺织品在健康监测、疾病预防、电磁屏蔽、能源转化、存储及实现人机交互方面的应用越来越广泛。尹博等整理了近年来部分电子智能纺织品在相关领域的研究进展，见表1-1。

(a) 植入芯片的绣花纺织品

(b) LED纺织品

(c) 智能婴儿毯

(d) 弹性电路纺织品

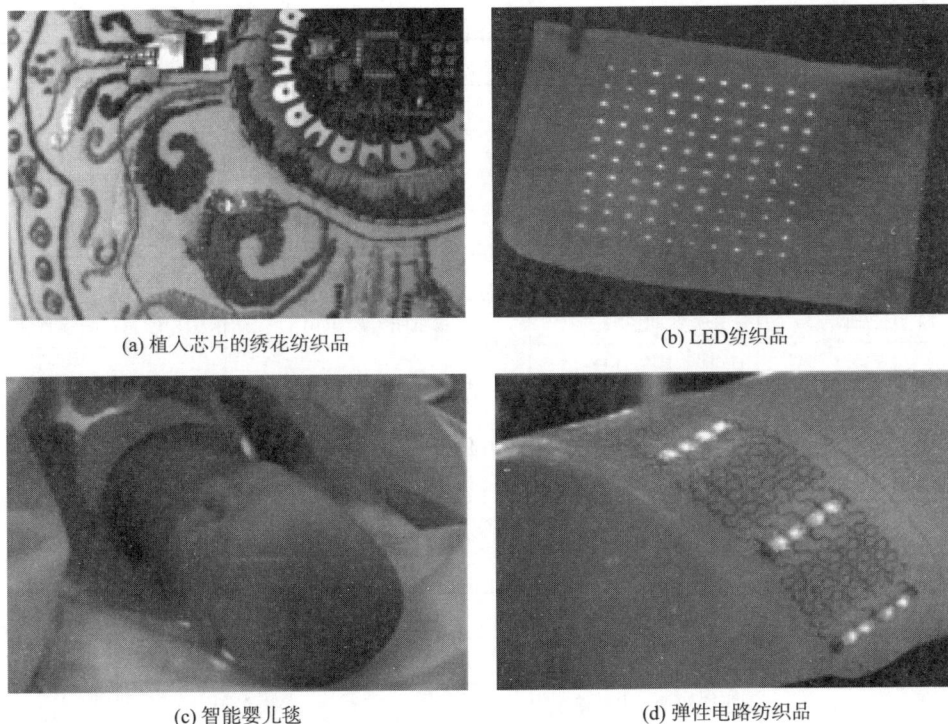

图1-4 电子智能纺织品

表1-1 电子智能纺织品的研究进展

序号	来源	名称	关键元件（部分）	智能类别	品种分类
1	文献［32］	DrythermoC空调织物	减小温度变化的特殊物质	调温	高级智能
2	文献［34］	微胶囊相变材料织物	微胶囊相变材料（PCMs）	调温	高级智能
3	文献［32］	防烫伤服装	形状记忆合金	形状记忆	积极智能
4	文献［32］	随温度自动上卷袖子的衬衫	镍钛合金记忆纤维	形状记忆	高级智能
5	文献［33］	斜纹记忆面料	形状记忆纤维	形状记忆	高级智能
6	文献［32］	微妙立体结构衬衫	陶瓷聚酯纤维	杀蚊抗菌	积极智能
7	文献［32］	光敏变色T恤	螺吡喃类光敏纤维	光敏变色	高级智能
8	文献［36］	变色迷彩织物/服装	螺吡喃类光敏纤维	光敏变色	高级智能
9	文献［32］	像萤火虫一样不断闪烁的连衣裙	导电纤维、绝缘纤维交替编织	压力	消极（被动）智能

序号	来源	名称	关键元件（部分）	智能类别	品种分类
10	文献［35］	坐姿变化驾驶座椅	特殊光导纤维	压力	积极智能
11	文献［34］	Core薄膜织物	Core薄膜	防水透湿	积极智能
12	文献［37］	仿生智能服	基因蜘蛛丝	生物	消极（被动）智能
13	文献［34］	心肺疾病监测内衣	压阻织物传感器	压电	积极智能
14	文献［33］	关节弯曲监测手套	聚吡咯开发织物	压电	高级智能
15	文献［32］	及时了解患者身体状况的"生命衬衫"	传感器、微型计算机	电子信息	高级智能
16	文献［32］	定位智能服	局域网、全球定位系统、电子指南针、速度检测器	电子信息	高级智能
17	文献［32］	多媒体数码夹克	内置MP3播放系统	电子信息	高级智能
18	文献［34］	智能滑雪运动服	织物交织传感器	电子信息	高级智能
19	文献［34］	Softswitch织物	Softswitch织物	电子信息	高级智能
20	文献［37］	银河晚礼服	LED集成纺织品	电子信息	高级智能
21	文献［33］	老年人或恶劣环境工作人员监测服	纳米铂金薄膜	电子信息	高级智能

1.1.3　智能纺织品的发展现状

智能纺织品的开发研究起步较晚，属于近些年来才出现的高科技产品，1979年出现的形状记忆丝被认为是第一种智能纺织品，但Vigod等认为1929年由Marsh等研究的具有干、湿皱性能的纤维素织物为最早一类的智能纺织品。早期的产品主要是将一些电子元件与纺织品相结合，纺织品作为电缆和连接器的载体，应用在医疗、军事、航空等领域。后来随着新材料、电子技术的应用，大量的智能纺织品应运而生，使纺织品逐渐从服装家用领域拓展到功能性纺织品领域再到智能纺织品领域的飞跃，大幅拓宽了纺织品的概念范围。

国内外研究人员认为，在智能纺织品领域中，根据智能纺织品技术成熟度的不同，其发展历经三个时期：智能纺织品1.0、智能纺织品2.0及智能纺织品3.0，每个新阶段1.0时期的智能纺织品仅能对环境条件下的变化或刺激做出感应；2.0时期的智能纺织品兼具感应和驱动功能，具有形状记忆、变色、防水透气、蓄热、调温、吸湿等功能；3.0时期的智能纺织品可以感应、驱动、自动对环境或刺激采取行动，有知觉、有推理以及执行等功能。

当前，智能纺织品应用市场日趋成熟，消费者的接纳程度日益提高，目前其主要应用领域有：医用保健领域、娱乐体育领域、军事防护领域和服装消费等领域。孙杰等总结了近年来部分智能纺织品的应用情况，见表1-2。

表1-2 部分智能纺织品的应用领域

应用领域	产品名称	产品功能	生产国	发展时期
医用保健	心肺疾病监测内衣	病人心肺功能健康状况监测	意大利	3.0
	关节弯曲监测手套	人们身体各关节运动评估	意大利	3.0
	防撞服装	防止老年人摔倒	瑞士	3.0
	智能T恤	心脏、呼吸、体温、血压等生理指标监测	美国	3.0
	智能连帽外套	自动播放音乐和停止	瑞士	3.0
	光敏变色T恤	随环境光线变色	日本	2.0
	蓝牙科技夹克	实现对话收听	德国	1.0
娱乐体育	智能胸衣	调节背带松紧和罩杯软硬	澳大利亚	3.0
	（GPS）定位滑雪运动服装	位置坐标和生理数据信息监测	芬兰	3.0
军事防护	防水透湿织物	防水透湿	中国	2.0
	调温纺织品	自由调节温度	美国	2.0
	智能衬衫	士兵生理数据监测	美国	3.0
	变色织物	军事伪装变色	加拿大	2.0
服装消费	形状记忆高分子整理棉服装	通过升温来消除折痕	中国	2.0
	懒人衬衫	随外界温度而收放变化	意大利	3.0
	发光智能雨衣	下雨时雨衣发光	比利时	2.0

通过表1-2可以看出，智能纺织品已在多个领域得到应用，目前我国智能纺织品的研究和开发还处于起步阶段，相比欧美、日本等发达国家还存在一定差距。

1.1.4　智能纺织品的发展趋势

随着新材料、5G技术、物联网技术、3D打印、人工智能技术、生物技术等技术的快速发展，将智能材料、纤维等整合到纺织品中，实现某些特定的功能是目前智能纺织品发展的趋势。其发展和应用主要集中在以下几个方面：

①多功能化。目前智能纺织品的技术还未有实质性的突破，还不能实现一物多用的智能纺织品，而随着科学的不断进步，多功能的智能纺织品将会陆续出现。

②便捷化。智能纺织品的出现是为方便人类生活提供服务的，所以要便于穿戴，提高智能纺织品的舒适性，使其可以像普通织物一样耐洗涤，方便后整理。

③低成本化。智能纺织品的研究应朝着低成本的方向发展，采用低成本的组合技术，从而适应不同层次的消费者。

④绿色化。智能纺织品会像其他电子产品一样产生电磁波辐射，将来的智能纺织品应尽量避免或降低电磁辐射，同时生产过程中尽量减少资源的浪费。

⑤美观性。为满足广大消费者的审美需求，智能纺织品在保证其特定功能的基础上还要注重其美观性。

⑥安全性。智能纺织品的研究应当首先考虑产品安全性，注重对智能纺织品功能安全性、化学物质安全性、电池安全性、电磁辐射和生态环境安全性的技术研究，确保产品在使用过程中不会对人体健康造成伤害，废弃后对环境无害。

⑦标准化。智能纺织品有别于传统纺织品，涉及多个学科领域，是多种技术的相互融合，与现有的纺织类标准不相适应。未来，智能纺织品生产企业、科研机构、行业协会以及标准化组织应共同协作，加强标准、认证体系的研究，提高智能纺织品的标准化水平。

1.2　柔性电子器件

随着人工智能、智能制造以及纺织材料等行业的不断发展，智能可穿戴产品逐渐进入人们的生活，广泛应用于健康监测、移动通信、军事、体育、教育以及娱乐等领域。目前，计算机和通信技术的进步，再加上微电子和纳米电子技术的发展，为电子技术和柔性电子设备的无缝连接创造了机会，促使材料和传感器的研究也迈出了重要的一步。柔性可穿戴智能纺织品是智能纺织品中最重要的一个分支，其既要满足对尺寸微型化、器件轻量化和器件系统本身的柔性、延伸性等要求；还必须满足柔性电子器件在受到各种机械变形和外力作用下时仍能够维持正常工作状态的稳定性。

1.2.1　概述

柔性电子产品作为一套完整的电子信息系统，主要是把电子元件、导线、处理器等集成在一起，使之能够完成预定功能的电子产品。相对于传统电子器件，柔性电子器件具有更大的灵活性，能够在一定程度上适应不同的工作环境，满足设备的形变要求。但是相应的制备工艺及技术条件同样制约了柔性电子器件的发展：首先，柔性电子器件在不损坏本身电子性能的基础上的伸展性和弯曲性，对电路的制作材料提出了新的挑战和要求；其次，柔性电子器件的制备条件以及组成电路的各种电子器件的性能相对于传统的电子器件来说仍然不足，也是其发展的一大难题。现阶段，柔性电子器件以其独特的柔性/延展性以及高效、低成本制造工艺，在信息、能源、医疗、国防等领域具有广泛应用前景，如柔性电子显示器、有机发光二极管（OLED）、印刷柔性电子标签（RFID）、柔性电极、电子皮肤以及柔性传感器等。然而其制造过程中存在成本高、生产工艺复杂、污染环境、材料浪费多等不足之处。因此，实现柔性器件的低成本、环保型制造是当前的发展趋势。

刘旭华等整理了近年来可穿戴智能纺织品领域中在人体不同部位的柔性器件的研究进展的结构示意图，如图1-5所示。

图1-5　人体不同部位具有各类功能的柔性可穿戴智能纺织品

图1-5（a）～（h）分别可用于心率监测、柔性电子键盘、动作识别、触觉传感器阵列 、压力监测、智能鞋垫；图1-5（i）～（r）分别可用于能量收集、风向传感器、电子皮肤、脉搏监测、智能义肢、运动跟踪、计步器、睡眠监测、下降监测。

目前在柔性电子器件的研究进展中，一维纤维基电子设备的优势逐渐凸显出来，其体积小，灵活性高，易编织成纺织品或可作为黏附在皮肤上的便携式设备，具有适合可穿戴电子产品的柔软性、延展性、透气性和对损伤的高度耐受性等特性，在各种拉伸变形中，柔性可穿戴智能纺织品能保持与人体间的覆盖接触。研究人员通过对导电纤维进行创新设计，制备出新型柔性复合导电纤维，其不仅具有基质材料优异的力学性能，还具有导电功能材料突出的电学、光学等特性，极大地拓展了柔性导电纤维在智能纺织品领域的应用，对未来可穿戴智能织物和小型化的柔性智能电子产品的研发具有一定指导意义。

1.2.2　柔性电子器件的成型

目前常见的柔性电子器件成型的方法有蚀刻减成法、丝网印刷法、喷墨打印法、纳米压印、雕刻法、油印法、热转印法等。

1.2.2.1　蚀刻减成法

蚀刻减成法主要是利用物理或化学方法，在电子束或光线的作用下，对覆铜板进行曝光和刻蚀等制作工艺，并将预先设计好的图形转移到覆铜板上，该技术大量应用于半导体、PCB电路板、微电子、显示器等制作领域。

义守大学Chen等通过高速光刻切割系统（M2532nm DPSS）在PCB电路板上制备出宽度小于40μm的电路。为了降低电路的制作成本和制作柔性电路板，研究人员在PI（聚酰亚胺）薄膜上对制作柔性电路板进行了前期研究，并在PI薄膜上切割出多种形状，以验证可在PI薄膜上制作复杂电路的可能性，图1-6所示为切割出一定形状的电路板与PI膜。

另外，多伦多大学Mohamed Abdelgawad等将一种快速成形微通道技术和蚀刻减成法相结合应用于电路的成形制作，该方法可制作出宽度小于100μm，深度介于9～70μm的微型电路。但由于该方法不适于大规模工业生产。

1.2.2.2　丝网印刷法

丝网印刷技术是将树脂、纳米金属等材料均匀地分散到有机或无机溶剂中通过利用丝网印刷机的网格印刷制成导电线路，其中丝网印刷机主要由刮板、印台、网框和基片等组成，图1-7（a）为自动平面丝网印刷机示意图，其工作示意图如图1-7（b）所示。其工作原理为印刷前，将基板吸附在印制平台上，用夹持器将丝网网板固定好；印刷时，调整好刮板的高度和速度以及回墨刀的速度和角度，使刮板在运行过程中将印刷材料均匀铺展在整个网板上，之后运行回墨刀将印刷材料压入网板的网孔中，并刮去多余材料；压印完成后，丝网在张力下基片分离，最终得到所要印刷的图案。

目前，国内外许多学者对丝网印刷导电线路进行了研究，苏黎世联邦理工学院、韩国科学技术学院、比利时根特大学、中国台湾中原大学及加州大学圣

图1-6 PCB加工平台系统和高速切割系统切割出的电路板

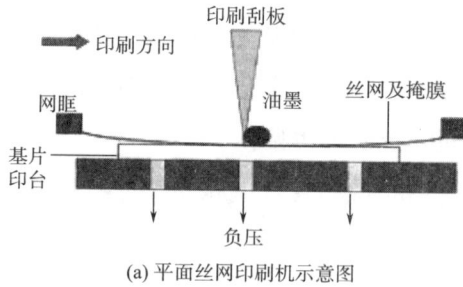

(a) 平面丝网印刷机示意图

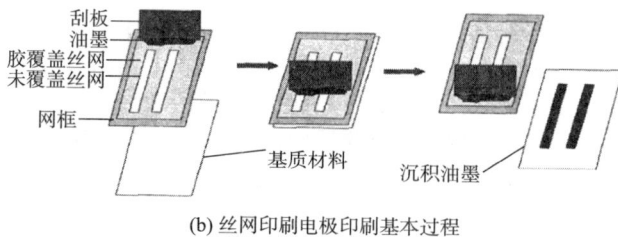

(b) 丝网印刷电极印刷基本过程

图1-7 平面丝网印刷机示意图及工作原理

地亚哥分校等在多种类型基板上印刷成形了导电线路。图1-8为不同研究人员采用丝网印刷在织物上打印的导电线路。

丝网印刷具有工艺简单等特点，能够实现导电线路的成形，但由于丝网印刷网格的存在，使得成形导电线路的宽度受限，影响其分辨率且成形的导电线路后续还需要进行烧结处理，以增强成形线路的致密性，增大导电率，但是较

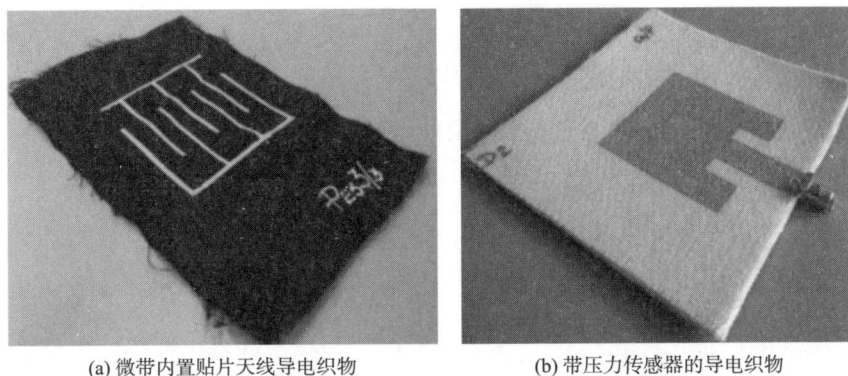

(a) 微带内置贴片天线导电织物　　　　　(b) 带压力传感器的导电织物

图1-8　丝网印刷成形的不同形状的导电线路板

高的烧结温度可能会对基板材料性能造成损坏，影响其本身的使用性能。

1.2.2.3　喷墨打印法

喷墨打印技术是将墨滴喷射到织物基板上，形成导电图案，具有非接触、高分辨率、高精度、数字化快速成形等特点。随着纳米导电材料的发展，使得喷墨打印技术在织物表面导电线路的制备上广泛应用，国内外很多机构和学者都对此展开了研究。

英国南安普顿大学Yi Li等利用喷墨打印技术针对不同基板［聚亚酰胺（PI）薄膜、接口涂层织物、65/35聚酯/棉织物］材料打印成形频率为2.4GHz的偶极子天线进行研究，如图1-9（a）所示。美国佐治亚理工学院Gregory D. Abowd与东京大学Yoshihiro Kawahara等采用打印技术直接在PET基板上成形出导线宽度为310μm、方阻在0.21～1.3Ω/□之间的电路板，成形的线路如图1-9（b）所示。此外，利兹大学、亚兹德大学也采用喷墨打印技术在织物基板和

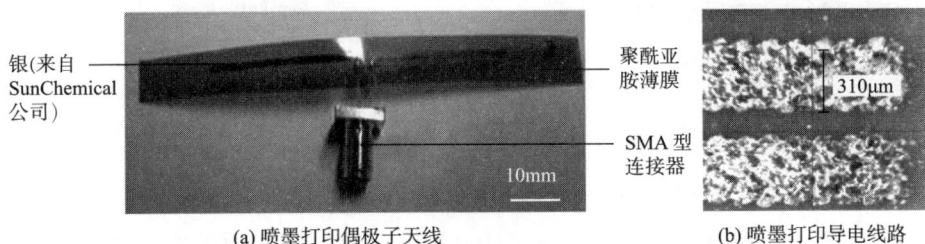

银(来自
SunChemical
公司)

聚酰亚
胺薄膜

SMA型
连接器

310μm

10mm

(a) 喷墨打印偶极子天线　　　　　　(b) 喷墨打印导电线路

图1-9　喷墨打印技术的应用

PET薄膜上成形导电线路进行了研究。

喷墨打印成形导电线路技术具有成形工艺简单、速度快等特点，能够实现导电线路的精确成形，但目前市面上的喷墨打印机喷嘴孔径较小、易堵塞、灵活性不足，不适用于大批量生产。

1.2.2.4　纳米压印法

纳米压印技术是20世纪90年代Stephen Y Chou所提出的，该技术主要是通过制作高精度的模板，并在模板上通过电子束蚀刻技术蚀刻出所需的电路图案，随后在模板图形上涂覆光刻胶，并在模板上进行后处理，在光刻胶固化后进行脱模处理，最后将脱模后的电路图案经蚀刻后转移到基板上即可。纳米压印法的原理及应用如图1-10所示。

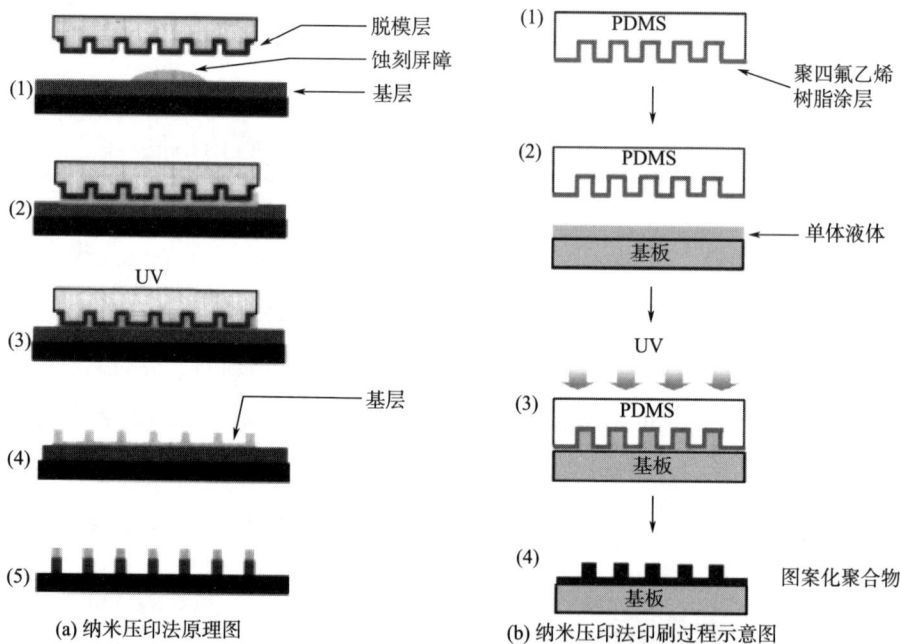

(a) 纳米压印法原理图　　　(b) 纳米压印法印刷过程示意图

图1-10　纳米压印法的原理及应用

美国德州大学的研究人员针对STIL模板的表面处理和缺陷进行研究，并对压力和脱模力进行了优化。韩国的CHOI等针对模具膨胀而破坏图形完整性的缺陷，提出了在模具表层涂覆一层厚度为10nm的TeflonAF的改进方法，实验表明，改进后的方法最大限度地保留了图形压印的完整性。坦佩雷技术大学的Tapio Niemi等研究人员针对压印技术方案进行了改进，通过将一块表面光滑的玻璃板加装在软模具上，可有效地降低图形压印时的横向变形，提高了图形压印的精度。

1.2.2.5　雕刻法

雕刻法是利用复写纸将设计好的线路图形复写在基板的铜箔表面，再通过特制的刀具，对基板上复写的图形进行切割，去除多余的铜箔，最后再打上插孔即可。

1.2.2.6　油印法

油印法主要是在基板上覆上蜡纸，用笔将电路的图形按照1∶1的比例雕刻在蜡纸上，并将雕刻在蜡纸上的图形按照一定的尺寸裁剪下来附在基板上。随后利用专用的印料均匀地涂敷在蜡纸图形上，经反复操作几次后，即可成形电路。

1.2.2.7　热转印法

热转印法主要是通过激光打印机，将设计完成的电路图打印到热转印纸上，随后将附有图形的热转印纸黏附在基板的铜箔表面上，再将附有热转印纸的基板加热到一定温度，热转印纸上原有的图形由于受热熔化，转移到铜箔的表面，在铜箔的表面形成一层腐蚀保护层，最后经腐蚀和钻孔，即可成形电路图形。

除了上述所述的几种方法外，还有许多研究机构针对凹版印刷、凸版印刷、柔版印刷等方法在柔性电路制造领域展开研究。

微滴喷射打印成形技术是近年发展起来的新型成形制造技术，该技术具有非接触、成本低、工艺简单且可与计算机方便结合的特点，可直接从图形文件中读取信息来打印成形电路。

1.2.3　柔性电子器件的应用

柔性电子器件是一种在弯曲、折叠甚至拉伸变形的过程中，仍然保持正常使用功能的电子器件，可以完成传统PCB电路无法满足的一些领域中应用。因此关于柔性电路、电子标签、织物电极及其制作方法引起了较高的关注。

1.2.3.1 柔性电路

柔性电路（flex circuits又称membranous circuits）是一种可将电子元件安装在柔性基板上组成的特殊电路，基板通常为如聚酰亚胺塑料、聚醚醚酮或透明导电涤纶等高分子材料。其主要作用是将预定功能的传感器、执行器以及电源等各功能元件连接起来，保证其正常工作，具有重量轻、厚度薄、柔软可弯曲等特点。

图1-11（a）～（e）所示为目前柔性电子器件的相关应用，其中柔性电路结构如图1-11（f）所示，主要包括柔性基底，导电层以及封装层。其中柔性基底与封装层需要具备易形变、良好耐水洗、耐腐蚀、低成本等性能。而导电材料层作为电信号传输的桥梁，其稳定性能决定了柔性电路在形变时器件的工作稳定性。

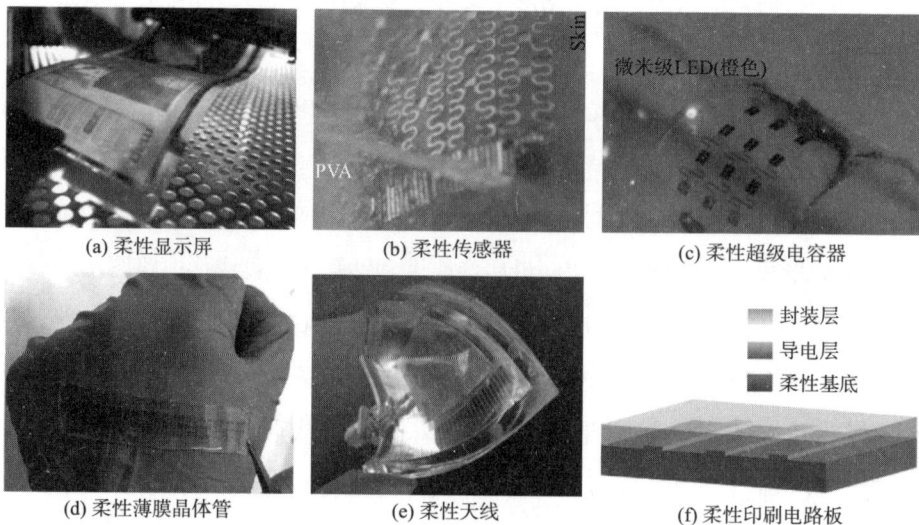

(a) 柔性显示屏　　　　(b) 柔性传感器　　　　(c) 柔性超级电容器

(d) 柔性薄膜晶体管　　　　(e) 柔性天线　　　　(f) 柔性印刷电路板

图1-11　柔性电子器件

近年来，国内外学者对开发高弹性性能的可伸缩智能可穿戴电子设备表现出浓厚的兴趣，而可拉伸导电线路作为此类设备的基本元件之一，柔性是其最大的特点之一。传统的智能纺织品通常由较粗的导线将刚性材料或半导体与织物结合，其笨重、易磨损且无法随织物变形等缺点不能满足人们生活多元化的需求，且透气性差。相比之下，以织物为基底的柔性电路具有较好的柔性和透气性，几乎可以实现任意角度的弯曲、扭转、拉伸等变形，能够满足日常生活的使用要求。因此，要求其导电线路除了满足基本的电学性能之外，还要求与织物柔性贴合，保证纺织品的穿着感和舒适性，将在显示、传感、储能、薄膜晶体管、通信天线等领域发挥不可替代的优势。

CHOW等研究出一种健身袜用于运动和健康监测，如图1-12（a）所示，在袜子基底上用导电纱线电路与织物压阻式传感器相连，导电电路与脚踝处的脚环相连，通过脚环与手机蓝牙相连传输运动信息。图1-12（b）所示是将LED灯集成到纱线上，再通过刺绣方式将纱线以设计图案集成到节日服装上用于装饰，此电路连接发光二极管以达到装饰作用。

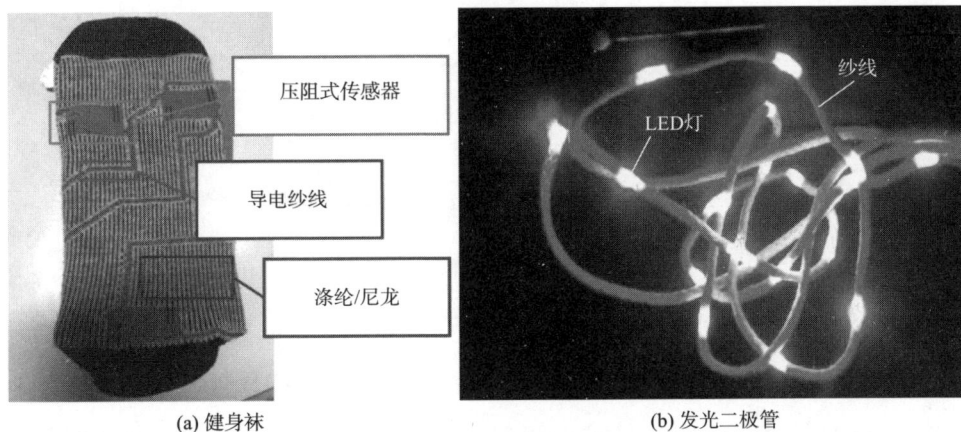

| 压阻式传感器 |
| 导电纱线 |
| 涤纶/尼龙 |

(a) 健身袜

纱线

LED灯

(b) 发光二极管

图1-12　导电电路元件

1.2.3.2　柔性电子标签（RFID）

电子标签作为数据载体，能起到标识识别、物品跟踪、信息采集的作用。其中由电子标签、读写器、天线和应用软件等几部分构成的RFID系统直接与相应的管理信息系统相连，可以准确地跟踪每一件物品。这种全面的信息管理系统能为客户带来诸多的利益，包括实时数据的采集、安全的数据存取通道、离线状态下即可获得所有产品信息等。在国外，RFID技术已被广泛应用于诸如工业自动化、商业自动化等众多领域。

温州大学苏忠根等通过凹印蚀刻法在PET薄膜上制备出RFID标签天线并实现天线过桥的连接，如图1-13所示。

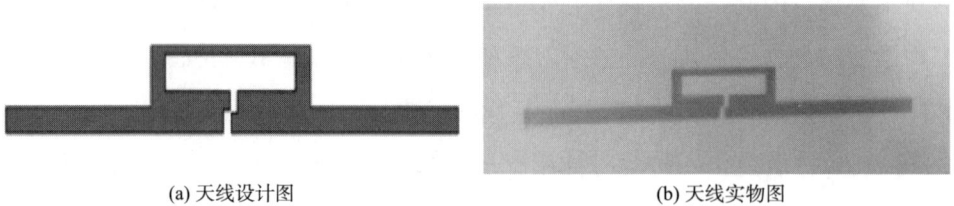

(a) 天线设计图　　　　　　　　　　　　(b) 天线实物图

图1-13　标签天线

东华大学白欢等在锦纶织物上成功制备出高精度的织物基UHF-RFID标签天线，其制备工艺流程如图1-14所示。

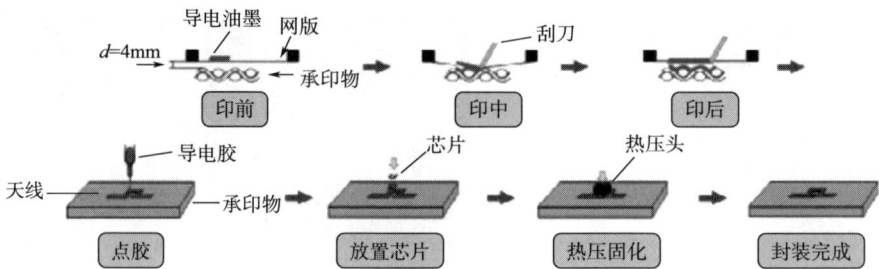

图1-14　织物基标签制备工艺流程

中南大学董建等成功制备出一种UHF频段小型电感耦合型弯折偶极子RFID天线，如图1-15所示，可在宽度上进行二次弯折降低了长宽比例，尺寸较小并

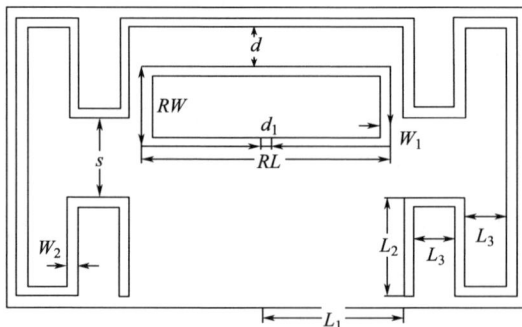

图1-15　UHF频段小型电感耦合型弯折偶极子RFID天线

采用电感耦合方式，结构简单且容易实现弯折偶极子阻抗匹配，其次阻抗带宽较宽，能够覆盖 920～925MHz超高频频段，同时具有较大的增益值，理论上可以达到9.3m的读取距离。

S. R. Mohd等以牛仔裤面料为外层覆盖的FR4衬底材料制备出可穿戴微带贴片天线，具有体积小、重量轻，可隐藏在牛仔裤内部等优点，其贴片天线如图1-16所示。

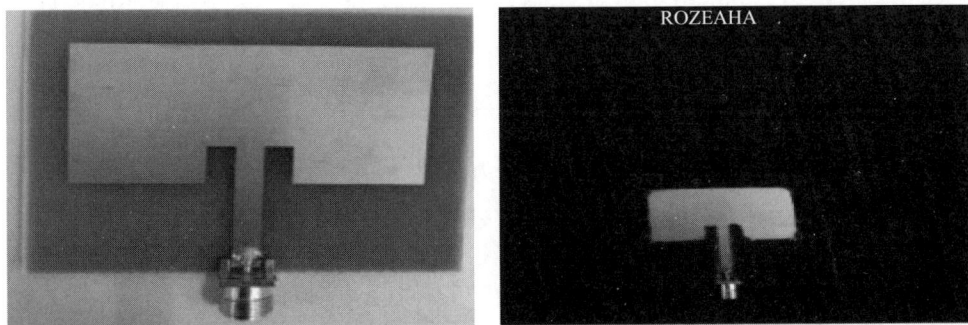

图1-16　贴片天线实物图

1.2.3.3　织物电极

织物电极作为智能监测纺织品的关键，是人体生理信号、人体运动信息以及周围环境监测的核心组成部件。织物电极常作为一类医用传感器，其作用主要是将人体内离子传导电流转换为计算机可识别的电子传导电流。织物电极的应用可以有效避免以金属或半导体材料制成的传统的医学传感器在实施监测时无法满足良好的柔韧性、舒适性、水洗性及可穿戴性等问题，在可感知人体体表生物电信号的同时兼具相对传统传感器更良好的柔性、生物兼容性、低成本及易集成性等。

织物电极的分类方式多样，按照其检测原理可分为电容式、电阻式及电感式三种；按照其功能可分为采集、刺激电极两种；按照有无有源元件可分为有源、无源电极等。

目前织物电极主要应用于人体心电监测（ECG）、肌电监测（EMG）、脑电监测（EEG）及眼电监测（EOG）等。

（1）心电信号监测

东南大学朱靖达等为在不影响人体正常活动的前提下实现心电等生理信号的监测，基于织物电极设计了一种心电监测系统，同时为进一步提高穿戴者的舒适性与便捷性采用织物导线代替传统导线实现信号传输，并对整个系统的有效性进行了验证。

Abreha Bayrau Nigusse等设计开发了表面电阻约1.7Ω的棉、涤纶织物银电极，通过将制备的织物心电电极集成于弹性带上，固定在人体手腕处监测心电信号，最终验证其与传统心电电极采集的信号质量相似，并具有一定的耐水洗性。

（2）肌电信号监测

电子科技大学肖翔等采用无碍性且贴合皮肤表面的织物电极作为体表肌电信号采集系统的前端，进行采集肌电信号，并将其应用于手势识别。Lee J W等采用织物电极进行无创肌电信号监测，并将其应用于宇航员上半身肌肉活动信息的收集和分析。

（3）脑电信号监测

华南理工大学徐天源等制备了一种干式柔性织物电极，采用脑电监测的方法对穿戴者的情绪进行监测，制备电极的平均性能与湿电极的相关度可达$95.9\% \pm 1.7\%$。Gao K P等设计了一款具有较低阻抗与噪声的银织物电极并将其结合到脑电图信号监测系统中，在采集脑电信号的同时也可以通过相对湿度测定汗液率。

（4）眼电信号监测

浙江大学侯冲等在研究睡眠眼罩眼电监测系统时，设计采用织物电极制成眼罩对眼电信号进行采集，以达到睡眠监测的目的，整个系统操作简便，佩戴感良好。Golparvar A J等克服传统脑电监测电极的局限性，采用干的石墨烯涂层织物电极进行眼电信号的采集，并在人体眼球运动实验中将其与传统Ag/AgCl电极采集眼电信号比较，验证了所设计电极的有效性。

综上所述，织物电极可应用于人体心电、肌电、脑电及眼电等信号的监测，而随着近年来心血管疾病致死率的不断攀高，使得人类健康防护意识日益增强，不断推动了可穿戴式人体心电监测研究的发展。织物心电电极作为可穿戴式人体心电监测的核心部件之一，是实现人体心电信号测量、感知的关键。因此织物心电电极的有效制备已成为当前的研究热点。下述为常见的文献报道的织物心电电极。

①Westbroek P等利用不锈钢纤维织造了针织、机织、非织造布三种结构的织物心电电极。丁鑫等将弹性纤维与一定含量的镀银纤维交织，开发了导电性及延展性较好的心电电极，如图1-17所示。

图1-17 织物中葡萄糖纤维和织物电极实物

②Katya Arquilla等以镀银的纱线锯齿形缝在织物上构成织物心电电极，如图1-18所示，对该电极采集信号质量、耐久性及舒适度等做了量化分析，但缝纫法对纱线韧性要求较高。

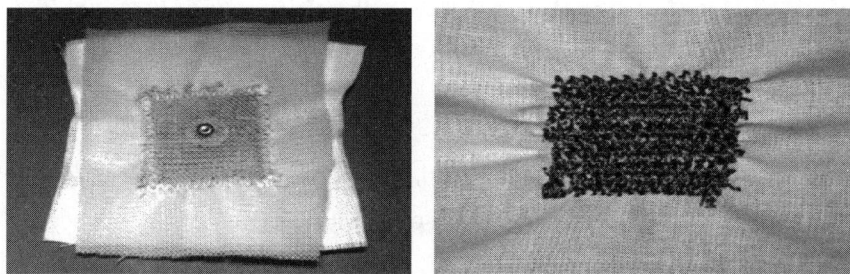

图1-18 缝纫法制备织物电极

③Qin Haiming通过在壳聚糖织物表面化学镀银纳米粒子，制备出一种用于人体心电信号监测的新型可穿戴电极，并对其测试性能进行了评价。

④José Vicente Lidón-Roger等利用丝网印刷技术开发了一套纺织同心环

状电极（CRE）装置，结合银墨水等制备了由两个同心环电极组成的织物心电电极，如图1-19所示。

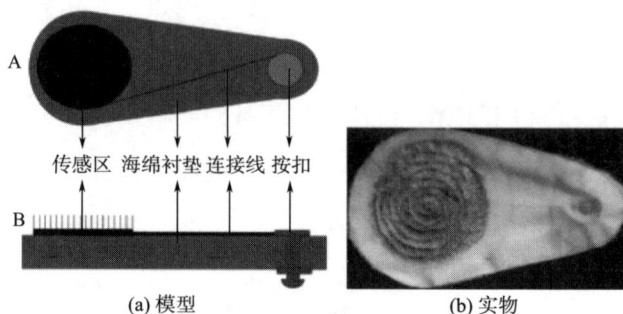

(a) 模型　　　　　　　　(b) 实物

图1-19　同心环状电极

⑤叶华标等结合原位聚合与化学镀的方式在纯涤纱线表面沉积银单质，并成功制备出一种用于人体心电信号检测的织物心电电极。

1.2.3.4　纺织基柔性传感器

纺织基柔性传感器是一种检测装置，是将柔性材料经过功能化处理制作成的织物传感器。该传感器能够感应诸如温度、压力、电流等多种物理或者化学刺激。目前，市场上的纺织基传感器主要有温度传感器、应变传感器、压力、电阻式传感器和光纤传感器，其中压力传感器、应变传感器被广泛使用。如今，可穿戴传感纺织品技术成为健康监护、生物医学、军事和航空航天等领域的研究热点。

（1）压力传感器

压力传感器是一种将接收到的力学信号通过某种特定的方法以电信号的方式输出的传感器，通常由力学感应原件和转换装置组成。通过测量各种类型的压力，用来监控眼部、心脏、声带及患者的运动状况。因此，在医疗保健和医疗诊断设备中使用压力传感器能给患者带来许多便利。常见压力传感器的感应机制，包括压电、压阻和电容机制能将物理刺激转化为电信号。图1-20所示为用于人体各种信号监测的可穿戴式压力传感器。

①压电压力传感器。压电压力传感器以压电效应为工作原理，是机电转换

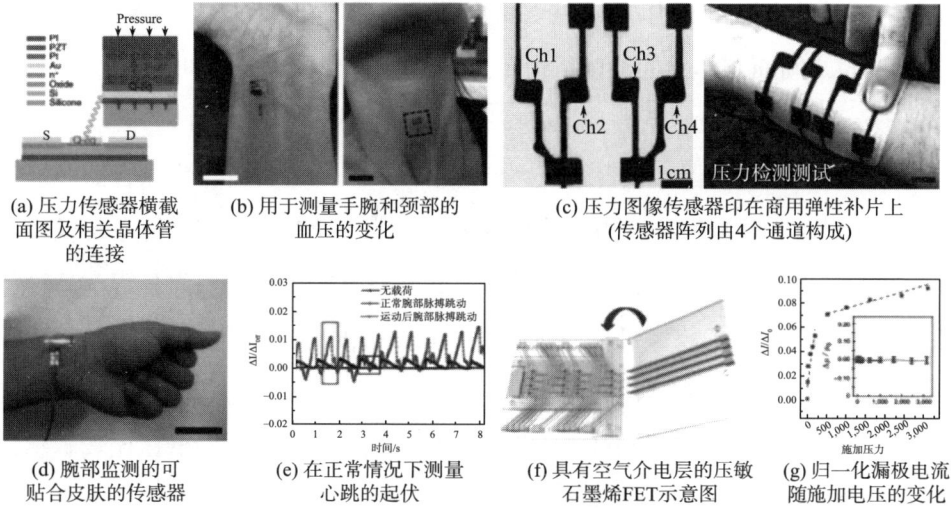

(a) 压力传感器横截面图及相关晶体管的连接

(b) 用于测量手腕和颈部的血压的变化

(c) 压力图像传感器印在商用弹性补片上（传感器阵列由4个通道构成）

(d) 腕部监测的可贴合皮肤的传感器

(e) 在正常情况下测量心跳的起伏

(f) 具有空气介电层的压敏石墨烯FET示意图

(g) 归一化漏极电流随施加电压的变化

图1-20 可穿戴式压力传感器

式和自发电式传感器，主要由$PbTiO_3$、$BaTiO_3$、PVDF和PVDF-TrFE等压电材料制作而成。其工作原理是当压电材料受到外力作用时，表面会形成电荷，电荷通过电荷放大器、测量电路的放大以及阻抗变换，转换成与所受外力成正比关系的电量输出。Persano等通过独立式对准阵列引入大面积、灵活的PVDF-TrFE纳米纤维用于制备压力传感器，该传感器能检测出0.1Pa的变化，具有较低的灵敏度出一般的灵敏度，可以用来检测足部的动作及关节的运动，如图1-20（a）所示。Dagdeviren等报告了一种可拉伸式的基于PbZr0.52Ti0.480（PZT）的超薄压力传感器，超薄的高质量PZT片与栅电极组件采用场效应管连接，通过FET放大PZT的压电效应，并将其转换为输出。由于该传感器非常薄且轻巧，并且具有高灵敏度，响应时间短，易贴合皮肤等优点。可用于手关节、颈或喉咙上，以监测运动、发声、振动。如图1-20（b）所示。

需要强调的是，可穿戴式薄膜压力传感器的代表性材料是PVDF-TrFE，与传统的PSR传感器相比，由PVDF-TrFE材料制成的多孔PSR压力传感器具有更高的灵敏度。这种可穿戴的多孔PSR压力传感器可成功地贴合皮肤，适用于人机界面、医疗保健监控、机器人控制等领域，如图1-20（c）所示。

②压阻压力传感器。压阻压力传感器由半导体压敏材料制作而成，其原理

是利用压阻效应测量压力。Gong 等报道了一种将金纳米线（AuNWs）插入两个PDMS膜之间而制作出的柔性压力传感器，可紧贴在手腕，如图1-20（d）、（e）所示。由于其灵敏系数高，机械滞后小，可用于血压监测。

③电容压力传感器。电容式压力传感器一般以柔性材料作为电容器极板，以弹性材料作为间隔层，相当于将各种力的变化转换为电容。这种电容式压力传感器与纺织品结合后制成的智能纺织品，具有灵敏度高、空间分辨率高等特点，且兼具纺织品柔软、可伸缩等特性。Park等通过在多孔PDMS膜和单壁碳纳米管（SWCNT）膜之间构建气隙，开发了柔性电容式压力传感器。Zang等制备出一种基于FET悬浮栅电极的柔性压力传感器，该传感器对低压比较敏感，可以安装在手腕上以监测脉搏波。

上述传感器可检测特定的压力范围，但难以实现更大范围的压力检测。最近，Shin等报道了一种由折叠面板制造形成的具有空气介电层的压力传感器阵列，如图1-20（f）、（g）所示，其可实现检测较大压力范围，具有灵敏度高、检测范围广的优势，可用于健康检测、人体姿态检测、AI人机交互等方面。

（2）拉力传感器

在智能电子纺织品中，拉力传感器发挥着重要的作用，可以监视声带的振动以及关节的运动等。与之前研究的基于硅基板的压力传感器完全不同，拉力传感器应用柔性、可拉伸性的材料，灵敏度高、机械可靠性强，同时又能无迟滞、线性地输出信号。因此可根据这些原理设计特定的拉伸式电阻传感器、拉伸式电容传感器，如图1-21所示。

①拉伸式电阻传感器。拉伸式电阻传感器主要通过电阻率的变化来检测变形。Roh等通过在导电弹性体聚氨酯-聚（3，4-亚乙基二氧噻吩）、聚苯乙烯磺酸酯（PU-PEDOT：PSS）中嵌入单壁碳纳米管来制造应变传感器。如图1-21（a）所示，该传感器的可拉伸性为100%应变，在可见光范围内的透射率为62%，规格系数为62。图1-21（b）是根据网络几何形状的断开或变形期间可能产生裂纹导致电阻发生变化这一特性，应用于眼部监测人体在自然状态和哭泣时信号的变化。图1-21（c）、（d）为网状结构的矩阵式传感阵列，应

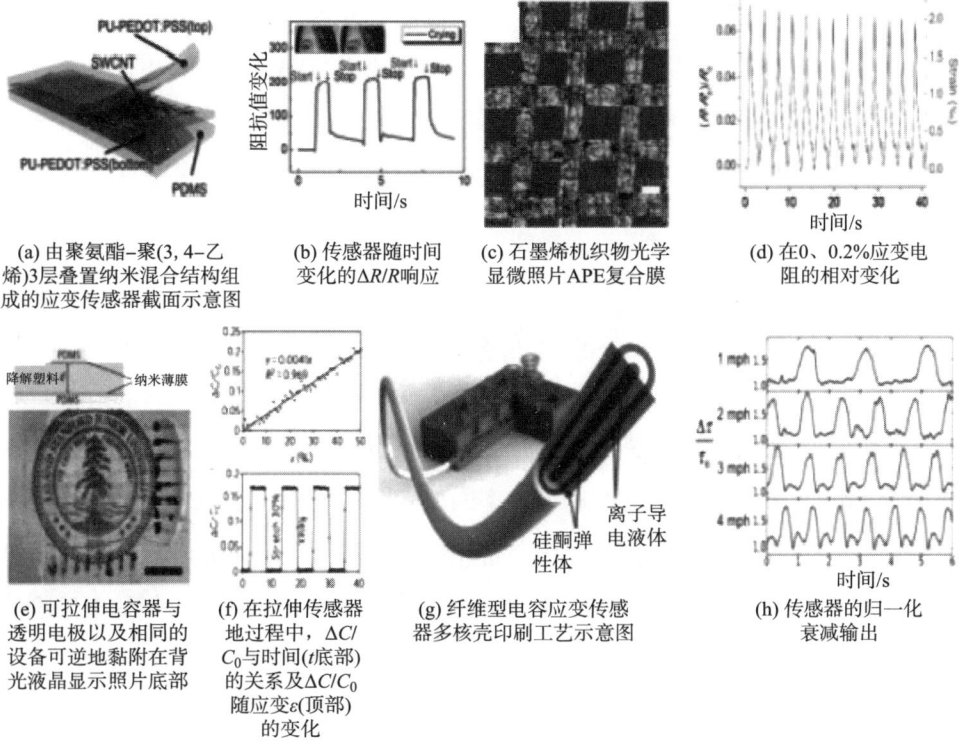

(a) 由聚氨酯-聚(3,4-乙烯)3层叠置纳米混合结构组成的应变传感器截面示意图

(b) 传感器随时间变化的 $\Delta R/R$ 响应

(c) 石墨烯机织物光学显微照片APE复合膜

(d) 在0、0.2%应变电阻的相对变化

(e) 可拉伸电容器与透明电极以及相同的设备可逆地黏附在背光液晶显示照片底部

(f) 在拉伸传感器地过程中，$\Delta C/C_0$ 与时间(t底部)的关系及 $\Delta C/C_0$ 随应变 ε(顶部)的变化

(g) 纤维型电容应变传感器多核壳印刷工艺示意图

(h) 传感器的归一化衰减输出

图1-21 可穿戴式拉力传感器

用于电子皮肤，实现对温度、面内应变、压力、亮度、磁场、湿度和外界物体接近度等的感知能力。

②拉伸式电容传感器。拉伸式电容传感器具有一个可变参量的电容器，能将被测非电量转化为电容量，通过几何效应产生电容变化来检测应变。Lipomi等展示了使用CNT和硅弹性体的可拉伸透明电容应变传感器，如图1-21（e）、（f）所示。Frutiger等使用硅弹性体和离子导电流体制造了纤维状电容式应变传感器，规格系数为0.348，具有700%的可拉伸性，能应用于可穿戴电子设备中，如图1-21（g）、（h）所示。

（3）温度传感器

温度传感器是指能感受温度变化并转换成可用输出信号的传感器，其一般用在非临床环境中人体温度的连续测量和监控等方面，目前所用材料有热敏电阻、热电偶以及电阻温度检测器等。热敏电阻芯片可嵌入纱线纤维中，用于开发电子温度传感纱线，该纱线可以嵌入纺织品或服装中。热电偶由两根不同的导线制成，这些导线焊接在一起并且需要相对复杂的调节电子元件，相比于热敏电阻及热电偶，电阻式温度传感器具有相对较高的灵敏度，并且可以集成到纺织品基底中。

（4）湿度传感器

湿度传感器是指能将湿度量转换成容易被测量处理的电信号的装置，其中基于纺织品的湿度传感器是智能可穿戴电子纺织品的重要组成部分，在管理伤口、失禁、皮肤病症或服装微气候控制方面具有潜在应用。湿度传感机制包括电阻式和电容式，电阻式是通过电导率的改变来响应湿度变化，而电容式是通过介电常数的改变来响应湿度变化。常用的是电阻式湿度传感器，当湿度改变时，金属纱线（如不锈钢纱线）、导电聚合物（如PEDOT：PSS）的电阻会发生变化。

（5）化学品传感器

化学品传感器是一类能将各种化学物质的特性（如气体、离子、电解质浓度以及空气湿度）等的变化定性或定量地转换为电信号的传感器。其中具有化学传感功能的纺织传感器可以将小型化学或气体传感器通过缝合附着到织物基底上，或者将化学敏感聚合物涂层到纺织品上。常用于制造纺织化学品传感器的活性或敏感材料是导电聚合物，如聚吡咯和聚苯胺，这些导电聚合物的电阻对化学环境敏感。导电聚合物可通过化学或电化学沉积直接合成到织物表面，或通过喷墨印刷、丝网印刷、选择性浸涂、染料涂覆或静电纺丝技术沉积结合到织物上。除了导电聚合物，石墨烯也在制造柔性化学传感器中发挥作用，可用于检测各种气体，如二氧化氮、氨、氢气、硫化氢、二氧化碳和二氧化硫等，也可检测有毒重金属离子（如汞、铅、铬等）和挥发性有机化合物，包括硝基苯、甲苯、丙酮、甲醛、胺类、酚类、爆炸物、化学试剂和环境污染物等。

（6）柔性光纤传感器

柔性光纤传感器是一类由光源、入射光纤、出射光纤、光探测器、光调制器及解调制器组成，具有将从入射光纤进入光源的光学性质转换成被调制的信号光作用的装备或器件，按照传感原理可以分为传光型和传感型。2016年，田新宇等尝试将光纤布拉格光栅传感器植入以复合组织为基础的针织织物空气层中，实现低失真度对人体脉搏波的检测。2017年，杨昆等利用宏弯原理，通过研究光信号衰减与光纤弯曲曲率半径之间关系，确定了光纤传感器织物的组织，最终实现通过电压值的变化反映出牵拉过程中光信号对应的织物形状的变化，完成人体生理信号的监测。2019年，曲道明等通过实验确定了光栅中心波长漂移量与聚酰亚胺薄膜曲率之间的关系，建立解调、光纤传感及曲率标定装置，提出一种植入光纤光栅敏感元件的聚酰亚胺薄膜柔性曲率传感器。

1.3 微滴喷射技术

1.3.1 基本原理

微滴喷射技术是一种新型3D打印技术，它是根据喷墨打印的原理，以均匀微滴为成形单元，依据零件形状特征逐点、逐层堆积而实现三维结构的快速打印成形。在20世纪70年代，喷墨打印机的发明使得计算机里的数据可被打印成文字以及工业上可在各种产品上打印条码和生产日期等，喷墨打印机是基于液滴喷射开发的一种非击打式点阵印刷技术，常称喷墨（inkjet）技术。利用喷墨打印法制备柔性导电线路具有制备工艺简单、材料耗损较小、成形速度快、图形化打印、成形精度高等优点。但是，用于喷射打印的导电墨水一般由金属纳米粒子分散而来，其制备成本高。

随着微滴产生技术应用研究的深入，其应用领域越来越广，已经从单纯的喷墨打印拓展到生物医药、材料成形、微电子制造、微电子封装、航空航天、基因工程、建筑行业等领域，展示了微滴喷射技术的广阔应用前景。微滴喷射技术易于与计算机技术结合，能直接在基板上打印导电线路，为织物表面柔性电子元件的制备提供了一种新方法。

1.3.2　微滴喷射技术的分类及特点

微滴喷射技术是一种新型的快速成形制造技术，该技术通过计算机图形化导入以及协调控制材料喷射和运动平台，材料以微米级微滴形式喷射，逐点、逐层沉积在基板上实现产品的快速成形，喷射液滴的体积一般为纳升至微升量级，甚至可达到皮升量级。该技术具有材料利用率高、微滴尺寸可控、非接触、成本低、无污染、无须昂贵专用设备及喷嘴孔径可改变等优点。

1.3.2.1　微滴喷射方式分类

微滴喷射技术主要有连续喷射和按需喷射两种模式。连续喷射式根据偏转形式分为等距离偏转式和不等距离偏转式；按需喷射式按其驱动方式不同分为压电式、热泡式、超声聚焦式、气动式、机械式、气动膜片式、电磁式等。微滴喷射技术的分类如图1-22所示，由于两者的喷射原理不同，则其装置结构也有很大的区别。

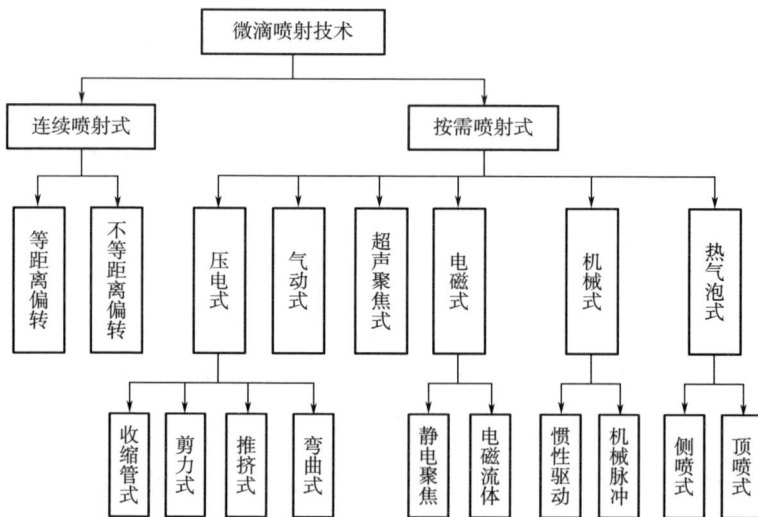

图1-22　微滴喷射技术分类

（1）连续式微滴喷射技术

在20世纪90年代，美国麻省理工学院和加州大学欧文分校的科研人员根据

Rayleigh射流线性不稳定理论提出了连续喷射技术，原理是在腔体中施加压力驱动液滴处喷嘴口射出，在扰动或者表面张力下断裂成液滴。美国加州大学的M.Orme研制了一套利用连续式喷射原理的喷射系统，该系统将喷出的液滴进行充电来使其在电场中发生偏转，从而沉积在指定位置。同时，通过改变振幅来改变对液流扰动的强度，从而控制液滴的尺寸大小。通过改变偏转电场的强度和方向来控制液滴飞行及沉积位置，打印出一些管、棒形零件，实现了微滴喷射打印的应用，打印沉积的图形如图1-23所示。

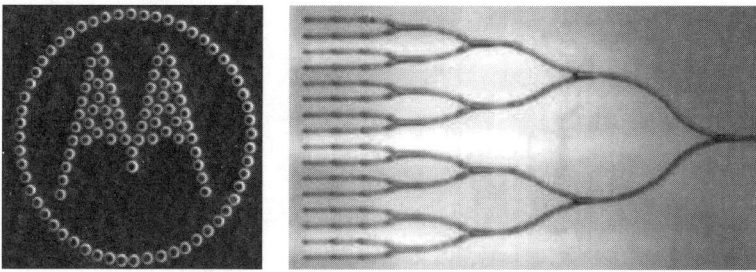

图1-23　金属液滴静电印刷图案

中国台湾成功大学的Tsai等对于压电振动的连续式喷射装置进行仿真及实验研究，实验材料选择锡银铜合金和石膏作为喷射材料，研究了系统的气压大小及扰动信号的参数对微滴产生的影响。

连续微滴喷射方式能产生高速液滴，喷射速度高，微滴产生效率高，可应用于多种水溶性材料，广泛应用于彩色打印。但其连续式液滴直径难以细化，装置结构复杂、成本高。图1-24为典型连续式液滴喷射原理示意图。

（2）按需式微滴喷射技术

按需喷射是液体在外力作用下，打破

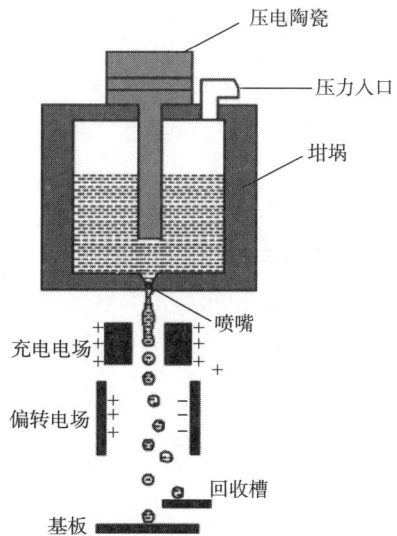

图1-24　连续微滴喷射原理示意图

喷口附近的平衡状态，形成射流，同时控制射流断裂成滴。图1-25为按需喷射原理示意图。

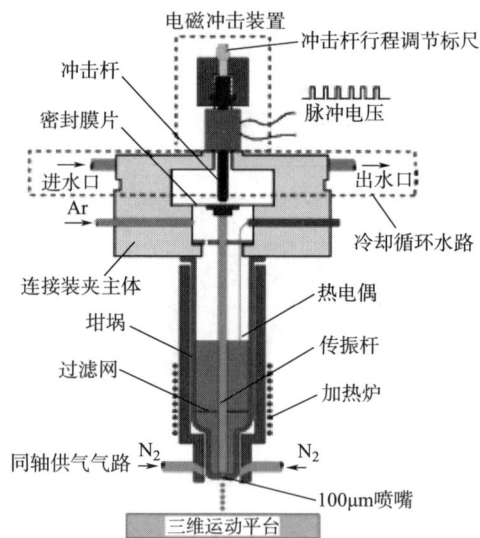

西北工业大学陶院等设计了一种应力波驱动金属按需喷射装置，如图1-26所示，该装置在加热温度为300℃下喷射锡铅合金 [Sn（质量分数40%）Pb] 材料，产生金属液滴的直径可以小至喷嘴直径的0.6倍。

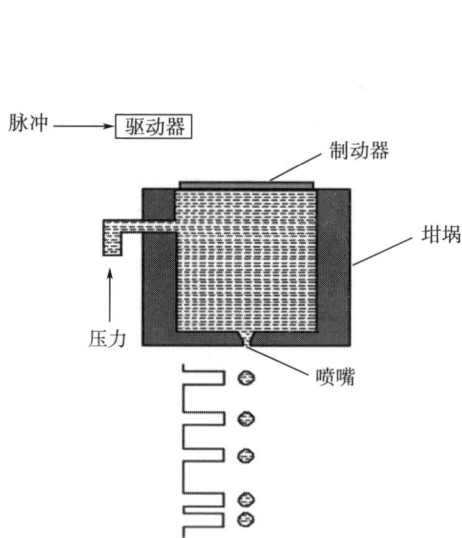

图1-25 按需喷射原理示意图　　　图1-26 应力波驱动金属按需喷射装置结构示意图

华中科技大学谢丹等搭建了一种气动膜片式微滴按需喷射装置，以膜片为驱动部件，利用压缩气体的脉冲作为驱动源，通过膜片的弹性变形实现液体腔内体积的变化促使微滴的产生。

相比连续喷射产生装置，按需喷射无须液滴回收和偏转装置，结构相对简单，成本较低，但喷射频率较低，可采用多喷嘴喷射的方法来提高微滴产生效率。

1.3.2.2　按需式驱动方式特点

按需式喷射方式工作原理有多种，各种驱动方式的优缺点见表1-3。

表1-3 各种驱动方式的优缺点

驱动方式	优点	缺点
热泡式	能喷射低黏度易加热产生气泡的液体	不能喷射高黏度胶和金属液体
机械式	适用于喷射高黏度胶体	由于腔体内运动部件的存在,会产生机械冲击,容易造成磨损
电磁式	可喷射导电材料,且电磁力直接作用于工作介质	不能喷射非导电材料
超声聚焦式	能在超声波的作用下打破液面平衡,从而形成微滴喷射	腔体内温度较高,驱动电路复杂、成本高
气动式	可用于喷射多种非金属和金属材料	很难控制气体压力脉冲的工作时间,且腔体体积随流体减少而增大
压电式	可采用连续喷射和按需喷射两种模式,能喷射低黏度胶和金属液体	不能在高温条件下使用,驱动电路较复杂,成本较高

由于电磁式仅可作用于导电材料,热泡式需要对液体进行加热,机械式较适合高黏度液体喷射且存在机械冲击,在应用领域都需要提供特定的条件。而气动式和压电式应用较为广泛。

(1)压电式微滴按需喷射

压电式微滴按需喷射是利用压电陶瓷材料的逆压电效应驱动金属膜片产生形变,从而改变腔体容积大小,通过挤压喷嘴实现材料的喷射。如图1-27所示微压电驱动喷射装置的基本原理。

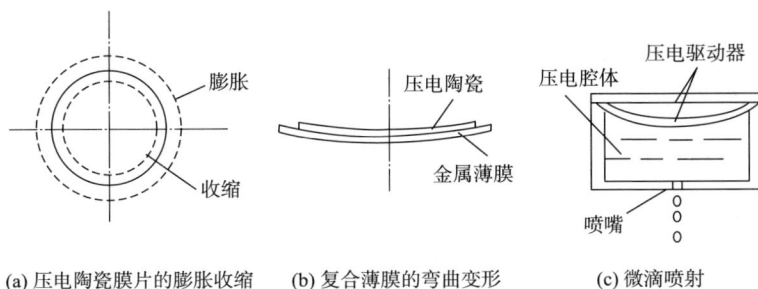

(a) 压电陶瓷膜片的膨胀收缩　(b) 复合薄膜的弯曲变形　(c) 微滴喷射

图1-27 压电式微滴喷射原理图

图1-27中环形压电陶瓷膜片在垂直于其表面的电场作用下,产生膨胀、收

缩变形。当压电陶瓷膜片与金属薄膜用黏结方法复合在一起，陶瓷片的膨胀收缩会引起金属膜的弯曲变形。热负荷膜片固定在储液腔体一端，符合膜片的弯曲变形则会引起腔体体积变化，从而导致腔体内内压力波动，负压时，流体在极短时间内输送到工作腔内，正压时，流体从腔体另一端的喷嘴喷出。

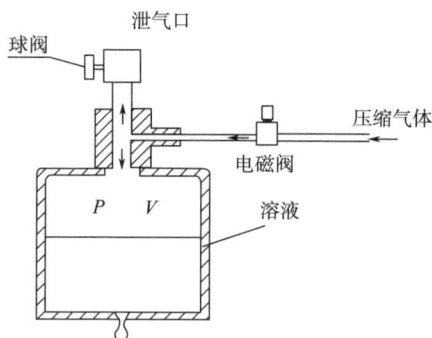

图1-28　气动式喷射装置示意图

（2）气动式微滴按需喷射

气动式微滴按需喷射是通过控制电磁阀的通断使压缩气体在腔体中形成压力脉冲，驱动腔体中溶液从腔体底部的喷嘴中射出，如图1-28所示，喷射装置主要包括气体驱动腔、喷嘴、电磁阀和泄气口等。

气动式按需喷射装置其具微滴尺寸可控，装置结构简单，易于实现，对喷射材料流体性能要求少等优点。

1.3.3　微滴喷射技术的研究现状

1.3.3.1　国外现状

20世纪90年代美国麻省理工学院（MIT）和加州大学（UCI）的研究者开始对微滴喷射技术进行研究，并试图将其应用于微小零件制造领域。与此同时，加州大学欧文分校Orme Mellisa研究团队也开展了均匀液滴喷射成形的研究，根据Rayleigh线性不稳定理论开发了连续喷射实验平台，并进行铝合金的喷射实验，获得了每秒17000颗直径为190μm的铝微球，如图1-29（a）所示。日本大阪大学与焊接研究所设计开发了适用于高温铝微滴喷射的实验装置，采用微滴喷射与铺粉技术，制造出Al-Ti-Ni系金属化合物（Ti3Al）简单制件，如图1-29（b）所示。麻省理工学院机械工程系Passow C H、Chun C H等开发了金属微滴成形装置，通过实验表明，金属液滴的形成过程、沉积的孔隙率、沉积的微观结构、工艺成品率取决于喷射的质量流量、熔流量、基板等因素；英国剑桥大

(a) 连续喷射制备的铝微球　　　　　　　(b) Ti3Al简单制件

图1-29 微滴喷射技术的应用

学Daniel M提出一种压电式微滴按需产生装置，该装置成本低，制造简单，能够产生直径为0.5～1.4mm且可高度重复的微滴，通过改变压电驱动波参数、出口压力和喷嘴直径来控制液滴直径。韩国机械与材料研究所采用叠层压电陶瓷驱动技术开发一种类似机械阀的低温焊料按需喷射装置，可进行锡铅合金材料的按需喷射。

1.3.3.2 国内现状

近年来，国内许多高校和研究机构对微滴喷射技术开展了相关研究。西北工业大学设计开发了压电连续式和气压按需式均匀微滴喷射装置，成功实现了锡铅焊料、铝、铝合金和铜微滴的均匀喷射，如图1-30（a）所示，并采用金属微滴按需喷射系统制备了纯铝件如图1-30（b）所示，哈尔滨工业大学高胜东等开展了纯锡液滴的均匀喷射研究，发现空气环境中较高的氧浓度会使锡射流氧化，难以断裂形成均匀液滴。在惰性气氛下，锡射流可以均匀断裂形成170μm的锡球。天津大学理学院开发了压电驱动微滴连续喷射装置，将其运用于均匀金属合金粉末的制备，并对铅锡合金颗粒的异质成核及其冷却凝固行为进行了建模预测。北京工业大学于洋等采用理论分析与实验相结合的方法，研究了不同喷嘴直径在不同压力下产生射流速度的差异，并发现在相同压力下，射流速度随喷嘴直径的增加而增加，压力越大，增加的值越大。兰州理工大学高辉等开发了基于压电陶瓷驱动的微滴喷射系统，并实现了石蜡的按需喷射。华中科技大学谢丹等将压电驱动和气压驱动相结合开发了气动膜片式微滴喷射装置，该结构简单、驱动功率大，可实现非金属与低熔点金属微滴的按需喷射。南京理工大学微系统研究室搭建了压电式按需微滴喷射系统，采用该系统制备了聚合物薄膜电阻，微透镜光学陈列，RFID标签天线等，如图1-31所示。

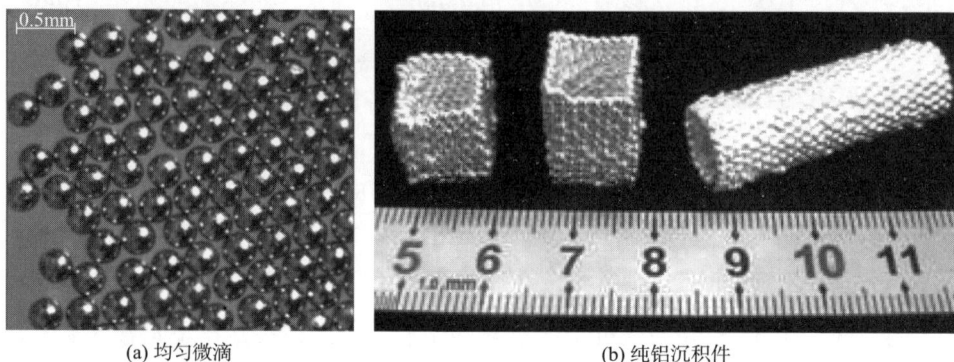

| (a) 均匀微滴 | (b) 纯铝沉积件 |

图1-30　微滴按需喷射技术制备的均匀微滴和零件

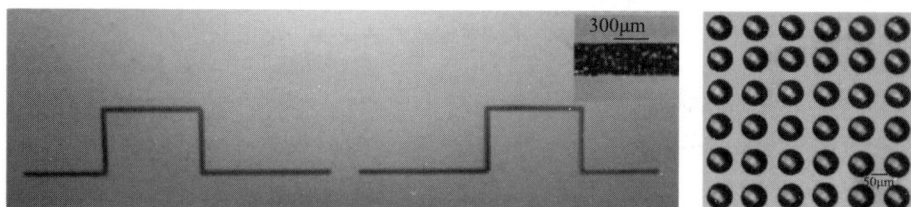

图1-31　RFID标签天线和微透镜光学阵列

1.3.4　微滴喷射技术的应用

随着对按需式微滴喷射技术研究的不断深入，其应用领域也不断扩大，主要有生物医药工程、材料成形、柔性印刷电路、微电子封装、微电子元器件制作、微光学器件制作、三维微结构制造以及航空航天等领域。

1.3.4.1　生物医药工程

主要是用于维护、修复人体或其他生命体中的受损器官和制造部分生物体受损器件的替代品，如Thomas Boland博士团队利用生物墨水进行了人体微血管的打印成形，成功制备出微米大小的纤维蛋白通道。瑞士洛桑联邦理工学院利用微滴喷射技术将含有活细胞的生物墨水喷射沉积，构建了高分辨率、多组分的活细胞组织。美国Microfab公司选用生物可吸收高分子材料，利用微滴喷射技术制造了分叉神经导管。

清华大学、浙江大学、南京师范大学等科研院所也都对微滴喷射打印技术在生物医药方面的应用进行了一系列研究，如图1-32（a）所示，其中，图1-32（a）（A～C）是Duan利用甲基丙烯酸基水凝胶混合瓣膜间质细胞打印出扁平形的带瓣管道结构用作人工心脏瓣膜，图1-32（a）中的D～F是Hockaday打印的水凝胶心脏瓣膜支架，图1-32（a）中的G～M是Duan团队用CT扫描了心脏瓣膜的几何解剖结构进行打印图。

加利福尼亚大学开发了一个快速连续的3D打印平台，用于构建具有复杂结构、可调材料特性和可定制几何控制的工程神经导管，如图1-32（b）所示。

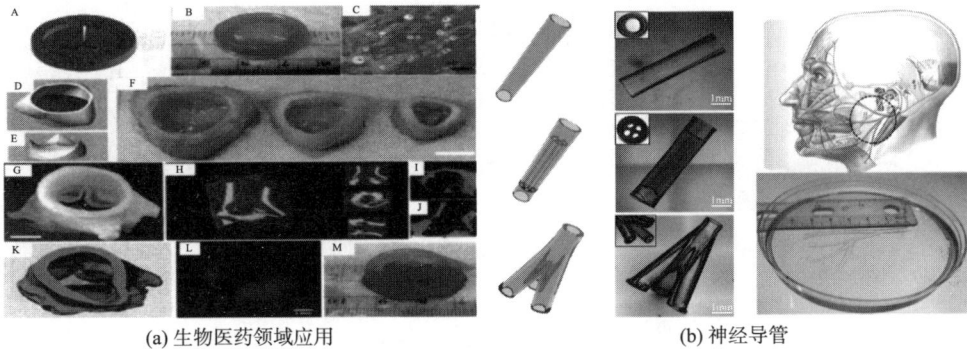

(a) 生物医药领域应用　　　　　　　　(b) 神经导管

图1-32　生物医药工程领域的应用

1.3.4.2　材料成形

在没有模具的情况下利用微喷技术进行材料成形，完成复杂零部件及微型器件的制造，图1-33为利用3D打印技术打印的工艺品、大型飞机模型和飞机主承力构件，使材料不再依赖于加工工具和模具，缩短了材料成形的生产周期、降低了生产成本。

1.3.4.3　柔性印刷电路

可实现复杂电路板线路的印刷，为电路板制造提供一种新的方法，如图1-34所示为利用微滴喷射技术在PET膜上印刷的复杂电路。美国北卡罗来那州立大学以纳米银墨水为材料利用喷墨打印技术在纺织品表面进行导电线路打印，在涤纶机织物表面成形线路阻值达到（0.2 ± 0.025）$\Omega/\square$。

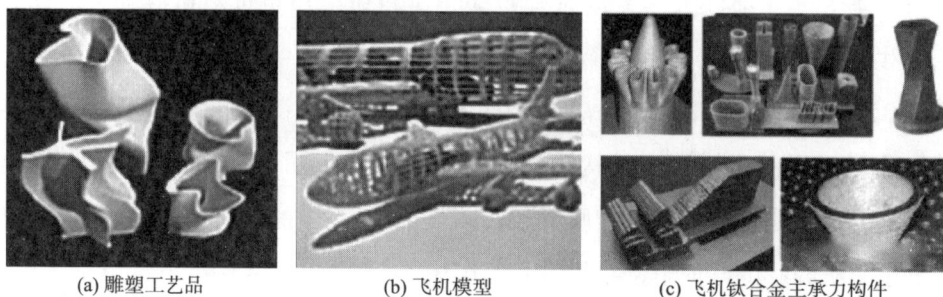

(a) 雕塑工艺品   (b) 飞机模型   (c) 飞机钛合金主承力构件

图1-33　微喷技术在材料成形的应用

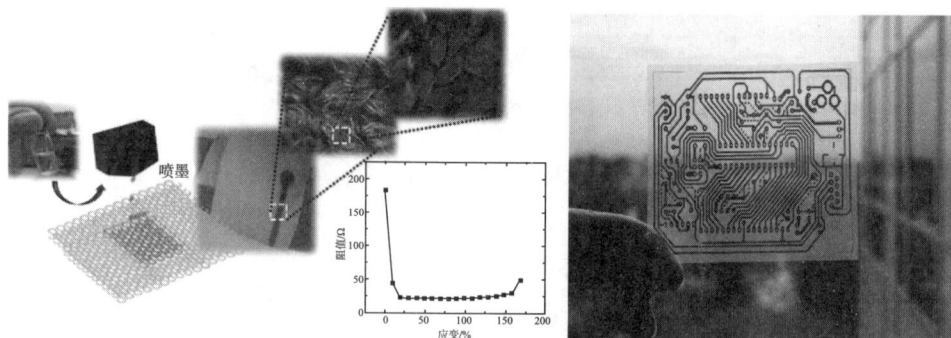

图1-34　柔性导电线路

1.3.4.4　微电子封装

主要用来实现封装流体材料（如导热硅胶、润滑剂、银浆、MEMS封装的干燥剂、焊膏、表面贴装胶、环氧树脂、UV胶等）的微量精确分配，还可用于焊球栅的阵列（ball grid array，BGA）制作。图1-35所示为在微电子封装领域的应用。

1.3.4.5　微电子元器件制造

采用喷印技术可以高效、快速及低成本的制备电子产品。伊利诺伊大学在中空玻璃半球内外表面打印纳米银墨水制备曲面天线，如图1-36（a）所示。哈佛大学采用直写纳米银墨水将无源电磁器件和有源晶体管结合，产生和处理千兆赫（GHz）信号，如图1-36（b）所示。加利福尼亚大学将3D增材制造技术用于制造电阻、电容器、电感器等电子元件。

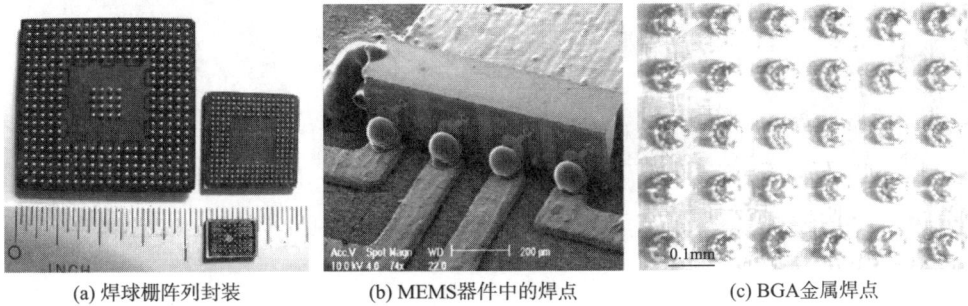

(a) 焊球栅阵列封装　　　(b) MEMS器件中的焊点　　　(c) BGA金属焊点

图1-35　微喷技术在微电子封装的应用

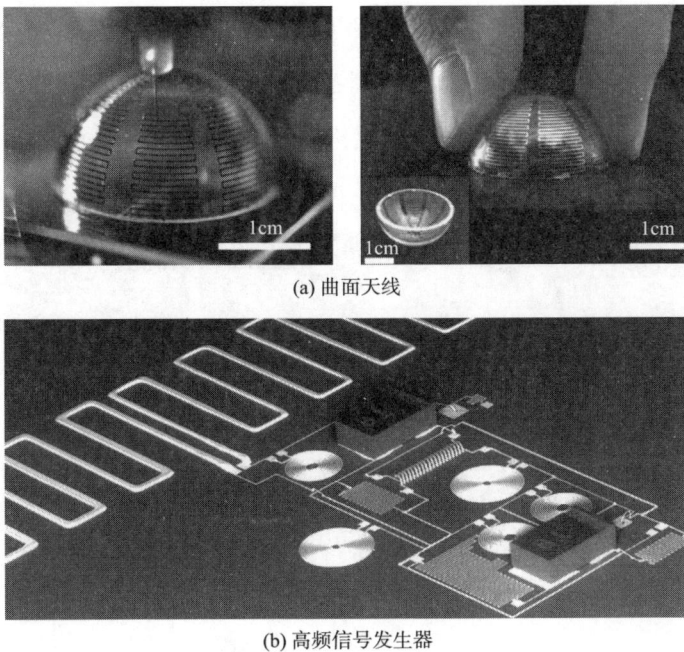

(a) 曲面天线

(b) 高频信号发生器

图1-36　微电子元器件

1.3.4.6　微光学元器件制造

主要用来制作阵列式微光学元件，比如光源阵列、微米级透镜阵列、探测器阵列等，这些微光学器件对光学系统的微型化和集成化起着决定性作用。

图1-37所示为Microfab公司利用微滴喷射技术制作的各种微光学器件。

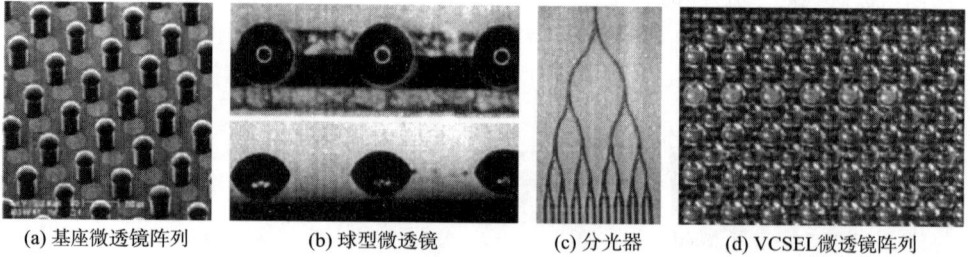

| (a) 基座微透镜阵列 | (b) 球型微透镜 | (c) 分光器 | (d) VCSEL微透镜阵列 |

图1-37　微光学器件制造

1.3.4.7　三维微结构制造

20世纪90年代麻省理工学院开始对微滴喷射技术进行研究，并将其应用于微小零件制造领域。西北工业大学开发了微滴喷射装置，实现了锡铅、铝合金及铜金属材料的均匀喷射，通过沉积制备了铝结构件。诺丁汉大学采用微滴喷射技术喷印纳米银油墨制备了多种微结构器件，如图1-38所示。

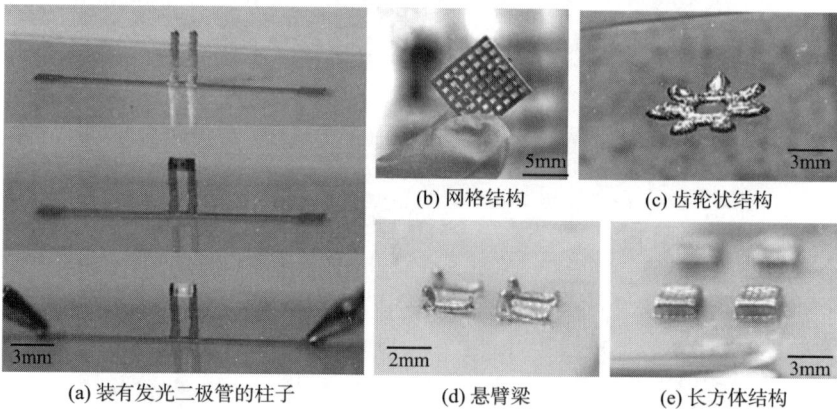

(a) 装有发光二极管的柱子　　(b) 网格结构　　(c) 齿轮状结构　　(d) 悬臂梁　　(e) 长方体结构

图1-38　三维微结构制造

综上所述，微滴喷射技术作为一种快速成形制造技术，具有成形精度高、响应频率快、适用材料广、非接触等优点，是一项颇具发展潜力的材料成形新技术。按需式微滴喷射技术所用装置结构简单、成本低、可控性好，应用较为广泛，其驱动方式有微阀、热气泡、压电、静电及气压驱动等。压电式微滴喷射装置通过压电元件产生的振动，实现微滴的按需可控喷射，具有响应频率高、喷射精度高、不易受外界电磁场干扰等优点，得到了广泛的应用，也为织物表面柔性电子元件的直接成形提供了一种途径和方法。

参考文献

［1］贺昌城，顾振亚. 关于智能材料的探讨［J］. 天津工业大学学报，2001，20（5）：42-44，47.

［2］宋心远. 功能、智能纺织品及其染整［J］. 染整科技，2003（1）：2-6，18.

［3］VIGO T. Textile processing and properties: preparation, dyeing, finishing and performance［M］. Amsterda：Elservier，1977：222-230.

［4］王运利，刘夺奎，张莹. 智能纺织品及其在不同领域中的应用［J］. 染整技术，2008（1）：10-14，1.

［5］席立锋，周衡书，张淳，等. 智能可穿戴产品的开发及应用现状［J］. 针织工业2021（4）：70-75.

［6］杨枝. 智能服装的现状及发展方向研究［J］. 轻纺工业与技术，2021，50（3）：42-43.

［7］许凡，王高媛，赵晶. 智能纺织品及服装的发展［J］. 纺织科技进展，2013，165（5）：1-5.

［8］郭飞泉，刘茜，翟志刚，等. 智能纺织品的发展现状及趋势［J］. 黑龙江纺织，2015（3）：23-26.

［9］王香琴，辛斌杰，许鉴. 智能纺织品的研究进程及发展趋势［J］. 国际纺织导报，2012（10）：47-51.

［10］何隆彬. 智能纺织品［J］. 辽宁丝绸，2016（2）：22-23.

［11］卢胜权. 智能纺织品的现状和发展趋势［J］. 轻纺工业与技术，2013，42（1）：71-73.

［12］GAO T，YANG Z，CHEN C，et al. Three-dimensional printed thermal regulation textiles［J］. Acs Nano，2017，11（11）：11513-11520.

［13］弋梦梦，廖喜林，耿长军，等. 智能温控纺织品研究进展及应用［J］. 天

津纺织科技，2018（3）：79-81.

［14］SALAN F, DEVAUX E, BOURBIGOT S, et al. Thermoregulating responseof cotton fabric containing microencapsulated phase change materials［J］. Thermochimical Acta, 2010, 506（1）：82-93.

［15］LAZCANO M A G, YU W. Thermal performance and flammability of phase change material for medium and elevated temperatures for textile application［J］. Journal of Thermal Analysis & Calorimetry, 2014, 117（1）：9-17.

［16］庄秋虹，张正国，方晓明. 微纳米胶囊相变材料的制备及应用进展［J］. 化工进展，2006，15（4）：388-391.

［17］BENMOUSSA D, MOLNAR K, HANNACHE H, et al. Development of thermo-regulating fabric using microcapsules of phase change material［J］. Molecular Crystals and Liquid Crystals, 2016, 627（1）：163-169.

［18］ALAY S, ALKAN C, GD F. Steady-state thermal comfort properties of fabrics incorporated with microencapsulated phase change materials［J］. Journal of the Textile Institute, 2012, 103（7）：757-765.

［19］李倩，徐军. 智能凝胶在纺织服装领域的应用［J］. 合成纤维，2007，36（3）：26-29.

［20］OCIC D. Smart textile materials by surface modification with biopolymeric Systems［J］. Research Journal of Textile & Apparel, 2008, 12（2）：58-65.

［21］何文元，张思涵，徐凤飘. 智能变色纺织品变色过程的表征方法［J］. 海纺织科技，2014，42（2）：4-5.

［22］KARPAGAM K R, SARANYA K S, GOPINATHAN J, et al. Development of smart clothing for military applications using thermochromic Colorants［J］. Journal of the Textile Institute Proceedings and Abstracts, 2017, 108（7）：1122-1127.

［23］TRICOLI A, NASIRI N, DE S. Wearable and miniaturized sensor technologies for personalized and preventive medicine［J］. Advanced Functional Materials, 2017, 27（15）：1605271.1-1605271.19.

［24］苗冰杰，左祺，王春红，等. 电子智能纺织品在人体监测方面的研究进展［J］. 纺织导报，2019（15）：46-50.

［25］WANG Y D, QING X, ZHOU Q, et al. The woven fiber organic electrochemical transistors based on polypyrrole nanowires/ reduced graphene oxide composites for glucose sensing［J］. Biosensors & Bioelectronics, 2017, 95：138-145.

［26］COOSEMANS J, HERMANS B, PUERS R. Integrating wireless ECG monitoring in textiles：International Conference on Solid-state Sensors［C］. 2006.

［27］CUSTODIO V, HERRERA F J, LPEZ G, et al. A review on architectures and communications technologies for wearable health-monitoring systems［J］. Sensors, 2012, 12：13907-13946.

［28］吴艳，洪文进，沈雷，等. 定位元件在儿童服装设计中的近场定位性能［J］. 纺织学报，2015，36（11）：146-149.

［29］赵永霞，施楣梧. 新型电子智能纺织品的开发及应用［J］. 纺织导报，2010（7）：106-110.

［30］吴云，刘茜. 可穿戴智能纺织品研究现状及展望［J］. 棉纺织技术，2018（6）：79-84.

［31］CHERENACK K, VAN P L. Smart textiles：Challenges and opportunities［J］. Journal of Applied Physics, 2012, 112（09130）：1-14.

［32］马菡婧，马瑜，何源，等. 现代智能纺织品的分类及应用［J］. 上海纺织科技，2020，48（5）：14-17，19.

［33］杨丽丽. 智能纤维及智能纺织品的研究与开发［J］. 中国高新区，2017（5）：60-61.

［34］于宏亮，边鑫，乔翰文. 电子信息智能纺织品的发展［J］. 广东蚕业，2017，51（3）：32.

［35］姚连珍，杨文芳，乔艳丽. 智能纤维及其纺织品的研究进展［J］. 印染，2012（12）：43-46.

［36］施楣梧，肖红. 智能纺织品的现状和发展趋势［J］. 高科技纤维与应用，2010，35（4）：5-9.

［37］金隽. 新型智能纺织品的研究趋势及应用［J］. 辽东学院学报，2015，22（1）：69-72.

［38］尹博. 智能纺织品的研究现状与发展趋势［J］. 纺织报告，2017（7）：39-42.

［39］VIGO T. Textile processing and properties：preparation, dyeing, finishing and performance［M］. Amsterda：Elservier, 1977.

［40］葛一兰，李青山，崔占全. 智能纤维的现状与发展［C］. 第八届功能性纺

织品及纳米技术研讨会论文，2008（4）：182-188.

［41］吴艳平，董卫国. 电子智能纺织品的应用及发展趋势［J］. 山东纺织科技，2012（3）：38-39.

［42］窦明池，姜亚明. 电子信息智能纺织品的开发应用与展望［J］. 纺织科技进展，2006（2）：17-18.

［43］Gilsoo Cho, Keesam Jeong. Performance evaluation of textile-based electrodes and motion senser for smart clothing［J］. IEEE Sensors journal, 2011, 12（11）：3183-3192.

［44］Abdul Basit, Bernard Durand. Multi shape memory effect inshape memory polymer composites［J］. Materials letters, 2012（7）：220-222.

［45］ZOU Y, TAN P, SHI B, et al. A bionic stretchable nanoge/nerator for underwater sensing and energy harvesting［J］. Nature Communications, 2019, 10（1）：2695.

［46］LI J, LIU Q, HO D, et al. Three-dimensional graphene structure for healable flexible electronics based on Diels-Alder chemistry［J］. ACS Applied Materials & Interfaces, 2018, 10（11）：9727-9735.

［47］EE J, LLERENA ZAMBRANO B, WOO J, et al. Recent advances in 1 d stretchable electrodes and devices for textile and wearable electronics：Materials, fab-rications, and applications［J］. Advanced Materials, 2020, 32（5）：e1902532.

［48］刘旭华，苗锦雷，曲丽君，等. 用于可穿戴智能纺织品的复合导电纤维研究进展［J］. 复合材料学报，2021，38（1）：67-83.

［49］Hsu H C, Wu S J, Fu C C, et al. Cutting PCB with a 532nm DPSS green laser［C］. Mic-rosystems, Packaging, Assembly and Circuits Technology Conference（IMPACT），2014 9th International. IEEE, 2014：339-341.

［50］Abdelgawad M, Watson M W L, Young E W K, et al. Soft lithography：masters on demand［J］. Lab on a Chip, 2008, 8（8）：1379-1385.

［51］陈平. 基于丝网印刷技术的生物传感器研究［D］. 长沙：中南大学，2013.

［52］Hertleer C, Van Langenhove L, Rogier H. Printed textile antennas for off-body communication［J］. Advances in Science and Technology, 2009, 60：64-66.

［53］张荫楠. 智能安全防护用纺织品的研究和应用新进展［J］. 纺织导报，2017（S1）：94-103.

［54］Ilda Kazani, Carla Hertleer, Gilbert De Mey, et al. Electrical conductive textiles obtained by screen-printing［J］. Fibres & Textiles in Eastern Europe. 2012, 20（1）：57-63.

［55］Kazani L. Study of screen-printed electro-conductive textile materials［D］. Ghent：University Gent, 2012.

［56］Kim K S, Lee Y C, Kim J W, et al. Flexibility of silver conductive circuits screen-printed on a polyimide substrate［J］. Journal of nanoscience and nanotechnology, 2011, 11（2）：1493-1498.

［57］Yi Li. Inkjet printed flexible antenna on textile for wearable applications［C］//Russel Torah, Steve Beeby, John Tudor. In, 2012 Textile Institute World Conference. eprints soton, 2012.

［58］Yoshihiro Kawahara, Steve Hodges, Benjamin S. Cook, et al. Instant Inkjet Circuits：Lab-based Inkjet Printing to Support Rapid Prototyping of UbiComp Devieces［J］. UbiComp'13, 2014,（1）：363-372.

［59］Bidoki S M, McGorman D, Lewis D M, et al. Inkjet printing of conductive patterns on textile fabrics［J］. AATCCreview, 2005, 5（6）：17-22.

［60］Bidoki S M, Nouri J, Heidari A A. Inkjet deposited circuit components［J］. Journal of Micromechanics and Microengineering, 2010, 20（5）：55023-55029.

［61］Bailey T, Choi B J, Colbum M, et al. Step and flash imprint lithography：Template surface treatment and defect analysis［J］. Journal of Vacuum Science and Technology B, 2000, 18（6）：3572-3577.

［62］Choi W M, Park O O. A soft‐imprint technique for direct fabrication of submicron scale patterns using a surfacemodified PDMS mold［J］. Micro-electronicEngineerin-g, 2003, 70：131-136.

［63］Tapio Niemi. Nanoimprint Lithography for photonic devices［J］. Recent Optical and Photonic Technologies, 2010：284-285.

［64］肖渊，蒋龙，陈兰，等. 织物表面导电线路成形方法的研究进展［J］. 纺织导报，2015（8）：92-95.

［65］Xu Sheng, Zhang Yihui, Jia Lin, et al. Soft microfluidic assemblies of sensors, circuits, and radios for the skin［J］. Science, 2014, 344（6179）：70-74.

［66］Zhao Long, Chang Yan, Karen, et al. Alternating force based drop-on-demand microdroplet formation and three-dimensional deposition［J］. Journal of Manufacturing Science and Engineering, 2015, 137（3）：7-9.

［67］Sekitani T, Nakajima H, Maeda H, et al. Stretchable active-matrix organic light. emitting diode display using printable elastic conductors［J］. Nat Mater, 2009, 8（6）：494-499.

［68］Paul G, Torah R, Beeby S, et al. Novel active electrodes for ECG monitoring on woven textiles fabricated by screen and stencil printing［J］. Sensors and Actuators, A：Physical, 2015, 221：60-66.

［69］Liang J, Li L, Niu X, et al. Elastomeric polymer light-emitting devices and displays［J］. Nature Photonics, 2013, 7（10）：817-824.

［70］Webb R C, Bonifas A P, Behnaz A, et al. Ultrathin conformal devices for precise and continuous thermal characterization of human skin［J］. Nat Mater, 2013, 12（10）：938-944.

［71］Hua Q, Sun J, Liu H, et al. Skin-inspired highly stretchable and conformable matrix networks for multifunctional sensing［J］. Nat Commun, 2018, 9（1）：244.

［72］Kim D, Shin G, Kang Y J, et al. Fabrication of a Stretchable Solid-State Micro-Super capacitor Array［J］. ACS Nano, 2013, 7（9）：7975-7982.

［73］Li L, Lou Z, Han W, et al. Highly Stretchable Micro-Supercapacitor Arrays with Hybrid MWCNT/PANI Electrodes［J］. Advanced Materials Technologies, 2017, 2（3）：1600282.

［74］Molina-Lopez F, Gao T Z, Kraft U, et al. Inkjet-printed stretchable and low voltage synaptic transistor array［J］. Nat Comm004, 2019, 10（1）：2676.

［75］Oh JY, Rondeau-Gagne S, Chiu Y C, et al Intrinsically stretchable and healable semiconducting polymer for organic transistors［J］. Nature, 2016, 539：411-415.

［76］Park Y-G, An H S, Kim J-Y, et al. High-resolution, reconfigurable printing of liquid metals with three-dimensional structures［J］. Science Advances, 2019,

5：1–9.

［77］Hayes G J, Ju–Hee S, Qusba A, et al. Flexible Liquid Metal Alloy （EGaln） Microstrip Patch Antenna ［J］. IEEE Transactions on Antennas and Propagation, 2012, 60（5）：2151–2156.

［78］SEYEDIN S, ZHANG P, NAEBE M, et al. Textile strain sensors：a review of the fabrication technologies, performance evaluation and applications ［J］. Materials Horizons, 2019, 6（2）：219–249.

［79］魏锴，汪韬，王志勇，等. 仿生高分子界面涂层增强柔性电路黏附力和抗刮擦性能研究［J］. 中国科学：化学，2018，48（9）：1131–1140.

［80］CHOW J H, SITA R AMAN S K, MAY C, et al. Study of wearables with embedded electronics through experiments and simulations ［C］//2018 IEEE 68th Electronic Components and Technology Conference （ECTC）, 2018.

［81］HA R DY A, MONETA H A, SAKALYTE V, et al. Engineering a costume for performance using illuminated LED–yarns ［J］. Fibers, 2018, 6（2）：35：189–202.

［82］苏忠根. 射频识别天线蚀刻技术工艺流程及其精益化管理研究［J］. 科技管理研究，2014，34（1）：218–223.

［83］白欢，彭飞，张凯，等. 织物基UHF–RFID标签天线的制备及封装工艺初探［J］. 东华大学学报（自然科学），2020，46（2）：220–225.

［84］S. R. Mohd, Zaini , K. N. Abdul Rani 2018 IOP Conf. Ser. ：Mater. Sci. Eng. 318012050.

［85］胡吉永，杨旭东. 智能医疗纺织品的研究现状［J］. 纺织导报，2020（9）：51–56.

［86］熊莹，陶肖明. 智能传感纺织品研究进展［J］. 针织工业，2019（7）：8–12.

［87］L N Jin, F Shao, C Jin, et al. High–performance textile supercapacitor electrode materials enhanced with three–dimensional carbon nanotubes/graphene conductive network and in situ polymerized polyaniline ［J］. Electrochimica Acta, 2017, 249：387–394.

［88］郭小辉，黄英，毛磊东，等. 可穿戴式电子织物仿生皮肤设计与应用研究［J］. 仪器仪表学报，2016，37（4）：938–944.

［89］陈慧，王玺，丁辛，等．基于全织物传感网络的温敏服装设计［J］．纺织学报，2020，41（3）：118-123.

［90］N I U Difan，S U N Chao，W U Xiaoyu，et al．Performance optimization of textile based electrocardiogram electrode in different relative humidity［J］．Wool Textile Journal，2020，48（3）：15-20.

［91］吴荣辉．基于弹簧鞘复合线的柔性传感器及其受力电学行为表征［D］．上海：东华大学，2020.

［92］刘振，刘晓霞．基于心电信号采集与处理的刺绣型织物电极研究［J］．材料导报，2016，30（S2）：92-97.

［93］Y Kai，F Chris，T Russel，et al．Screen printed fabric electrode array for wearable functional electrical stimulation．2014, 213：108-115.

［94］王红梅．面向织物电极的心电采集设计与实现［D］．成都：电子科技大学，2018.

［95］X An，O Tangsirinaruenart，G K Stylios．Investigating the performance of dry textile electrodes for wearable end-uses［J］．The Journal of The Textile Institute，2019，110（1）：151-158.

［96］宋晋忠，严洪，宫国强，等．用于心电信号采集的织物电极技术研究进展［J］．传感器与微系统，2015，34（10）：4-7.

［97］朱靖达．可穿戴人体多生理参数监护系统［D］．南京：东南大学，2018.

［98］A B Nigusse，B Malengier，D A Mengistie，et al．Development of Washable Silver Printed Textile Electrodes for Long-Term ECG Monitoring［J］．Sensors，2020，20（21）：6233.

［99］肖翔．基于柔性电极的表面肌电信号采集与处理研究［D］．成都：电子科技大学，2018.

［100］J W Lee，S Wang，C Albers，et al．Garment-based EMG system for intra-spacesuit biomechanics analysis［C］．Proceedings of the 2018 ACM International Symposium on Wearable Computers，2018：272-277.

［101］徐天源．基于柔性织物脑电电极的虚拟现实情绪分类系统［D］．广州：华南理工大学，2020.

［102］K P Gao，G C Shen，N Zhao，et al．Wearable multifunction sensor for the detection of forehead EEG signal and sweat rate on skin simultaneously［J］．IEEE

Sensors Journal, 2020, 20（18）：10393-10404.

［103］侯冲. 基于眼电的睡眠眼罩监测系统的研究与设计［D］. 杭州：浙江大学，2018.

［104］A J Golparvar, M K Yapici. Wearable graphene textile-enabled EOG sensing ［C］//2017 IEEE SENSORS. IEEE, 2017：1-3.

［105］杨璨，赖慧娟. 纺织电极在心电监测服装设计中的应用及发展［J］. 产业用纺织品，2019，37（6）：8-12，37.

［106］段亚茹. 聚吡咯/棉织物心电电极的制备和性能评价［D］. 上海：东华大学，2014.

［107］L Wang, L Wang, Y Zhang, et al. Weaving sensing fibers into electrochemical fabric for real-time health monitoring［J］. Advanced Functional Materials, 2018, 28（42）：1804456.

［108］P Westbroek, G Priniotakis, E Palovuori, et al. Quality control of textile electrodes by electrochemical impedance spectroscopy［J］. Textile research journal, 2006, 76（2）：152-159.

［109］丁鑫，金雷，刘诺，等. 基于织物电极的非接触便携式睡眠心电监测系统设计［J］. 北京生物医学工程，2012，31（3）：293-297.

［110］胡瑶. 用于生物电信号测量的柔性纺织电极的设计与应用［D］. 天津：工业大学，2018.

［111］李红利，于军，肖磊，等. 一种可穿戴多生理信号采集系统［J］. 天津工业大学学报，2019，38（2）：57-61.

［112］J V Lidón-Roger, G Prats-Boluda, Y Ye-Lin. Textile Concentric Ring Electrodes for（ECG）Recording Based on Screen-Printing Technology［J］. Sensors, 2018, 18（1）：300.

［113］叶华标，周金利，张焕焕，等. 起绒织物心电电极的制备及其应用［J］. 上海纺织科技，2020，48（4）：14-18.

［114］Zhang Y, et al. Weaving sensing fibers into electrochemical fabric for real - time health monitoring［J］. Advanced Functional Materials, 2018, 28（42）：1804456.

［115］Arquilla K, Webb AK, Anderson A P. Anderson. Textile Electrocardiogram （ECG）Electrodes for Wearable Health Monitoring［J］. Sensors, 2020, 20

（4）：1013.

[116] Qin Haiming et al. Novel Wearable Electrodes Based on Conductive Chitosan Fabrics and Their Application in Smart Garments [J]. Materials （Basel, Switzerland）, 2018, 11（3）：370.

[117] 肖明. 交互式的织物和智能纺织品 [C]. 提高全民科学素质，建设创新型国家-2006 中国科协年会论文（下册）. 北京：2006中国科协年会，2006：116-125.

[118] ZENG W, SHU L, LI Q, et al. Fiber-based wearable electronics：a review of materials, fabrication, devices, and applications [J]. Advanced Materials, 2014, 26（31）：5310-5036.

[119] WENG W, CHEN P, HE S, et al. Smart electronic textiles [J]. Angewandte Chemie International Edition, 2016, 55（21）：6140-6169.

[120] 李法利，李晟斌，曹晋玮，等. 弹性敏感材料与传感器件 [J]. 材料导报. 2020, 34（1）：59-68.

[121] 骆泽纬，田希悦，范基辰，等. 智能时代下的新型柔性压阻传感器 [J]. 材料导报, 2020, 34（1）：69-79.

[122] 谢浩月，唐虹，顾琳燕，等. 基于温湿度监测功能的智能消防内衣研究 [J]. 针织工业, 2019（5）：58-62.

[123] WANG F, LIU S, SHU L, et al. Low-dimensional carbon based sensors and sensing network for wearable health and environmental monitoring [J]. Carbon, 2017, 121（1）：353-367.

[124] WANG X, TAO X, SO R C H, et al. Monitoring elbow isometric contraction by novel wearable fabric sensing device [J]. Smart Materials and Structures, 2016, 25（12）：125022.

[125] MANNSFELD S C B, TEE B C K, STOLTENBERG R M, et al. Highly sensitive flexible pressure sensors with micro-structured rubber dielectric layers [J]. Nat. Mater. , 2010, 9：859-864.

[126] KIM J, KIM M, LEE M S, et al. Wearable smart sensor systems integrated on soft contact lenses for wireless ocular diagnostics [J]. Nat. Commun. , 2017, 8：14997.

[127] SCHWARTZ G, TEE B C K, MEI J, et al. Flexible polymer transistors with high

pressure sensitivity for application in electronic skin and health monitoring [J].
Nat. Commun. , 2013, 4: 1859.

[128] DAGDEVIREN C, SHI Y, JOE P, et al. Conformal piezoelectric systems for
clinical and experimental characterization of soft tissue biomechanics [J].
Nat. Mater. , 2015, 14: 728-736.

[129] KIM J H, KIM B, KIM S-W, et al. High-performance coaxial piezoelectric
energy generator (C-PEG) yarnofCu/PVDF-TrFE/PDMS/Nylon/Ag [J].
Nanotechnology, 2021, 32: 145401.

[130] ALOI G, CALICIURI G, FORTINO G, et al. Enabling IoT Interoperability through
opportunistic smartphone-based mobile gateways [J]. Network and Computer
Applica-tions, 2017 (6): 74-84.

[131] PERSANO L, DAGDEVIREN C, SU Y et al. High performance piezoelectric
devices based on aligned arrays of nanofifibers of poly (vinylideneflfluoride-co-
triflfluoroethylene) [J]. Nature Communication, 2013, 4: 1633.

[132] DAGDEVIREN C, SU Y, JOE P, et al. Conformable amplified lead zirconate
titanate sensors with enhanced piezo. electric response for cutaneous pressure
monitoring [J]. Nature Communication, 2014, 5: 4496.

[133] SHIN S H, JI S, CHOI S, et al. Integrated arrays of air-dielectric graphene transistors
as transparent active-matrix pressure sensors for wide pressure ranges [J].
Nature Communications, 2017 (8): 14950.

[134] 钟意. 可穿戴智能设备的发展现状与前景展望 [J]. 电子技术与软件工
程, 2017 (1): 96.

[135] 张富强, 王运赣, 孙健, 等. 快速成形在生物医学工程中的应用 [M].
北京: 人民军医出版社, 2009.

[136] KANG D, PIKHITSA P V, CHOI Y W, et al. Ultrasensitive mechanical crack-
based sensor inspired by the spider sensory system [J]. Nature, 2014, 516:
222-226.

[137] PARK S, KIM H, VOSGUERITCHIAN M, et al. Stretchable energy-harvesting
tactile electronic skin capable of differentiating multiple mechanical stimuli modes
[J]. Advanced Materials, 2014, 26: 7324-7332.

[138] ZANG Y, ZHANG F, HUANG D, et al. Flexible suspended gate organic thin-

fifilm transistors for ultra-sensitive pressure detection ［J］. Nature. Communication. , 2015, 6: 6269.

［139］ SHIN S-H, JI S, CHOI S, et al. Integrated arrays of air-dielectric graphene transistors as transparent active-matrix pressure sensors for wide pressure ranges ［J］. Nature Communication, 2017, 8: 14950.

［140］ TRUNG T Q, LEE N E. Flexible and stretchable physical sensor integrated platforms for wearable uman-activity monitoring and personal healthcare ［J］. Advanced Materials, 2016, 28: 4338-4372.

［141］ AMJADI M, KYUNG K U, PARK I, et al. Stretchable, skin-mountable, and wearable strain sensors and their potential applications: a review ［J］. Advanced Functional Materials, 2016, 26: 1678-1698.

［142］ SMITH C S. Piezoresistance effect in germanium and silicon ［J］. Phys. Rev. , 1954, 94: 42-49.

［143］赵永霞, 施楣梧. 新型电子智能纺织品的开发及应用［J］. 纺织导报, 2010 (7): 106-110.

［144］ BOLAND C S, K HAN U, BACKES C, et al. Sensitive, high strain, high-rate bodily motion sensors based on graphene rubber composites ［J］. ACS Nano, 2014, 8: 8819-8830.

［145］ WANG Y, WANG L, YANG T, et al. Wearable and highly sensitive graphene strain sensors for human motion monitoring ［J］. Advanced-Functional Materials, 2014, 24: 4666-4670.

［146］ XIAO X, YUAN L, ZHONG J, et al. High-strain sensors based on ZnO nanowire / polystyrene hybridized flexible films ［J］. Advanced Materials, 2011, 23: 5440-5444.

［147］ BOLAND C S, KHAN U, BACKES C, et al. Sensitive, high-strain, high-rate bodily motion sensors based on graphene rubber composites ［J］. ACS, Nano, 2014, 8: 8819-8830.

［148］ WANG Y, WANG L, YANG T, et al. Wearable and highly sensitive graphene strain sensors for human motion monitoring ［J］. Adv. Functional Materials, 2014, 24: 4666-4670.

［149］孙婉, 缪旭红, 王晓雷, 等. 柔性压力电容传感器的研究进展［J］. 上海纺

织科技, 2019（7）: 1-4.

[150] SONG Z Y, ZHANG X Y, LI X S, et al. Flexible and stretchable energy storage device based on Ni（HCO$_3$）nanosheet decorated carbon nanotube electrodes for capacitive sensor [J]. Journal of The Electrochemical Society, 2019, 166（16）: A4014-A4019.

[151] CHOI D Y, KIM M H, OH Y S, et al. Highly stretchable, hysteresis-free ionic liquid-based strain sensor for precise human motion monitoring [J]. ACS Appl. Mater. Interfaces, 2017, 9: 1770-1780.

[152] FRUTIGER A, MUTH J T, VOGT D M, et al. Capacitive soft strain sensors via multicore-shell fiber printing [J]. Advanced-Materials, 2015, 27: 2440-2446.

[153] COHEN D J, MITRA D, PETERSON K, et al. A highly elastic, capacitive strain gauge based on percolating nanotube networks [J]. Nano-Letter, 2012, 12: 1821-1825.

[154] LIPOMI D J, VOSGUERITCHIAN M, TEE B C K, et al. Skin like pressure and strain sensors based on transparent elastic fifilms of carbon nanotubes [J]. Nature Nanotechnology, 2011, 6: 788-792.

[155] FRUTIGER A, MUTH J T, VOGT D M, et al. Capacitive soft strain sensors via multicore-shell fiber printing [J]. Advanced Materials, 2015, 27: 2440-2446.

[156] YIN Mingjie, YIN Zhigang, ZHANG Yangxi, et al. Micro-patterned elastic ionic polyacrylamide hydrogel for low-volt age capacitive and organic thin-film transistor pressure sensors [J]. Nano-Energy, 2019, 58: 96-104.

[157] 唐宇, 刘传菊. 光纤传感器及其研究现状 [J]. 科技资讯, 2009（17）: 17-18.

[158] 田新宇, 杨昆, 张诚. 光纤布拉格光栅脉搏传感织物的设计 [J]. 纺织学报, 2016, 37（10）: 38-41.

[159] 杨昆, 王飞翔, 张诚. 宏弯光纤应变传感经编织物的设计 [J]. 纺织学报, 2017, 38（8）: 44-49.

[160] 曲道明, 孙广开, 孟凡勇, 等. 光纤植入聚酰亚胺薄膜柔性曲率传感器 [J]. 仪器仪表学报, 2019, 40（1）: 109-116.

［161］熊莹，陶肖明. 智能传感纺织品研究进展［J］. 针织工业，2019（7）：8-12.

［162］HUGHES -RILEY T, LUGODA P, DIAS T, et al. A Study of thermistor performance within a textile structure［J］. Sensors, 2017, 17（8）：1804.

［163］ZHOU G, BYUN J H, OH Y, et al. Highly sensitive wearable textile-based humidity sensor made of high-strength, single-walled carbon nanotube/poly（vinylalcohol）filaments［J］. ACS Applied Materials & Interfaces, 2017, 9（5）：4788-4797.

［164］LI Q, ZHANG L N, TAO X M, et al. Review of flexible temperature sensing networks for wearable physiological monitoring［J］. Advanced Healthcare Materials, 2017, 6（12）：1601371.

［165］LUGODA P, HUGHES-RILEY T, MORRIS R, et al. A wearable textile thermograph［J］. Sensors, 2018, 18（7）：2369.

［166］LI Q, CHEN H, RAN Z Y, et al. Full fabric sensing network with large deformation for continuous detection of skin temperature［J］. Smart Materials and Structures, 2018, 27（10）：105017.

［167］HUSAIN M D, KENNON R, DIAS T. Design and fabrication of temperature sensing fabric［J］. Journal of Industrial Textiles, 2014, 44（3）：398-417.

［168］CASTANO L M, FLATAU A B. Smart fabric sensors and e-textile technologies：a review［J］. Smart Materials and Structures, 2014, 23（5）：053001.

［169］MECNIKA V, HOERR M, JOCKEHOEFEL S, et al. Preliminary study on textile humidity sensors［F］. Smart Sys Tech 2015：European Conference on Smart Objects, Systems and Technologies. Aachen：VDE, 2015：1-9.

［170］TESSAROLO M, GUALANDI I, FRABONI B. Recent progress in wearable fully textile chemical sensors［J］. Advanced Materials Technologies, 2018, 3（10）：1700310.

［171］WANG Y, QING X, ZHOU Q, et al. The woven fiber organic electrochemical transistors based on polypyrrole nanowires/reduced graphene oxide composites for glucose sensing［J］. Biosensors and Bioelectronics, 2017, 95（1）：138-145.

［172］ZHAO J, WU G, HU Y, et al. A wearable and highly sensitive CO sensor with a macroscopic polyaniline nanofiber membrane［J］. Journal of Materials Chemistry A, 2015, 3（48）: 24333–24337.

［173］PARRILLA M, CANOVAS R, JEEPAPAN I, et al. A textile–based stretchable multion potentiometric Sensor［J］. Advanced Healthcare Materials, 2016, 5（9）: 996–1001.

［174］SINGH E, MEYYAPPAN M, NALWA H S. Flexible graphene–based wearable gas and chemical sensors［J］. ACS Applied Materials & Interfaces, 2017, 9（40）: 34544–34586.

［175］Eggers J. Theory of drop formation［J］. Physics of Fluids, 1995, 7（5）: 941–953.

［176］Vaught J L, Cloutier F L, Donald D K, et al. Thermal ink jet printer: U. S. Patent 4, 490, 728［P］. 1984–12–25.

［177］Gao C. Progress in inkjet technique and its applications［J］. Journal of Inorganic Materials, 2004, 19（4）: 714–722.

［178］齐乐华, 钟宋义, 罗俊. 基于均匀金属微滴喷射的3D打印技术［J］. 中国科学, 2015, 45（2）: 212–223.

［179］VAEZI M, CHUA C. Effect of layer thickness and binder saturation level parameters on 3D printing process［J］. The International Journal of Advanced Manufacturing Technology, 2011, 53（1）: 275–284.

［180］Goldin M, Yerushalmi J, Pfeffer R, et al. Breakup of a laminar capillary jet of a viscoelastic fluid［J］. Journal of Fluid Mechanics, 1969, 38（4）: 689–771.

［181］Renardy M. A numerical study of the asymptotic evolution and breakup of Newtonian and viscoelastic jets［J］. Journal of Non–Newtonian Fluid Mechanics, 1995, 59（2–3）: 267–282.

［182］Shimasaki S, Taniguchi S. Formation of uniformly sized metal droplets from a capillary jet by electromagnetic force［J］. Applied Mathematical Modelling, 2011, 35（4）: 1571–1580.

［183］Orme M, Liu Q B, Smith R. Molten aluminum micro–droplet formation and deposition for advanced manufacturing applications［J］. Aluminum Transactions Journal, 2000, 3（1）: 95–103.

[184] Liu Q, Leu M C, Orme M. Amplitude modulated droplet formation in high precision solder droplet printing [A]. International Symposium and Exhibition on Advanced Packaging Materials Processes, Properties and Interfaces [C]. 2001.

[185] Liu Q, Orme M. High precision solder droplet printing technology and the state-of-the-art [J]. Journal of Materials Processing Technology, 2001, 115（3）: 271–283.

[186] Tsai M, Hwang W, Sung W, et al. Micro droplet behaviors of molten lead free solder using inkjet printing technique [A] //12th International Conference on Modeling of Casting, Welding, and Advanced Solidification Processes [C]. 2009.

[187] Tsai M H, Hwang W S, Chou H H. The micro–droplet behavior of a molten lead-free solder in an inkjet printing process [J]. Journal of Micromechanics and Microengineering, 2009, 19（12）: 1–10.

[188] 罗志伟, 赵小双, 罗莹莹, 等. 微滴喷射技术的研究现状及应用 [J]. 重庆理工大学学报: 自然科学版, 2015, 29（5）: 27–32.

[189] 王运赣, 张祥林. 微滴喷射技术自由成形 [M]. 武汉: 华中理工大学出版社, 2009.

[190] 吴姗. 织物表面微滴喷射打印成形微细导线基础研究 [D]. 西安: 西安工程大学, 2017.

[191] 陶院, 杨方, 罗俊, 等. 基于应力波驱动的金属微滴按需喷射装置开发及实验研究 [J]. 机械工程学报, 2013, 49（7）: 162–167.

[192] 谢丹, 张鸿海, 舒霞云, 等. 气动膜片式微滴喷射装置理论分析与实验研究 [J]. 中国机械工程, 2012, 23（14）: 1732–1737.

[193] 申松. 微滴撞击织物表面沉积过程数值模拟及实验研究 [D]. 西安: 西安工程大学, 2016.

[194] Davis R D, Jacobs M I, Houle F A, et al. Colliding–Droplet Microreactor: Rapid On–Demand Inertial Mixing and Metal–Catalyzed Aqueous Phase Oxidation Processes [J]. Analytical chemistry, 2017, 89（22）: 12494–12501.

[195] Li K, Liu J, Chen W, et al. Controllable printing droplets on demand by piezoelectric inkjet: applications and methods [J]. Microsystem Technologies,

2017：1-11.

［196］ Harris D M, Liu T, Bush J W, et al. A low-cost, precise piezoelectric droplet-on-demand generator［J］. Experiments in Fluids, 2015, 56（4）：83-89.

［197］ Lee T, Kang T G, Yang J, et al. Drop-on-demand solder droplet jetting system for fabricating microstructure［J］. IEEE T Electron Pack, 2008, 31：202-210.

［198］ Cao W B, Miyamoto Y. Freeform fabrication of aluminum parts by direct deposition of molten aluminum［J］. Journal of Materials Processing Technology, 2006, 173（2）：209-212.

［199］ Jiang X S, Qi L H, Luo J, Zeng X H. Influences of disturbance frequency on the droplet generation for micro droplet deposition manufacture ［J］. Proceedings of the Institution of Mechanical Engineers, Part B：Journal of Engineering Manufacture, 2009, 223（12）：1529-1539.

［200］ 晁艳普，齐乐华，罗俊，等. 金属熔滴沉积制造中STL模型切片轮廓数据的获取与实验验证［J］. 中国机械工程，2009，20（22）：2701-2705.

［201］ 高胜东，姚英学，崔成松. 射流超声破碎制取球状金属均匀粉末［J］. 压电与声光，2007，29（2）：193-195.

［202］ 吴萍，田雅丽，姜恩永，等. Sn-Pb合金颗粒异质成核及其冷却凝固行为预测［J］. 化学物理学报，2004，17（4）：471-475.

［203］ 于洋，史耀武，夏志东，等. 均匀液滴喷射成球法的射流速度计算［J］. 电子元件与材料，2007，26（10）：57-59.

［204］ 高辉. 压电陶瓷微滴喷射快速成形工艺与控制的研究［D］. 兰州：兰州理工大学，2010.

［205］ 刘赵淼，徐元迪，逄燕，等. 压电式微滴按需喷射的过程控制和规律［J］. 力学学报，2019，51（4）：1031-1042.

［206］ 谢丹，张鸿海，舒霞云，等. 气动膜片式多材料微液滴按需喷射技术研究［J］. 中国科学：技术科学，2010（7），40（7）：794-801.

［207］ 魏大忠，张人佶，吴任东，等. 压电微滴喷射装置的设计［J］. 清华大学学报（自然科学版），2004，44（8）：1107-1110.

［208］ 魏大忠，张人佶，吴任东，等. 压电驱动微滴喷射过程的数学模型［J］. 中国机械工程，2005，16（7）：611-614.

［209］ 杨利军，李茜，朱晓阳，等. 射频识别标签天线的按需微喷射制备［J］.

光学精密工程，2016，24（1）：73–82.

［210］杨利军，陆宝春，朱晓阳，等. 数字化微喷射技术制备聚合物薄膜电阻［J］. 光学精密工程，2015，23（6）：1598–1604.

［211］Duan B, Kapetanvic E, Hockaday L A, et al. 3D printed trileaflet valve conduits using biological hydrogels and human valve Interstitial cells［J］. acta biomaterial, 2014, 10（5）：1836–1846.

［212］Hockaday L A, Kang K H, Colangelo N W, et al. Rapid 3D printing of anatomically accurate and mechanically heterogeneous aortic valve hydrogel scaffolds［J］. Bifabrication, 2012, 4（3）：035005.

［213］Duan B, Hockaday L A, Kang K H, et al. 3D bio-printing of heterogeneous aortic valveconduits with alginate/gelatin hydrogels［J］. Journal of Biomedical materials research Part A, 2013, 101A（5）：1255–1264.

［214］Hockaday L A, Duan B, Kang K H, et al. 3D-printed hydrogel technologies for tissue-engineered heart valves［J］. 3d printing & additive manufacturing, 2014, 1（3）：122–136.

［215］NEGRO A, CHERBUIN T, LUTOLF M P. 3D Inkjet Printing of Complex, Cell-Laden Hydrogel Structures［J］. Scientific reports, 2018, 8（1）：17099.

［216］Cui X, Boland T. Human microvasculature fabrication using thermal inkjet printing technology［J］. Biomaterials, 2009, 30（31）：6221–6227.

［217］Zhu W, Tringale K R, Woller S A, et al. Rapid continuous 3D printing of customizable peripheral nerve guidance conduits［J］. Materials Today, 2018, 21（9）：951–959.

［218］ALEXANDER G. Information technology at NYU［EB/OL］.［2006-10–12］.

［219］DE GANS B I, DUINEVELD P C, SCHUBERT U S, et al. Inkjet Printing of polymers：state of the art and future developments［J］. Advanced-Materials, 2004, 16（3）：203–213.

［220］Shahariar H, Kim I, Soewardiman H, et al. Inkjet Printing of Reactive Silver Ink on Textiles［J］. ACS applied materials & interfaces, 2019, 11（6）：6208–6216.

［221］Liu Y F, Hwang W S, Pai Y F, et al. Low temperature fabricated conductive lines on flexible substrate by inkjet printing［J］. Microelectronics reliability, 2012, 52（2）: 391-397.

［222］詹俊赋. 液态金属基柔性电子器件3D同轴打印研究［D］. 杭州: 浙江大学, 2018.

［223］舒霞云. 气动膜片式金属微滴喷射理论与实验研究［D］. 武汉: 华中科技大学, 2009.

［224］HAYES D J, COX W R, WALLACE D B. Printing system for MEMS packaging ［C］. Proceedings of SPIE, Reliability, Testing, and Characterization of MEMS/MOEMS, San Francisco: Micro-Fab Technologies, Inc, 2001, 4558（1）: 206-2.

［225］Adams J J, Duoss E B, Malkowski T F, et al. Conformal printing of electrically small antennas on three - dimensional surfaces［J］. Advanced Materials, 2011, 23（11）: 1335-1340.

［226］Zhou N, Liu C, Lewis J A, et al. Gigahertz electromagnetic structures via direct ink writing for radio - frequency oscillator and transmitter applications［J］. Advanced Materials, 2017, 29（15）: 1605198.

［227］Wu S Y, Yang C, Hsu W, et al. 3D-printed microelectronics for integrated circuitry and passive wireless sensors［J］. Microsystems & Nanoengineering, 2015, 1: 15013.

［228］Li K, Liu J, Chen W, et al. Controllable printing droplets on demand by piezoelectric inkjet: applications and methods［J］. Microsystem Technologies, 2017: 1-11.

［229］Vaithilingam J, Saleh E, Körner L, et al. 3-Dimensional inkjet printing of macro structures from silver nanoparticles［J］. Materials & Design, 2018, 139: 81-88.

第2章 微滴喷射系统的设计与实现

在织物基表面柔性元件喷射打印过程，主要采用两种沉积方法，即微滴喷射打印化学反应沉积成形以及微滴喷射打印原电池置换沉积成形技术，在成形过程中，设计出操作简单、易于控制的微滴喷射系统是制备柔性元件的前提和基础。

2.1 微滴喷射沉积成形基本原理

2.1.1 微滴喷射打印化学反应沉积成形技术

微滴喷射打印化学反应沉积成形技术的基本原理是将硝酸银与抗坏血酸微滴依照逐点沉积方式打印到基板表面，并在指定位置发生氧化还原反应生成银单质，该方法采用化学反应沉积成形的方法直接在织物表面精确打印柔性元件，因而喷射材料应具有反应能力强，腐蚀性小、无毒、安全性高等特性，综合考虑金属材料的性能，本文选择银盐作为喷射材料，通过银盐溶液和其还原剂在室温条件下发生化学反应得到银单质。通常情况下使用的银盐有硝酸银、月桂酸银、柠檬酸银等；还原剂有：乙二醇、$NaBH_4$、三乙胺、抗坏血酸等。实验考虑到安全、易操作、成本低等问题，选用金属盐为硝酸银，还原剂为抗坏血酸。两者发生氧化还原反应生成银单质，其反应方程式如式（2-1）所示。

$$2AgNO_3+C_6H_8O_6 =\!=\!= C_6H_6O_6+2HNO_3+2Ag\downarrow \qquad (2\text{-}1)$$

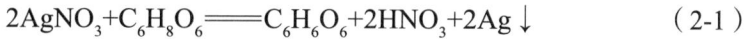

由式（2-1）可以看出硝酸银和抗坏血酸是以2：1（质量比）的比例发生反应，为了保证反应能够完全进行，喷射打印实验中可增加抗坏血酸的用量。

其沉积成形原理示意图如图2-1所示。

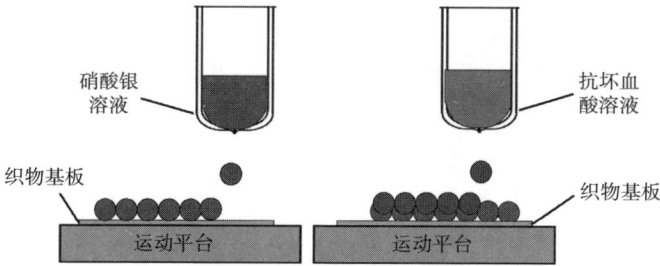

图2-1 打印沉积成形原理示意图

2.1.2 微滴喷射打印原电池置换沉积成形技术

在上述研究基础上，为进一步提高沉积线路的导电特性，本节提出了微滴喷射打印原电池置换沉积技术，该技术涉及以织物为基底发生的两种化学反应——氧化还原反应与置换反应。氧化还原反应阶段，以硝酸银金属盐溶液作为反应的氧化剂，以抗坏血酸溶液作为反应的还原剂，按照反应方程式（2-1）发生反应；置换反应阶段，在氧化还原反应以硝酸银溶液为氧化剂的基础上，选择金属铜单质构成原电池反应的阳极，以式（2-2）发生反应。

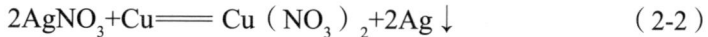

$$2AgNO_3+Cu =\!=\!= Cu（NO_3）_2+2Ag\downarrow \qquad （2\text{-}2）$$

整个反应过程为将硝酸银溶液按照要求喷射至被抗坏血酸溶液浸湿的织物上，如图2-2（a）所示。首先，产生的硝酸银微滴与抗坏血酸在织物上层发生氧化还原反应，不断在织物上层沉积银单质；而随着硝酸银微滴的喷射总量的增加以及其在织物中的铺展、渗透等作用，硝酸银溶液则会与织物下方的铜基板接触，发生置换反应，如图2-2（b）所示，随着反应的发生，织物纱线周围附集众多纳米银原子，与下方铜基板以及整个反应体系溶液构成了众多微小铜—银原电池，不断生成银单质于织物纱线表面，最终形成织物基柔性金属元件。

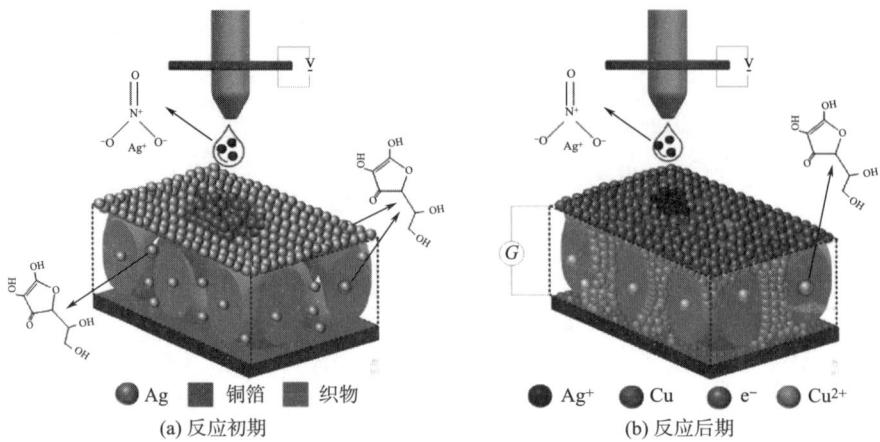

（a）反应初期　　　　　　　　　　　（b）反应后期

图2-2　织物基柔性器件成形原理图

2.2　气动式微滴按需喷射系统的设计与实现

本节依据微滴喷射打印化学反应沉积成形技术的原理和要求，设计了气动式双喷头微滴喷射系统，包括微滴按需喷射控制系统、微滴图像采集系统和运动控制系统等平台为一体的实验装置，为后续喷射打印沉积实验研究奠定了基础。

2.2.1　气动式微滴按需喷射系统的功能及总体方案

气动式按需喷射系统是将腔体内不同溶液材料，在气体压力的作用下从喷嘴中喷出，通过精确控制微滴的按需喷射过程，得到均匀的微滴和稳定的喷射过程。要实现上述目的，搭建的实验平台系统应满足以下功能：

①实现不同溶液材料的按需喷射。要实现不同溶液材料的按需喷射，首先要确保腔体不会与喷射溶液发生化学反应，且设计的系统装置具有结构可靠、简单和参数可调等特点。

②压力控制系统和运动控制系统。在气动式微滴喷射的过程中，喷射溶液在气体压力的驱动下，从腔体的微喷嘴中喷出形成微小液滴，因此，腔体内的喷射气体的压力大小对微滴的喷射过程具有重要作用，这就需要有实现压力可

控的控制系统。

③微滴产生过程的图像采集。在微滴喷射过程中，由于产生的微滴尺寸较小，属于微米级，肉眼难以直接观察，需要图像采集系统对微滴的图像进行采集，通过采集到的微滴图像来确定微滴的均匀性、稳定性以及控制参数的调节等。

根据上述实验系统功能的分析，本书设计的气动式双喷头微滴喷射系统总体结构如图2-3所示。

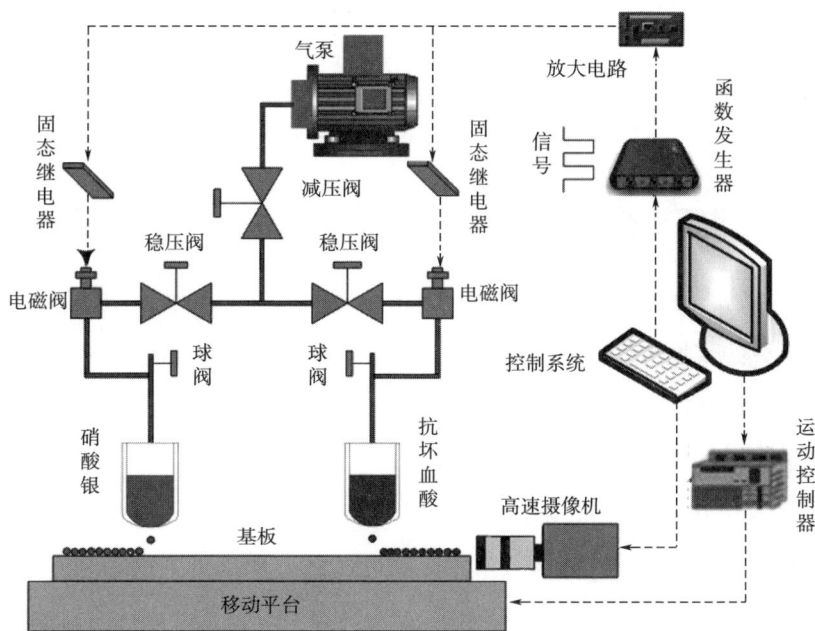

图2-3 气动式微滴喷射系统示意图

如图2-3所示，搭建的气动式双喷头微滴喷射系统主要由调节机构、微滴产生装置、喷射控制系统、图像采集系统及运动控制系统组成。其内部构成及功能见表2-1。

表2-1 气动式双喷头微滴喷射系统基本构成

喷射系统组成	内部构成	功能
调节机构	升降机构、水平微调机构	调节沉积高度和水平位置

喷射系统组成	内部构成	功能
微滴产生装置	腔体、上盖、压盖	产生均匀细小的微滴
喷射控制系统	控制电路、气路控制	实现电磁阀的通断
图像采集系统	相机、LED光源	捕捉微滴产生的动态过程
运动控制系统	移动平台、运动控制器	实现移动平台按指定运动轨迹运动

在系统按需稳定喷射条件下，以上喷射系统等五部分相互共同作用，为微滴喷射打印导线电路奠定基础，下面对这几部分进行详细叙述。

2.2.2　调节机构的设计

微滴喷射系统在打印成形导线时，由于沉积高度对微滴发散距离有重要影响，因此要使喷嘴与基板距离可调节，便于在实验中寻求最佳的沉积高度，设计了可用于升降的调节装置。同时，为了对处于水平位置的腔体进行水平微调，特设计了水平微调装置。

2.2.2.1　升降机构的设计

在微滴喷射沉积的过程中，由于随着沉积高度的增加，微滴的发散程度变大。因此，需设计喷头的升降装置用以实现微滴的沉积高度的调节。图2-4为根据设计要求设计的升降装置模型图。

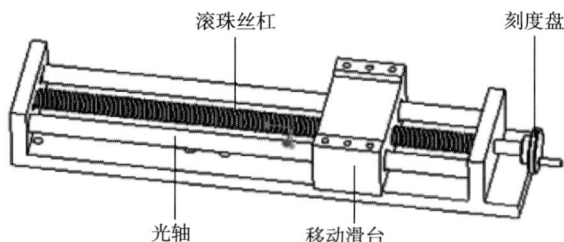

图2-4　升降装置模型图

2.2.2.2 水平微调机构的设计

在微滴喷射过程中，为了对腔体的水平位置进行调节，设计了一种水平调节机构，该调节机构水平最小微调距离可达0.01mm，可满足实验的微调要求，图2-5为设计的水平微调装置模型图。

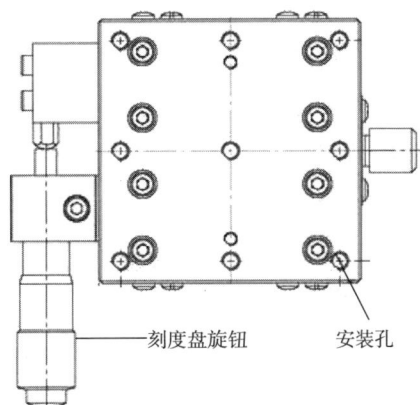

刻度盘旋钮　　安装孔

2.2.3 微滴发生装置结构的设计

微滴发生装置是实现均匀微滴产生的

图2-5　水平微型调节装置模型图

重要部件，主要由腔体喷嘴、夹持装置等组成，本节将对腔体喷嘴、夹持装置等进行介绍。

腔体作为微滴发生装置在实验中需使用腔体作为溶液载体，因此，要求其材料不能与溶液发生反应，所以要求其制作材料为惰性材料，具有黏附性小、结构简单等特点，图2-6为设计的腔体喷嘴结构模型图。由于加工完成的喷嘴尖端部分为封闭式结构不能直接进行溶液的喷射，因此，需要对其进行磨制和抛光过程以及疏水化处理。

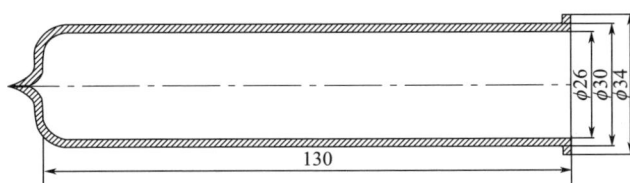

图2-6　腔体喷嘴模型

2.2.3.1 腔体喷嘴的磨制

由于加工完成的腔体尖嘴处处于完全封闭状态，因此，不能直接使用，需对其进行磨制，磨制的目的是将喷嘴尖端处的封闭区域去掉，磨出所需的喷嘴。由于其经过粗磨、细磨后的粗糙度较大，不能够直接用于喷射。因此，为保证腔体喷嘴表面光滑，需对其进行抛光，抛光材料选用绸类布料。

2.2.3.2　腔体喷嘴的疏水化处理

由于玻璃材料属于亲水性材料，在喷射水溶性液体时，一部分液体会聚集在腔体喷嘴端面，影响后续的微滴喷射。因此，需对喷嘴进行疏水化处理。处理过程是首先将磨制好的腔体喷嘴在蒸馏水中冲洗干净，利用吹风机吹干后，随后将喷嘴尖端处置于602A溶液中几秒，后将喷嘴置于120℃的马弗炉中恒温保持超过10min，即可得到疏水性薄膜。图2-7为加工和磨制完成带有喷嘴的腔体。

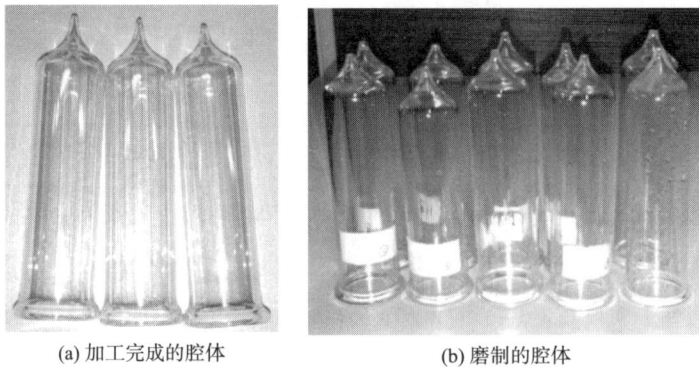

(a) 加工完成的腔体　　　　(b) 磨制的腔体

图2-7　实验所用腔体

2.2.4　控制系统的设计

控制系统作为实验平台的核心组成部分，由喷射控制系统、运动控制系统和图像采集系统三部分组成，这三部分相互作用实现对微滴的喷射控制、沉积成形及微滴图像采集等工作。喷射控制系统主要由电路控制部分和气路控制部分组成，主要用来控制微滴的喷射。运动控制系统主要由控制器和移动平台等组成，实现微滴喷射沉积成形的控制。图像采集系统主要由高速摄像机、LED光源等组成，实现对微滴整个喷射过程的图像采集，本节通过对上述系统的设计，为后续沉积成形柔性器件奠定基础。

2.2.4.1　喷射控制系统的设计

喷射控制系统主要由电路控制部分和气路控制部分组成。

（1）电路控制部分

主要由计算机控制的函数发生器发出方波信号，经放大电路进行放大后，再经固态继电器，最后对电磁阀的通断进行控制，图2-8为信号控制流程图。

图2-8　信号控制流程图

（2）气路控制部分

由于系统以压缩气体为产生微滴的驱动源。因此，气路控制部分的稳定与否对后续能否产生均匀、微小的液滴至关重要。主要以气泵产生压缩气体为动力源，压缩气体经减压阀减压后，经稳压阀进行稳压，最后经电磁阀进入腔体。图2-9为气路控制部分流程图。

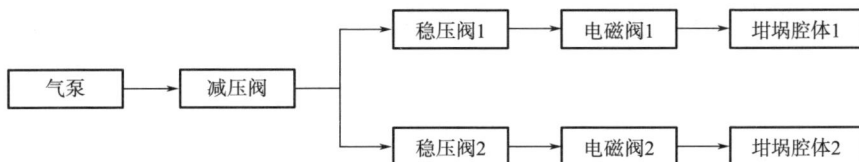

图2-9　气路控制流程图

2.2.4.2　基板运动控制系统的设计

在微滴喷射打印沉积成形的过程中，微滴的沉积位置精确与否对后续成形高质量的导线至关重要，因此，微滴的沉积基板需要有较高的运动精度，可以实现移动平台与微滴沉积位置的精确调节。本书中搭建此系统的运动平台主要由运动控制器（MC600系列）和移动平台（KSA300-12-X系列）等组成。其中运动控制器主要包括：电源接口、USB接口、R232接口、光栅尺接口和散热器等组成；运动控制系统作为微滴喷射打印的重要组成部分，其运动的精确性直接关系到后续能否成形高质量、高精度导线。以下对运动控制器系统组成部分进行简单介绍。

①运动控制器。运动控制器用于计算机与移动平台的通信，通过控制器的参数调节实现对移动平台的运动控制，最终实现微滴沉积位置和移动平台运动速度的精确控制。

②移动平台。移动平台是用来精确控制微滴在基板上的精确成形，通过控制移动平台的运动速度控制与微滴喷射频率、微滴尺寸的协调控制，实现微滴在移动平台上的定点、定量沉积反应成形，实现多种溶液的联合沉积打印，通过对移动平台的搭建，实现对微滴与移动平台的协调控制，最终实现微滴的定点精确沉积，为后续微滴沉积成形制造高质量的导线提供技术支持。

2.2.5 图像采集系统的设计

在微滴的沉积制造过程中，微滴是否均匀和是否能够稳定喷射是微滴精确沉积制造的前提。由于腔体内溶液在气体压力作用下，经过了从喷嘴射出到最后形成微滴的复杂变化过程，因此，研究微滴成形的动态变化过程，并寻求最佳的喷射参数，对于研究微滴的大小、形态，提高系统的喷射稳定性具有重要作用。

当前，针对测量微滴尺寸和微滴飞行速度的方法主要有机械测量法和光学测量法，机械测量方法主要是通过对产生的微滴进行收集，并在显微镜下对收集到的微滴尺寸进行测量，根据单位时间内产生的微滴数量来间接获得微滴的速度。而光学测量方法是基于CCD相机摄影技术实现微滴变化成形过程的图像采集、微滴直径的测量和微滴飞行速度的测量。

本节在原有CCD相机的基础上构建了一套基于OLYMPUS i-SPEED 3高速摄像机的图像采集系统。图2-10（a）为构建的图像采集系统原理图，其拍摄原理为计算机发出方波信号，方波信号经过大电路进行放大后，摄像机对微滴的喷射过程进行拍摄，并将拍摄到的视频文件进行编号并存储到内存卡中便于后续进行分析，图2-10（b）为图像采集系统采集到的微滴图像。

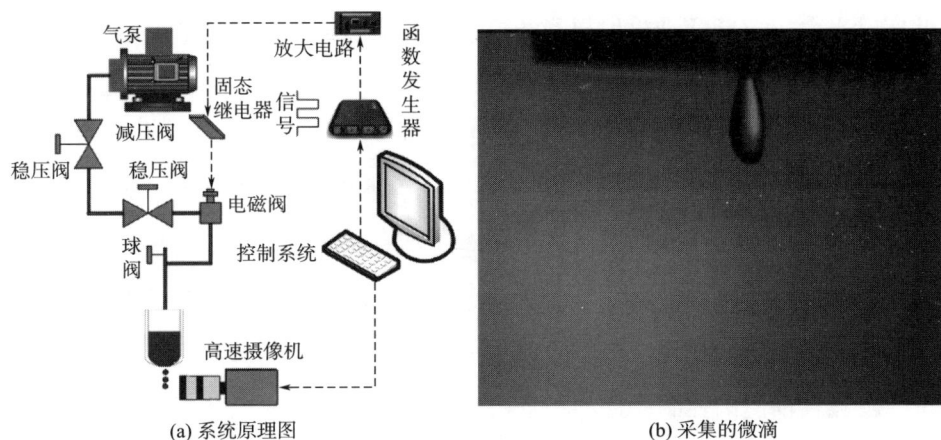

(a) 系统原理图　　　　　　　　　　　(b) 采集的微滴

图2-10　图像采集系统

2.3　压电式微滴按需喷射系统的设计与实现

2.3.1　压电式微滴按需喷射打印系统的功能及总体方案

2.3.1.1　压电式微滴喷射系统总体功能

压电式微滴喷射系统利用压电陶瓷元件振动直接挤压硝酸银溶液或玻璃管实现微滴的按需喷射，通过调节驱动电源控制参数实现稳定可控喷射，利用运动平台实现微滴在基板上的轨迹控制，实验平台中应满足以下要求。

①溶液稳定喷射装置。根据硝酸银溶液按需稳定喷射的需要，设计的喷头应不与喷射溶液发生化学反应、结构简单便于清洗、制造成本低；驱动喷头的驱动电源应便于调节控制参数，且具备良好的稳定性。

②微滴喷射、运动平台、图像采集等部分的协调控制。在织物基板上沉积具有二维图案化的柔性器件时，喷射装置与运动平台需要有良好的协调配合，包括微滴喷射装置喷射与运动平台启停、微滴喷射频率与运动平台移动速度的协调控制，在此过程中，由高速摄像机采集微滴成形过程，便于后续调节微滴驱动参数。

③实验平台操作简便。织物基柔性元件在喷射打印过程中受多因素影响，

因此实验平台应方便实现喷射材料的添加、微滴喷射参数的调节及基板轨迹规划等，通过控制系统的有机结合，实验操作简单，可提供良好的交互性。

2.3.1.2　压电式微滴喷射系统总体结构

根据上述实验平台的功能，设计的压电式微滴喷射系统总体结构如图2-11所示。该系统主要由微滴喷射装置、压电驱动与控制模块、运动平台、图像采集模块等部分组成。微滴喷射装置为压电式微滴喷头，用于实现微滴的按需喷射；压电驱动与控制模块由模拟电路组成，通过调节控制参数可实现驱动信号频率、脉宽及幅值的控制；运动平台由CoreXY机构及控制器构成，可实现二维平面内任意路径规划；图像采集模块由OLYMPUS i-SPEED 3高速相机及发光二极管（LED）光源组成，最高可实现150000帧/s的微滴喷射图像采集速度。

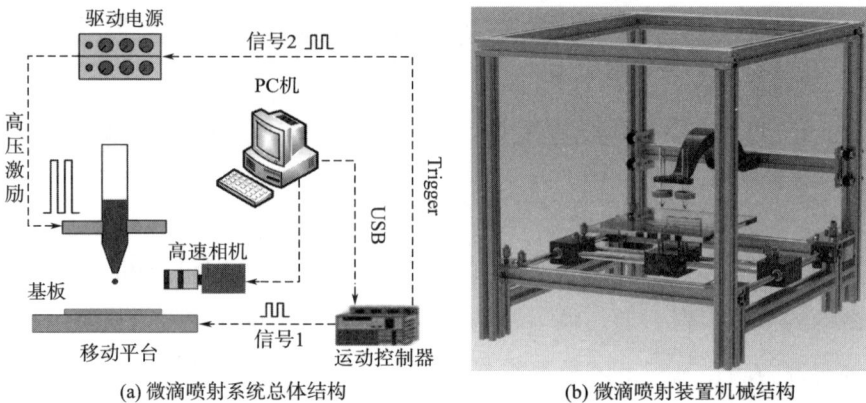

(a) 微滴喷射系统总体结构　　　　　(b) 微滴喷射装置机械结构

图2-11　压电式微滴喷射系统

压电式微滴喷射系统通过各部分间的协调工作，实现微滴的按需可控喷射及微滴喷射过程的动态捕捉。

2.3.2　微滴喷射装置的设计

2.3.2.1　直接驱动型喷头

（1）直接驱动型喷射原理

环形压电陶瓷在驱动信号的激励下内壁产生形变，直接挤压喷射材料，驱动液体从喷嘴喷射，形成单颗微滴，其喷射过程如图2-12所示。

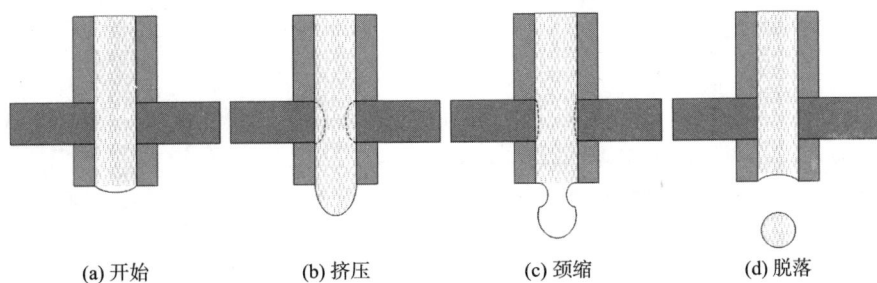

(a) 开始　　　　　(b) 挤压　　　　　(c) 颈缩　　　　　(d) 脱落

图2-12　直接驱动型压电式微滴喷射原理图

图2-12中环形压电陶瓷内壁直接与喷射材料接触，在驱动信号的作用下压电陶瓷内壁产生的径向位移直接挤压喷射材料，推动其在喷嘴口形成具有一定速度的液柱。当驱动信号作用完成后，压电陶瓷变形恢复，腔体内压力减小，液柱尾部开始收缩，而液柱前端由于惯性继续向下运动，两种运动使得液柱尾部产生颈缩，随着颈缩加剧，液柱发生断裂，在表面张力和惯性的共同作用下呈近似球形飞出。

（2）直接驱动型压电式喷头的设计与实现

设计的直接驱动型压电式喷头主要由喷嘴、储液腔及环形压电陶瓷驱动元件组成，如图2-13所示。喷嘴由玻璃圆管通过拉制法拉制，经后期对喷嘴喷孔打磨抛光后制成；储液腔用于储存喷射材料，由玻璃管制成；环形压电陶瓷选用PZT-5型陶瓷材料，压电陶瓷内壁直接与喷射材料接触，内壁产生的变形将直接作用于喷射材料。喷嘴、储液腔及环形压电陶瓷间通过环氧树脂黏合为一整体结构。

制备好的喷头用于硝酸银溶液的喷射打印，但在喷射过程中会出现硝酸银溶液从喷嘴自然滴落的现象，因此需对喷头喷嘴口进行疏水化处理。采用602A系列溶液处理喷嘴口，处理后的喷头用于水溶性喷射材料喷射时具有良好的稳定性，且不与喷射材料发生反应，图2-14为制备的直接驱动型压电式喷头。

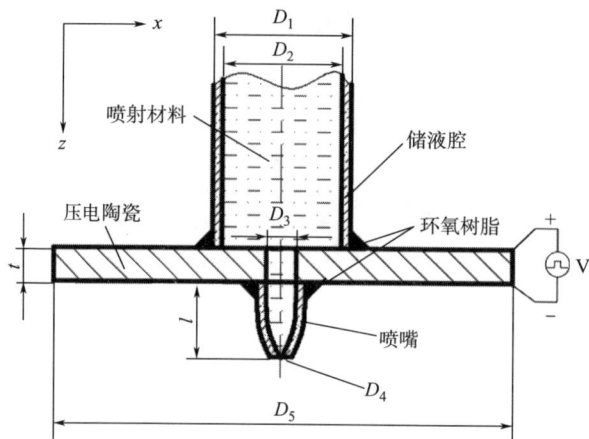

图2-13 直接驱动型压电式喷头结构

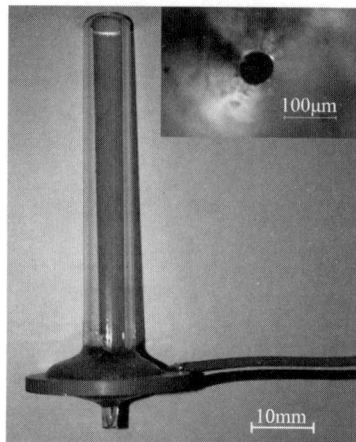

图2-14 直接驱动型压电式喷头

2.3.2.2 间接驱动型喷头

（1）间接驱动型喷射原理

环形压电陶瓷在驱动信号的激励下内壁产生形变，间接挤压玻璃管继而迫使喷射材料从喷嘴喷射，形成单颗微滴。环形压电陶瓷内壁与盛有喷射材料的玻璃管接触，在驱动信号的作用下压电陶瓷内壁产生的径向位移挤压玻璃管，推动其在喷嘴口形成具有一定速度的液柱。当驱动信号作用完成后，压电陶瓷变形恢复，腔体内压力减小，液柱尾部开始收缩，而液柱前端由于惯性继续向下运动，两种运动使得液柱尾部产生颈缩，随着颈缩的加剧，液柱发生断裂，在表面张力和惯性的共同作用下呈近似球形飞出。

（2）间接驱动型压电式喷头的设计与实现

为实现微滴喷射打印，设计的间接驱动式压电式喷头如图2-15（a）所示，主要由储液腔与压电陶瓷环经环氧树脂胶黏合组成，利用

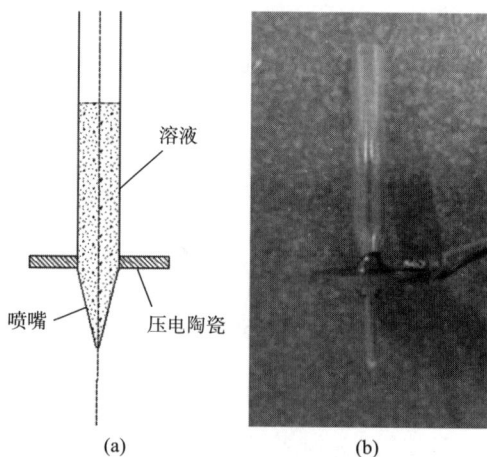

图2-15 间接驱动型压电式喷头结构

上节设计的压电陶瓷驱动电路产生可调脉冲信号作用于压电陶瓷环，压电陶瓷环产生的逆压电效应在径向发生的变形作用于储液腔，挤压储液腔内部的硝酸银溶液喷射。其中储液腔喷嘴由玻璃管制成，并采用玻璃管拉制工艺制成锥形流线型；压电陶瓷环材料采用PZT-5型材料。最终设计的间接驱动型压电式喷头如图2-15（b）所示。

实际喷射过程中为防止溶液通过储液腔喷嘴自然滴落，同样需采用Cytonix公司602A系列溶液对喷头喷嘴口进行疏水化处理。

2.3.3　压电驱动与控制模块的设计

压电式微滴喷射过程中，驱动电源产生的驱动信号是压电陶瓷振动的关键，其性能直接影响微滴喷射成形的效果。本节根据压电式喷头电源驱动的功能要求，完成压电驱动与控制部分的总体设计。

压电陶瓷是压电式微滴喷射装置的核心部件，主要原理是利用逆压电效应，在驱动信号的作用下使压电陶瓷产生形变，推动液体或挤压玻璃管，实现液滴的喷射。要实现微滴均匀、高频、快速响应的控制，驱动电源需要满足输出信号的频率、幅值、脉宽在一定范围内连续可调，且电压纹波要小。

本节采用电压驱动型开关式结构，通过脉冲信号控制门电路的开/关，从而实现对可调直流电路的控制，由脉冲变压器对门控电路输出的脉冲信号进行升压，最终输出高压激励脉冲用以驱动压电陶瓷，实现微滴的按需可控喷射，驱动电源原理如图2-16所示。

图2-16中可调直流电源用于驱动电源幅值的控制，脉冲信号用于实现驱动信号脉冲宽度和频率的控制，门电路将可调直流电源与脉冲信号联系在一起，实现脉冲信号对可调直流电源的控制，从而输出幅值、脉冲宽度、频率可调的低压驱动信号，变压器可对低压驱动信号的电压幅值进行升压，最终输出高压驱动信号用以驱动压电陶瓷。

本文设计的压电陶瓷驱动电源电路结构图如图2-17所示。整个驱动电源系统通过36V/3A的开关电源供电，由两个DC-DC转换电路提供两种电压幅值的供

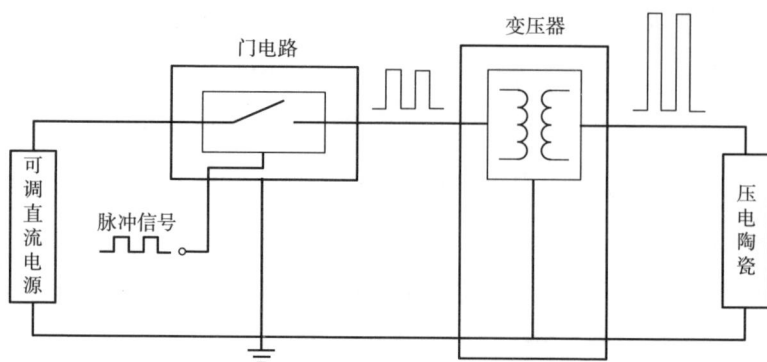

图2-16　电压驱动型开关式结构原理图

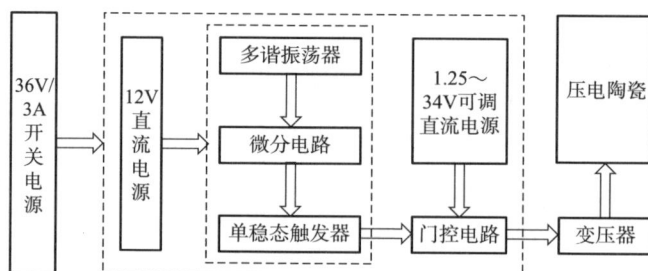

图2-17　驱动电源电路结构图

电电源，其中12V直流电源为NE555定时器构成的多谐振荡器、单稳态触发器及微分电路供电，1.25～34V可调直流电源通过门控电路给变压器提供低压脉冲激励。NE555定时器构成的多谐振荡器用于产生频率可调的脉冲信号，微分电路对输入脉冲信号的低电平进行调节，微分电路与NE555定时器构成的单稳态触发器可以实现对脉冲信号宽度的调节。门控电路通过脉冲信号控制门电路的开/关，从而实现对1.25～34V可调直流电源的控制，输出低压激励信号。变压器实现对低压激励信号的升压处理，输出高压激励信号后驱动压电陶瓷。

2.3.4　运动平台的设计

为了实现制备二维图形化的柔性器件，需精确控制微滴的沉积位置。本书的运动平台主要由上位机（PC端）、主控制器，步进电动机驱动模块、步进电动机组成，系统结构如图2-18所示。PC端和主控制器通过USB串口通信，主控制器接收到上位机发送的G代码后，经过固件编译向两个步进电动机驱动模块发送执行指令，两个步进电动机联动实现平台的二维运动。同时由主控制器输出的电平信号通过光耦继电器实现对36V/3A开关电源的开/关控制，从而实现运动平台与微滴喷射装置的联合驱动。

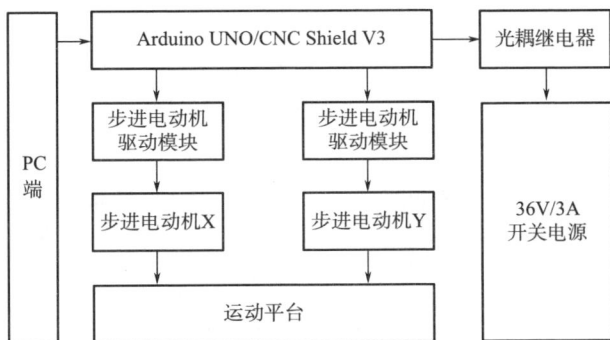

图2-18　运动平台系统结构图

图2-18中主控制器为Arduino UNO控制板及CNC Shield V3扩展板，电动机驱动模块采用A4988微步驱动器。运动平台的执行结构选用CoreXY结构，通过将步进电动机与带传动结合实现二维平面的运动，运动平台机械结构如图2-19所示。

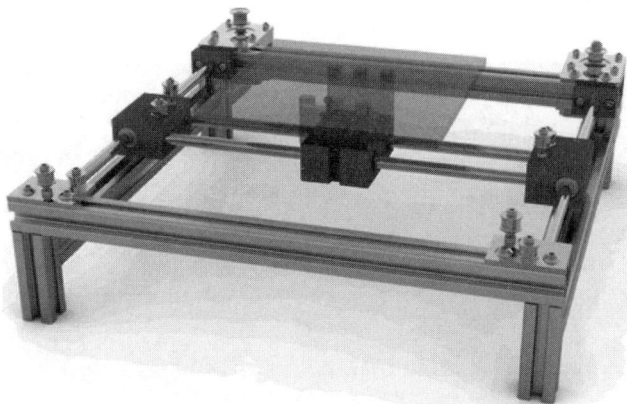

图2-19　运动平台机械结构图

2.3.5　图像采集模块的设计

为研究微滴的成形和沉积过程，利用图像采集模块捕捉微滴喷射下落和沉积的动态过程，对采集的图像进行分析，实现微滴的按需稳定喷射和沉积过程研究，图像采集原理示意图如图2-20所示。

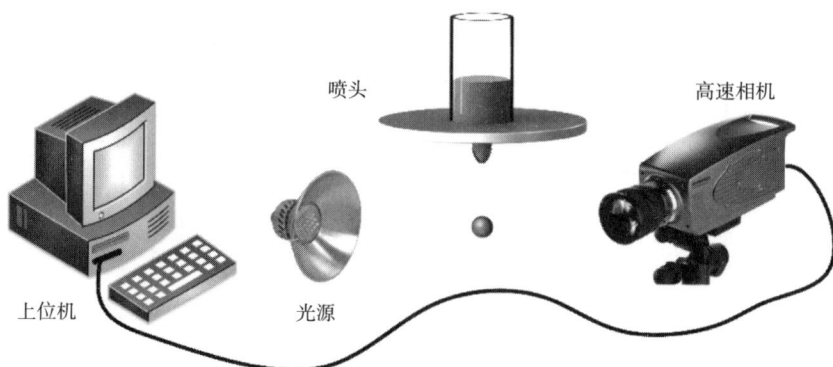

图2-20　图像采集模块示意图

图2-20中图像采集模块由光源、高速相机、计算机等组成，高速相机采用的是OLYMPUS i-SPEED3高速摄像机，光源为LED灯，上位机可对拍摄的图片进行存储及数据分析。图2-21为拍摄的去离子水溶液在10μs间隔下微滴喷射成形图像。

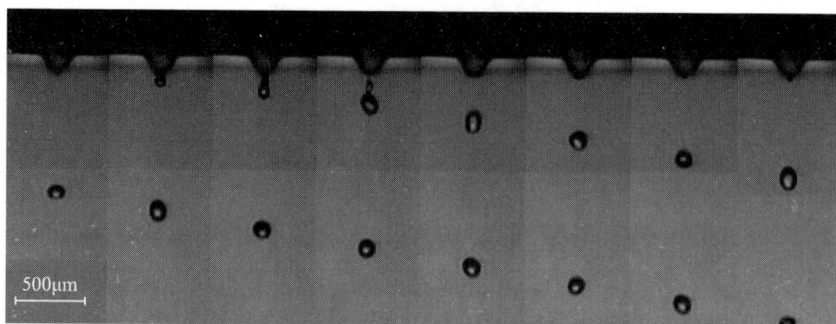

500μm

图2-21　去离子水溶液微滴喷射成形过程

参考文献

［1］Bidoki, Nouri J, Heidari A A. Inkjet deposited circuit components ［J］. Journal of Micromechanics and Microengineering, 2010, 20（5）：055023.

［2］王运赣，王宣. 三维打印技术［M］. 武汉：华中科技大学出版社，2013.

［3］王运赣. 功能器件自由成形［M］. 北京：机械工业出版社，2012.

［4］王运赣，王宣，孙健. 三维打印自由成形［M］. 北京：机械工业出版社，2012.

［5］金烨，王运赣. 自由成形技术［M］. 北京：机械工业出版社，2012.

［6］Eric R. Lee. Microdrop Generation［M］. CRC Press：2018-10-03.

［7］刘书祯，谈定生，吕超君. 抗坏血酸还原制备微细银粉的研究［J］. 粉末冶金工业，2009，19（2）：5-9.

［8］Bidoki S M, Lewis D M, Clark M. Ink-jet fabrication of electronic components ［J］. Journal of Micromechanics and Microengineering, 2007, 17：967-974.

［9］舒霞云. 气动膜片式金属微滴喷射理论与实验研究［D］. 武汉：华中科技大学，2009.

［10］齐乐华，钟宋义，罗俊. 基于均匀金属微滴喷射的3D打印技术［J］. 中国科学：信息科学，2015，4（2）：212-223.

［11］黄菲，杨方，罗俊，等. 均匀金属液滴喷射微制造技术的研究现状［J］. 机械科学与技术，2012，31（1）：38-43.

［12］左寒松，金文中，石阿娜，等. 金属微滴喷射增材制造技术［J］. 铸造技术，2020，41（8）：804-806.

［13］张海义. 电流体动力学微滴喷射及其视觉检测［D］. 北京：北京工业大学，2019.

［14］Sochol R D, Sweet E, Glick C C, et al. 3D printed microfluidics and microelectronics ［J］. Microelectronic Engineering, 2018, 189：52-68.

［15］肖渊，吴姗，刘金玲，等. 织物表面微滴喷射反应成形导电线路基础研究 ［J］. 机械工程学报，2018，54（7）：216-222.

［16］Vaithilingam J, Saleh E, Körner L, et al. 3-Dimensional inkjet printing of macro structures from silver nanoparticles［J］. Materials & Design, 2018, 139: 81-88.

［17］蒋龙. 气动式双喷头喷射装置开发及银导线打印基础研究［D］. 西安：西安工程大学, 2016.

［18］吴森阳. 微液滴喷射成形的压电式喷头研究［D］. 杭州：浙江大学, 2013.

［19］张威. 织物基不同结构电容式柔性传感器喷射打印成形［D］. 西安：西安工程大学, 2017.

［20］张磊. 高压压电陶瓷驱动电源技术研究［D］. 哈尔滨：哈尔滨工业大学, 2014.

［21］Janocha H, Stiebel C. New Approach to a Switching Amplifier for piezoelec-tric Actuators. Actuator 98, Proceedings 6th International Conference on new Actuators［C］. Bremen：ASCO-Druck 1988, 426-429.

［22］Alfredo Va' Zquez Carazo, Kenji Uchino. Novel Piezoelectric- Based Power Supply for Driving. Piezo-electric Actuators Designed for Active Vibration Damping Applications［J］. Journal for Electroceramics. 2001, 7: 197-210.

［23］李江龙. 压电陶瓷驱动电源及其控制系统的研究［D］. 哈尔滨：哈尔滨工业大学, 2012.

［24］张磊. 高压压电陶瓷驱动电源技术研究［D］. 哈尔滨：哈尔滨工业大学, 2014.

［25］吴森阳. 微液滴喷射成形的压电式喷头研究［D］. 杭州：浙江大学, 2013.

第3章 微滴按需喷射打印成形过程

本章在已搭建的气动式和压电式微滴按需喷射装置的基础上，采用实验与数值模拟相结合的方法，对两种不同驱动方式微滴的喷射及成形过程进行研究，明确不同装置参数和喷射参数对微滴成形过程的影响规律，实现单颗微滴稳定按需喷射，为后续微滴在织物表面的精确沉积奠定基础。

3.1 气动式微滴按需喷射打印成形过程实验

3.1.1 气动式微滴按需喷射打印成形过程

微滴的成形是一个包含液柱伸长、前端生长、缩颈收缩、断裂等复杂变化的过程，利用Hadfield建立的微滴变化模型和图像采集系统采集到的微滴图像进行说明。其中，Hadfield建立的模型如图3-1所示，当微滴中部区域的液体拉伸成形为液柱状态时，如图3-1（a）所示，液柱内部的压力将呈现出非均匀分布的状态，这是由于在液柱侧表面的曲率接近于零，致使液柱内部的压力高于液柱的表面压力的结果。为了保持液柱的内外受力平衡，液柱前端曲率逐渐变化使拉伸液柱前端内部压力转移至柱体的中部区域，如图3-1（b）所示。随着时间的变化，液柱回拉的趋势迫使液柱的前端面呈现如图3-1（c）所示的类似形状。此刻，缩颈部分的表面弧线曲率变为负，且此处内部的承受压力最小，由于曲率和内部压力的原因，液柱在中部区域的流体将向液柱的前端面流动。

随着时间的推移，液柱缩颈区域的弧线半径随之变小，其压力随之变大，迫使液柱前端的部分液体回流到液柱的中部区域。由于液柱在缩颈处不稳定如图3-1（d）所示，流体具有向液柱两端流动的强烈趋势，其最终结果是迫使液柱在缩颈处急速收缩为如图3-1（e）所示的形状。

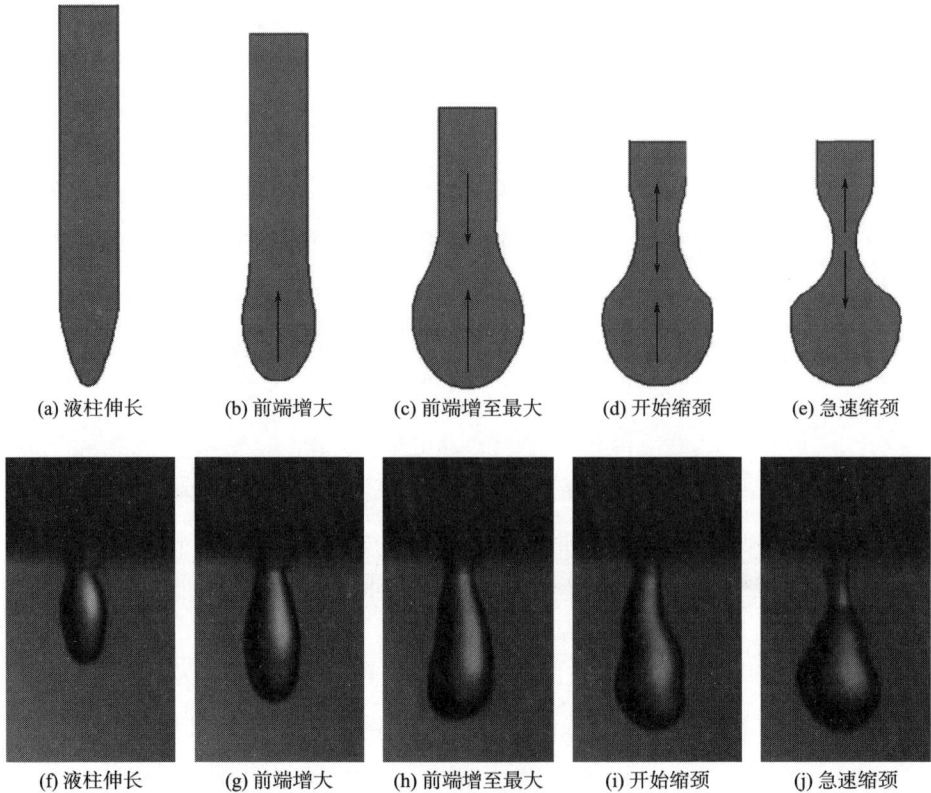

| (a) 液柱伸长 | (b) 前端增大 | (c) 前端增至最大 | (d) 开始缩颈 | (e) 急速缩颈 |

| (f) 液柱伸长 | (g) 前端增大 | (h) 前端增至最大 | (i) 开始缩颈 | (j) 急速缩颈 |

图3-1　液柱拉伸断裂示意图

由高速摄像机采集到的微滴变化过程如图3-1（f）~（j）所示，结合模型图可以看出图3-1（f）为液柱伸长阶段；图3-1（g）为液柱前端开始增大阶段；图3-1（h）所示为液柱前端增大到最大阶段；随着时间的变化，液柱前端不在增大，并开始缩颈如图3-1（i）所示；最后液柱急速缩颈收缩如图3-1（j）所示，最终断裂为微滴。

3.1.2　气动式微滴按需喷射实验

实现微滴的可控喷射是后续研究微滴在织物表面沉积过程的基础，实验使用孔径为121μm、159μm的腔体对浓度为1.96mol/L、1.31mol/L的硝酸银和抗坏血酸溶液进行喷射实验，获得了硝酸银与抗坏血酸的按需稳定喷射参数，见表3-1和表3-2。

表3-1　硝酸银稳定喷射参数表

参数	供气压力p/MPa	脉冲宽度b/ms	频率f/Hz	球阀开口大小θ/（°）
数值	0.02	1.953	1	45

表3-2　抗坏血酸喷射参数表

参数	供气压力p/MPa	脉冲宽度b/ms	喷射频率f/Hz	球阀开口大小θ/（°）
数值	0.02	1.953	1	25

在上述稳定喷射的基础上，利用高速摄像机对硝酸银和抗坏血酸的按需喷射过程进行全程采集，图3-2和图3-3所示分别为按需喷射条件下硝酸银与抗坏血酸在不同时刻微滴成形过程图。

通过对图3-2和图3-3中的微滴时间序列图像可以看出，喷射系统在一次控制信号激励下，对应可产生单颗微滴。

由图3-2可以看出，硝酸银微滴在图3-2（a）~（h）为液柱伸长阶段，该阶段持续时间为7.8ms，（i）~（m）为缩颈断裂为单颗微滴阶段，持续时间为1.3ms，（n）~（u）为液柱回缩及微滴飞行阶段，持续时间为11.5ms。

由图3-3可以看出，抗坏血酸微滴在图3-3（a）~（h）为液柱伸长阶段，持续时间为8.5ms，（i）~（m）为缩颈断裂为单颗微滴阶段，持续时间为3.4ms，（n）~（u）为液柱回缩及微滴飞行阶段，持续时间为7.9ms。

从上面的分析可以看出，两种材料微滴形成过程的时间不一致，这主要是由两种材料的物理属性不同造成的。同时对图3-2（u）和图3-3（u）中微滴的

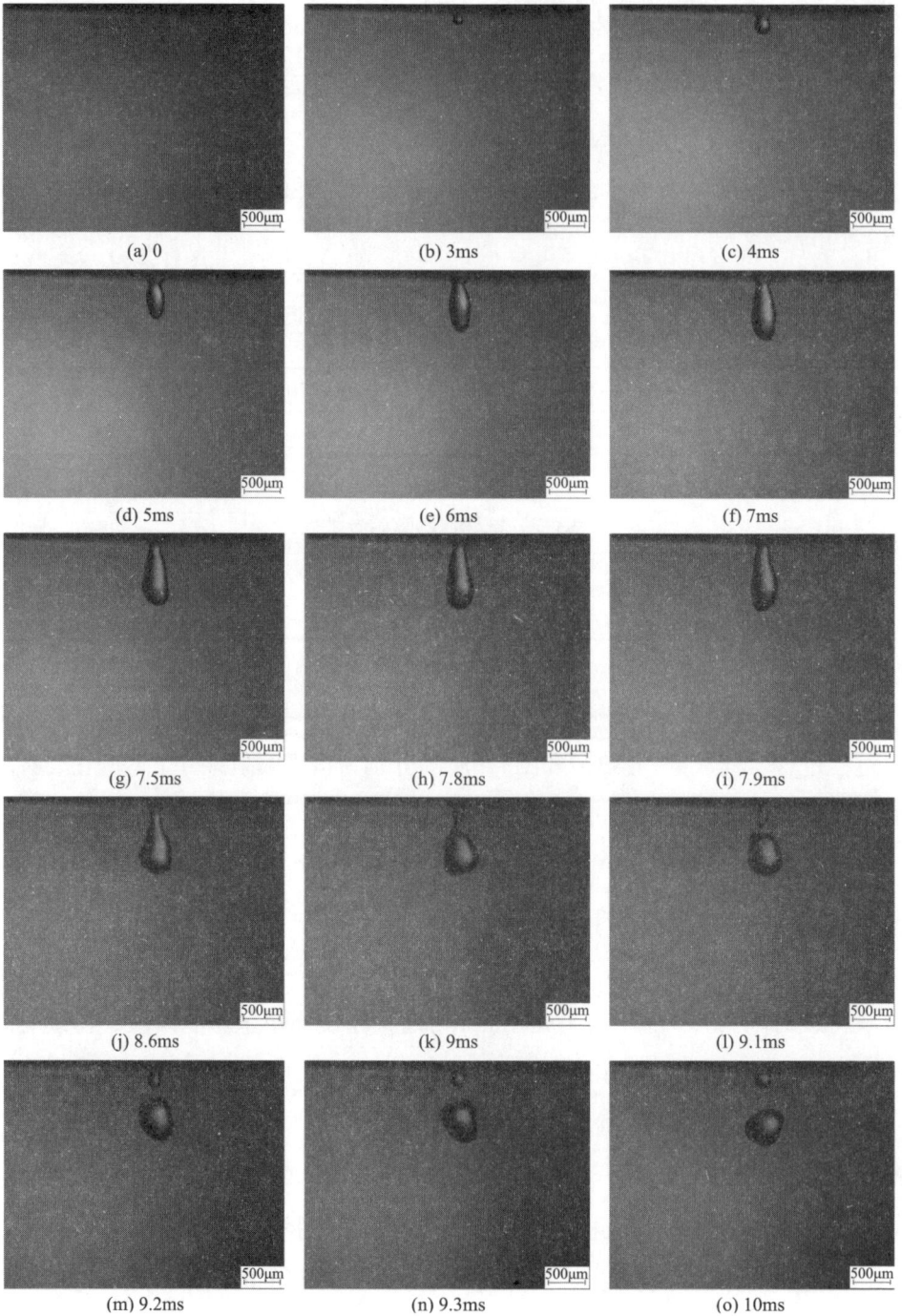

(a) 0

(b) 3ms

(c) 4ms

(d) 5ms

(e) 6ms

(f) 7ms

(g) 7.5ms

(h) 7.8ms

(i) 7.9ms

(j) 8.6ms

(k) 9ms

(l) 9.1ms

(m) 9.2ms

(n) 9.3ms

(o) 10ms

(p) 12ms

(q) 14ms

(r) 16ms

(s) 17ms

(t) 18ms

(u) 20.8ms

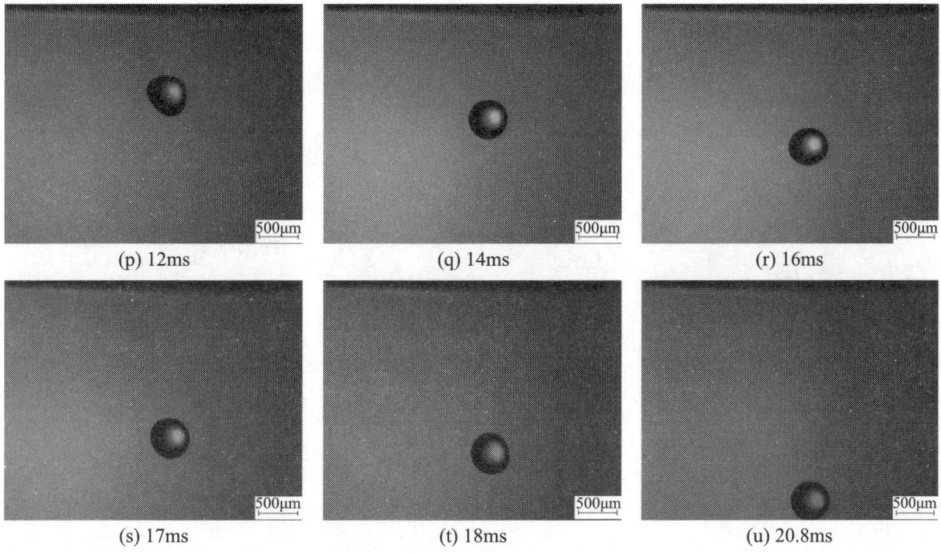

图3-2 硝酸银微滴形成过程

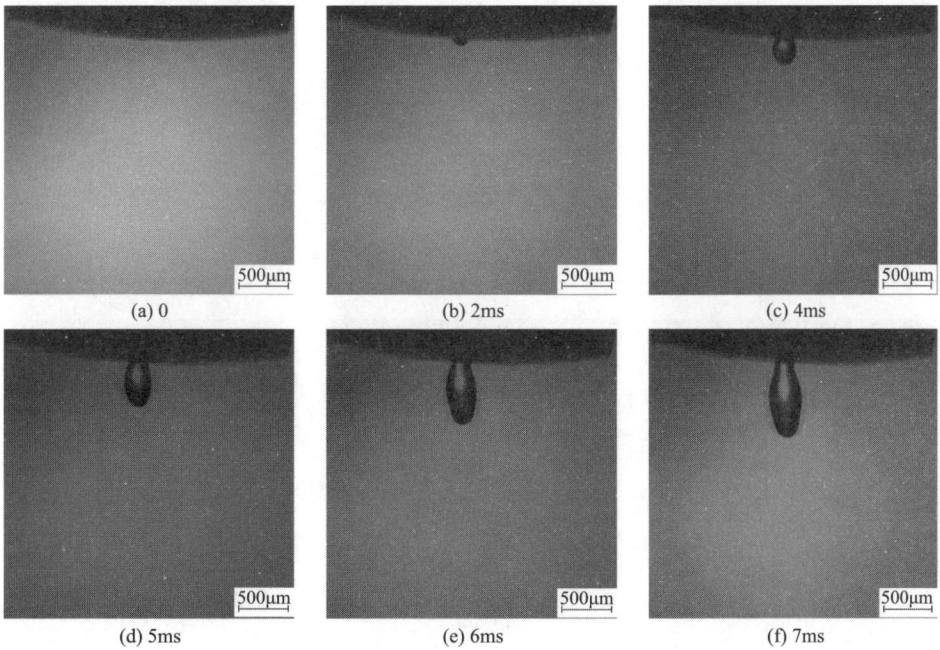

(a) 0

(b) 2ms

(c) 4ms

(d) 5ms

(e) 6ms

(f) 7ms

图3-3

(g) 8ms

(h) 8.5ms

(i) 8.6ms

(j) 9.2ms

(k) 9.6ms

(l) 9.9ms

(m) 10ms

(n) 10.1ms

(o) 10.5ms

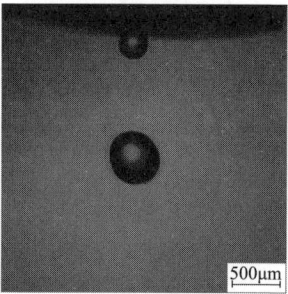

(p) 13ms

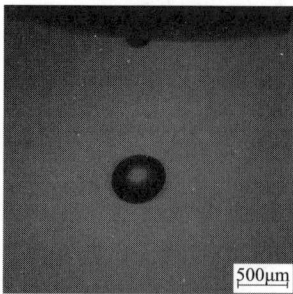

(q) 14ms

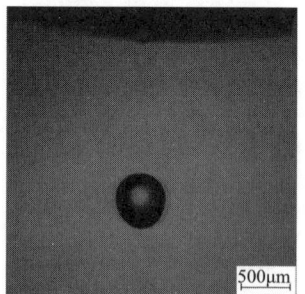

(r) 15ms

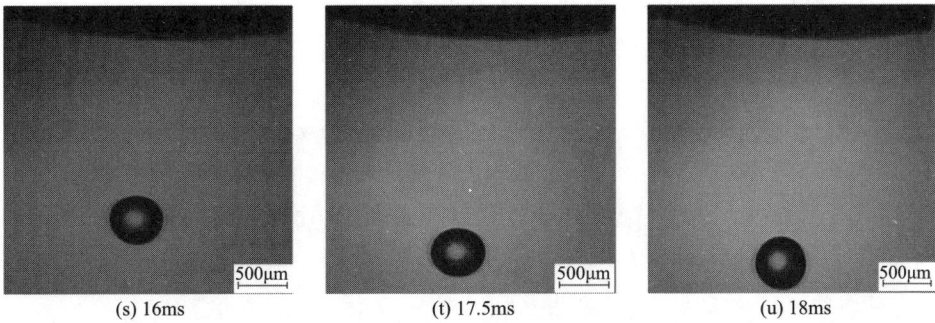

(s) 16ms　　　　　　　　(t) 17.5ms　　　　　　　　(u) 18ms

图3-3　抗坏血酸微滴形成过程

尺寸进行测量，得到硝酸银微滴在表3-1喷射参数下的直径约为517μm，抗坏血酸微滴在表3-2喷射参数下的直径约为525μm，且微滴表面较为光滑，基本呈球状。

由图3-2和图3-3可知，硝酸银与抗坏血酸的喷射过程都经过液柱伸长、缩颈断裂为单颗微滴与液柱回缩及微滴飞行三个阶段，说明系统在一次脉冲信号作用下可产生单颗微滴，实现了喷射材料的稳定喷射。

3.1.3　气动式微滴按需喷射成形过程控制参数的确定

气动式喷射装置控制参数主要包含供气压力、脉冲宽度、喷嘴孔径等，本节针对上述参数对产生微滴尺寸的影响进行研究。

3.1.3.1　供气压力

微滴的可控喷射是通过压缩气体在腔体内产生的瞬时高压，迫使溶液在瞬间通过腔体底部的喷嘴射出形成单颗液滴。

为了研究供气压力对微滴尺寸的影响，喷射实验参数见表3-3。

表3-3　喷射实验参数

硝酸银浓度/（mol·L^{-1}）	喷嘴孔径/μm	脉冲宽度/ms	频率/Hz	供气压力/MPa
1.96	121	1.953	1	Range（0.03，0.01，0.07）

为尽量减少微滴铺展扩散带来的测量误差，采用PET胶片基板对微滴进行收集测量，获得不同供气压力的微滴图像如图3-4所示。

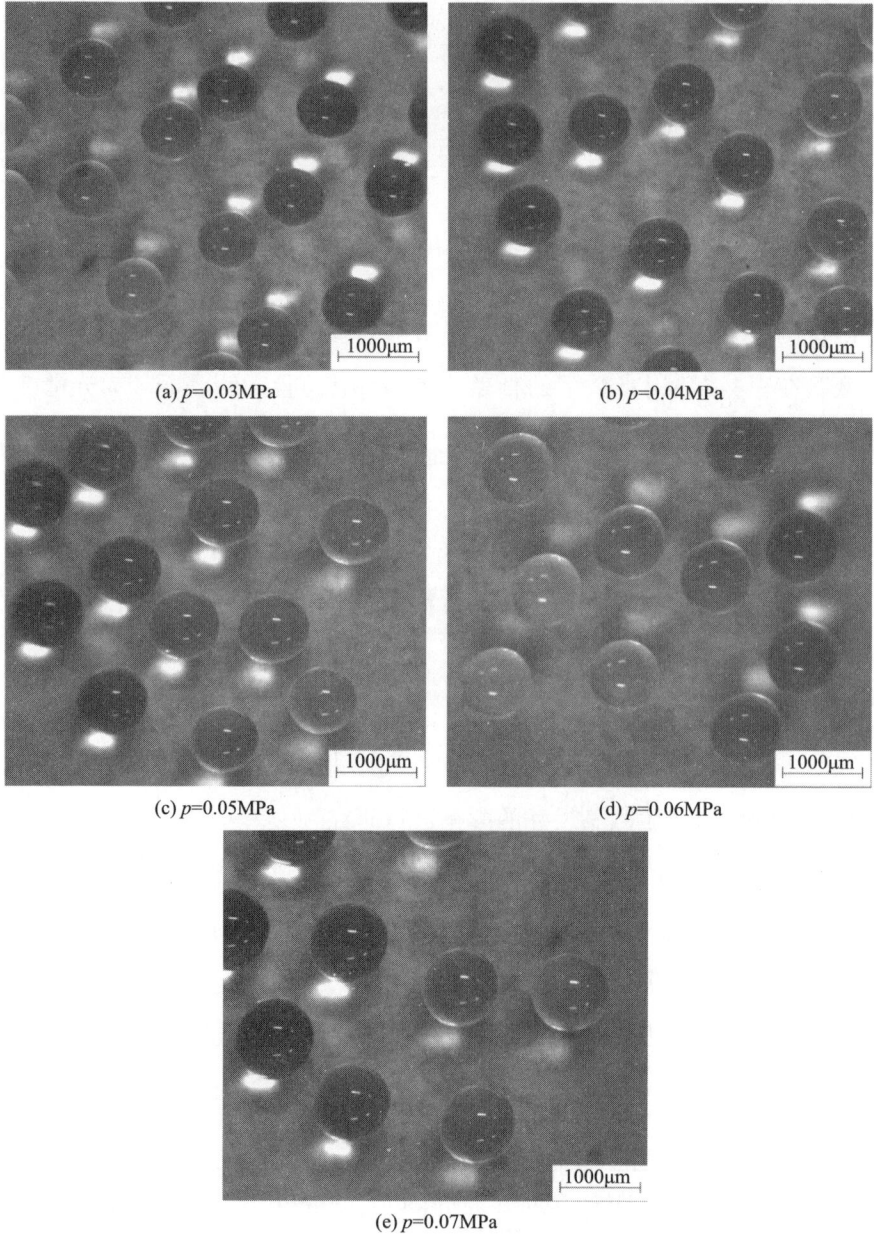

(a) *p*=0.03MPa

(b) *p*=0.04MPa

(c) *p*=0.05MPa

(d) *p*=0.06MPa

(e) *p*=0.07MPa

图3-4　不同供气压力的微滴图像

对不同供气压力下沉积在基板上的微滴图像进行采集，随机选取不同供气压力下的10颗微滴分别进行尺寸标定测量，并求其平均值，得到供气压力与微滴平均尺寸的关系如图3-5所示。

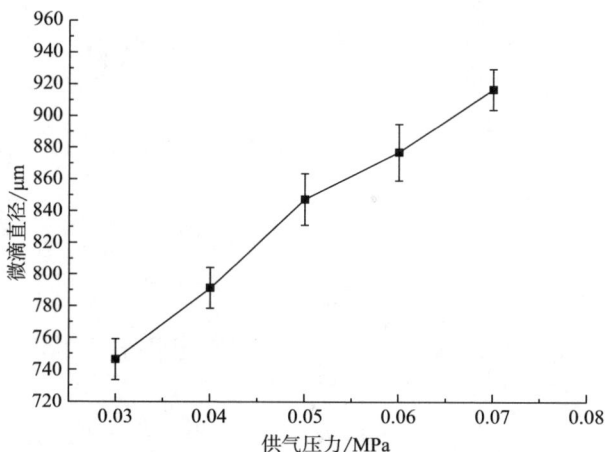

图3-5　供气压力与微滴直径关系图

从图3-5中可以看出，在按需喷射条件下，在一定压力范围内，产生微滴直径随着供气压力的增大而增加。

3.1.3.2　脉冲宽度

在系统的稳定喷射过程中，脉冲宽度反映了电磁阀的通电时间，脉宽越大，电磁阀通电时间就越长；反之，通电时间就越短。为了研究脉冲宽度对微滴尺寸的影响，喷射实验参数见表3-4。

表3-4　喷射实验参数

硝酸银溶液浓度/（mol·L^{-1}）	喷嘴孔径/μm	供气压力/MPa	频率/Hz	脉冲宽度/ms
1.96	121	0.02	1	1.709，2.197，2.686，3.174，3.662

通过对不同脉冲宽度进行微滴喷射实验，并对喷射的微滴进行收集，得到微滴沉积图像如图3-6所示。

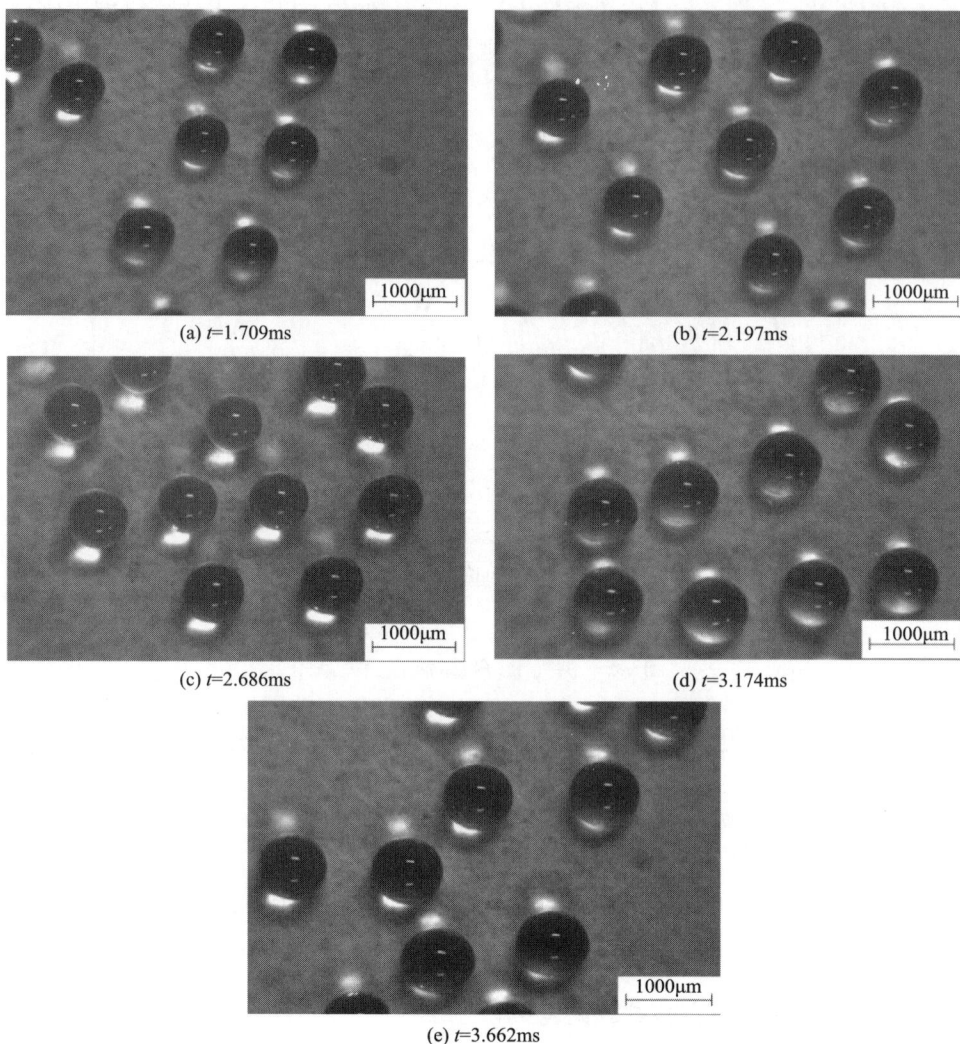

(a) t=1.709ms

(b) t=2.197ms

(c) t=2.686ms

(d) t=3.174ms

(e) t=3.662ms

图3-6　不同脉冲宽度下得到的微滴图像

　　对不同脉冲宽度沉积在基板上的微滴图像进行采集，随机选取不同供气压力下的10颗微滴分别进行尺寸标定测量，并求其平均值，得到脉冲宽度与微滴平均尺寸的关系如图3-7所示。

　　从图3-7中可以看出，在按需喷射条件下，在一定脉冲宽度范围内，微滴直径随脉宽的增大而增大。

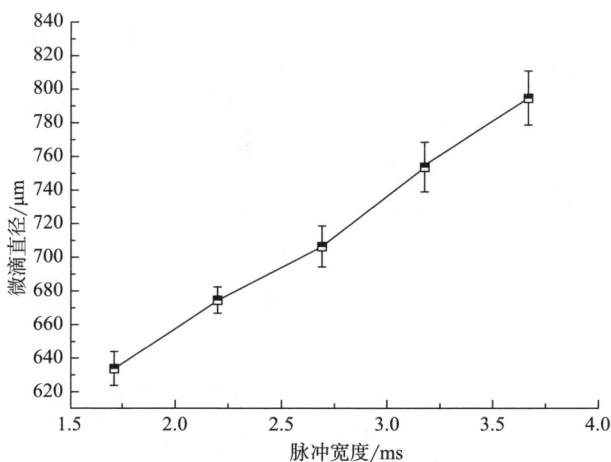

图3-7 微滴直径与脉冲宽度关系图

3.1.3.3 喷嘴孔径

为研究喷嘴孔径对产生微滴尺寸的影响，喷射实验参数见表3-5。

表 3-5 喷射实验参数

硝酸银溶液浓度/（mol·L⁻¹）	供气压力/MPa	频率/Hz	喷嘴孔径/μm
1.96	0.03	1	81，121，130，152，190

调节脉冲宽度大小，进行微滴稳定喷射实验，并对稳定喷射下产生的微滴进行收集，得到微滴沉积图像如图3-8所示。

对不同喷嘴孔径沉积在基板上的微滴图像进行采集，随机选取不同供气压

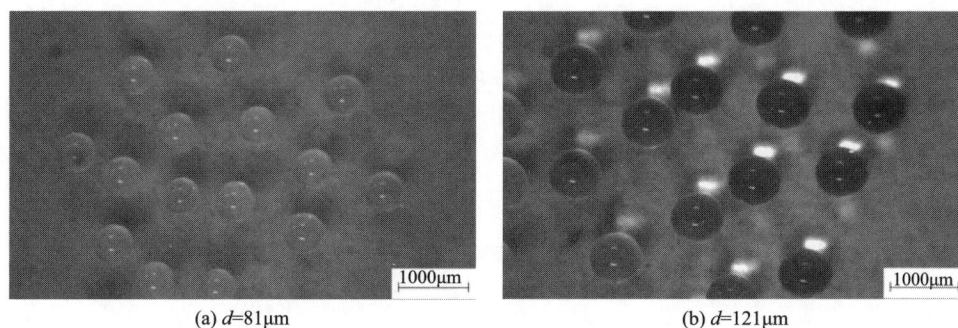

(a) d=81μm   (b) d=121μm

图3-8

(c) *d*=130μm

(d) *d*=152μm

(e) *d*=190μm

力下的10颗微滴分别进行尺寸标定测量，并求其平均值，得到喷嘴孔径与微滴平均尺寸的关系如图3-9所示。

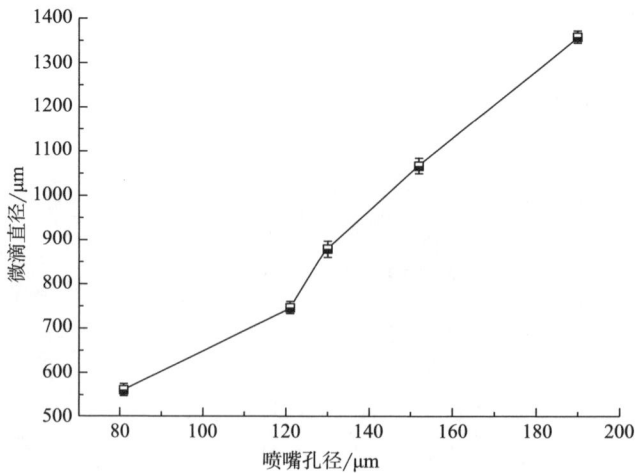

图3-9 喷嘴孔径与微滴直径的关系图

从图3-9中可以看出，随着喷嘴直径的增大，微滴的直径也随之增大，不同直径大小的喷嘴产生的微滴直径也不尽相同。

3.2　直接驱动型压电式微滴喷射及成形过程数值模拟

本节利用多物理场仿真平台，对直接驱动型压电式喷头的微滴成形过程进行仿真，明确驱动信号、喷头结构、喷射材料物理属性等参数对微滴成形过程的影响。

3.2.1　直接驱动型压电式喷头模型的建立

3.2.1.1　基本假设

在微滴成形过程中（图3-1），喷射材料的表面张力对微滴成形过程有很大的影响，因此建立的模型应包含处理喷射材料表面张力及气液交界面的能力，为了使数学模型更接近描述的物理现象，对模型进行如下定义：

①喷射材料为不可压缩的牛顿流体。

②喷射材料在喷头中的流动为层流。

③喷射材料及空气的物理参数为常量。

④喷射过程中无热传递及能量耗散。

3.2.1.2　控制方程

（1）压电控制方程

压电控制方程用于描述压电陶瓷在外电场作用下的位移变化，如式（3-1）所示：

$$\rho \frac{\partial^2 \boldsymbol{u}}{\partial t^2} = \nabla F_S + F_V \tag{3-1}$$

式中：ρ为环形压电陶瓷密度；$\boldsymbol{u}$为陶瓷变形的位移场矢量；F_S为陶瓷变形时产生的应力；F_V为陶瓷变形前的体积力；t为陶瓷变形的时间。

压电陶瓷的形变与电场的关系采用压电本构方程描述，其边界条件为机械夹持与电学短路，方程如式（3-2）所示：

$$\left.\begin{array}{l} T=C^E S-e_t E \\ D=eS+\varepsilon^S E \end{array}\right\} \qquad （3-2）$$

式中：应变S和电场强度E为自变量；应力T与电位移D为因变量；C^E为弹性刚度常数；e为压电应力系数；ε^S为夹紧压电常数；e_t为e的转置。

其中，第一个方程描述的是逆压电效应，第二个方程描述的是正压电效应。

（2）流体控制方程

根据流体力学理论，采用不可压缩纳维—斯托克斯方程（包含表面张力）描述流体之间质量和动量的关系。

$$\frac{\partial \rho}{\partial t}+\nabla \cdot \rho \boldsymbol{v}=0 \qquad （3-3）$$

$$\rho\left(\frac{\partial \boldsymbol{v}}{\partial t}+\boldsymbol{v} \cdot \nabla \boldsymbol{v}\right)=-\nabla p+\nabla \cdot \mu[\nabla \boldsymbol{v}+(\nabla \boldsymbol{v})^{\mathrm{T}}]+\rho g+\boldsymbol{F}_{\mathrm{ST}} \qquad （3-4）$$

式中：ρ为流体密度；p为压力；∇为微分算子；$\boldsymbol{v}$为流体流动的速度向量；t为流体流过的时间；μ为流体黏度；$\boldsymbol{F}_{\mathrm{ST}}$为表面张力。

（3）水平集法

模型中存在气液两相，因此仿真中需要对流体界面进行跟踪。采用具有重新初始化的水平集法对两相流界面进行追踪，此方法的对流运输方程如下。

$$\frac{\partial \phi}{\partial t}+\boldsymbol{v} \cdot \nabla \phi+\gamma\left[\left(\nabla \cdot\left(\phi(1-\phi) \frac{\nabla \phi}{|\nabla \phi|}\right)\right)-\varepsilon \nabla \cdot \nabla \phi\right]=0 \qquad （3-5）$$

式中：ϕ为水平集数（其中ϕ在气相中为0，在液相中为1）；靠近界面的过渡层在0和1中平滑过渡；γ和ε为数值计算稳定性参数。迁移率决定重新初始化量；ε决定界面厚度。

为了抑制式（3-5）在求解过程中出现的数值振荡问题，采用水平集函数平滑界面两侧不连续变化的两相密度和黏度。

$$\rho=\rho_{air}+(\rho_{ink}-\rho_{air})\phi \tag{3-6}$$

$$\mu=\mu_{air}+(\mu_{ink}-\mu_{air})\phi \tag{3-7}$$

式中：ρ为流体密度；μ流体黏度；ρ_{air}为空气密度；μ_{air}为空气黏度；ρ_{ink}为液体密度；μ_{ink}为液体黏度；ϕ为水平集数（其中ϕ在气相中为0，在液相中为1）。

形成微滴需要克服喷嘴口处的表面张力，为了获得较为准确的仿真数据，应考虑喷射过程中表面张力对微滴成形的影响，采用引入表面张力的连续表面张力模型。

$$\boldsymbol{F}_{ST}=\sigma\delta k\boldsymbol{n} \tag{3-8}$$

式中：σ为表面张力系数；δ为界面Dirac delta函数，仅在流体界面为非零值；k为界面曲率；$\boldsymbol{n}$为界面单位法向矢量。

采用水平集函数分别对气液两相界面处的曲率及单位法向矢量进行描述：

$$k=-\nabla\cdot\boldsymbol{n} \tag{3-9}$$

$$\boldsymbol{n}=\frac{\nabla\phi}{|\nabla\phi|} \tag{3-10}$$

式中：k为界面曲率。

为了简化表面张力的计算，δ函数可近似为：

$$\delta=6|\phi(1-\phi)||\nabla\phi| \tag{3-11}$$

3.2.1.3 几何模型

直接驱动型压电式喷头结构如图3-10所示，设计的直接驱动型压电式喷头主要由喷嘴、储液腔及环形压电陶瓷驱动元件组成。其中喷嘴长度l为3mm，喷嘴口直径D_4为100μm；储液腔外径D_1为8 mm，内径D_2为6 mm；环形压电陶瓷内径D_3为2 mm，外径D_5为20 mm，厚度t为1 mm。

由图3-10可知，加入喷射材料的喷嘴整体呈回转体，为了节省计算成本，采用二维轴对称模型，如图3-11所示。由于微滴喷射成形过程中涉及压电、固液、两相流多场耦合，直接耦合难度较大，研究中多采用间接耦合法。基于此，本节通过分别构建压电耦合模型、固液耦合模型及微滴喷射的两相流模型，实现喷头模型的建立。

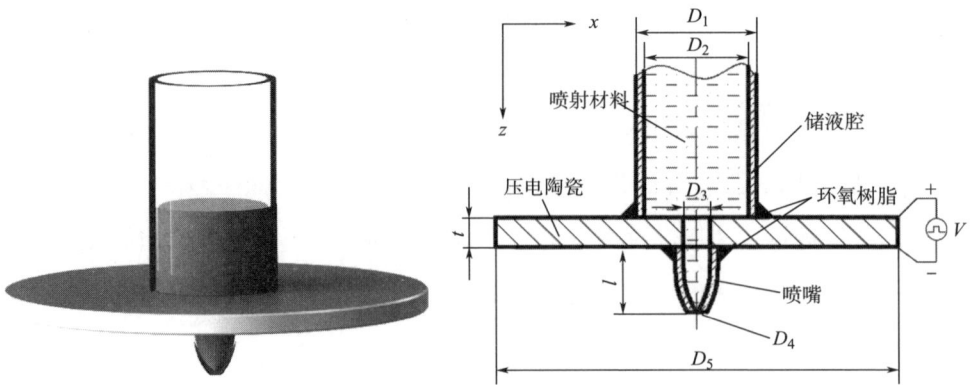

图3-10　直接驱动型压电式喷头结构

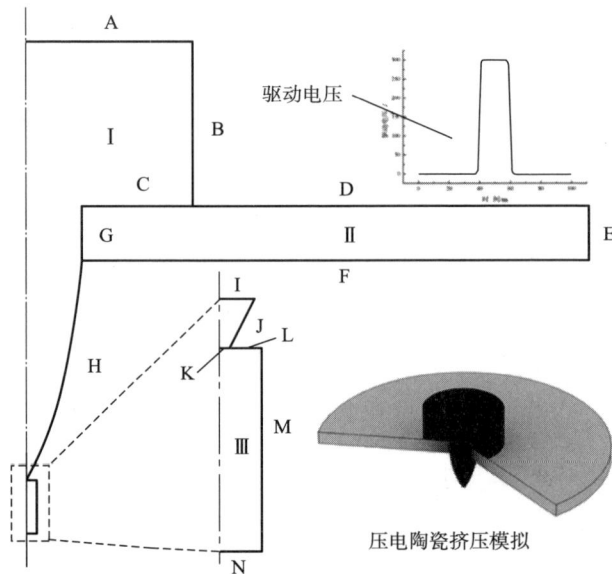

图3-11　微滴喷射模型

3.2.1.4　边界及初始条件

图3-11中单极型梯形波驱动电压作用在压电陶瓷上，压电陶瓷产生径向收缩挤压喷射材料，最终在空气中形成单颗微滴，采用Ⅰ、Ⅱ、Ⅲ分别表示液相区、压电陶瓷、气相区，采用A，B，C，…，N对边界进行标号。

压电耦合模型是为了获得环形压电陶瓷在驱动电压作用下内壁产生的径向

位移，仿真模型中，为与实验参数相对应，环形压电陶瓷外径为20 mm，内径为2 mm，厚度为1 mm，陶瓷材料为PZT-5型压电材料，坐标系定义为ZX平面系统，辊约束D、F边界，G、E边界为自由边界，F边界接地，D边界加载脉冲激励信号，连续采集G边界的位移量，得到最大径向形变和驱动电压的关系，如图3-12所示。

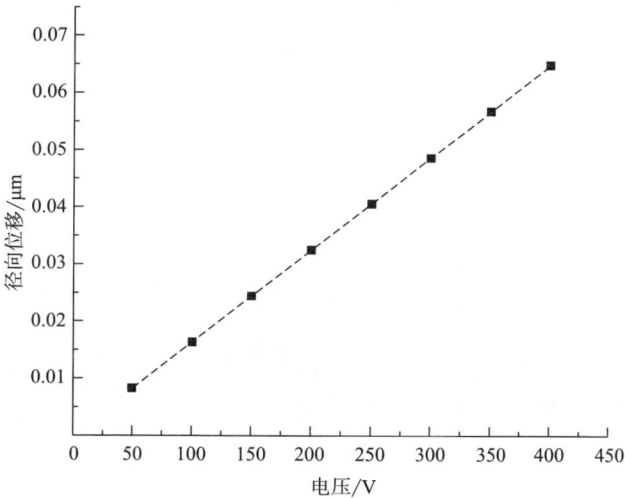

图3-12 压电陶瓷的最大径向形变

图3-12中陶瓷内壁的最大径向位移与驱动电压的幅值基本呈线性关系，在忽略其他因素的前提下，增大驱动电压幅值，能得到较大的收缩位移。

固液耦合模型研究环形压电陶瓷与喷射材料之间的相互作用，将压电耦合模型中G边界的位移作为边界条件加载到固液耦合模型上，建立与流固耦合模块的全耦合仿真模型。仿真模型中，边界A为液体入口、长度3 mm，边界B长度3 mm，边界C长度2 mm，边界A长度3 mm，边界I为液体出口、长度0.1 mm，边界B、C、H为无滑移壁面，模型采用自由四边形网格划分，求解器采用全耦合求解器，求解模型得到喷射材料在边界I的出口速度。

两相流模型研究微滴喷射中气相和液相的分布情况，即微滴喷射成形过程，通过将固液耦合模型中边界I的出口速度设置为两相流模型的入口速度，设置区域 I 为喷射材料，区域 III 为空气，边界K为喷射材料和空气的初始界面、长度50μm，边界M长度1mm，边界N为速度出口、长度0.2 mm，边界J、L、M为无滑移壁面，模型采用具有重新初始化的水平集法对流体界面进行追踪，采用自适应网格细化，求解器采用全耦合求解器。

3.2.2 直接驱动型压电式喷头微滴成形过程

设置喷射材料黏度为20mPa·s，表面张力为0.07N/m，驱动电压幅值为300V，脉冲宽度为20μs，得到微滴喷射成形过程中的液相图、速度云图及压力云图，如图3-13所示。

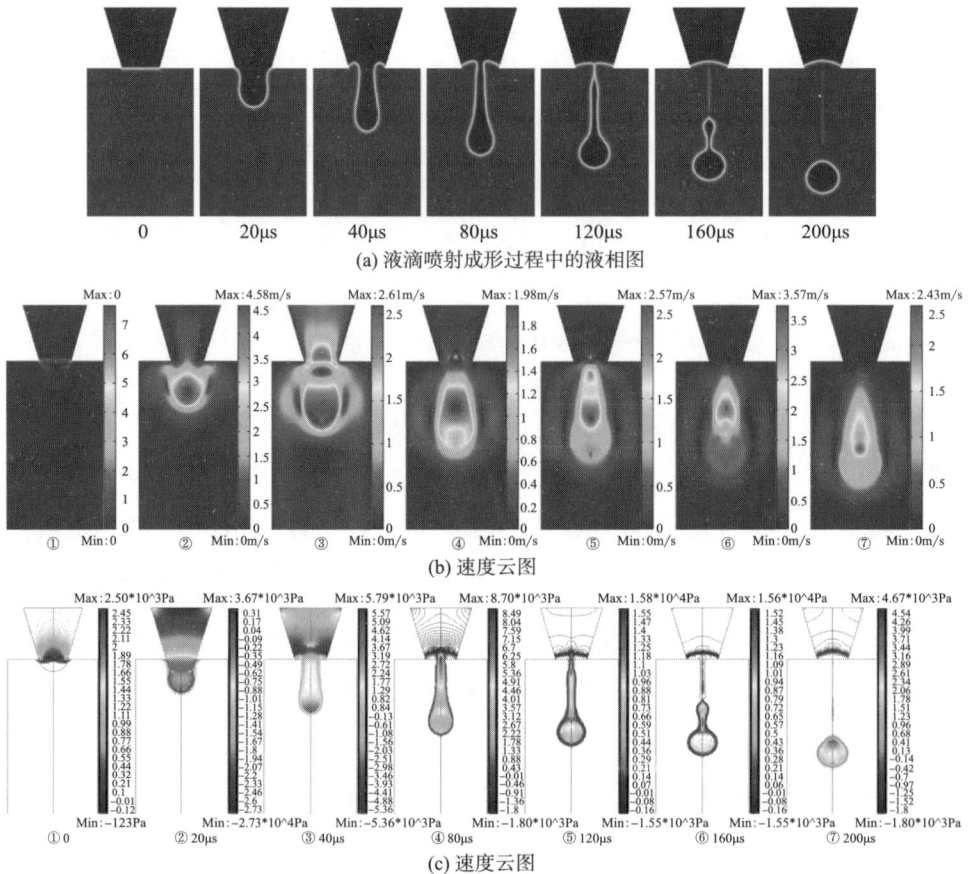

(a) 液滴喷射成形过程中的液相图

(b) 速度云图

(c) 速度云图

图3-13 微滴喷射成形过程图

由图3-13（a）可知，微滴成形过程主要经历了微滴形成液柱、颈缩、断裂、脱落四个阶段。0～20μs为液柱形成及生长阶段，环形压电陶瓷在驱动电压的作用下收缩变形直接挤压喷射材料，喷射材料从喷嘴口外凸形成液柱并开始伸长。20～120μs进入颈缩阶段，随着压电陶瓷的复位，喷腔体积增大内部压力减小，喷嘴口处的液柱速度减小，而液柱前端在惯性作用下继续向下运动，在液柱尾部出现颈缩。120～200μs为液柱断裂及微滴脱落阶段，随着颈缩的加剧，液柱尾部发生断裂，断裂的液体脱离喷嘴形成液滴，在表面张力和惯性共同作用下呈近球形飞出。可以看出，所建模型可以实现微滴成形过程的仿真模拟。

图3-13（b）是微滴在成形过程中的速度云图，液柱从喷嘴口开始喷出，将带动附面层气体一同向下，推动下方气体排开，附面层两侧气体向上流动，界面两侧流体的速度连续分布。在微滴即将成形的过程中，断裂点处的速度最高，预示微滴成形后此处的速度最高，因此微滴在此处的收缩会大于其他位置，但在表面张力作用下，微滴将趋于向圆球形收缩。此外，在液滴下落过程中液滴内部的速度变化表现出先增加后减小的现象。

图3-13（c）是微滴成形过程中的压力云图，在液柱形成及生长阶段，最大压力出现在喷出液柱前端，压力方向竖直向下，液柱获得较高的速度。当进入颈缩阶段时，由于喷腔体积增大内部压力减小，在液柱尾部出现颈缩，此时最大压力点出现在颈缩处，随着颈缩的加剧，颈缩处压力进一步增大，液柱尾部发生断裂，此时在主微滴及微滴拖拽尾部出现较大的压力点，这是由于微滴尾部向主微滴的回缩速度大于主微滴速度造成的局部压力过大，随着时间推移在表面张力和惯性共同作用下微滴呈近似球形下落，此时微滴内部压力开始趋于均匀。

3.2.3　直接驱动型压电式喷头微滴成形过程的影响因素

3.2.3.1　驱动信号

（1）电压幅值对微滴成形过程的影响

为了研究驱动电压幅值对微滴成形过程的影响，设定喷射材料黏度为
10mPa·s、表面张力为0.07N/m，依次在驱动电压幅值为50V、100V、150V、
200V、250V、300V、350V下对微滴成形过程进行仿真研究，得到不同电压下
微滴在120μs时刻的液相分布图，如图3-14（a）所示。

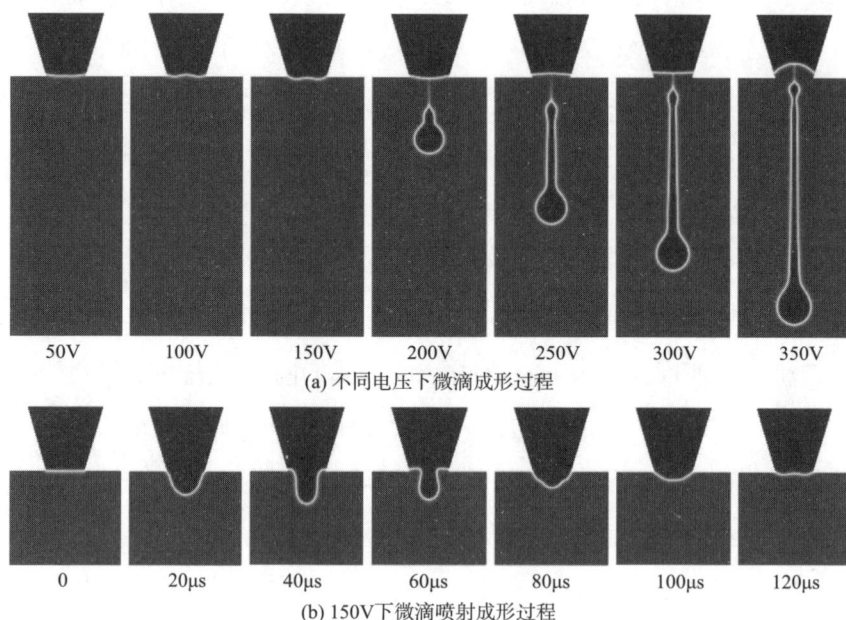

(a) 不同电压下微滴成形过程

(b) 150V下微滴喷射成形过程

图3-14　不同电压下微滴成形过程

由图3-14（a）可知，驱动电压低于200V时，喷嘴口无单独微滴形成，在
驱动电压150V下对微滴成形过程进行分析，如图3-14（b）所示，喷出的液柱
在颈缩时无法形成断裂，在负压作用时液柱被重新吸回喷嘴里，微滴不能喷
出；当驱动电压在200V及以上时，可形成单独脱落的微滴，且随着驱动电压的
增大，微滴在断裂时尾部的拖拽也将增大。为了明确不同驱动电压对喷嘴口处
微滴喷出速度及成形微滴体积的影响规律，连续采集喷嘴中心点喷射材料速度
及喷出液体的体积，得到不同驱动电压幅值下微滴成形过程中的速度及微滴体
积变化的规律，如图3-15所示。

图3-15（a）为驱动电压幅值为300V时，喷嘴口处微滴喷出速度随时间

(a) 喷射材料在喷嘴出口处的速度

(b) 喷出微滴体积

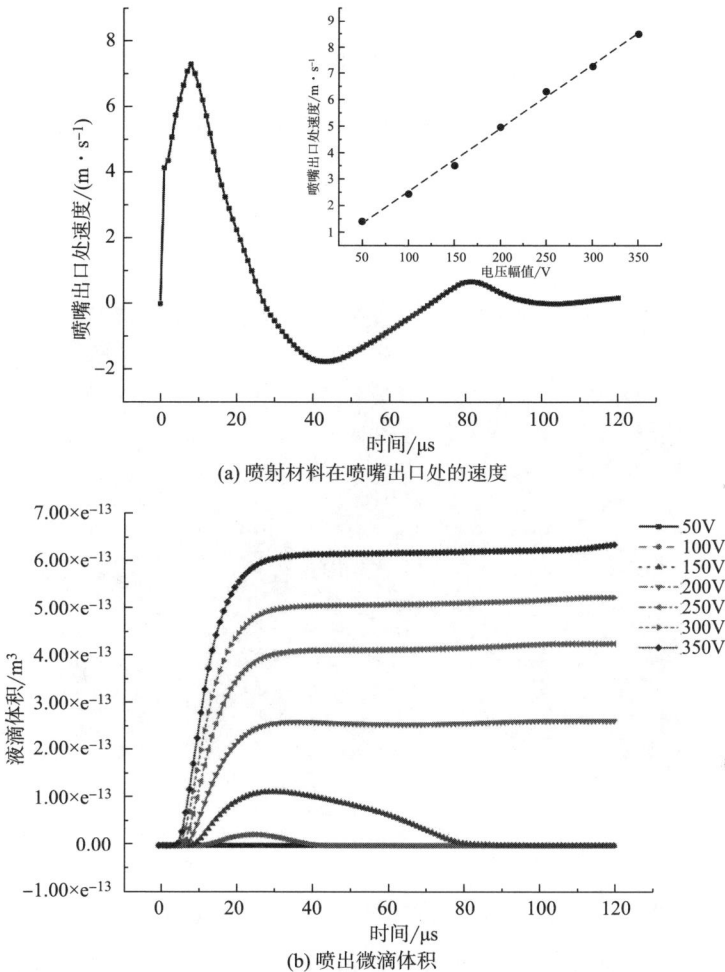

图3-15　不同电压下喷嘴口速度及喷出微滴体积

的变化曲线，喷出速度先升高到达最大值后，速度下降并出现振荡，最终速度趋于零；随着驱动电压幅值的增加，喷嘴处喷出液柱的速度增大，出口速度与驱动电压的幅值呈线性变化关系，为$y=0.11692+0.02402x$，$R^2=0.99701$。图3-15（b）中，当驱动电压幅值大于200V时，喷出液体体积达到最大值后保持不变，这是由于喷出液柱已脱离喷嘴，形成单独微滴飞出。而驱动电压幅值在200 V以下时，喷出液体体积到达最大值后开始逐渐减小，最终变为零，这是由于驱动力的不足，喷出的液柱被重新吸回喷嘴。

（2）上升沿时间对微滴成形过程影响

为了研究驱动电压上升沿时间对微滴成形过程的影响，设定驱动电压幅值200V、喷射材料黏度1mPa·s、表面张力0.07N/m，依次在驱动电压上升沿时间1μs、2μs、3μs、4μs、5μs对微滴成形过程进行仿真研究，得到不同上升沿时间下微滴在120μs时刻的液相分布图，如图3-16所示。

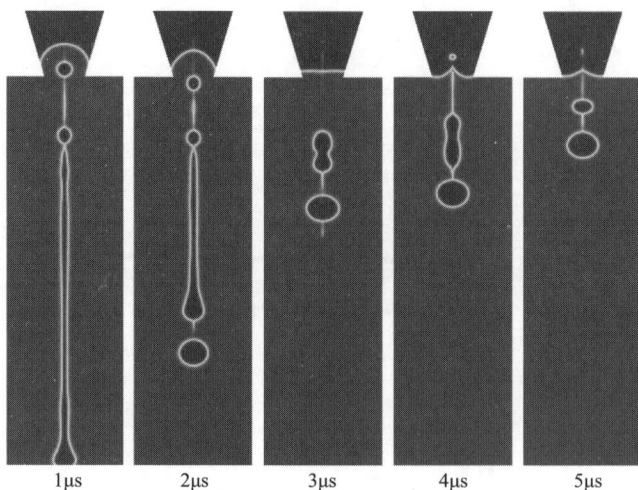

图3-16　不同上升沿时间下微滴成形过程

由图3-16可知，随着上升沿时间的增加，微滴成形位置离喷嘴越近，微滴在断裂时尾部拖拽变短，形成的卫星滴较小。为了明确不同上升沿时间对喷嘴口处微滴喷出速度及成形微滴体积影响规律，采集喷嘴口液柱的最大速度及喷出喷嘴的液体体积，得到不同驱动电压上升沿时间下微滴成形过程中速度及微滴体积变化的规律，如图3-17所示。

图3-17（a）为喷嘴口处微滴喷出速度随上升沿时间的变化曲线，随着上升沿时间的增加，喷嘴处喷出液柱的速度减小，上升沿时间在3μs以上时速度变化幅度减小。图3-17（b）为成形微滴体积随上升沿时间的变化曲线，随着上升沿时间的增大，成形微滴体积减小，微滴体积与驱动电压上升沿时间呈近线性变化，其变化关系为$y=5.43739e^{-13}+-5.77953e^{-14}x$，$R^2=0.98985$。

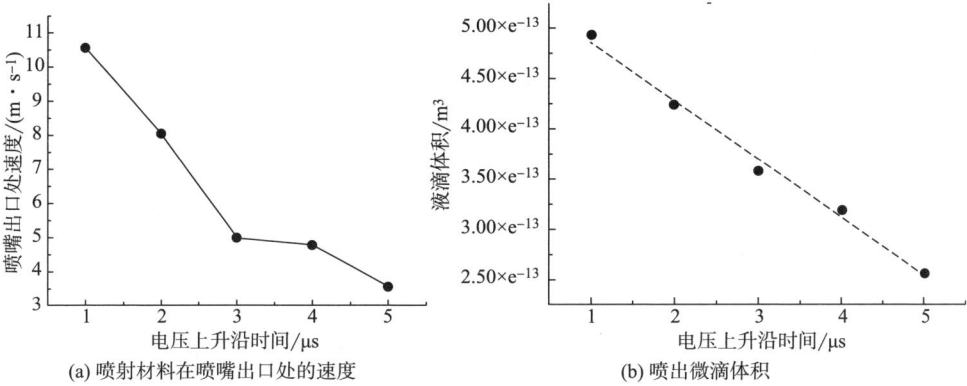

(a) 喷射材料在喷嘴出口处的速度　　　　　　(b) 喷出微滴体积

图3-17　不同上升沿时间下喷嘴口速度及喷出微滴体积

3.2.3.2　喷嘴尺寸

（1）喷嘴直径对微滴成形过程的影响

为了研究喷嘴直径对微滴成形过程的影响，设定驱动电压幅值200V、喷射材料黏度1mPa·s、表面张力0.07N/m，依次在喷嘴直径60μm、80μm、100μm、120μm、140μm下对微滴成形过程进行仿真研究，得到不同喷嘴直径下微滴在120μs时刻的液相分布图，如图3-18所示。

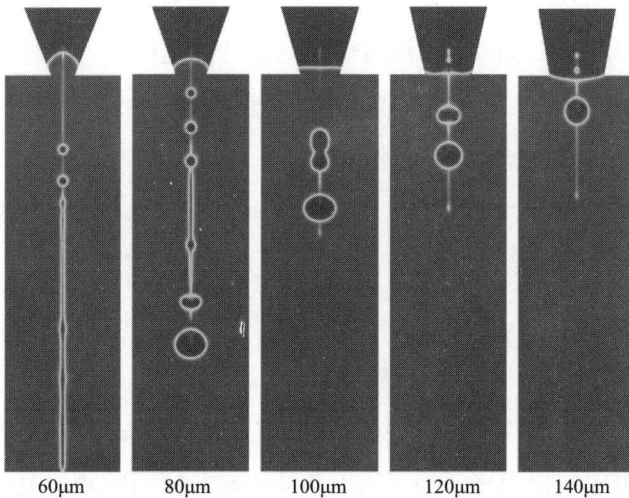

图3-18　不同电压下微滴成形过程

由图3-18可知，随着喷嘴直径尺寸的增加，微滴成形位置离喷嘴越近，微滴在断裂时尾部拖拽变短，形成的卫星滴体积较大。为了明确不同喷嘴直径对喷嘴口处微滴喷出速度及成形微滴体积的影响规律，采集喷嘴口液柱的最大速度及喷出喷嘴的液体体积，得到不同喷嘴直径下微滴成形过程中速度及微滴体积变化的规律，如图3-19所示。

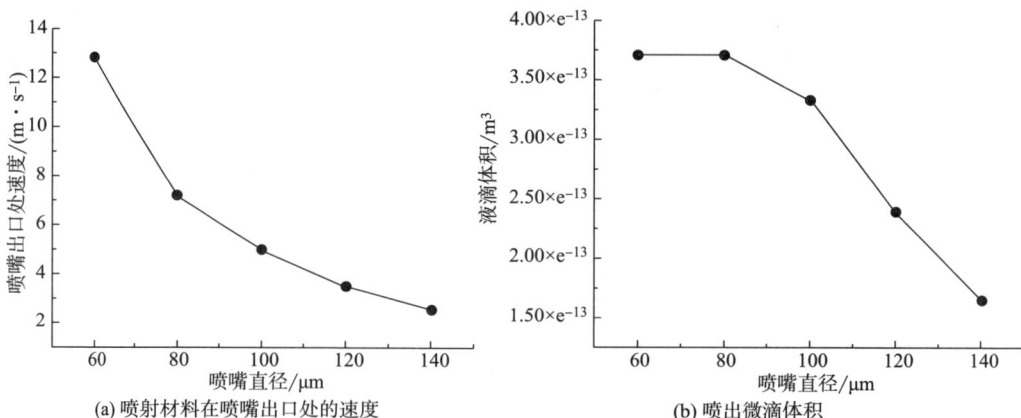

(a) 喷射材料在喷嘴出口处的速度

(b) 喷出微滴体积

图3-19　不同喷嘴直径下喷嘴口速度及喷出液滴体积

图3-19（a）为喷嘴口处微滴喷出速度随喷嘴直径的变化曲线，随着喷嘴直径的增加，喷嘴处喷出液柱的速度减小，减小趋势随着喷嘴直径的增大而减小；图3-19（b）为成形微滴体积随喷嘴直径的变化曲线，随着喷嘴直径的增大，成形微滴体积减小，减小趋势随着喷嘴直径的增大而增大。

（2）喷嘴长度对微滴成形过程影响

为了研究喷嘴长度对微滴成形过程的影响，设定驱动电压幅值200V、喷射材料黏度1mPa·s、表面张力0.07N/m，依次在喷嘴长度5mm、6mm、7mm、8 mm、9mm下对微滴成形过程进行仿真研究，得到不同喷嘴长度下微滴在120μs时刻的液相分布图，如图3-20所示。

由图3-20可知，随着喷嘴长度尺寸的增加，微滴成形位置离喷嘴越近，微滴在断裂时尾部拖拽变短。为了明确不同喷嘴长度对喷嘴口处微滴喷出速度及成形微滴体积的影响规律，采集喷嘴口液柱的最大速度及喷出喷嘴的液体体积，得到不同喷嘴长度下微滴成形过程中速度及微滴体积变化的规律，如图3-21所示。

图3-21（a）为喷嘴出口处微滴喷出的速度随喷嘴长度的变化曲线，随着喷嘴长度的增加，喷嘴处喷出液柱的速度减小，减小趋势随着喷嘴长度的增大而减小；图3-21（b）中，成形微滴体积随喷嘴长度的变化曲线，随着喷嘴长度的增大，成形微滴体积减小，减小趋势随着喷嘴长度的增大而减小。

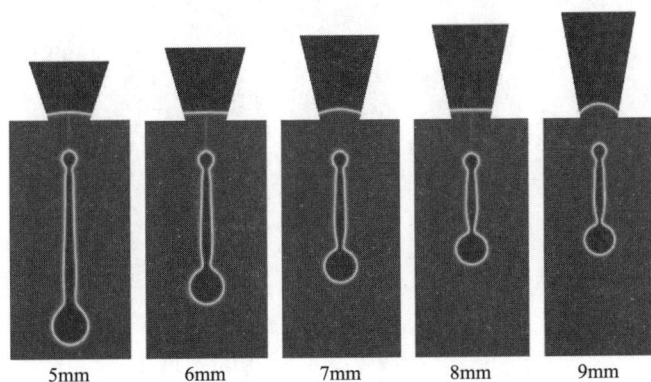

| 5mm | 6mm | 7mm | 8mm | 9mm |

图3-20　不同电压下微滴成形过程

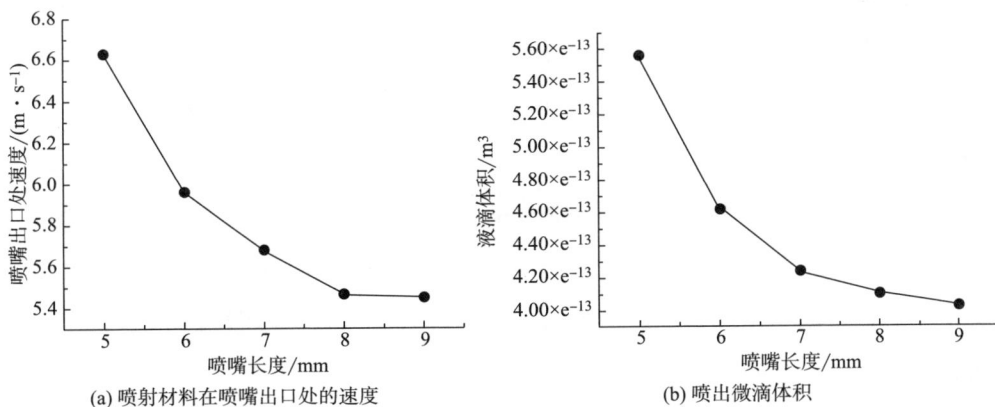

(a) 喷射材料在喷嘴出口处的速度　　　　(b) 喷出微滴体积

图3-21　不同喷嘴长度下喷嘴口速度及喷出液滴体积

（3）压电陶瓷厚度对微滴成形过程的影响

为研究压电陶瓷厚度对微滴成形过程的影响，设定驱动电压幅值300V、喷射材料黏度1mPa·s、表面张力0.07N/m，依次在陶瓷厚度1mm、2mm、3mm、4mm、5mm下对微滴成形过程进行仿真研究，得到不同压电陶瓷厚度下微滴在120μs时刻的液相分布图，如图3-22所示。

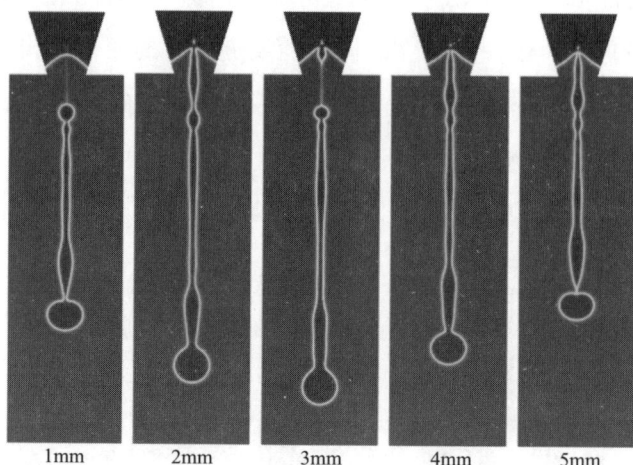

图3-22　不同陶瓷厚度下微滴成形过程

由图3-22可知，随着喷嘴长度尺寸的增加，微滴成形位置离喷嘴口的距离先增大后减小，微滴在断裂时尾部拖拽均较长。为了明确不同压电陶瓷厚度对喷嘴口处微滴喷出速度及成形微滴体积的影响规律，采集喷嘴口液柱的最大速度及喷出喷嘴的液体体积，得到不同压电陶瓷厚度下微滴成形过程中速度及微滴体积变化的规律，如图3-23所示。

图3-23（a）为喷嘴口处微滴喷出速度随压电陶瓷厚度的变化曲线，随着压电陶瓷厚度的增加，喷嘴处喷出液柱的速度先增大后减小；图3-23（b）为成形微滴体积随压电陶瓷厚度的变化曲线，随着压电陶瓷厚度的增大，成形微滴体积先增大后减小。

（4）喷射材料加入高度对微滴成形过程的影响

为了研究喷射材料加入高度对微滴成形过程的影响，设定驱动电压幅值300V、喷射材料黏度1mPa·s、表面张力0.07N/m，依次在喷射材料加入高度1mm、3mm、5mm、7mm下对微滴成形过程进行仿真研究，得到不同喷射材料加入高度下微滴在120 μs时刻的液相分布图，如图3-24所示。

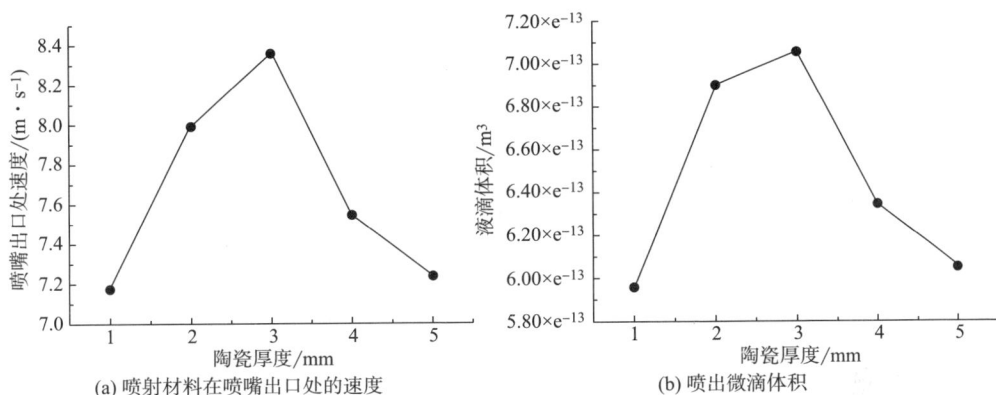

(a) 喷射材料在喷嘴出口处的速度　　　　(b) 喷出微滴体积

图3-23　不同压电陶瓷厚度下喷嘴口速度及喷出液滴体积

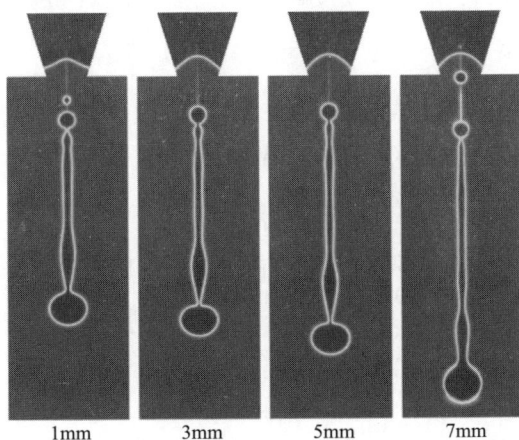

图3-24　不同喷射材料加入高度下微滴喷射成形过程

由图3-24可知，随着喷射材料加入高度的增加，微滴成形位置离喷嘴的距离增大，微滴在断裂时尾部拖拽变长。为了明确不同喷射材料加入高度对喷嘴口处微滴喷出速度及成形微滴体积的影响规律，采集喷嘴口液柱的最大速度及喷出喷嘴的液体体积，得到不同喷射材料加入高度下微滴成形过程中速度及微滴体积变化的规律，如图3-25所示。

图3-25（a）为喷嘴口处微滴喷出速度随喷射材料加入高度的变化曲线，

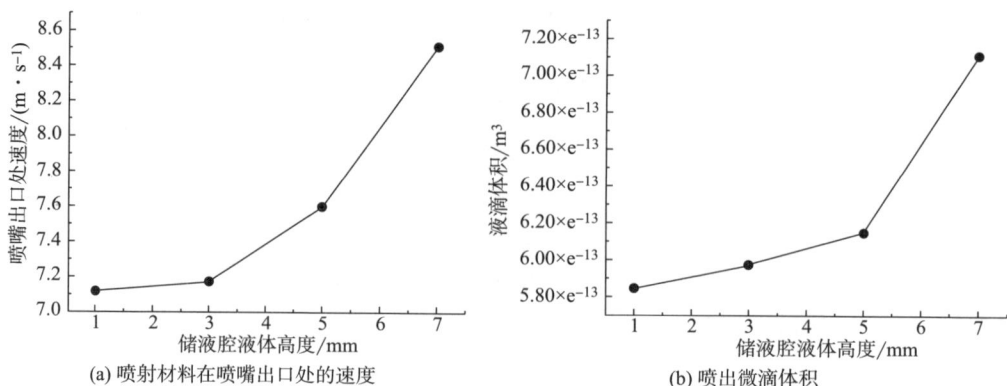

(a) 喷射材料在喷嘴出口处的速度   (b) 喷出微滴体积

图3-25 不同喷射材料加入高度下喷嘴口速度及喷出液滴体积

随着喷射材料加入高度的增加，喷嘴处喷出液柱的速度增大；图3-25（b）为成形微滴体积随喷射材料加入高度的变化曲线，随着喷射材料加入高度的增大，成形微滴体积增大。

3.2.3.3 喷射材料物理属性

（1）喷射材料黏度对微滴成形过程的影响

为了研究喷射材料黏度对微滴成形过程的影响，设置驱动电压幅值300V，喷射材料表面张力0.07N/m，依次在喷射材料黏度1mPa·s、5mPa·s、10mPa·s、15mPa·s、20mPa·s对微滴成形过程进行仿真研究，得到不同黏度下120μs时刻微滴的液相分布图，如图3-26所示。

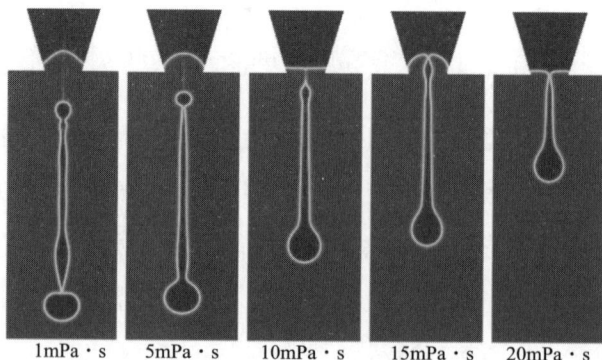

图3-26 不同黏度下微滴成形过程

由图3-26可知，随着喷射材料黏度的增大，微滴成形位置离喷嘴口的距离减小，微滴在断裂时尾部拖拽变短。为了进一步分析喷射材料黏度对微滴喷出速度及成形微滴体积的影响规律，采集喷嘴口液柱的最大速度及喷出喷嘴的液体体积，得到不同黏度下微滴成形过程中速度及微滴体积变化的规律，如图3-27所示。

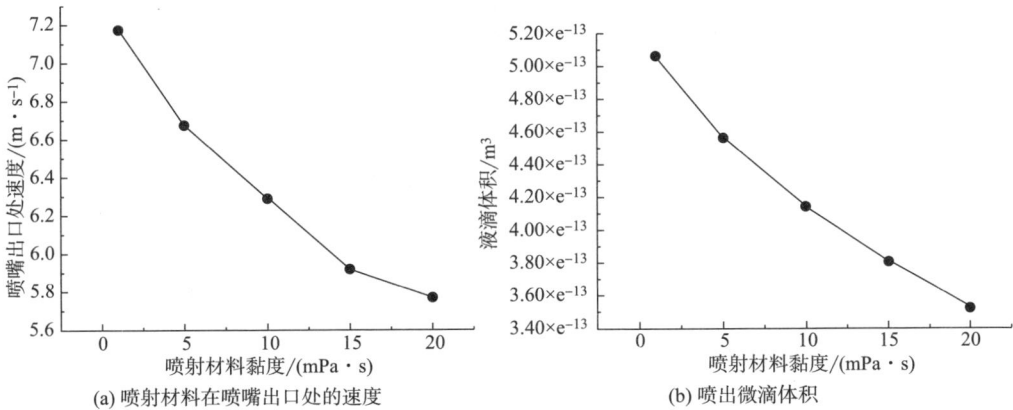

(a) 喷射材料在喷嘴出口处的速度   (b) 喷出微滴体积

图3-27 不同喷射材料黏度下喷嘴口速度及喷出液滴体积

图3-27（a）为喷嘴口处微滴喷出速度随喷射材料黏度的变化曲线，随着喷射材料黏度的增加，喷嘴处喷出液柱的速度减小；图3-27（b）为成形微滴体积随喷射材料黏度的变化曲线，随着喷射材料黏度的增大，成形微滴体积减小。

（2）喷射材料表面张力对微滴成形过程的影响

为了研究喷射材料表面张力对微滴成形过程的影响，设置驱动电压幅值150V，喷射材料黏度5mPa·s，依次在喷射材料表面张力0.02N/m、0.05N/m、0.07N/m、0.09N/m、0.11N/m对微滴成形过程进行仿真研究，得到不同表面张力喷射材料在120μs时刻微滴的液相分布图，如图3-28所示。

由图3-28可知，随着喷射材料表面张力的增加，液滴拖拽长度减小，卫星滴消失，且液滴形态更易呈球形。为了明确喷射材料表面张力对微滴喷出的速度及成形微滴体积的影响规律，采集喷嘴口液柱的最大速度及喷出喷嘴的液体体积，得到不同表面张力下微滴成形过程中速度及微滴体积变化的规律，如图3-29所示。

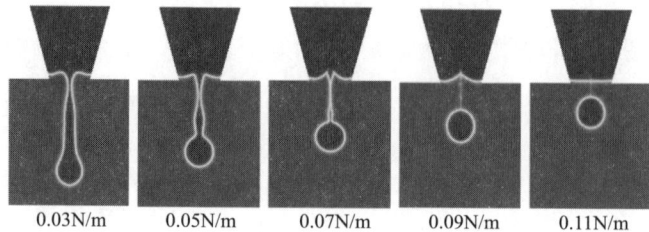

0.03N/m 0.05N/m 0.07N/m 0.09N/m 0.11N/m

图3-28 不同表面张力下微滴成形过程

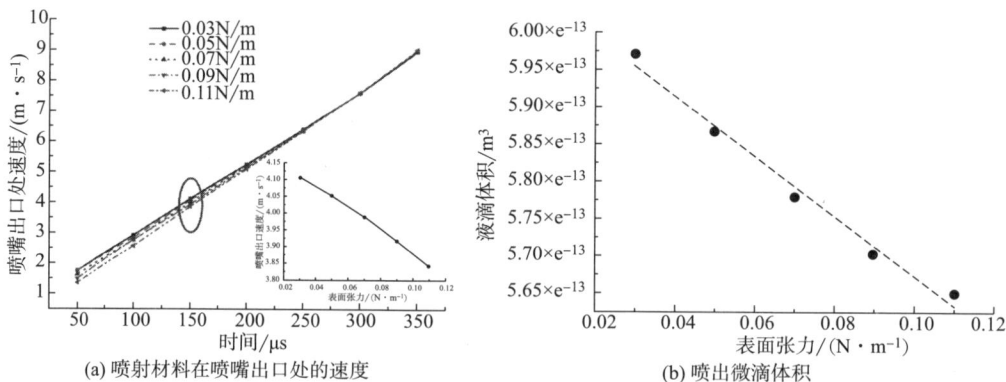

(a) 喷射材料在喷嘴出口处的速度 (b) 喷出微滴体积

图3-29 不同表面张力下喷嘴口速度及喷出液滴体积

从图3-29（a）可以看出，随着驱动电压的增大，喷射材料表面张力对喷嘴口喷出液柱的速度影响减弱；在驱动电压为150 V时，随着喷射材料表面张力的增加，喷嘴口喷出液柱的速度减小；图3-29（b）中，在驱动电压为300V时，随着喷射材料表面张力的增大，喷射出的液体体积将减小，微滴体积与喷射材料表面张力呈近线性变化，其变化关系为$y=6.07552e^{-13}+-4.01977e^{-13}x$，$R^2=0.98117$。

3.2.4 直接驱动型压电式微滴喷射实验

为了对直接驱动型压电式喷头的仿真结果进行验证，利用搭建的直接驱动型压电式微滴喷射系统进行喷射实验研究，微滴喷射系统主要由驱动电源、直接驱动型压电式喷头、示波器、图像采集系统等组成，如图3-30所示。其中，驱动电源可产生电压幅值0~400V、频率0~30Hz、脉冲宽度10~50μs的驱动电压；直接驱动型压电式喷头由玻璃喷嘴、玻璃储液腔及环形压电陶瓷驱动元件组成，三者通过环氧树脂黏合，喷嘴口的直径为65μm；示波器用于观测产生的驱动电压；图像采集系统为OLYMPUS i-SPEED3高速相机，设置帧率100000fps，PC端可对微滴喷射图像进行观测和储存。

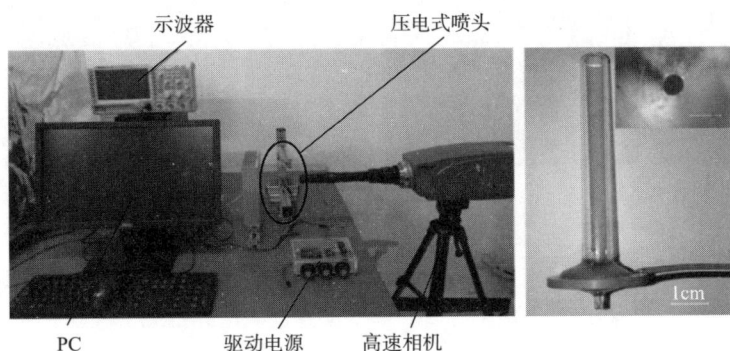

图3-30 实验装置及压电式喷头

本次实验喷射材料为去离子水（密度1.0g/cm³、黏度1mPa·s、表面张力0.073N/m），在驱动电压幅值200V、频率1Hz、脉冲宽度10μs的驱动信号作用下，得到微滴成形过程如图3-31（a）所示。为了与实验过程进行对比，将模型中喷嘴直径设定为65μm，仿真结果如图3-31（b）所示。

从图3-31（a）可以看出微滴喷射稳定，无卫星滴，成形液滴直径约在80μm。与图3-31（b）的模拟对比结果可以看出，模拟结果与实际微滴成形过程吻合较好，表明设计的直接驱动型压电式喷头在控制信号作用下，可按需产生均匀微滴。

(a) 微滴实际成形过程

(b) 微滴模拟成形过程

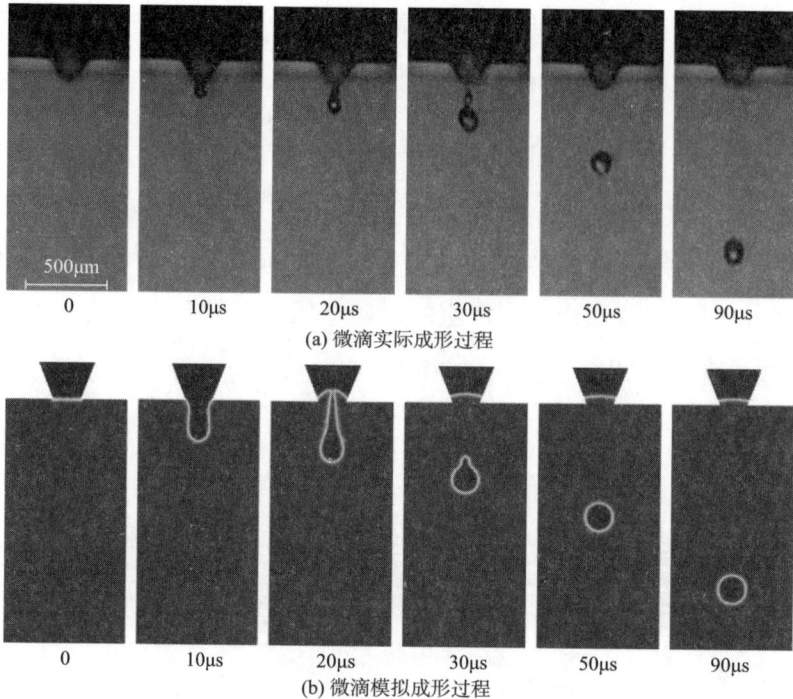

图3-31 液滴实际成形过程及模拟过程对比

参考文献

［1］肖渊，黄亚超，蒋龙，等. 喷射打印和化学沉积成形微细电路中微滴可控喷射研究［J］. 中国机械工程，2015，26（13）：1806-1810.

［2］Stone C D, Hadfield M G. An experimental investigation of fluid flow resulting from the impact of a water drop with an unyielding dry surface［J］. Proc. R. Soc. London A, 1981（373）：419-441.

［3］蒋龙. 气动式双喷头喷射装置开发及银导线打印基础研究［D］. 西安：西安工程大学，2016.

［4］Wu H C, Lin H J, Hwang W S. A numerical study of the effect of operating parameters on drop formation in a squeeze mode inkjet device［J］. Modelling and Simulation in Materials Science and Engineering, 2004, 13（1）：17.

［5］Rone W S, Ben–Tzvi P. MEMS–based microdroplet generation with integrated sensing ［C］//Proc. COMSOL Conf. 2011.

［6］Rone W, Ben–Tzvi P. Design and FE analysis of integrated sensing using gas compressibility for microdroplet generation ［J］. Mechatronics, 2013, 23（4）: 397–408.

［7］田磊. 基于水平集方法液滴振荡的数值模拟［D］. 成都：西华大学, 2015.

［8］Wijshoff H. The dynamics of the piezo inkjet printhead operation ［J］. Physics reports, 2010, 491（4–5）: 77–177.

［9］范增华，荣伟彬，王乐锋，等. 压电驱动微点胶器的控制与实验［J］. 光学精密工程, 2016, 24（5）: 1042–1049.

［10］占红武，胥芳，郭维锋，等. 压电喷墨过程动力学建模与供墨方法［J］. 机械工程学报, 2017, 53（1）: 140–149.

［11］肖渊，张威，王盼，等. 直接驱动型压电式喷头微滴产生过程数值模拟及实验研究［J］. 机械工程学报, 2020, 56（17）: 233–239.

第4章 织物表面微滴喷射打印沉积过程

本章将对微滴撞击织物表面沉积过程及形态变化规律进行研究，采用数值模拟与实验相结合的方法，结合流体力学相关理论，首先，建立微滴撞击织物二维有限元模型，研究微滴撞击织物沉积过程以及表面张力、黏度、微滴半径及速度等因素对沉积过程的影响规律。其次，考虑到微滴撞击织物二维织物有限元模型不能充分展示微滴在织物表面的沉积过程，通过合理假设和模型简化，建立了微滴撞击织物微尺度三维有限元模型，研究了微滴在织物表面三维沉积过程及形态变化机理，并对模拟结果进行实验验证，揭示了微滴撞击织物表面的沉积过程和形态变化规律。最后，对微滴碰撞织物基板动态变化过程以及织物基板处理后对微滴铺展渗透的影响进行实验研究，为后续织物表面柔性导电线路等喷射打印成形提供指导。

4.1 平纹织物表面微滴喷射沉积过程数值模拟

织物表面微滴喷射沉积制备柔性导电线路中，织物作为导电线路的载体，其结构及性质直接影响导电线路的成形质量和性能。采用数值模拟的方法研究织物表面微滴沉积过程，织物几何模型的建立显得尤为重要。织物模型建立的好坏，直接影响后续模拟结果的准确性。织物结构复杂多样，具有宏观和微观两种尺度，且处于不同编织形式和受力状态下的织物几何结构差距较大，本书以平纹织物为研究对象，建立其几何模型。平纹织物是由经、纬纱一上一下相互交织而形成的，纱线作为织物成形的基本单元，其模型的确定是织物建模的基础。因此，首先需要建立纱线的模型，然后根据一定的编织形式，建立平纹织物的几何模型。

4.1.1　织物几何模型的建立

在纱线建模过程中，通常依据纱线截面形态和中心线的屈曲形态构成纱线的包络曲面来表示纱线的整体形状。纱线建模包括纱线截面模型、纱线中心线模型、纤维分布模型以及纤维体积分数的确定。

4.1.1.1　纱线中心线模型

纱线中心线模型常见的有正弦曲线、贝塞尔曲线、B样条曲线、自然三次样条曲线等。

（1）正弦曲线

由Peirce在1937年提出，把纱线的中心线路径看作规则的正弦曲线来建立织物的模型，其表达式为：

$$y = A\sin(\omega x + \varphi) + k \qquad (4\text{-}1)$$

式中：k，ω，ϕ为常数（k、ω、$\phi \in \boldsymbol{R}$ 且 $\omega \neq 0$）。

Peirce模型是一种理想化的模型，与真实织物相差较大。

（2）贝塞尔曲线

贝塞尔曲线由四个点P_1，P_2，P_3，P_4按照一定的规则形成。该曲线从P_1开始朝向P_2，然后沿着P_3的方向到达P_4。此曲线在点P_1处的切线平行于P_1到P_2的矢量，在点P_4处的切线平行于P_3到P_4的矢量，其参数方程如式（4-2）所示。

$$B(t) = P_1(1-t)^3 + 3P_2 t(1-t)^2 + 3P_3 t^2(1-t) + P_4 t^3, \ 0 \leqslant t \leqslant 1 \qquad (4\text{-}2)$$

一种典型的贝塞尔曲线如图4-1所示。

式中：P_0为起点；P_4为终点；P_2和P_3为控制点；t为参数（$0 \leqslant t \leqslant 1$）。

（3）B样条曲线

B样条曲线是B样条基曲线（给定区间上的所有样条函数组成的一个线性区

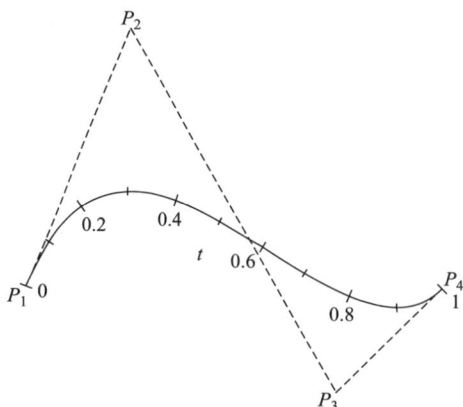

图4-1 贝塞尔曲线

间。这个线性空间的基函数称为B样条基函数）的线性组合。其一般表达为有 $n+1$ 个控制点 P_i（$i=0$，1，2，3，…，n）和一个节点向量 $\boldsymbol{T}=\{t_0$，t_1，…，$t_m\}$，依次连接这些控制点可以构成一个特征多边形；$k+1$ 阶（k 次）B样条曲线的表达式可表示为（$2 \leqslant k \leqslant n+1$），其中必须满足 $m=n+k+1$。

B样条曲线数学表达式为：

$$P(t)=\sum_{i=0}^{n} P_i N_{i,k}(t) \tag{4-3}$$

式中：$N_{i,k}(t)$ 为 k 次B样条基函数，又称调和函数，或者 k 次规范B样条基函数；P_i 为第 i 个控制点的值。

下面为其Cox-de Boor递归公式的定义：

$$\begin{cases} N_{i,0}(t)=\begin{cases} 1 \text{ 若 } t_i \leqslant t \leqslant t_{i+1} \\ 0 \quad \text{其他} \end{cases} \\ N_{i,k}(t)=\dfrac{(t-t_i)N_{i,k-1}(t)}{t_{i+k}-t_i}+\dfrac{(t_{i+k+1}-t)N_{i+1,k-1}(t)}{t_{i+k+1}-t_{i+1}}, t_k \leqslant t \leqslant t_{n+1} \end{cases} \tag{4-4}$$

式中：n 等于控制点数目减去1；P_i 为第 i 个控制点的值；$N_{i,0}(t)$、$N_{i,k}(t)$ 为B样条基函数；k 为控制曲线连续性的阶次。

目前，工程上最常用的是二次B样条曲线（图4-2），其表达式如式（4-5）所示。

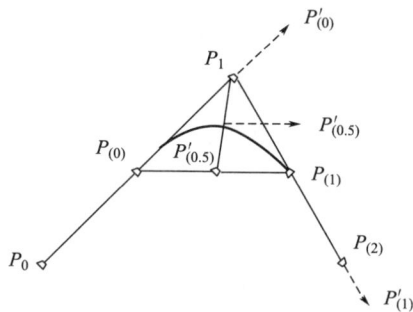

图4-2 二次B样条曲线

$$P(t)=\frac{1}{2}(t-1)^2 P_0+\frac{1}{2}(-2t^2+2t+1)^2 P_1+\frac{1}{2}t^2 P_2 \tag{4-5}$$

式中：P_0为起点；P_2为终点；P_1为控制点；t为参数（$0 \leq t \leq 1$）。

（4）自然三次样条曲线

自然三次样条曲线是在贝塞尔曲线的基础上形成的。在式（4-2）的基础上，引入函数S_i来表示曲线上的中间点P_{1i}和P_{4i}。

即

$$P_{1i}=S_i(t_i), \quad 0 \leq i \leq k-2 \qquad （4-6）$$
$$P_{4i}=S_i(t_{i+1}), \quad 0 \leq i \leq k-2 \qquad （4-7）$$

曲线连续性条件为：

$$S_i(t_{i+1})=S_{i+1}(t_{i+1}), \quad 0 \leq i \leq k-3 \qquad （4-8）$$
$$S'_i(t_{i+1})=S'_{i+1}(t_{i+1}), \quad 0 \leq i \leq k-3 \qquad （4-9）$$

式中：$S_i(t_{i+1})$为插值函数；$S'_i(t_{i+1})$为插值函数的二阶导数。

对于每个自然三次样条曲线，可通过以下四个方程来求解。

$$S_i(t_i)=a_i+b_i t_i+c_i t_i^2+d_i t_i^3 \qquad （4-10）$$
$$S_i(t_{i+1})=a_i+b_i t_{i+1}+c_i t_{i+1}^2+d_i t_{i+1}^3 \qquad （4-11）$$
$$S'_i(t_i)=b_i+2c_i t_i+3d_i t_i^2 \qquad （4-12）$$
$$S'_i(t_{i+1})=b_i+2c_i t_{i+1}+3d_i t_{i+1}^2 \qquad （4-13）$$

式中：a_i，b_i，c_i，d_i为四个未知系数；t_i为节点。

从而得到自然三次样条曲线的表达式：

$$J(S)=\int_a^b \|S''(t)\|^2 \mathrm{d}t \qquad （4-14）$$

式中：$S''(t)$为插值函数的二阶导数；$t \in （a, b）$。

本书基于最小势能原理得到纱线中心线的几何表达式，从而得到更接近实际的纱线中心线模型。平纹织物纱线编织结构如图4-3所示。

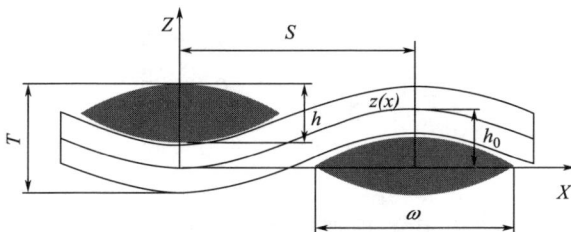

图4-3 平纹织物编织结构图

式中：曲线$z(x)$为纱线的中心线路径；T为织物厚度；S为纱线弯曲间隔；h为纱线高度；ω为纱线宽度；h_0为纱线卷曲高度。

在弯曲间隔S内单根纱线弯曲势能为：

$$W=\frac{1}{2}B\int_0^s\left[\frac{z''(x)}{(1+(z'(x))^2)^{3/2}}\right]^2 dx \qquad (4-15)$$

式中：W为弯曲势能；B为纱线弯曲刚度；括号内式子表示纱线中心线曲率。

对单根卷曲纱线利用最小势能原理，有：

$$W\rightarrow\min \qquad (4-16)$$

通过式（4-16）可获得纱线中心线路径的表达$z(x)$的近似结果为：

$$z(x)=0-\frac{h_0}{2}\left[4\left(\frac{x}{S}\right)^3-6\left(\frac{x}{S}\right)^2\right] \qquad (4-17)$$

式中：曲线$z(x)$为纱线的中心线路径；S为纱线弯曲间隔；ω为纱线宽度；h_0为纱线卷曲高度。

4.1.1.2 纱线截面模型

许多研究者对纱线截面模型进行了深入的探讨，如Peirce提出的椭圆形、改进的椭圆形、Hearle和Shanahan提出的透镜形等。

（1）椭圆形

椭圆形纱线截面是最简单的纱线截面模型，给定椭圆的宽度ω和高度h即可得到椭圆形纱线截面的参数方程。

$$C(t)_x=\frac{\omega}{2}\cos(2\pi t),\ 0\leqslant t\leqslant 1 \qquad (4-18)$$

$$C(t)_y=\frac{h}{2}\sin(2\pi t),\ 0\leqslant t\leqslant 1 \qquad (4-19)$$

式中：ω为椭圆的宽度；h为高度。

椭圆形纱线截面是理想化的规则图形，织物在相互交叉的过程中，形状会发生很大的变化，并不是规则的椭圆形。对此纱线截面必须进行改进，使其更加逼近真实织物。在式（4-19）的基础上，在y坐标轴上引入参数n，当$n<1$时，椭圆形的圆角部分发生变化类似于矩形；当$n>1$时，椭圆形类似于凸透镜形。改进后的椭圆形纱线截面定义如下：

$$C(t)_x = \frac{\omega}{2}\cos(2\pi t), \ 0 \leqslant t \leqslant 1 \tag{4-20}$$

$$C(t)_y = \begin{cases} \dfrac{h}{2}[\sin(2\pi t)^n], \ 0 \leqslant t \leqslant 0.5 \\[3mm] -\dfrac{h}{2}[\sin(2\pi t)^n], \ 0.5 \leqslant t \leqslant 1 \end{cases} \tag{4-21}$$

式中：ω为椭圆的宽度；h为高度。

两种典型的改进椭圆形纱线截面如图4-4所示。

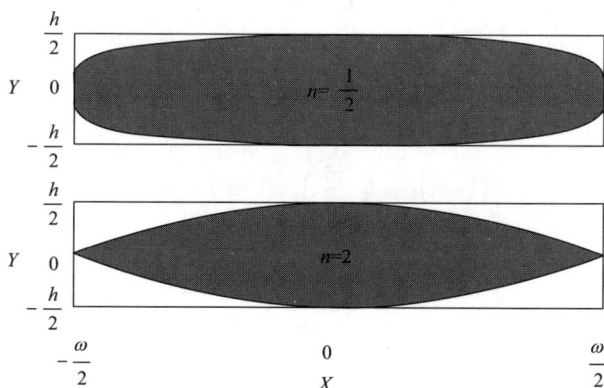

图4-4　改进的椭圆形纱线截面

（2）透镜形

由于经纬纱在交叉处相互受力而形成类似于透镜形的截面，该截面是由两个半径分别为r_1和r_2的圆（图4-5）交叉而成。由于经纬纱在交叉时有力的作用产生，纱线截面的上部分会在力的作用下向下挤压而发生变形，使其产生变形距离d，截面其他部分的参数如半径r_1、r_2，圆心O_1、O_2可由纱线宽度、高度h以及变形距离d根据下列各式计算而来。

$$r_1 = \frac{\omega^2 + (h-2d)^2}{4(h-2d)} \tag{4-22}$$

$$r_2 = \frac{\omega^2 + (h+2d)^2}{4(h+2d)} \tag{4-23}$$

$$O_1 = -r_1 + \frac{h}{2} \tag{4-24}$$

$$O_2 = r_2 - \frac{h}{2} \tag{4-25}$$

式中：d为变形距离；r_1、r_2为圆心O_1、O_2的半径；h为高度。

透镜形纱线截面的参数方程如下：

$$C(t)_y = \begin{cases} r_1\cos\theta + O_1, & 0 \leqslant t \leqslant 0.5 \\ -r_2\cos\theta + O_2, & 0.5 \leqslant t \leqslant 1 \end{cases} \tag{4-26}$$

$$C(t)_x = \begin{cases} r_1\sin\theta, & 0 \leqslant t \leqslant 0.5 \\ r_2\sin\theta, & 0.5 \leqslant t \leqslant 1 \end{cases} \tag{4-27}$$

$$\theta = \begin{cases} (1-4t)\sin^{-1}\left(\dfrac{\omega}{2r_1}\right), & 0 \leqslant t \leqslant 0.5 \\ (-3+4t)\sin^{-1}\left(\dfrac{\omega}{2r_2}\right), & 0.5 \leqslant t \leqslant 1 \end{cases} \tag{4-28}$$

式中：r_1、r_2为圆心O_1、O_2的半径。

两种典型的透镜形纱线截面如图4-5所示，如果纱线变形距离$d=0$，则两个圆的半径和偏移量相等，这是理想的状态下，两段圆弧呈对称分布，如图4-5（a）所示。实际上，纱线在编织过程中不可避免地会产生扭曲变形，图4-5（b）更接近真实织物纱线的截面形状。

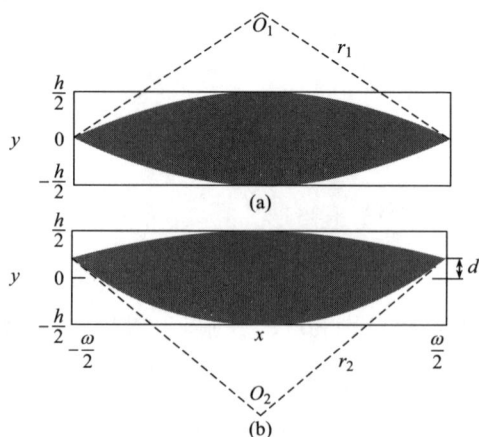

图4-5 透镜形纱线截面

4.1.1.3　纤维分布模型

单根纱线是由多根纤维以一定的捻度扭曲而成，因纤维在纱线内的排布受多种因素影响，为简化计算做如下假设：

①纤维以半径相等的圆分布于纱线截面内。

②纤维在纱线截面内按层分布。

③同一层纤维的圆心分布于一条曲线上。

因此，确定纤维圆心的分布曲线，使纤维以设定间隙分布于纱线截面上是纤维建模的关键。为获得纤维圆心的分布曲线，需先确定曲线所在的截面$C(t,u)$。引入两个横截面$A(t)$（图4-6中红色部分）和$B(t)$（整个纱线截面），其关系如下所示：

$$C(t,\mu)=A(t)+(B(t)-A(t))\mu, \quad 0 \leqslant t \leqslant 1; \quad 0 \leqslant \mu \leqslant 1 \qquad （4-29）$$

式中：$A(t)$为红色部分横截面；$B(t)$为整个纱线截面；μ为参数（其中红色截面$\mu=0$；蓝色截面$\mu=1$）。

其中μ在截面$A(t)$和$B(t)$之间从0到1呈线性变化，从而使纤维在层与层之间平稳过渡。图4-6为透镜形纱线截面内纤维圆心分布的曲线图。

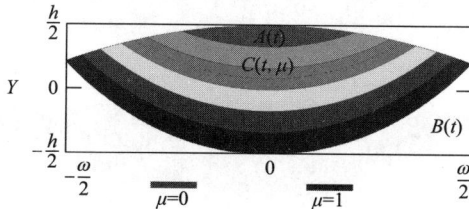

图4-6　透镜形截面内纤维圆心分布曲线图

为了使纤维层与层之间具有更好的连续性，采用一个三次方程式来表示μ与x之间的关系。

当$x=0$时：

$$\mu=0$$
$$\frac{\mathrm{d}\mu}{\mathrm{d}x}=0 \qquad （4-30）$$

当$x=L$时，L为层与层之间的距离：

$$\mu=1$$

$$\frac{\mathrm{d}\mu}{\mathrm{d}x}=1 \qquad (4\text{-}31)$$

因此，可得如下方程：

$$\mu=\frac{3x^2}{L^2}-\frac{2x^3}{L^3} \qquad (4\text{-}32)$$

式中：L为层与层之间的距离；$0\leqslant x\leqslant L$。

以往的研究大多把纱线看成一个实体，认为纤维充满了纱线，即纤维体积分数为1，忽略了纤维内的间隙，因此不符合织物的实际情况。把纤维考虑进去，使液体能在纱线内部流动，纤维的多少以及纤维的间距都会影响微滴的渗透，因此纤维体积分数是织物几何模型的一个重要参数，必须明确。图4-7显示了不同纤维体积分数的纱线截面，其中A_*F_*为纱线截面内纤维的面积，A_*Y_*为纱线截面面积。

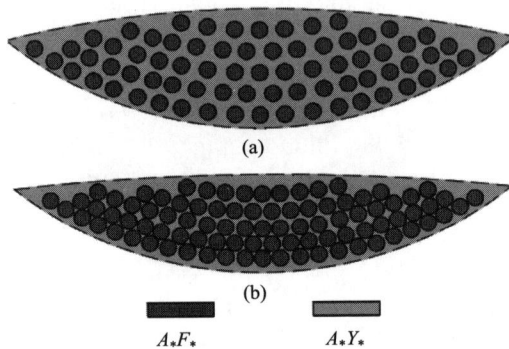

图4-7　纱线截面内纤维体积分数示意图

4.1.1.4　纤维体积分数

建模时，通过实验测量纱线或织物的重量m，计算出纱线或织物总的纤维体积V_*F_*，假设所有纤维的密度ρ相等。

则：

$$V_*F_* = \frac{m}{\rho} \qquad (4-33)$$

式中：m为重量；ρ为密度；V_*F_*为纤维体积。

利用下式可计算出纤维的体积分数V_{fy}：

$$V_{fy} = \frac{V_*F_*}{V_*Y_*} \qquad (4-34)$$

式中：V_*F_*为纤维面体积；V_*Y_*为纱线面体积。

此种方法得到的是整个纱线或织物的纤维体积分数，适于纱线横截面沿着纱线方向不发生显著变化的情况。但是对于大多数纱线截面发生变化的情况，一个截面内纤维的面积A_*F_*与纱线截面面积A_*Y_*的比例更能反映纤维体积分数。假设纤维是不可压缩的，且纤维面积在纱线截面内沿着纱线长度方向不发生变化。因此纤维面积分数A_f为：

$$A_f = \frac{A_*F_*}{A_*Y_*} \qquad (4-35)$$

给定纱线的线密度ζ和组成纤维的密度ρ。

则：

$$A_f = \frac{\zeta}{A_*Y_*\rho} \qquad (4-36)$$

式中：ζ为纱线的线密度；ρ为纤维密度。

4.1.1.5 织物几何参数

由于织物结构的复杂性，处于不同编织形式和受力状态下的织物几何结构差距较大，本文利用文献给出的涤纶平纹织物建立其几何模型。其实物照片和详细参数如图4-8和表4-1所示。

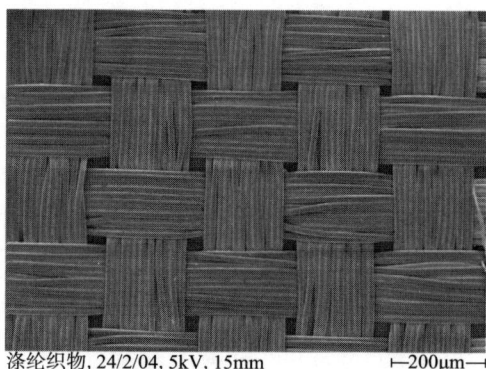

涤纶织物, 24/2/04, 5kV, 15mm ⊢—200μm—⊣

图4-8 平纹织物实物图

表4-1　Chomarat 150TB织物属性

项目	参数	数值
纱线尺寸	经纱中心线间距S_x/mm	0.226
	经纱宽度ω_x/mm	0.192
	纬纱中心线间距S_y/mm	0.190
	纬纱宽度ω_y/mm	0.170
	纱线厚度S/mm	0.0970
织物属性	面密度/（g·m^{-2}）	69
	纤维密度/（g·cm^{-3}）	1.39
几何模型属性	单胞面积/mm^2	0.1748
	纤维密度/（g·cm^{-3}）	0.0108
	纤维体积/mm^3	0.008677
纤维体积分数/%		0.8

4.1.1.6　织物模型的建立

利用上述参数，建立织物的模型如图4-9所示，其中图4-9（a）为建立的织物几何模型，图4-9（b）为简化织物模型，图4-9（c）为织物截面SEM图。

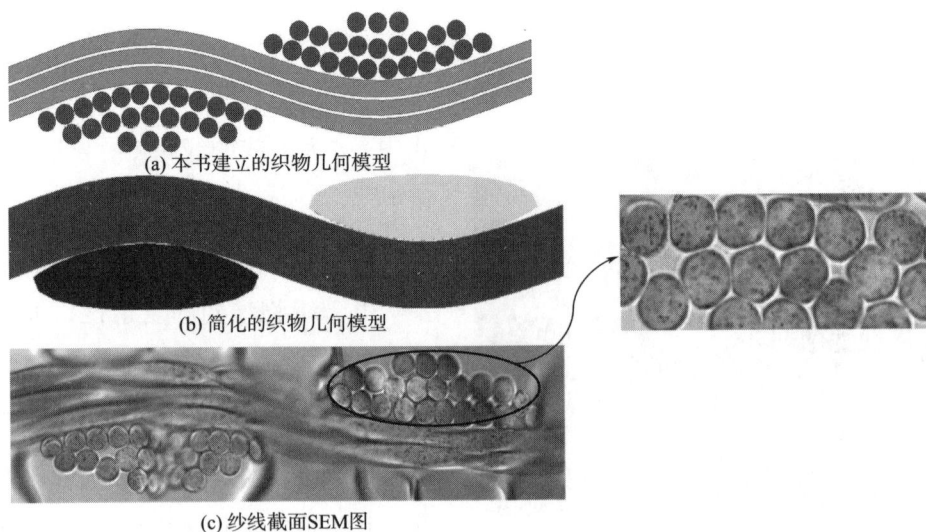

(a) 本书建立的织物几何模型

(b) 简化的织物几何模型

(c) 纱线截面SEM图

图 4-9　织物模型

由图4-9（a）和图4-9（b）可以看出，所建立的织物模型充分考虑了纱线的可渗透性，由图4-9（c）可以看出，平纹织物的一个单胞由两根经纱和两根纬纱组成，经纱内纤维分三层分布，依次由12根、9根、3根，共24根纤维组成。而垂直于经纱方向的纬纱由三根纤维组成。由纱线截面内纤维分布放大图可以明显地看出纤维之间以及纤维层与层之间都有一定的间隙。通过对比实际织物的SEM图，可以看出建立的几何模型与真实的织物较符合，为织物表面微滴沉积过程的数值模拟研究奠定了基础。

4.1.2　微滴喷射沉积过程理论及有限元模型的建立

微滴喷射打印成形导电线路是利用均匀微滴的沉积和在织物内部的渗透实现导线快速沉积成形，因此对微滴沉积变形的精确控制是得到高精度导电线路的基础。基于此，首先建立织物表面微滴沉积过程的理论模型，从理论上对微滴与织物基板碰撞及渗透过程进行深入研究。再利用FLUENT软件建立微滴撞击织物基板的有限元模型，包括依据相关理论设置物理模型、边界条件和材料属性等，为后续模拟微滴在织物表面的沉积过程奠定基础。

4.1.2.1　微滴自由表面处理方法

在流体力学中，求解区域中物理量有间断或求解区域有运动边界，如激波、液体与空气的交界面、多相流等问题时，区域的物理量与一般流场中物理量的大梯度区不同，而是物理量的完全间断，它们的运动随着时间的推移而变化，工程上把这类问题称为运动界面问题。自由表面问题是运动界面追踪的一类，本书研究的微滴沉积过程，微滴与周围空气的界面形态变化就属于自由表面问题。

4.1.2.2　流体体积法

20世纪70年代，Hirt等提出了流体体积法（volume of fluid，VOF）方法，使得自由表面的数值模拟方法有了实质的进步。该方法使用非连续的标量函数f来描述多相流体的界面，定义其中一相为$f=0$，另一相为$f=1$，$0<f<1$的区域为界面，如图4-10所示，计算过程为：依据已知的流速和重构好的运动

界面计算下一时刻的f值，然后根据计算得到的f值重构一个新的运动界面。界面的重构包括简单线界面计算（simple line interface calculation，SLIC）和分段线性（piece wise linear interface calculation，PLIC）两种方法。对于2D模型，SLIC采用水平线或竖直线重构界面，如图4-10所示；PLIC采用任意取向线重构界面，如图4-10所示右上角的插图所示。

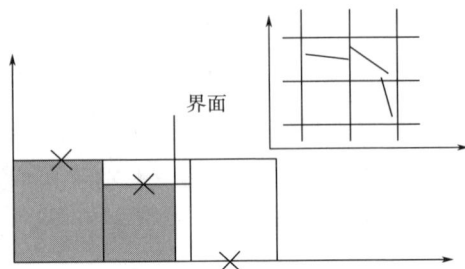

图4-10　界面重构流体体积法示意图

VOF法的优点在于每种流体的质量完全守恒，可以很好地追踪相界面。且由于VOF方法发展得相对成熟，支持VOF方法的商业软件比较多。目前采用VOF方法的商业软件主要有ANSYS公司的Fluent和CFX软件，CD-adapco公司的STAR-CD软件，Flow Science Inc.公司的FLOW-3D软件。因此VOF法是目前模拟织物表面微滴沉积变形过程的主要方法。

4.1.2.3　VOF法控制方程

VOF函数定义一个液相的百分数F来标记控制体积的状态。当控制体积全部为液相时$F=1$；当控制体积全部为气相时$F=0$，当控制体积部分为气液混合相时F介于0和1之间。F满足体积函数方程：

$$\frac{\partial F}{\partial t}+\frac{1}{V_{\mathrm{F}}}\left[\frac{\partial}{\partial x}(FA_x u)+\frac{\partial}{\partial_y}(FA_y v)+\frac{\partial}{\partial_z}(FA_z w)\right]=0 \qquad (4\text{-}37)$$

式中：V_{F}为是单元内流体所占体积分数；u，v，w分别为笛卡尔坐标系中x，y，z方向的速度分量；A_x，A_y，A_z分别为x，y，z方向的流体面积分数。

质量连续性方程：

$$V_{\mathrm{F}}\frac{\partial \rho}{\partial t}+\frac{\partial}{\partial x}(\rho u A_x)+\frac{\partial}{\partial y}(\rho v A_y)+\frac{\partial}{\partial z}(\rho w A_z)=0 \qquad (4\text{-}38)$$

式中：ρ为微滴的密度。

流体速度分量（u，v，w）的动量守恒方程：

$$\frac{\partial u}{\partial t}+\frac{1}{V_{F}}\left(uA_{x}\frac{\partial u}{\partial x}+vA_{y}\frac{\partial u}{\partial y}+wA_{z}\frac{\partial u}{\partial z}\right)=-\frac{1}{\rho}\frac{\partial p}{\partial x}+G_{x}+S_{x} \quad （4\text{-}39）$$

$$\frac{\partial v}{\partial t}+\frac{1}{V_{F}}\left(uA_{x}\frac{\partial v}{\partial x}+vA_{y}\frac{\partial v}{\partial y}+wA_{z}\frac{\partial v}{\partial z}\right)=-\frac{1}{\rho}\frac{\partial p}{\partial y}+G_{y}+S_{y} \quad （4\text{-}40）$$

$$\frac{\partial w}{\partial t}+\frac{1}{V_{F}}\left(uA_{x}\frac{\partial w}{\partial x}+vA_{y}\frac{\partial w}{\partial y}+wA_{z}\frac{\partial w}{\partial z}\right)=-\frac{1}{\rho}\frac{\partial p}{\partial z}+G_{z}+S_{z} \quad （4\text{-}41）$$

式中：$（G_{x}, G_{y}, G_{z}）$为体积力加速度；$（S_{x}, S_{y}, S_{z}）$为表面张力。

能量守恒方程：

$$V_{F}\frac{\partial}{\partial t}(\rho I)+\frac{\partial}{\partial x}(\rho IuA_{x})+\frac{\partial}{\partial y}(\rho IvA_{y})+\frac{\partial}{\partial z}(\rho IwA_{z})$$

$$=-\rho\left(\frac{\partial uA_{x}}{\partial x}+\frac{\partial vA_{y}}{\partial y}+\frac{\partial wA_{z}}{\partial z}\right)+T_{DIF} \quad （4\text{-}42）$$

式中：I为宏观内能；A_{x}，A_{y}，A_{z}分别为x，y，z方向的流体面积分数。

其中I表示为温度的函数。

$$I=C_{l} \cdot T+(1-F_{S}) \cdot CLHT \quad （4\text{-}43）$$

式中：C_{l}为微滴的比热容；F_{S}为固相分数；CLHT为凝固潜热；T为温度。

$$T_{DIF}=\frac{\partial}{\partial x}\left(kA_{x}\frac{\partial T}{\partial x}\right)+\frac{\partial}{\partial x}\left(kA_{y}\frac{\partial T}{\partial y}\right)+\frac{\partial}{\partial z}\left(kA_{z}\frac{\partial T}{\partial z}\right) \quad （4\text{-}44）$$

式中：T_{DIF}为热扩散率；k为金属液滴的热导率；A_{x}，A_{y}，A_{z}分别为x，y，z方向的流体面积分数。

为了研究微滴在织物表面的沉积过程，采用Fluent软件中的VOF两相流模型建立求解方程，通过求解动量方程和计算穿过区域每种流体的体积比来模拟微滴的沉积过程，该过程涉及液体和空气两种流体，假设两者之间无热传质、非压缩流体，且黏性系数、表面张力系数等都是常数。

4.1.2.4 流动控制方程的建立

数值模拟采用VOF法，各相的质量和动量守恒方程如下：

$$\nabla \cdot \mathbf{v}=0 \quad （4\text{-}45）$$

$$\frac{\partial \mathbf{v}}{\partial t}+\nabla \cdot (\mathbf{v} \cdot \mathbf{v})=-\frac{1}{\rho}\left(\nabla p-\mu\nabla^{2}\mathbf{v}+g+\frac{1}{\rho}\mathbf{F}_{SF}\right) \quad （4\text{-}46）$$

式中：v为速度向量；t为时间；p为压力；μ为动力黏度；F_{SF}为表面力量。

混合相密度的计算公式如下所示：

$$\rho=\sum\alpha_k\rho_k \tag{4-47}$$

混合相的其他物性ϕ通过下式计算：

$$\phi=\frac{\sum\alpha_k\rho_k\phi_k}{\sum\alpha_k\rho_k} \tag{4-48}$$

式中：α_k为第k相流体的体积分数；ρ为混合相密度；k为第k相流体。

计算机网络中，当$\alpha_k=0$时，网格内无第k相流体；当$\alpha_k=1$时，网格内充满第k相流体；当$0<\alpha_k<1$时，网格内包含第k相流体和其他相流体。

通过求解体积分数的连续性方程来跟踪气液两相界面：

$$\frac{\partial\alpha_k}{\partial t}+V_k\cdot\nabla\alpha_k=0 \tag{4-49}$$

$$\sum_k\alpha_k=1 \tag{4-50}$$

自由表面的变化受多种因素的影响，表面张力和壁面黏附作用对其影响较大。在考虑上述因素的基础上，采用Brackbill等提出的连续表面张力F_{SF}，以源项的形式加入到动量方程中：

$$F_{SF}=\sigma\kappa n\frac{\alpha_1\rho_1+\alpha_2\rho_2}{1/2(\rho_1+\rho_2)} \tag{4-51}$$

$$n=\nabla\alpha_2 \tag{4-52}$$

$$\kappa=-(\nabla\cdot\hat{n})=\frac{1}{n}\left[\left(\frac{n}{|n|}\cdot\nabla\right)|n|-(\nabla\cdot n)\right] \tag{4-53}$$

式中：σ为表面张力系数；κ为表面曲率；n为表面法线；α为体积分数；$\hat{n}$为表面法向量；其中下标1和2分别表示主相和第二相。

当微滴与织物表面接触时，将织物的吸附作用加入表面法向中：

$$\hat{n}=\hat{n}_w\cos\theta_w+\hat{t}_w\sin\theta_w \tag{4-54}$$

式中：$\hat{n}_w$和$\hat{t}_w$分别为单位法向和壁面切向向量；θ_w为壁面接触角。

4.1.2.5　织物表面润湿模型的建立

在气液两相流动与织物相互作用耦合求解过程中，织物表面润湿模型控制方程可以表示为：

$$\cos\theta_d-\cos\theta_a=\frac{4Ca}{\lambda}\frac{\sin^2\theta_d}{\sin(2\theta_d)-2\theta_d} \tag{4-55}$$

$$\cos\theta_r-\cos\theta_d=\frac{4Ca}{\lambda}\frac{\sin^2\theta_d}{\sin(2\theta_d)-2(\pi-\theta_d)} \tag{4-56}$$

式中：θ_d 为动态接触角；θ_a 和 θ_r 分别为前进接触角和回缩接触角，反映液体与织物相互作用引起的接触角的滞后性；$Ca=\mu U/\sigma$，反映液体速度对润湿过程接触角变化的影响；U 为接触线速度；λ 为量纲接触线特征参数，反映织物性质对润湿过程的影响。

当接触线静止时，用于动态接触角计算的润湿模型为：

$$\theta_d=\begin{cases} \theta_{d,0}+\text{Random}(x)(\theta_a-\theta_{d,0}) & \boldsymbol{v}_{cl}^1 \text{ 指向气相} \\ \theta_e & \boldsymbol{v}_{cl}^1=0 \\ \theta_{d,0}+\text{Random}(x)(\theta_r-\theta_{d,0}) & \boldsymbol{v}_{cl}^1 \text{ 指向液相} \end{cases} \tag{4-57}$$

式中：$\boldsymbol{v}_{cl}^1$ 为接触线所在单元速度，上标1表示接触线所在单元；$\text{Random}(x)$ 为值域范围（0,1）之间的随机函数；$\theta_{d,0}$ 为上次计算时的动态接触角。

4.1.2.6　织物内部控制方程的建立

（1）纱线间隙控制方程

为了简化计算，将微滴看作不可压缩黏牛顿流体，沉积过程为恒温流动过程，此时纱线间液体的流动用不可压缩Navier-Stokes方程表示为：

$$\rho\frac{\partial \boldsymbol{u}}{\partial t}+\rho\boldsymbol{u}\cdot\nabla\boldsymbol{u}=\rho f-\nabla p+\mu\Delta\boldsymbol{u} \tag{4-58}$$

式中：ρ 为流体密度；$\boldsymbol{u}$ 为速度矢量；p 为压力；f 为单位体积流体受的外力；若只考虑重力，则常数 μ 为动力黏度；t 为时间。

由于液体在织物内部流动速度较慢，忽略非线性对流项，只关注稳态解，消除时间项，此时微滴在纱线间的流动可用Stokes方程表示为：

$$-\nabla p + \mu \Delta \boldsymbol{u} = 0 \tag{4-59}$$

式中：$\boldsymbol{u}$ 为速度矢量；p 为压力；若只考虑重力，则常数 μ 为动力黏度。

（2）纱线内部控制方程

对于液体在纱线内部的流动，将纱线视为多孔介质，利用 Brinkman 方程来描述：

$$-\nabla p + \mu \Delta \boldsymbol{u} = \frac{\mu \boldsymbol{u}}{K_{\text{yarn}}} \tag{4-60}$$

式中：K_{yarn} 为纱线的渗透率张量；$\boldsymbol{u}$ 为速度矢量；∇ 为微算因子；p 为压力；若只考虑重力，则常数 μ 为动力黏度。

对比式（4-59）可知，Brinkman 方程比 Stokes 方程多一个余项 $\mu \boldsymbol{u}/K_{\text{yarn}}$。因此，可以将织物内的整个流动全部采用 Brinkman 方程来描述，纱线外部的流动可看作 $K_{\text{yarn}}^{-1}=0$ 的 Brinkman 流动。

4.1.2.7　气液两相流动与织物作用耦合求解流程

微滴在织物表面沉积时涉及气体和液体两种流体，气液两相流动与织物相互作用的耦合求解是进行微滴沉积过程研究的基础。采用 VOF 两相流模型建立求解方程，其求解流程如图4-11所示。

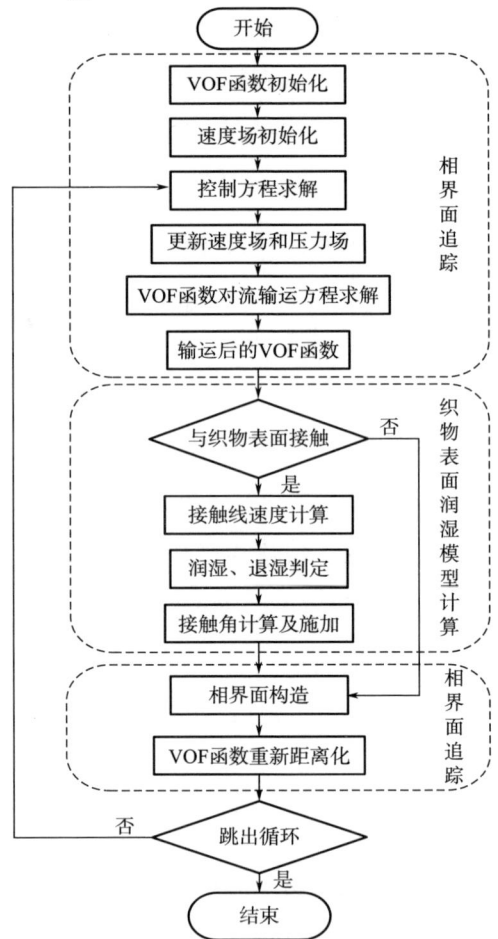

图4-11　求解流程图

4.1.3 微滴喷射沉积过程二维数值模型的建立

4.1.3.1 模拟方案

模拟过程如图4–12所示。首先，采用GAMBIT软件对上文建立的平纹织物模型进行网格划分，然后在FLUENT软件中定义物理求解模型、材料属性、边界条件等参数，进行数值计算求解。最后利用TECPLOT软件对计算结果进行后处理，并对模拟的沉积过程进行研究，为微滴沉积提供理论依据。

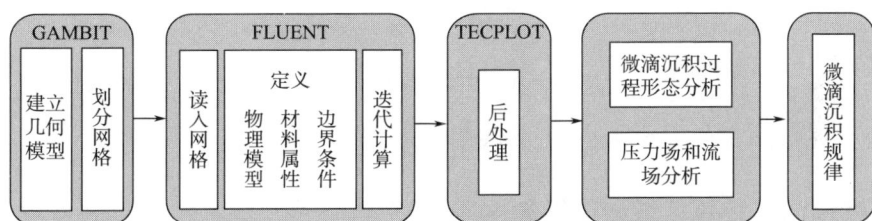

图4–12 微滴沉积过程模拟方案图

4.1.3.2 模拟区域

图4–13为微滴喷射装置示意图，进行数值模拟时，模拟区域包括从喷嘴内喷出达到稳定状态的微滴、整个织物基板及织物与微滴之间的环境气体（如图4–13中虚线框所示）。

4.1.3.3 网格划分

因为在微滴沉积过程中，各部分流体沿轴向呈对称分布，其流场、压力场、速度场等可通过二维轴对称问题来求解，从而减少计算量提高效率。数值模拟区域网格划分如图4–14所示，选择合适的网格对计算结果非常重要。如果网格太粗，计算可能不收敛，或者误差很大；如果网格太细，求解非线性问题的时间会无谓地增加。过渡区域的大小取决于计算域网格的密度，随着网格密度的增加，界面过渡区域减小，从而可以更加准确地模拟自由表面形态。考虑到计算精度和效率，将微滴以及环境气

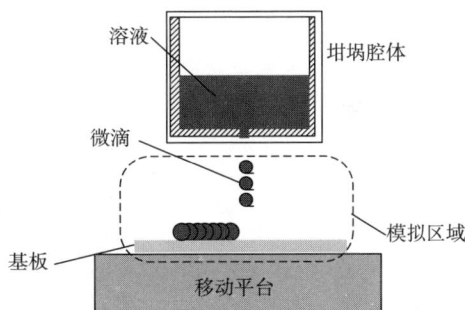

图4–13 微滴喷射系统结构示意图

体部分划分为四边形结构网格，织物内部采用分区域划分的方式，划分为三角形非结构网格，模拟区域共划分为17146个网格单元。

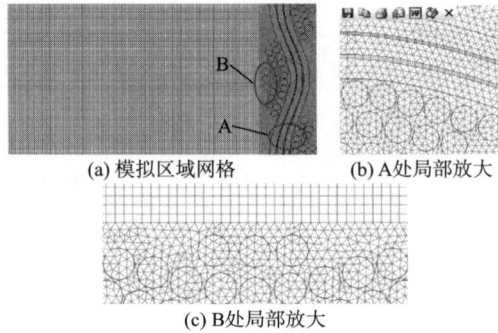

(a) 模拟区域网格　　　　(b) A处局部放大

(c) B处局部放大

图4-14　数值模拟区域网格示意图

4.1.3.4　计算区域和边界条件

根据微滴在织物表面铺展渗透范围的初步估计，本书数值模拟计算区域取738μm×600μm二维区域，计算区域和边界条件如图4-15所示。

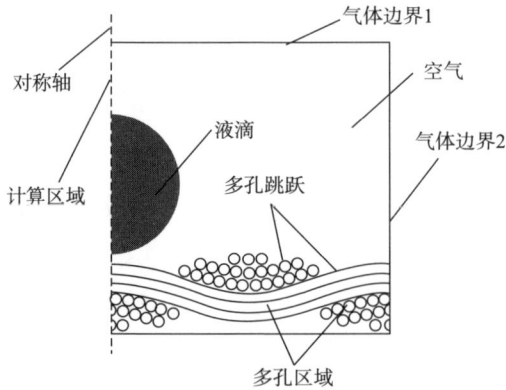

图4-15　计算区域和边界条件的设置

微滴在织物表面沉积的模型涉及固、液、气三相，假设液体和气体之间为不可压缩的层流运动，定义气相空气为主相，液相为第二相。在二维区域内，定义一个直径为300μm的微滴，初始时刻微滴与织物表面为点接触，并以一定的初速度下落撞击织物。

4.1.3.5　模拟条件设置

由于金属盐和还原剂溶液均为水基溶液，其打印沉积过程与水相似，故本书以蒸馏水微滴为研究对象，其物性参数见表4-2。

表4-2　模拟中流体物性参数

流体	密度/（kg·m^{-3}）	黏度/（Pa·s）	表面张力/（N·m^{-1}）
蒸馏水	998	0.001	0.07275
空气	1.16	1.8e^{-5}	—

孔隙率作为织物的一个重要参数，其大小直接影响微滴在织物内的渗透性能。孔隙率是指织物中孔隙体积与织物总体积的比值，以百分数（%）来表示，该指标不能通过仪器来测定，可按下式计算：

$$n_p = 100 - \frac{G}{10t\delta} \tag{4-61}$$

式中：n_p为孔隙率；G为单位面积质量，g/m^2；δ为单位体积质量，g/cm^3；t为织物厚度，mm。

模拟中将纤维内部视为多孔介质，孔隙率根据式（4-61）计算，其他边界参数设置见表4-3。

表4-3　织物边界参数设置

名称	孔隙率	渗透率/μm^2	压力阶跃系数
织物	75.8%	480.7	3265.3

采用有限体积法离散控制方程，压力速度的耦合方式选用PISO算法，压力求解采用PRESTO！方法，连续方程和动量方程采用二阶隐式格式求解，对时间一阶离散。计算单元液相体积分数选用CICSAM方法进行离散求解，控制方程采用QUICK格式进行离散以减少扩散，从而提高计算精度。时间步长设为$\Delta t = 5 \times 10^{-7}$s，$\Delta t$内迭代次数为20，残差小于10^{-3}满足迭代收敛要求。

4.1.4 微滴喷射沉积过程二维数值模拟

在均匀微滴按需喷射打印成形过程中，微滴作为成形的基本单元，其沉积之后的铺展、流动及渗透形态对成形导电线路的精度起着决定性作用。由于织物结构比较复杂，微滴撞击在织物表面不同位置，其形态变化有所不同。基于此，本节选取织物表面的一个典型位置，采用VOF建立静止大气环境中微滴撞击织物基板沉积的两相流模型，对沉积过程进行数值模拟。首先对模拟结果进行形态、压力场、流场的分析，然后探讨相关参数对沉积过程的影响规律。

微滴在织物表面的沉积过程主要包括微滴与织物表面的碰撞和微滴在织物内的渗透两个过程。液体能不能润湿基板，进而在其表面发生铺展主要由铺展系数$S_{L/SG}$来决定。

$$S_{L/SG}=\sigma_{SG}-\sigma_{SL}-\sigma_{L} \tag{4-62}$$

式中：σ_{SG}，σ_{SL}，σ_{L}分别为固—气界面、固—液界面和液—气界面的表面能。

当$S_{L/SG}>0$时，液滴会完全润湿基质并且铺展为一层薄膜。当微滴沉积在织物表面与其碰撞后首先主要沿径向铺展在织物表面，只有很少一部分液体会渗透到织物内部（本书模拟忽略此部分液体），达到一个相对稳定的状态后，微滴继续渗透到织物内部。为了对沉积过程进行更深入细致的研究，把微滴在织物表面的沉积分为碰撞和渗透两个过程分别进行研究。

4.1.4.1 碰撞过程微滴形态分析

设定微滴直径为300μm、飞行速度1m/s、微滴与织物表面的静态接触角为60°，获得微滴碰撞织物表面的形态变化过程如图4-16所示。

由图4-16可以看出，微滴在下降阶段基本保持球形，随后微滴与织物表面接触发生润湿，并迅速沿织物表面向两边铺展出现一段薄膜（0.8ms）和气泡（1.2ms）。此后微滴呈阶梯形（2.4～3.0ms）在织物表面铺展。碰撞的初始阶段，微滴的惯性力占主导作用，随着铺展的进行，惯性力的作用逐渐减小，黏滞力和表面张力的作用不断增大。在3.4ms时，微滴达到最大铺展半径，此时微滴边缘的高度大于微滴中心部分，形成环形液层（3.4ms），微滴中心部分可见

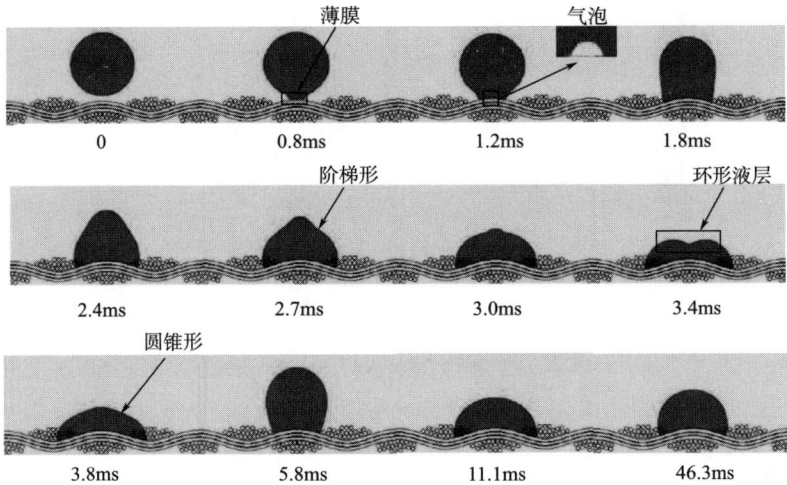

图4-16　碰撞过程微滴形态变化

一凹坑。随着微滴运动状态的发展，内环液体出现回缩现象，向碰撞中心处聚拢，凹坑的深度逐渐减小直至消失。此后微滴一直向上运动，呈圆锥形分布于织物表面。直到5.8ms时，微滴第一次达到最大程度回缩位置。随后经过不断的振荡（11.1～46.3ms），直到能量消耗尽，最终在46.3ms时达到平衡状态。

微滴与织物表面碰撞后，形态会发生很大的变化。为揭示微滴碰撞的机理，以下对微滴碰撞过程中的典型形态进行分析。

（1）气泡

由图4-16可知，1.2ms时微滴与织物表面接触间会产生气泡。为分析气泡产生的原因，给出微滴与织物表面碰撞前0.1μs时刻压力分布如图4-17所示。

由图4-17可以看出，微滴撞击前0.1μs时刻，微滴与织物表面间气体最高压力为1890 Pa，此时这部分气体受到表面剪切的阻碍作用不能迅速离开。随着微滴的不断靠近，被压缩的气体使微滴底部发生变形而变平，从而在微滴与织物表面间形成一气体层。由此可见，在碰撞初期，微滴与织物表面并未完全直接接触，而是在一个气体层上做铺展运动。图4-18给出了微滴与织物表面间气体层宽度随时间的变化关系。

从图4-18可以看到，气体层的宽度随时间变化先增大然后减小。为进一步

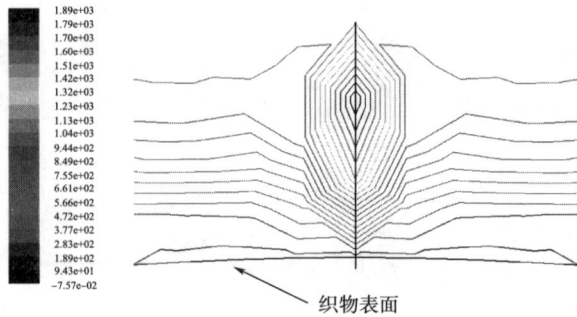

1.89e+03
1.79e+03
1.70e+03
1.60e+03
1.51e+03
1.42e+03
1.32e+03
1.23e+03
1.13e+03
1.04e+03
9.44e+02
8.49e+02
7.55e+02
6.61e+02
5.66e+02
4.72e+02
3.77e+02
2.83e+02
1.89e+02
9.43e+01
−7.57e−02

织物表面

图4-17　碰撞前0.1μs时压力分布图

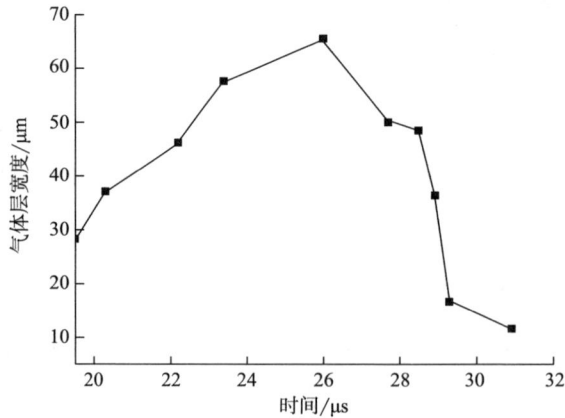

图4-18　气体层宽度随时间的变化

明确产生这种现象的原因，给出微滴撞击织物表面后0.1μs时刻右半部分速度分布如图4-19所示。

由图4-19可以看到，微滴与织物表面碰撞后，微滴主体速度方向垂直向下，但碰撞中心附近区域的速度分布却与微滴主体速度分布不同（图4-19方框中放大图）。在微滴边缘气液两相界面处，由于微滴向下运动带动周围气体产生涡流，改变了微滴边缘液体的流动方向，使微滴急速向碰撞中心集聚［图4-19（b）中曲线箭头指向部分］。从而使碰撞中心处的压力急剧增大，微滴与织物表面间的气体向两边排出［图4-19（b）中直线箭头指向部分］，部分来不及排出的气体被卷入液体中形成气泡，使气体层宽度增加。而气体层宽度

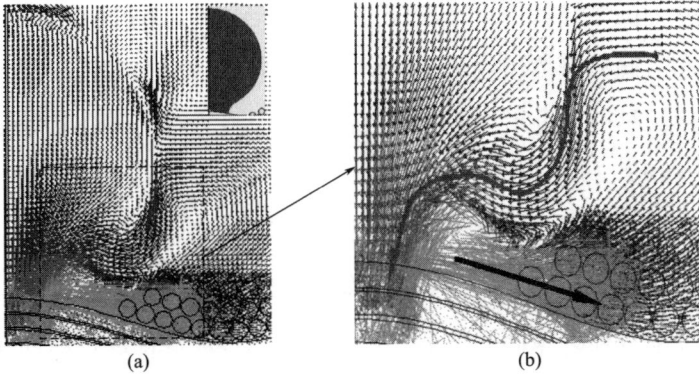

(a)　　　　　　　　　　　(b)

图4-19　碰撞后0.1μs微滴速度矢量图

的减小则是因为气体层宽度达到最大值后受到表面张力的抑制作用而回缩。由于织物结构不同于固体壁面，经纬纱线的编织使得纱线表面中间高两边低，气泡随着液体向两边运动且由于纱线孔隙的存在，气泡逐渐减小直至消失。

（2）环形液层

为了分析图4-16中3.4ms时刻环形液层形成的原因，得到3.4ms时微滴速度等值线图如图4-20所示。

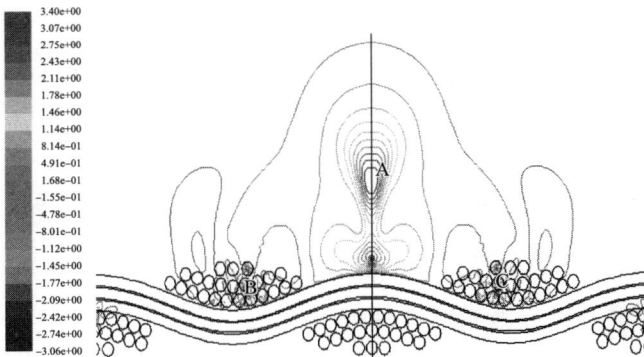

图4-20　3.4ms时刻微滴速度等值线图

由图4-20速度分布可看出，微滴铺展边缘B和C处铺展速度较小为0.155m/s，铺展缓慢，而中心部分液体A处具有较大速度（3.4m/s）继续沿织物表面向两侧铺展。这是由于微滴边缘表面张力的抑制作用较大，铺展速度较小，而中心部分液体在惯性力的主导作用下速度较大，从而形成边缘高中间低的环形液层。由此可以看出，微滴碰撞织物表面润湿阶段，较高的碰撞动能一部分用来克服黏性力的作用，另一部分用来克服表面张力的作用，使微滴沿织物表面铺展。

（3）阶梯形

图4-16中2.4~3.0ms时刻微滴在织物表面呈阶梯形铺展，这是由于微滴在下落过程中具有较大的冲击动能，在与织物表面接触时会产生振动波，振动波从微滴底部逐渐传递到微滴的上部，在微滴表面形成表面波，从而使微滴以阶梯状的形式在织物表面铺展。

（4）圆锥形

为了分析图4-16中3.8ms时刻微滴呈圆锥形分布于织物表面的原因，得到3.8ms时刻微滴速度矢量图如图4-21所示。

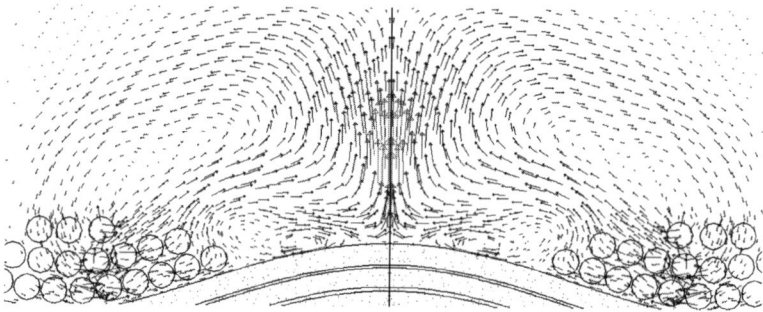

图4-21　3.8ms时刻微滴速度矢量图

由图4-21可以看出，此时中心处的液体不断上升，其上升速度（1.21m/s）大于边缘液体的速度（0.455m/s），从而形成圆锥形。

4.1.4.2　渗透过程微滴形态分析

当微滴与织物表面接触发生碰撞铺展，经反复振荡最终达到平衡状态，此后微滴开始渗入织物内部。渗透过程微滴形态变化如图4-22所示。

由图4-22可以看出，微滴沿竖直方向渗入织物内部。由于织物内部存在无数大小和形状不一的孔隙，开始阶段孔隙顺畅，液体渗入快（24ms），孔隙不断被液体填充，在38ms时微滴呈反不倒翁形。图4-23为38ms时刻微滴速度等值线图。

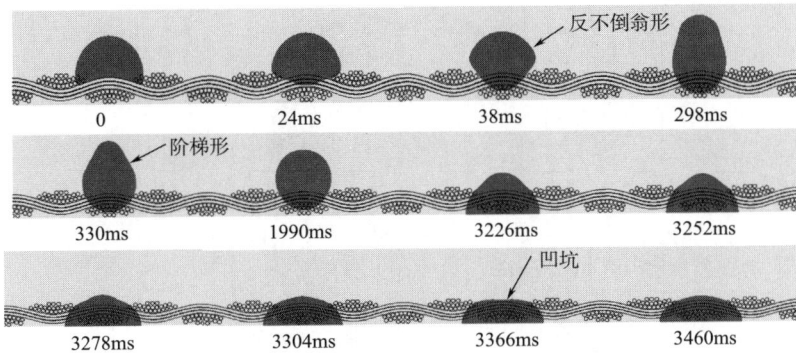

图4-22　渗透过程微滴形态变化

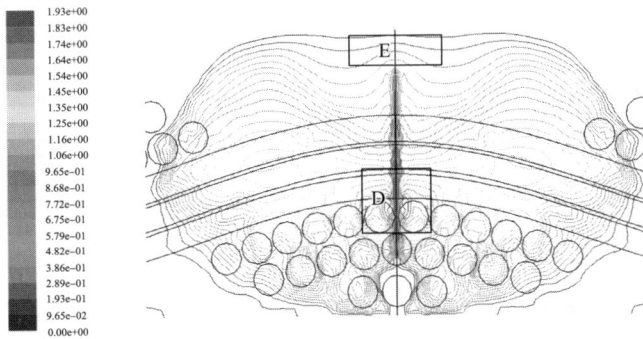

图4-23　38ms时刻微滴速度等值线图

由图4-23可以看出，微滴底部D区具有较大速度（1.45～1.93m/s），而微滴上部E区速度较小（0～0.386m/s）。这是由于微滴底部在毛细力作用下具有较大速度，快速渗入织物内部，而微滴上部由于未与织物接触，不受毛细力作用，速度较小，从而形成"反不倒翁形"。298～330ms微滴呈上尖下粗的阶梯形分布，330ms时刻微滴速度矢量图如图4-24所示。

由图4-24可以看出，微滴渗入F处后，由于纤维间及纤维内部孔隙的存在，微滴的速度方向发生变化，沿着图4-24中粗实线所示方向运动。微滴两侧液体向上运动，而中心的液体向下运动，从而形成上细下粗的阶梯形。受表面张力的作用，微滴上部的液体向上运动的速度逐渐减小直至为0，之后开始向下运动（1990ms）。此后，微滴一直向下运动，并向两侧铺展（3226～

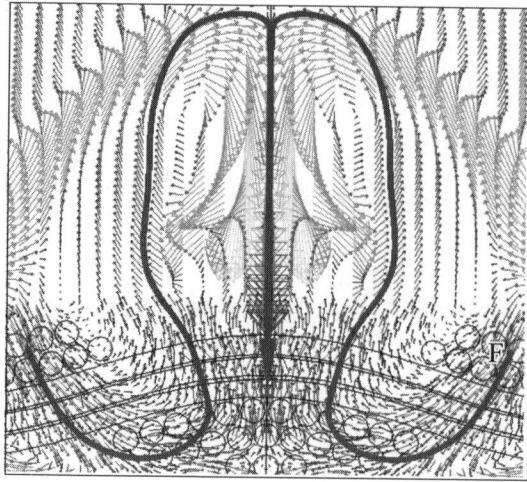

图4-24　330ms时刻微滴速度矢量图

3304ms）。在3366ms时刻微滴高度达到最小，同时出现与碰撞过程相同的凹坑。随后微滴出现小幅度回缩，最终在3460ms达到平衡状态。

4.1.4.3　压力场分析

为进一步明确微滴形态变化的本质，揭示微滴铺展、渗透的主要原因，给出微滴在织物表面沉积过程中的内部压力分布如图4-25所示。

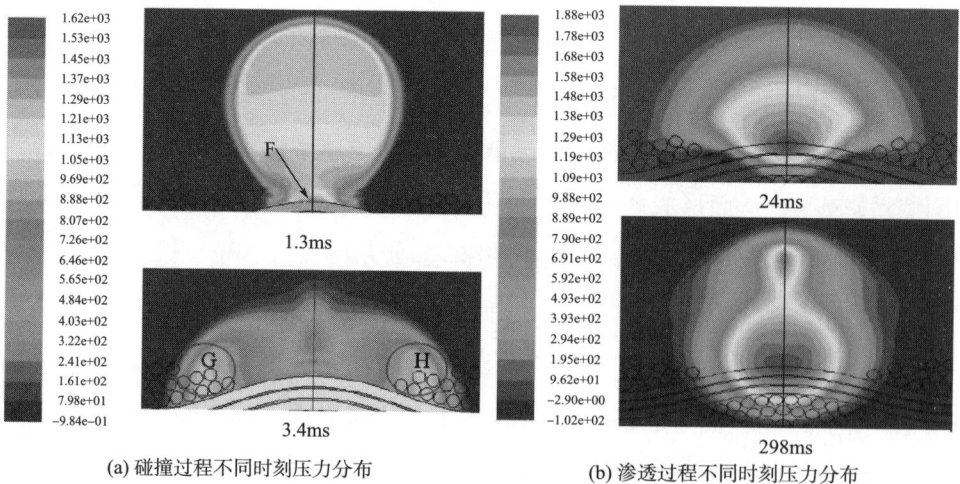

(a) 碰撞过程不同时刻压力分布　　(b) 渗透过程不同时刻压力分布

图4-25　沉积过程不同时刻压力分布图

由图4-25（a）可以看出，1.3ms时，由于微滴的激烈撞击，微滴与织物表面接触的碰撞中心F区域产生很大的压力（1360Pa），微滴边缘压力较小（63.3Pa），形成较大的压力梯度。在该压力梯度的作用下，微滴主体沿织物表面铺展。随着时间的推移，碰撞中心与微滴边缘的压差越来越小。3.4ms时刻微滴边缘铺展渗入纤维内后，由于纱线孔隙的作用，产生毛细力的作用，从而使G、H区的压力逐渐变大为1050Pa。而微滴中心处的压力明显减小为241Pa，在反向压力梯度的作用下，微滴开始收缩。

由图4-25（b）可以看出，微滴在渗透过程中压力梯度更明显。24ms为渗透初始阶段，此时由于织物内部孔隙的存在，致使毛细管内弯曲液面存在着一个附加压力，导致毛细压力梯度的形成。在压力梯度（1685Pa）作用下，液体自发地在毛细孔隙中流动，渗入织物内部。随着液体渗入一定程度后，微滴内部的压力梯度发生变化。微滴上部形成反向的压力梯度，使上部液体向上运动。下部液体依然在毛细压差的作用下向下渗入织物内部，从而微滴呈阶梯形。通过对微滴内部压力场的分析可知，微滴内部的压力梯度是微滴铺展、渗透的主要原因。

4.1.4.4　流场分析

（1）碰撞过程流场分析

图4-26是直径为300μm的微滴以速度V_0=1m/s撞击织物表面后流场变化图，右上角为微滴沉积形态图，以下逐一对其每个时刻的流场图进行分析。

由图4-26可以看出，0时刻微滴与织物碰撞前的瞬时，此时微滴内部各点速度相同均向下，此后微滴与织物表面接触开始在织物表面铺展。3ms时微滴主体向下运动，微滴边缘气液相界面处受到周围气体的作用产生两"旋涡"。微滴中心部分的液体受到上部液体的挤压以及"旋涡"的作用，速度变大，与织物基板碰撞后，微滴沿对称轴向两边运动。3.35ms时微滴第一次达到最大铺展半径，此时形成的"旋涡"已移动到微滴中心区域，使微滴内部各点速度方向发生变化，在表面张力的作用下，微滴开始向中心回缩。3.8ms时刻微滴内部各点速度均向上，而"旋涡"又从中心区域移至微滴边缘，微滴中心部分液

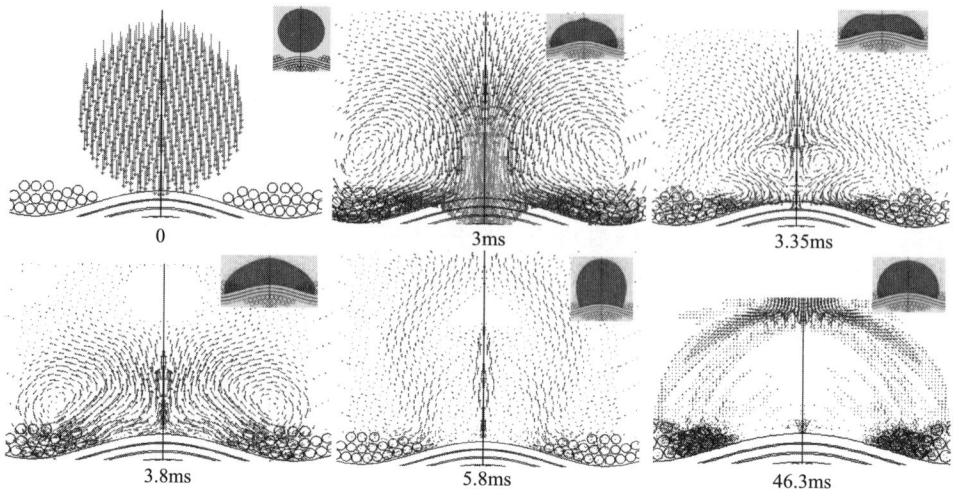

图4-26　碰撞过程不同时刻微滴流场变化

体速度变大，快速向上移动。随着回缩的进行，此部分的液体速度逐渐减小，边缘部分的液体速度逐渐变大。在5.8ms时刻微滴回缩至最大高度。随后微滴经历了反复伸缩的过程，能量不断耗散，速度方向不断变化，但幅值趋于0，在46.3ms微滴达到平衡状态，此时微滴内部已经基本没有对流，只在气液、液固接触线处有微小振荡。

为了进一步分析流场中旋涡的移动情况，采用专业图像分析软件对旋涡中心与对称轴之间的距离 L 进行测量，得到其随时间 t 的变化如图4-27所示。

由图4-27可以看出，旋涡在3ms形成，其中心与对称轴之间的距离经历了由大到小，再变大最终在5.8ms时刻达到最小，此后不断重复此过程。即旋涡在微滴边缘与对称轴之间不断移动，从而改变微滴内部液体的速度，使微滴的形态发生变化。

（2）渗透过程流场分析

渗透过程不同时刻微滴流场变化如图4-28所示。

由图4-28可以看出，24ms时刻微滴上部液体基本不动，而下部液体快速渗入织物内部，这是由于织物内部毛细力的作用使微滴渗透速度加快。随着渗透的进行，下部液体不断渗入织物内部，使得微滴上部液体的边缘与经纱相互作

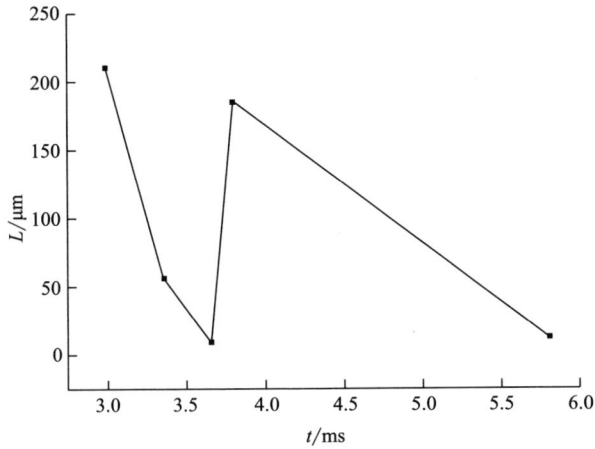

图4-27　旋涡中心到对称轴的距离随时间的变化

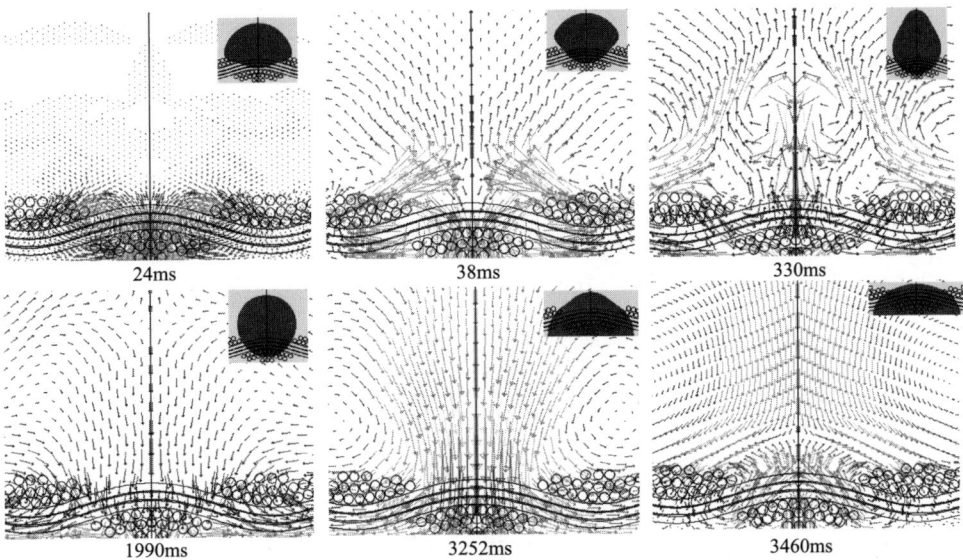

图4-28　渗透过程不同时刻微滴流场变化

用，从而使此部分液体产生朝向对称轴方向的速度，带动上部液体向上运动如38ms时流场图所示。330ms时微滴上部中心部分的液体速度逐渐变小且方向紊乱，边缘液体继续向上运动，形成上尖下粗的形状。而此时微滴下部继续渗入织物内部，但渗透的速度减小，使得整个微滴被拉长。1990ms时微滴向上运动到最大位置后，由于表面张力的抑制作用，微滴上部液体开始向下运动，速度较小。由于上部液体向下运动不断地挤压中心区域的液体，使得此部分液体向下运动的速度明显加快（3252ms）。随后微滴不断地渗入织物内部，但由于织物多孔、高粗糙度的特性，对微滴产生阻碍作用，使得微滴的速度逐渐较小，最终渗入织物内部的液体达到一个动态平衡的状态（3460ms）。

4.1.5 微滴喷射沉积过程影响因素数值模拟

织物表面微滴沉积过程受多种因素影响，包括流体参数、微滴半径、沉积速度等。本节通过数值模拟，研究上述因素对沉积过程的影响规律。

4.1.5.1 表面张力对沉积过程的影响

表面张力反映微滴保持原来状态的能力，因此在微滴沉积过程中起到非常重要的作用。为了研究表面张力对沉积过程的影响规律，设定直径为300μm，表面张力σ分别为0.028N/m、0042N/m、0.073N/m的微滴以1m/s的速度撞击织物表面时，获得碰撞过程无量纲铺展直径$D(t)/D_0$与渗透过程无量纲高度$H(t)/D_0$随时间t的变化如图4-29所示。

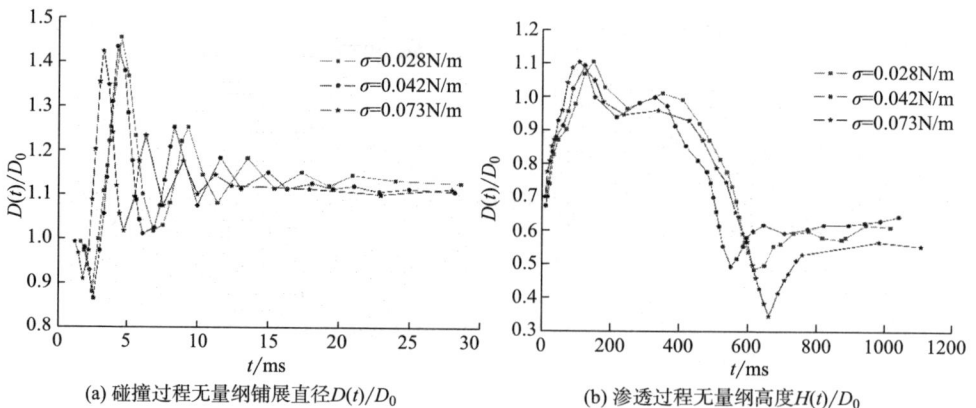

(a) 碰撞过程无量纲铺展直径$D(t)/D_0$ (b) 渗透过程无量纲高度$H(t)/D_0$

图4-29 不同表面张力下微滴碰撞过程直径和渗透过程高度随时间的变化

由图4-29可以看出，无论是碰撞过程还是渗透过程，表面张力越小，微滴振荡幅度越大，振荡频率也越大。表面张力越小，达到最大铺展直径和最大渗透高度的时间越长。在渗透过程中，表面张力越大，第一次达到最小渗透高度越小。不同表面张力下，微滴振荡的阻尼差异非常明显。在平衡阶段，表面张力大的微滴铺展直径较小，表明表面张力对微滴的铺展具有抑制作用。

4.1.5.2 黏度对沉积过程的影响

直径为300μm，黏度μ分别为1.0×10^{-6}Pa·s、5.8×10^{-6}Pa·s、12.0×10^{-6}Pa·s的微滴以1m/s的速度碰撞织物表面时，获得碰撞过程无量纲铺展直径$D(t)/D_0$与渗透过程无量纲高度$H(t)/D_0$随时间t的变化如图4-30所示。

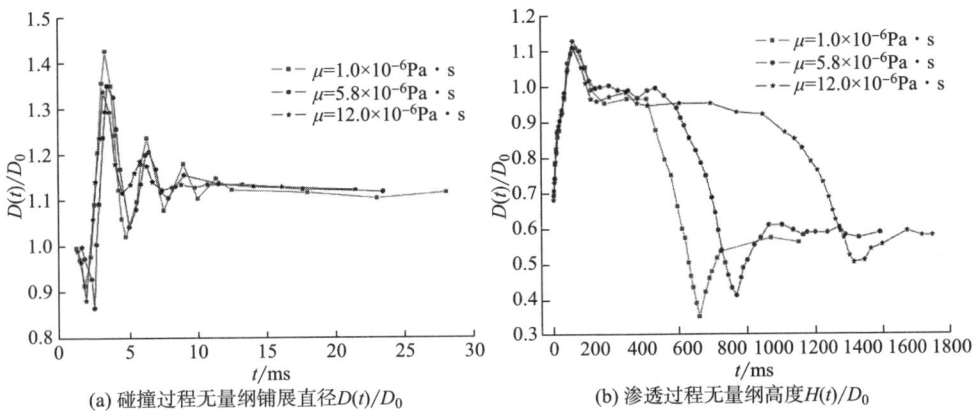

(a) 碰撞过程无量纲铺展直径$D(t)/D_0$ (b) 渗透过程无量纲高度$H(t)/D_0$

图4-30 不同黏度下微滴碰撞过程直径和渗透过程高度随时间的变化

由图4-30（a）可以看出，碰撞过程中黏度越小，微滴振荡幅度越大，振荡频率也越大。微滴在碰撞过程的初期，主要受惯性力的影响，微滴铺展受黏度的影响较小。随着铺展的进行，受黏性力的作用逐渐增强，黏度越小，微滴最大铺展直径越大。随后微滴不断振荡经历了较多的运动和变形，黏性力不断耗散，微滴在最终达到平衡状态的铺展直径受黏度的影响较小。

由图4-30（b）可以看出，在渗透初期，微滴的渗透过程基本不受黏性影响，此阶段微滴主要受毛细力的作用，快速渗入织物内部。此后黏度对渗透过程影响较大，黏度越大，微滴渗透过程所需的时间越长，而最终渗入织物内部的液体越少。

4.1.5.3 微滴半径对沉积过程的影响

半径分别为160μm、180μm、210μm的微滴以1m/s的速度撞击织物表面时，碰撞过程无量纲铺展半径$R(t)/R_0$与渗透过程无量纲高度$H(t)/D_0$随时间t的变化如图4-31所示。

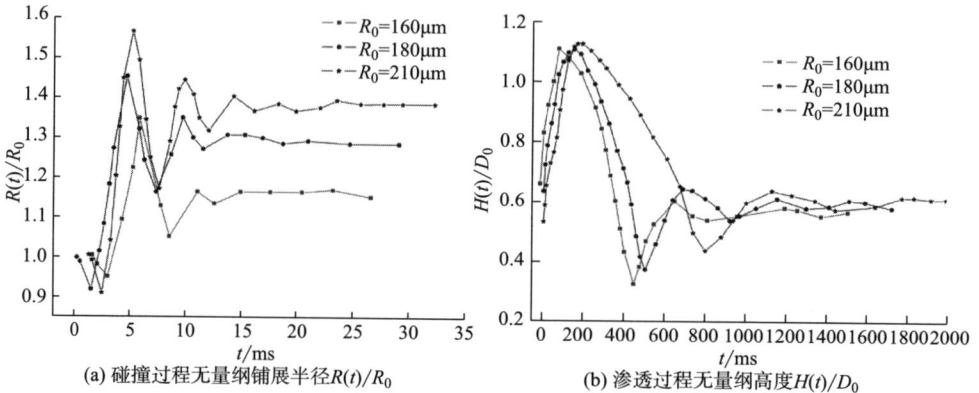

(a) 碰撞过程无量纲铺展半径$R(t)/R_0$ (b) 渗透过程无量纲高度$H(t)/D_0$

图4-31 不同半径下微滴碰撞过程半径和渗透过程高度随时间的变化

对于不同的半径，微滴的韦伯数We（即表征液体惯量和表面张力之比）对于微滴碰撞的动态过程具有主导作用。微滴半径从160μm增加至180μm再到210μm，We数分别增加了12.5%、16.7%。

如图4-31（a）所示，微滴最大无量纲铺展半径随半径的增加而增加。最初情况下，微滴铺展过程受半径影响规律并不明显，但在振荡阶段，三种半径微滴的状态完全不同，微滴振荡幅度和振荡频率随半径的增加而增加，且半径越大，达到平衡状态所需的时间越多。如图4-31（b）所示，半径越小，渗透越快，这是由于半径越小织物对微滴的阻碍作用越小，因此渗透越快，但最终的渗透高度基本不受半径的影响。

4.1.5.4 速度对沉积过程的影响

半径为150μm的微滴分别以0.4m/s、1.2m/s、2.3m/s的速度撞击织物表面时，碰撞过程无量纲铺展半径$R(t)/R_0$与渗透过程无量纲高度$H(t)/D_0$随时间t的变化如图4-32所示。

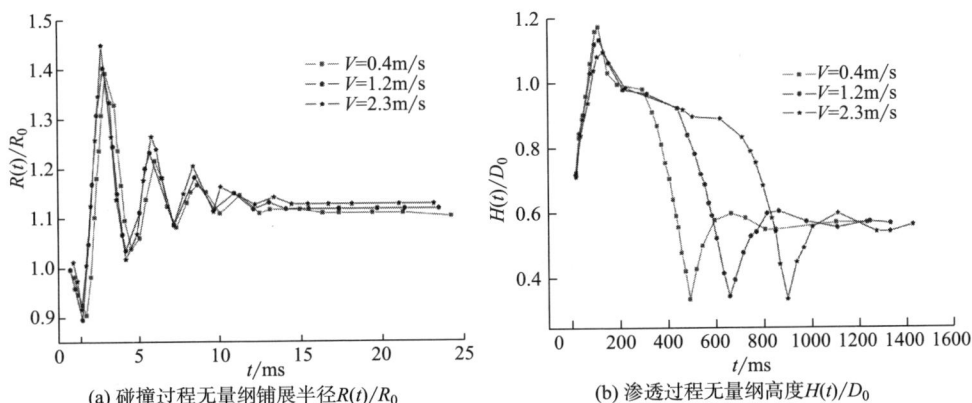

(a) 碰撞过程无量纲铺展半径$R(t)/R_0$　　　(b) 渗透过程无量纲高度$H(t)/D_0$

图4-32　不同速度下碰撞过程半径和渗透过程无量纲高度随时间的变化

由图4-32（a）可知，三种速度下微滴的碰撞铺展变化差异不大，这是由于在低速范围的碰撞，微滴的能量较低，且织物为多孔、高粗糙度结构，消耗许多能量，因此产生的径向速度也较小，铺展不明显，但仍有一定的影响，速度越大，微滴铺展越快，铺展范围越大，同时最终微滴的铺展半径越大。由于微滴铺展范围较大，黏性力消耗越多，微滴剩余能量越少，则微滴回缩越慢，振荡幅度越大越明显。由图4-32（b）可看出，在渗透初期，微滴速度对渗透过程几乎无影响。但随着渗透过程的进行，速度越大，渗透达到平衡所需的时间越长。这是由于速度大的微滴，铺展范围较大，因此渗透所需时间越多。但是速度只是影响达到平衡所需的时间，并不影响渗透速率和最终的渗透状态。

4.1.6　平纹织物表面微滴喷射沉积过程实验

微滴撞击织物表面与其相互作用主要表现为微滴在织物表面的铺展和微滴在织物内的渗透。当微滴撞击在织物表面后首先主要沿径向在织物表面铺展，达到一个相对稳定的状态，此后微滴继续渗透到织物内部。因此，微滴撞击织物表面主要包括碰撞和渗透两个过程。

4.1.6.1　微滴碰撞过程研究

碰撞过程以水为喷射材料，以机织平纹布为基板，通过调节控制参数实现微滴按需喷射，喷射参数见表4-4。由于微滴与织物基板碰撞时间极短，利用OLYMPUS i-SPEEDS高速图像摄影系统对微滴与织物表面碰撞过程进行采集，如图4-33（a）所示为截取的沉积高度为10mm时微滴碰撞过程系列照片。经过对图片数据测量分析得到微滴飞行直径为700μm，微滴初始碰撞速度为0.6m/s。

表 4-4　喷射参数

参数	频率/Hz	电磁阀通电时间/ms	供气压力/kPa	泄气阀开口角度/（°）
数值	1	1.953	20	45

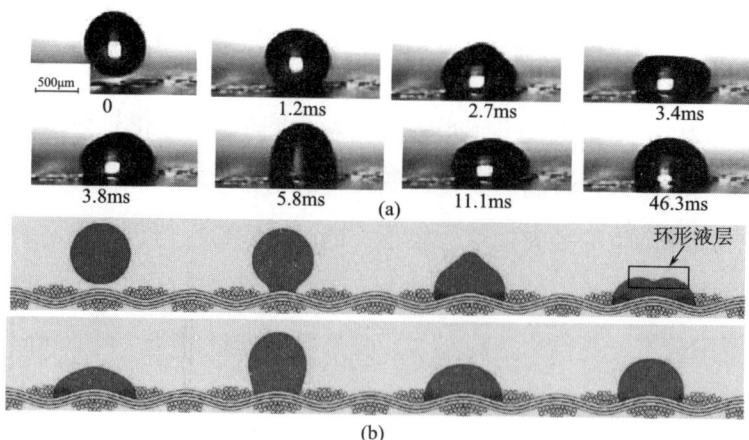

图4-33　碰撞过程模拟结果与实验照片比较

由图4-33（a）可知，微滴在与织物表面接触前基本保持球形，当其与织物发生碰撞后即开始铺展。铺展初期微滴下部液体与织物接触，而上部液体基本无变化仍呈球形（1.2ms）。随着铺展的进行，微滴上部液体不断向下运动，而下部液体沿织物表面向两边铺展，形成2.7ms的上尖下粗的阶梯形。由于织物多孔高粗糙度的特性，使其阻碍下部液体的铺展，速度变得缓慢。上部液体继续沿着微滴向四周铺展，在3.4ms时微滴铺展达到最大直径，呈饼状分布于织物表面。此时微滴边缘的高度大于中心部分，形成环形液层［图4-33（b）］，微滴中心部分可见一凹坑。由于实验对微滴进行侧面拍摄，无法观察到环形液层。随后，微滴进入回缩阶段（3.8ms），在5.8ms时微滴回缩第一次达到最大高度。在经历了数次振荡（5.8～46.3ms）后，最终在46.3ms时微滴在织物表面达到一个相对平衡状态，碰撞过程结束。

将图4-33（a）中的实验照片与图4-33（b）中的模拟结果对比可以看出，在微滴与织物基板碰撞整个铺展阶段数值模拟和实验观测的微滴运动形态变化基本一致，为了对实验结果与模拟结果进行定性比较，将实验测量铺展系数 f（$f=D_s/D_0$，D_s 为微滴铺展直径）与模型计算所得 f 表示成量纲为1的时间（$t^*=tV/D$）的函数，如图4-34所示。可以看出数值模拟铺展系数与实验观测铺展系数呈现出相似的变化，表明模拟结果符合实际情况。

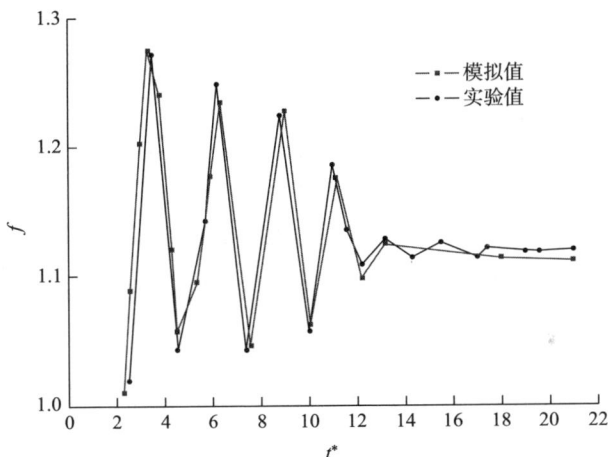

图4-34　碰撞过程模拟结果与实验结果对比曲线图

4.1.6.2　微滴渗透过程研究

渗透过程实验同样以水为喷射材料，由于水为无色透明液体，为了便于观察微滴在织物内部的渗透情况，在水中添加了少许着色剂。沉积高度为5mm，喷嘴直径为100μm。由于渗透过程相对比较缓慢，采用BASLER工业CCD相机对微滴在织物表面的渗透过程进行拍摄如图4-35所示，设定相机帧速为66fps，微滴离开喷嘴时以球形飞行，测得其直径为350μm。

由图4-35可以看出，微滴沉积到织物表面后，随着时间的延续其在织物表面的形态不停发生变化，停留在织物表面的液体体积不断减少，最终完全渗入

图4-35 渗透过程实验照片

织物。实验照片只能观察到微滴在织物表面上形态的变化，而无法观察到织物内部的渗透过程。且由于拍摄速率的限制，照片不能捕捉到微滴运动阶段以及各个变形阶段临界时刻的精确形态。由图4-35与图4-36对比可以看出，模拟结果可得到任意时刻微滴的精确形态变化。

为了对渗透过程模拟结果与实验结果进行定性比较，采用图像采集系统对微滴在织物内的渗透过程进行采集，并对渗透过程中微滴高度进行测量，获得微滴无量纲高度$H(t)/D_0$随无量纲时间t/T的变化关系曲线如图4-36所示。可看出渗透过程模拟结果与实验结果高度变化趋势基本一致，说明模拟结果符合实际情况。

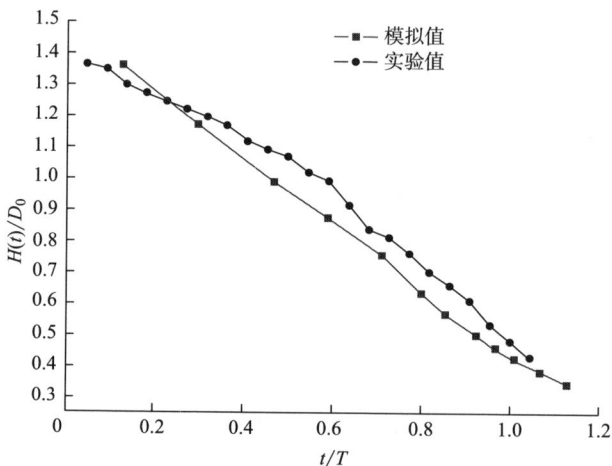

图4-36 渗透过程模拟结果与实验结果对比曲线图

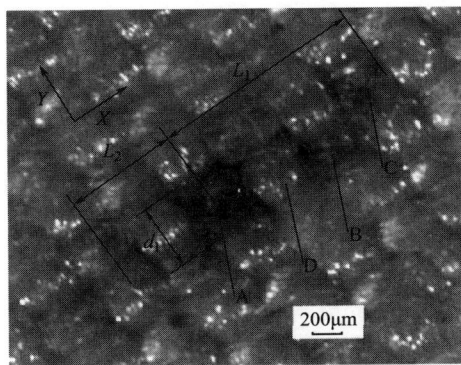

图4-37　微滴在织物表面渗透扩散图

4.1.6.3　织物表面微滴渗透扩散研究

为了对微滴在织物表面的渗透规律进行研究，得到单个微滴撞击织物表面后渗透扩散情况如图4-37所示，X方向为经纱方向，Y方向为纬纱方向。

由图4-37可知，实验中微滴撞击点位置A与模拟中的撞击点相同，都为经纱。可看出微滴撞击经纱后，主要沿X方向即经纱方向渗透，渗透后的形状呈条状分布，在A、B、C处微滴渗透痕迹明显。当微滴撞击织物表面A区域后，迅速在A区渗透，其渗透痕迹最明显。但由于D区纬纱的方向与微滴渗透方向垂直，纬纱中纤维阻碍微滴沿纬纱方向渗透，可见D区域并没有渗透痕迹。而是沿着D处下边的经纱渗透至B区域，其渗透痕迹没有A区域明显，处于经纱位置的C区域也有渗透痕迹，而Y方向并没有渗透的痕迹，可见微滴撞击经纱后主要沿经纱方向渗透。这些现象与图4-38数值模拟的结果一致。

图4-38为采用非对称模型模拟得到的微滴在织物内部渗透的形态，可明显看出，微滴由于纬纱的阻碍作用而未渗入纬纱内，沿着X方向渗透，而在Y方向同样由于纬纱的阻碍作用微滴并不沿Y方向渗透，微滴最终的三维形态一定是沿X方向呈条状分布，这一渗透规律与上述实验现象吻合。由图4-37可看出，接触区A两侧渗透痕迹长度明显不同，A处右侧渗透痕迹$L_1=1481\mu m$长于左侧$L_2=796\mu m$，说明微滴在织物内部会产生迁移现象。图4-38数值模拟结果中同样出现迁移现象，微滴在X轴正方向渗透距离L_3大于其在X轴负方向的渗透

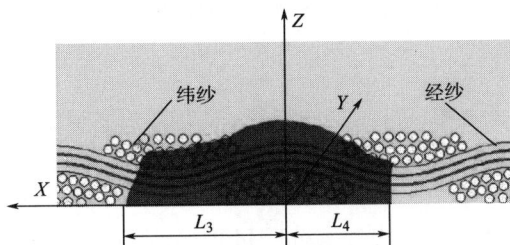

图4-38　数值模拟中微滴渗透形态

149

距离L_4。综上所述,通过对微滴在织物表面渗透扩散的研究,发现实验中呈现出的现象及规律与本书数值模拟结果均吻合,从而证明数值模拟的渗透过程符合实际情况。

图4-39为微滴撞击织物表面不同位置的沉积轮廓,同样在织物表面呈条状分布且出现迁移现象。与图4-37中渗透痕迹相比,图4-39中微滴渗透痕迹宽度d_2=474μm,d_3=624μm大于图4-37中d_1=444μm,而其长度L_5=1170μm,L_6=1281μm却小于图4-37中渗透的长度L_1+L_2=2277μm。这是由于微滴撞击织物表面的位置不同,图4-39中微滴并不是全部撞击在经纱上,而是撞击在经纱和纬纱之间区域,其渗透规律比较复杂,会向经向和纬向同时渗透,导致其宽度变大,长度变小。

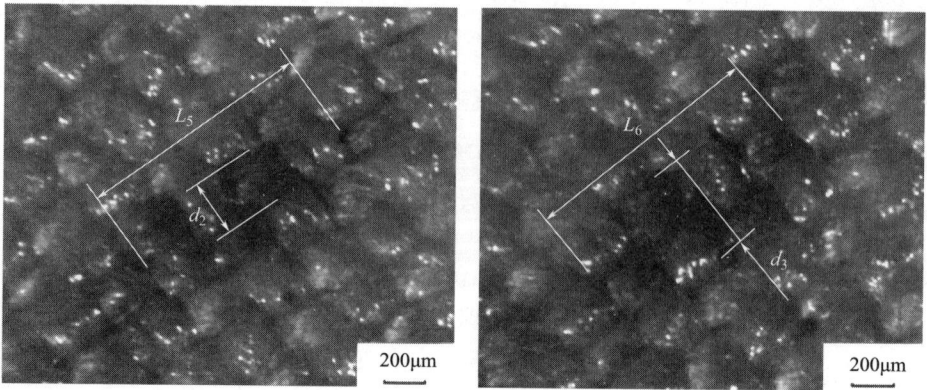

图4-39　微滴撞击织物表面不同位置渗透扩散图

4.2　斜纹织物表面微滴喷射沉积过程数值模拟

本节根据斜纹织物的几何结构参数,采用流体体积法(VOF)建立微滴在斜纹织物表面沉积的有限元模型,研究微滴在斜纹织物上的撞击、铺展形态变化过程,从微滴沉积过程形态的压力场、速度场变化以及流体参数等因素对微滴在斜纹织物上的沉积影响进行研究。

4.2.1 斜纹织物二维几何模型的建立

4.2.1.1 斜纹织物组织

斜纹组织是由连续的经组织点或纬组织点构成的浮长线倾斜排列而成，组织参数为：$R_j = R_w \geqslant 3$，$S_j = S_w = \pm 1$，斜纹组织常用分式表示，其分子表示一个组织循环内每根纱线上的经组织点数，分母表示纬组织点数，分子与分母之和为组织循环数R，并且具有左斜或者右斜两个方向，图4-40为斜纹织物组织结构图。

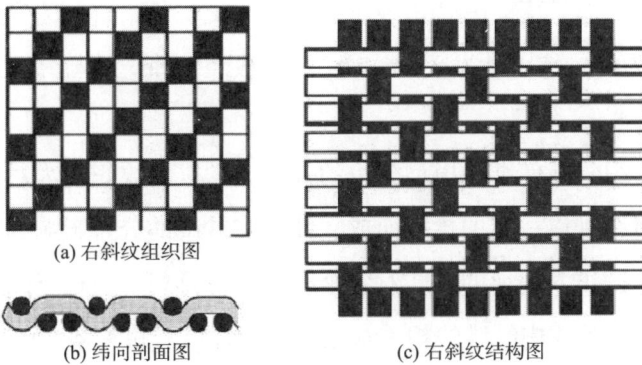

(a) 右斜纹组织图

(b) 纬向剖面图

(c) 右斜纹结构图

图4-40 斜纹组织结构图

4.2.1.2 几何模型的建立

在上节对斜纹织物组织介绍的基础上，本节选取文献中的斜纹织物几何结构模型如图4-41所示，其中模型中$h_j (h_w)$表示为经（纬）纱屈曲波高，$x_j (x_w)$表示一个完全组织循环的经（纬）纱所占有的宽度，$L_j (L_w)$表示经（纬）纱的屈曲长度，$\theta_j (\theta_w)$表示经（纬）纱的交织角，$d_j (d_w)$表示经（纬）纱线的直径，$R_j (R_w)$表

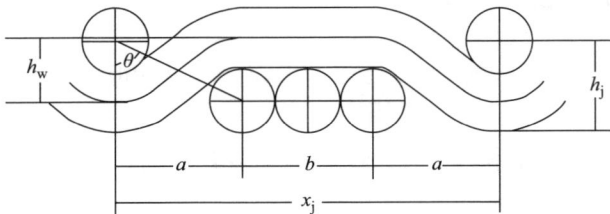

图4-41 斜纹织物圆形截面模型

示经（纬）纱循环数，$t_j(t_w)$表示在一个循环组织中每根经（纬）纱与纬（经）纱的交织次数，如图4-41所示中各参数间的关系如式（4-63）所示。

其中

$$\begin{cases} x_j=t_w\sqrt{(d_j+d_w)^2-h_j^2}+(R_j-t_w)d_j \\ h_w=(d_j+d_w)(1-\cos\theta_w) \\ L_w=(d_j+d_w)t_j\theta_w+(R_j-t_w)d_j \end{cases} \tag{4-63}$$

式中：$h_j(h_w)$为经（纬）纱屈曲波高；$x_j(x_w)$为经（纬）纱所占有的宽度；$L_j(L_w)$为经（纬）纱的屈曲长度；$\theta_j(\theta_w)$为经（纬）纱的交织角；$d_j(d_w)$为经（纬）纱线的直径；$R_j(R_w)$为经（纬）纱循环数；$t_j(t_w)$为每根经（纬）纱与纬（经）纱的交织次数。

在对斜纹织物几何结构模型分析的基础上，以斜纹织物为对象，考虑到单根纱线由许多纤维以一定的捻度而成，纤维在纱线的分布影响因素较多，本书在建模过程中按正六边形的方式对各个纤维进行排列，通过查阅文献，确定出斜纹织物规格和纱线中纤维的相关参数，其中纤维的相关参数计算如下所示。

由式（4-64）计算斜纹织物单胞纱线截面纤维根数为：

$$n=\frac{Tt_1\times\rho}{Tt\times\delta}\times 10\approx 55（根） \tag{4-64}$$

式中：Tt_1为纱线支数；ρ为纱线密度；Tt为纤维支数；δ为纤维密度。

其中单根纱线中纤维所占百分数w为：

$$w=\frac{55\times 8^2\times\pi}{67^2\times\pi}=0.78 \tag{4-65}$$

两个纤维的中心点间距c为：

$$c=16+\left(\frac{1.903}{\sqrt{0.78}}-2\right)\times 8=17.24(\mu m) \tag{4-66}$$

其斜纹织物的规格和纱线及纤维参数见表4-5和表4-6。

表4-5　织物规格表

名称	纱线线密度/tex	经密×纬密（根·10cm⁻¹）	经向紧度/%	纬向紧度/%	纱线密度/（g·cm⁻³）
数值	14.0×14.1	448×204	74.40	32.59	$0.78 \sim 0.9$

表4-6　织物纱线属性

名称	参数	数值
纱线径向	直径d_j/mm	0.134
	屈曲波高h_j/mm	0.124
	屈曲长度L_j/mm	0.925
	一个完全组织循环的经纱所占宽度x_j/mm	0.787
纱线纬向	直径d_w/mm	0.135
	屈曲波高h_w/mm	0.084
	屈曲长度L_w/mm	0.842
	一个完全组织循环的纬纱所占宽度x_w/mm	0.824
纤维属性	纤维线密度/tex	1.29
	单胞纤维面积/mm²	0.0002
	纤维根数/根	55
	单根纱线中纤维所占百分数/%	78

利用表4-5和表4-6中的参数，建立斜纹织物几何结构模型如图4-42所示。

4.2.1.3　有限元模型的建立

根据图4-42的斜纹织物几何结构，利用GAMBIT软件绘制$1000\mu m \times 927\mu m$的微滴撞击斜纹织物沉积区域。整个模拟区域可分为两部分：上半部分的空气区域及下半部分的织物模型区域，为了提高计算精度，将微滴和气体区域划分为四边形结构网格，织物内部划分为三角形非结构网格，边界条件如图4-43（a）设定，数值模拟区域网格如图4-43所示。

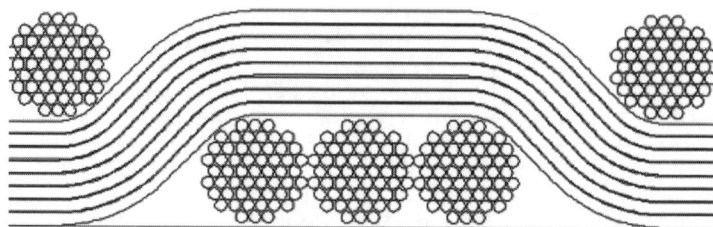

图4-42　斜纹织物几何结构图

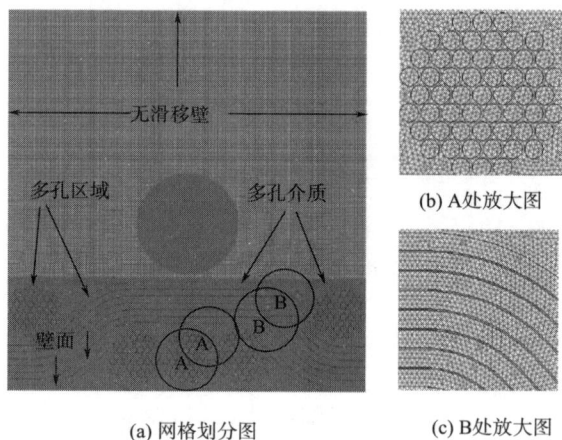

(a) 网格划分图　　　　(b) A处放大图　　　　(c) B处放大图

图4-43　斜纹织物数值模拟区域网格图

在建立的斜纹织物模型基础上，利用流体仿真软件对微滴在斜纹织物的不同位置表面上的沉积形态进行模拟，分析斜纹织物的不同位置对其沉积形态变化的影响。

4.2.2　微滴喷射沉积过程二维数值模型的建立

4.2.2.1　织物结构参数

微滴在斜纹织物表面沉积过程中，织物结构参数的变化对于微滴在织物上的沉积形态也会变化，织物的结构参数主要包括纱线基本参数及绕线交缠方式等，纱线的基本参数会影响织物的渗透率，纱线的绕线交缠方式会影响织物的孔隙率，两者共同影响微滴的润湿渗透效果。

织物的孔隙率指织物所含孔隙体积与总体积的比值，该指标不能直接去测量，通过下式计算：

$$n_p = 100 - \frac{G}{100t\delta_f} \qquad (4-67)$$

式中：n_p 为织物的孔隙率；G 为纱线单位面积质量；t 为织物的厚度；δ_f 为织物纱线纤维的体积质量。

织物的单位体积质量是指单位体积内单位质量，通过下式计算：

$$\delta = \frac{G}{1000t} \qquad (4-68)$$

式中：t 为织物的厚度；δ 为织物的单位体积质量；G 为单位面积质量。

则织物的孔隙率为：

$$n_p = 100 - \frac{G}{10t\delta_f} = 100\left(1 - \frac{\delta}{\delta_f}\right) \qquad (4-69)$$

式中：n_p 为织物的孔隙率；G 为纱线单位面积质量；δ_f 为织物纱线纤维的体积质量；t 为织物的厚度；δ 为织物的单位体积质量。

织物的渗透率是影响微滴在织物上渗透的主要因素，织物的渗透率决定了微滴在织物上的沉积形态的变化，通过计算得到的数值及其他参数见表4-7。

表4-7 织物结构参数

参数	孔隙率/%	渗透率/μm^2	压力阶跃系数
数值	49.4	4.807	3265.3

4.2.2.2 流体参数

微滴撞击斜纹织物表面沉积的过程涉及气、液及固三相，假设液体和气体之间为不可压缩的运动，设定气相空气为主相，液相水为第二相，表4-8为空气及蒸馏水的物性参数。

表4-8　空气及蒸馏水的物性参数

流体	密度/（kg·m⁻³）	黏度/（Pa·s）	表面张力/（N·m⁻¹）
空气	1.16	$1.78e^{-5}$	—
蒸馏水	998	0.001	0.07275

4.2.2.3　求解方法

微滴与织物沉积的模型求解方法采用有限体积法对流动控制方程进行离散，压力与速度的耦合用PISO算法，压力求解用PRESTO！法，连续方程和动量方程用一阶迎风求解，计算单元液相体积分数采用Geo-Reconstruct离散求解，控制方程采用一阶迎风格式进行离散，时间步长$\Delta t = 1 \times 10^{-7}$s，$\Delta t$内迭代20次，残差小于0.001即可收敛。

4.2.3　微滴喷射沉积过程二维数值模拟

根据建立的斜纹织物有限元模型、求解方法及流体参数，选取斜纹织物结构中纬纱和经纱两个典型位置作为微滴撞击的初始位置，模拟微滴撞击斜纹织物表面铺展、渗透的变化过程，从微滴沉积在斜纹织物表面上形态的压力场及速度场分析产生形变的原因。

4.2.3.1　微滴撞击纬纱沉积过程研究

本节选取在纬纱处对微滴沉积形态进行研究。在模拟的过程中，设定微滴的直径为200μm，初速度为2.0m/s，得到不同时刻微滴沉积在纬纱位置的形态变化过程如图4-44所示。

（1）微滴沉积在纬纱位置的形态变化过程

从图4-44可以看出，微滴撞击斜纹织物纬纱的过程可分为运动、铺展渗透、回缩及渗透平衡四个阶段。运动阶段，微滴在撞击斜纹织物表面之前，微滴基本保持球形下落；铺展渗透阶段，微滴撞击斜纹织物表面后逐渐地渗透到斜纹织物纬纱中，由于纬纱中纤维排列是水平的，微滴顺着纬纱纤维的水平方向开始向两端开始铺展，在184μs时，微滴达到最大铺展半径，此时微滴中

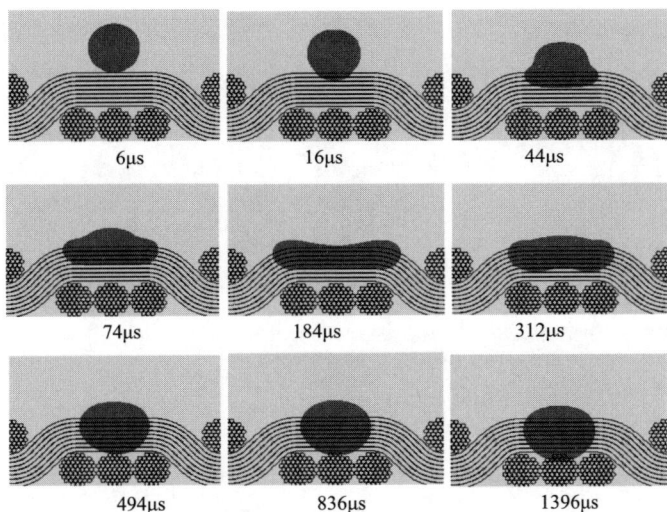

6μs	16μs	44μs
74μs	184μs	312μs
494μs	836μs	1396μs

图4-44　微滴沉积纬纱位置的形态变化图

间点的高度低于微滴边缘的高度，形成了环形液层；回缩阶段，随着微滴的运动，微滴一边开始回缩，一边继续向下渗透，在494μs时，微滴渗透完纬纱纤维继续向经纱纤维渗透，微滴基本回缩呈球形，随后，微滴保持向下渗透，持续一段振荡后达到平衡状态，最后在1396μs静止织物纱线的内部。

（2）微滴沉积在纬纱位置的压力场

微滴在斜纹织物表面沉积的过程中，微滴的形态变化及运动参数变化规律都是由其内在的运动机制决定，不同的时刻微滴的压力分布不同，从而微滴在织物上的沉积形态不同，微滴沉积在纬纱位置不同时刻对应的压力场变化如图4-45所示。

由图4-45可以看出，当微滴运动到16μs时，压力的最大值出现在微滴与斜纹织物表面撞击接触的中央区域，该压力的产生使微滴中存在自里向外的压力梯度，同时在竖直方向上产生了较大的自下而上的压力梯度，随着微滴在斜纹织物表面的铺展渗透不断进行，微滴高压的区域开始逐渐向上延伸，在44μs时，纬纱中越往下渗透区域压力反而减小，由于微滴的在纬纱里出现自上而下的压力梯度阻碍了微滴向下运动，此时微滴主要沿边缘沉积铺展，微滴的压力

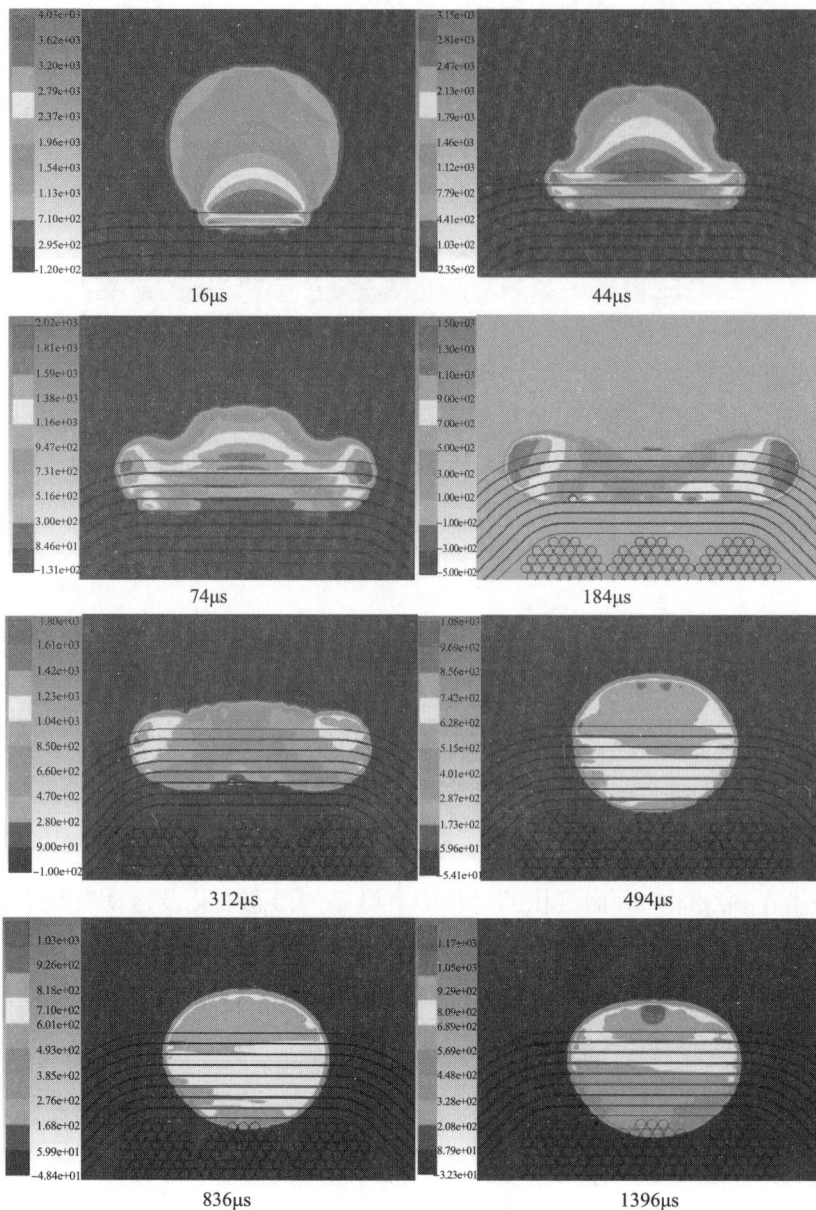

16μs

44μs

74μs

184μs

312μs

494μs

836μs

1396μs

图4-45　微滴沉积纬纱位置的压力场变化图

向边缘越来越大；在184μs时，微滴达到最大沉积铺展半径，微滴边缘的压力相对其他区域达到最大值，边缘与中心的压差促使液滴发生回缩现象。随着微滴的回缩，微滴外部的压力开始向里越来越大，当微滴达到平衡状态后，微滴内部的压力基本分布均匀，最大压力出现在微滴的顶部。

（3）微滴沉积在纬纱位置的速度场

在微滴沉积过程中，微滴在斜纹织物上的沉积速度场变化是微滴形态变化的主要原因，微滴沉积在纬纱位置不同时刻对应的速度场变化如图4-46所示。

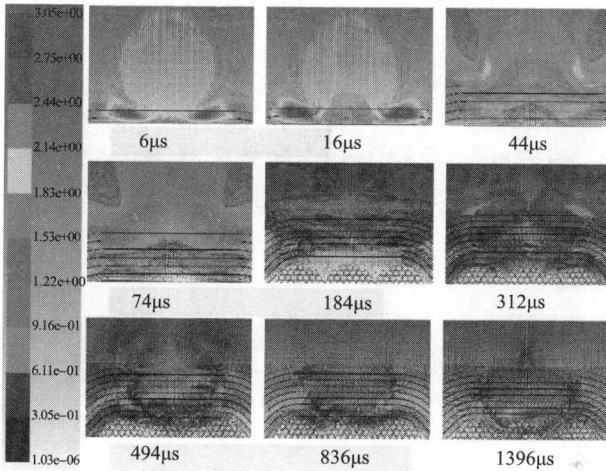

图4-46 微滴沉积纬纱位置的速度场变化图

由图4-46可以看出，在微滴撞击斜纹织物纬纱位置之前，微滴的整体速度方向向下，且在重力加速度的影响下使速度大小有所增大。撞击织物后，微滴在空气中的速度方向向下，微滴在织物内部的中心位置速度方向向下，边缘位置的速度方向由轴向速度转化为切向速度，并且速度大小逐渐增大，微滴开始向边缘铺展沉积。微滴下部分中心的速度减小的区域越来越大，微滴的上部分边缘的速度增大，在已经铺展开的微滴上面直接向边缘散开。在184μs时，微滴在织物中达到最大铺展半径，微滴的内部左右出现两个旋涡，改变了微滴的速度方向；之后，由于表面张力的作用使微滴向里回缩，微滴的上部分速度方向指向中心，下部分继续渗入织物内部。随着回缩的进行，微滴中间的速度减小，边缘的速度变化不大，494μs时近似回缩呈球状，随后微滴经历反复伸缩的过程，消耗完能量，最后静止在织物纱线中。

4.2.3.2 微滴撞击经纱沉积过程研究

上节主要研究了微滴在斜纹织物纬纱处的沉积形态变化，本节选取在经纱位置对微滴沉积形态进行研究。在模拟的过程中，设定微滴的直径为200μm，初速度为2.0m/s，得到不同时刻微滴沉积在斜纹织物经纱位置的形态变化如图4-47所示。

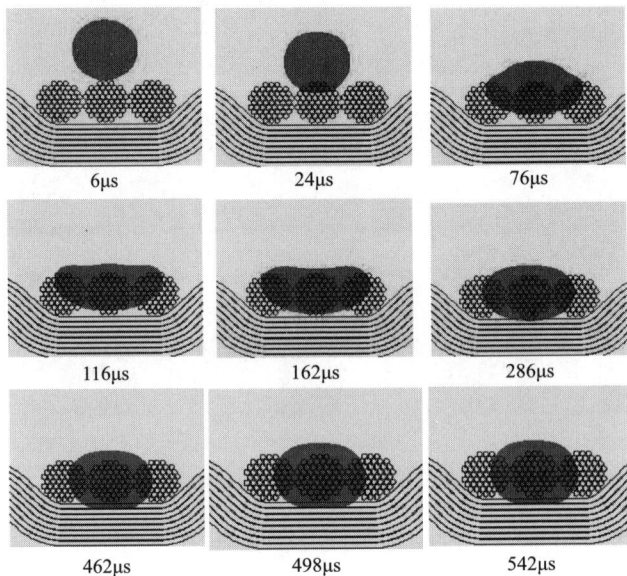

6μs	24μs	76μs
116μs	162μs	286μs
462μs	498μs	542μs

图4-47　微滴沉积经纱位置的形态变化图

（1）微滴沉积在经纱位置的形态变化过程

由图4-47可以看出，在微滴撞击斜纹织物经向纱线初期，微滴先与中间的经纱接触并顺着经纱开始向下渗透沉积。随着时间的推移，微滴开始向两边的经纱中开始铺展渗透，往中间经纱向下渗透的能力减弱，在116μs时刻，微滴不再向两边继续铺展渗透，微滴达到了最大铺展半径。随后，微滴的中心部分又开始向下渗透，在462μs之后，微滴渗透到织物的纬纱上后不再向下继续渗透，只是发生左右微小振荡，最后在542μs时静止在织物中。

对于微滴撞击斜纹织物沉积过程的形态变化，从能量的角度分析，在冲击之前，液滴的总能量为微滴的初始动能和表面能，初始动能主要由微滴的撞击速度决定，表面能由微滴的属性决定；微滴撞击织物表面后，微滴的动能逐渐减小，达到最大铺展半径时，微滴的能量全部转化为表面能。由于微滴自身的表面张力及微滴内部之间的分子作用力，微滴的回缩能量增加，一部分能量使微滴的形态开始回缩，另一部分促使微滴继续向下渗透；当能量消耗完全时，达到平衡状态，整个变化与微滴撞击在固体表面上的变化基本一致。

（2）微滴沉积在经纱位置的压力场

由图4-48可以看出，微滴与斜纹织物经纱位置接触之前，压力的最大值出现在微滴内部，当微滴撞击到斜纹织物经纱时，微滴与斜纹织物经纱接触的位置压力最大。随着微滴的铺展渗透，中间区域的压力高，上下两端自里向外的压力逐渐减小，在116μs时，微滴达到最大沉积铺展半径，此时微滴上半部分的压力明显大于下半部分，且边缘区域的压力相对中心区域较高，但相差不多，可见微滴回缩能力没有渗透能力强，主要是微滴在经纱上的渗透。随着微滴的回缩及渗透，微滴外部的压力开始向里越来越大，当微滴达到平衡状态后，微滴内部的压力基本分布均匀。

从压力场的角度分析，整个微滴铺展沉积过程中的压力分布及波动变化是造成微滴沉积形态变化及运动参数变化规律的主要原因。

（3）微滴沉积在经纱位置的速度场

由图4-49可以看出，当微滴撞击到斜纹织物经纱位置时，在6μs时，微滴的整体速度方向向下，大小减小；在24μs时，微滴在纱线间的速度比中间纱线纤维中的速度大，方向指向两端，微滴开始向纬纱位置两端铺展沉积，在达到最大铺展沉积半径时，微滴的速度减小，方向改变指向中心；之后，由于表面张力的作用，微滴一边开始回缩，一边继续向下渗透，随后微滴经历反复伸缩的过程，消耗完能量，最后静止在织物纱线中。

从速度场角度分析，微滴速度的大小决定微滴铺展渗透的快慢，方向决定微滴流动的方向，从撞击过程中可以看出，微滴内部速度的不断变化导致微滴

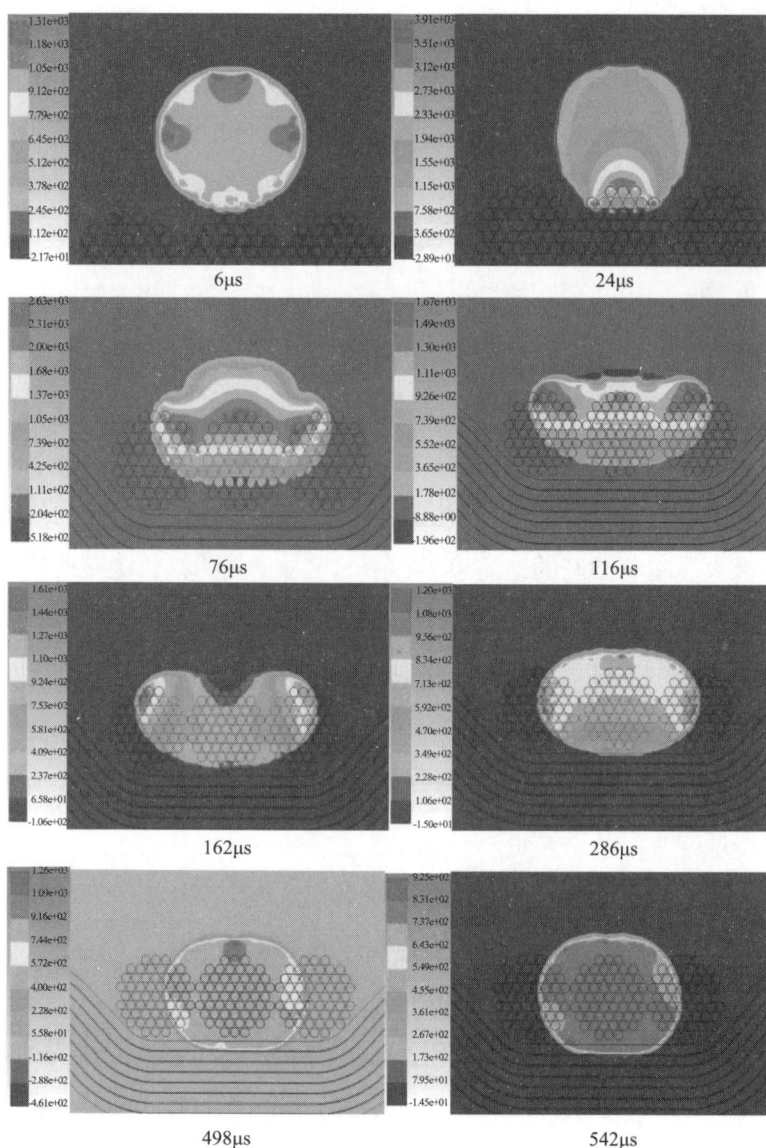

图4-48 微滴沉积经纱位置的压力场变化图

的形态变化，更能看出微滴在斜纹织物的铺展与渗透沉积规律，从而说明在实验过程中不能看到的内部变化。

4.2.3.3 经纬不同位置沉积过程分析

在微滴撞击斜纹织物表面沉积过程中，撞击不同位置时，微滴在斜纹表面

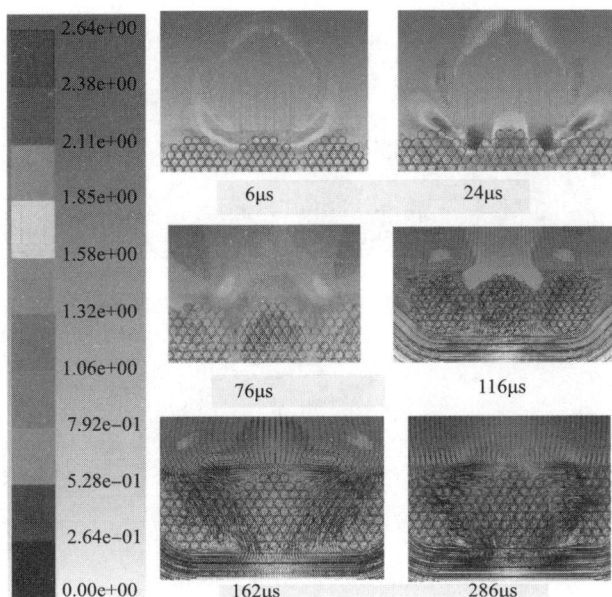

图4-49　微滴沉积经纱位置的速度场变化图

上的形态、压力场和速度场不同，以下从这三方面比较分析，选取碰撞初期与微滴达到最大铺展沉积半径时两个特殊典型时刻来探索微滴沉积在斜纹织物上的沉积规律。

从微滴沉积在斜纹织物经纬两种不同位置的沉积形态分析可得：尽管不同时刻微滴沉积形态变化发生很大变化，但微滴的沉积形态变化都经历了运动、铺展渗透、回缩及渗透平衡四个阶段。可以看出微滴撞击在斜纹织物经纱位置的形态变化比较快，且达到最大铺展沉积半径时所需要的时间短，但没有微滴沉积在纬纱位置上的最大铺展半径大。

从压力场和速度场角度分析比较经纬两种位置的沉积形态变化，微滴撞击纬纱和经纱位置时，微滴在碰撞初期与达到最大铺展沉积半径时刻对应的压力和速度变化如图4-50所示。

由图4-50可以看出，在微滴撞击纬纱位置时，16μs时刻微滴与斜纹织物表面接触的区域压力最大，微滴接触区域边缘的速度方向指向两端，大小增加，微滴开始铺展沉积。当达到最大铺展沉积半径时，微滴边缘区域的压力最大，

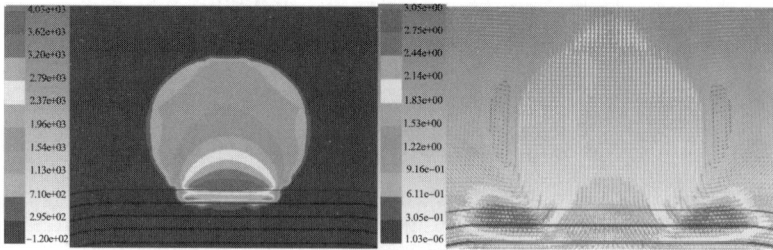

16μs

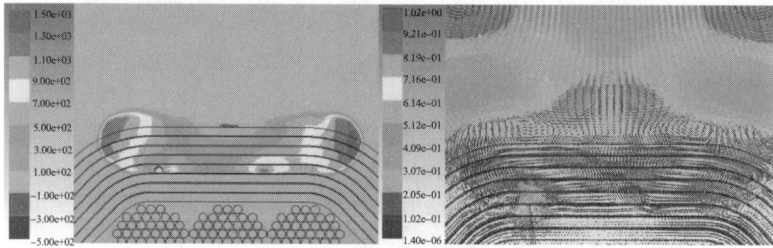

184μs

(a) 微滴沉积在纬纱位置上的压力及速度变化图

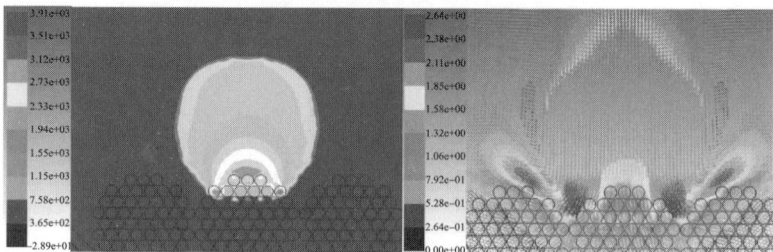

24μs

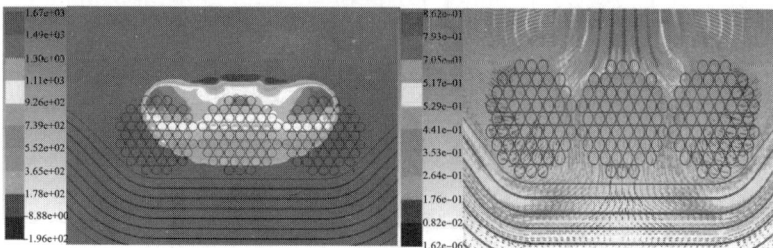

116μs

(b) 微滴沉积在经纱位置上的压力及速度变化图

图4-50　微滴沉积过程的压力及速度变化图

存在自外向里的压力梯度，速度场中出现了两个旋涡现象，速度方向改变微滴开始回缩。在撞击经纱位置时，24μs时刻微滴与斜纹织物表面经纱接触区域的压力达到最大，对比撞击纬纱位置，两种沉积位置的压力分布基本相同，压力大小相差不大。速度场中可看出微滴在纱线间的速度增大。当达到最大铺展沉积半径时，微滴上半部分的压力大于下半部分，且边缘区域大于中心区域，明显与微滴沉积在纬纱位置上达到最大铺展沉积半径时的压力分布不同，此时微滴在经纱中渗透能力强于回缩能力。速度场中也能看出微滴在相邻纱线间的速度大，方向向下，可见微滴撞击经纱位置时的渗透现象比较明显。

综上所述，微滴撞击斜纹织物表面沉积过程中，对于撞击斜纹织物不同位置，其织物的结构不同，微滴的铺展和渗透的速率不同，各个阶段的压力场不同，从而致使撞击不同的沉积位置，微滴的沉积形态各不相同。

4.2.4 微滴喷射沉积过程影响因素数值模拟

在微滴沉积过程中，微滴尺寸及速度大小和流体属性对微滴在斜纹织物上的沉积形态有直接影响，本节主要研究不同因素下微滴撞击斜纹织物纬纱位置表面的沉积形态，通过铺展沉积特征参数来研究微滴在斜纹织物上的沉积规律。

微滴撞击斜纹织物表面铺展、渗透过程中，微滴形态特征及变化过程可以用铺展沉积特征参数来表示，铺展沉积特征参数及变化在一定程度上反映微滴撞击斜纹织物表面后的铺展沉积特征。

定义无量纲参数微滴铺展沉积因子λ为：

$$\lambda = r/r_0 \tag{4-70}$$

式中：r_0为微滴初始半径；r为微滴铺展半径。

无量纲参数微滴铺展沉积因子可以一定程度上反映微滴撞击斜纹织物表面后的铺展沉积特征，以下将用微滴的铺展沉积因子描述微滴沉积过程中的形态变化过程。

微滴的尺寸和速度大小对微滴沉积形态变化过程的影响，主要包括不同的微滴半径和微滴的撞击初速度。微滴的半径决定微滴所具有的表面能，微滴的撞击初速度决定微滴的初始动能，都会影响微滴沉积的能量转化进而影响形态的变化，以下通过这两种因素对其微滴铺展沉积研究，探索微滴在织物上的沉积规律。

4.2.4.1 微滴半径对沉积过程的影响

设定微滴撞击速度为2.0m/s，微滴半径分别为100μm、125μm、150μm的蒸馏水撞击斜纹织物表面，对比分析三种情况下微滴在斜纹织物表面的铺展渗透沉积规律。

当微滴半径为125μm时，撞击过程微滴铺展渗透情况如图4-51所示，从图中可以看出，碰撞初期，微滴渗透到织物的纬纱中顺着纬纱迅速铺展，在286μs时刻微滴的铺展沉积达到最大铺展半径，之后由于表面张力的存在，微滴开始回缩，经过一段的振荡后，最后在2575μs时达到了平衡状态。

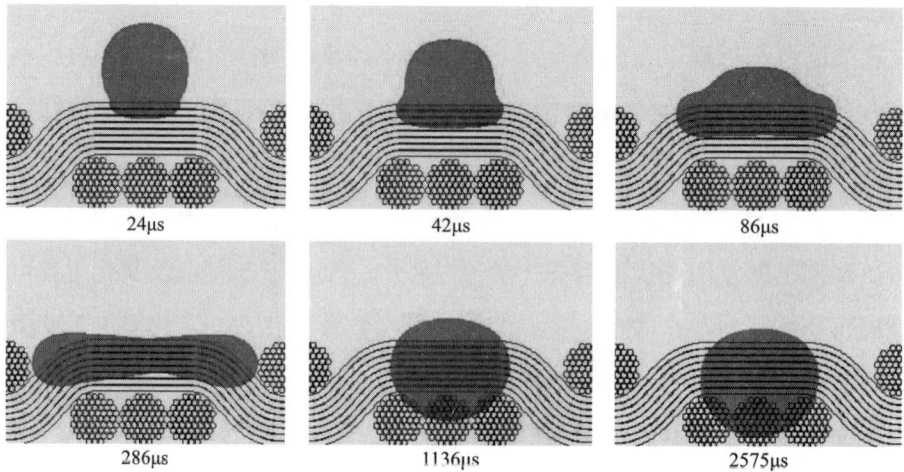

| 24μs | 42μs | 86μs |

| 286μs | 1136μs | 2575μs |

图4-51　半径为125μm的微滴沉积过程形态变化图

当微滴半径增加到150μm时，撞击过程微滴铺展渗透情况如图4-52所示，碰撞初期，与半径为125μm的微滴沉积过程相比，铺展稍微缓慢，由于微滴半径的增加，达到最大辅展半径的时间延时到382μs，在回缩的过程中，微滴不仅开始回缩，还继续向下渗透，直至能量消耗完，达到平衡状态。渗透沉积深度比前两种条件下更深，基本沉积到斜纹织物底部。

通过对微滴半径分别为100μm、125μm、150μm的数值计算结果绘制微滴沉积铺展因子随时间的变化图，如图4-53所示。

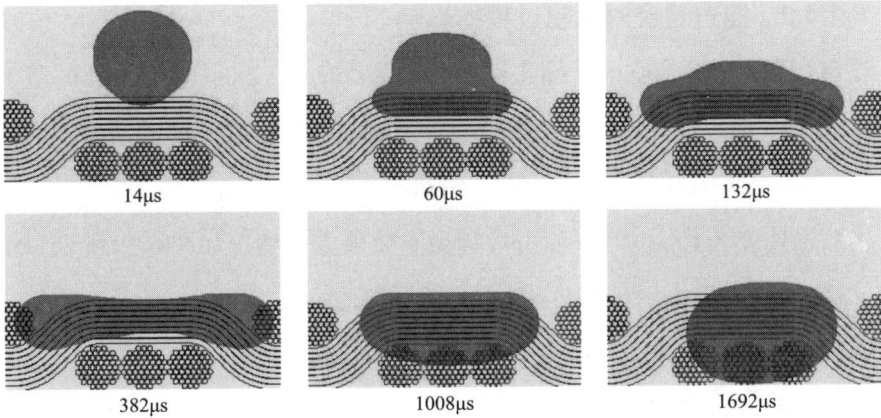

图4-52　半径为150μm的微滴沉积过程形态变化图

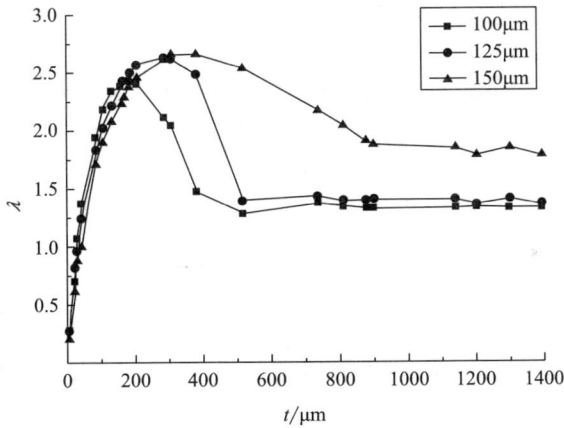

图4-53　不同微滴半径下微滴沉积铺展因子随时间的变化图

由图4-53可以看出，不同微滴半径下，微滴沉积铺展因子变化随时间先增大，后减小，最终达到平衡状态。对于半径分别为在$r=100$μm、$r=125$μm和$r=150$μm的微滴，在$t=184$μs、$t=286$μs和$t=382$μs时，微滴的铺展因子达到最大，此时铺展因子为2.43、2.63和2.66；可见微滴半径越大，微滴沉积在斜纹织物中的最大沉积铺展因子越大，达到最大沉积铺展因子所需要的时间越长。平衡状态下，半径分别为在$r=100$μm、$r=125$μm和$r=150$μm的微滴铺展因子先后为1.33、1.36和1.78，微滴的沉积铺展因子随着微滴初始半径的增大而增大。

4.2.4.2 撞击速度对沉积过程的影响

设定微滴半径为100μm，撞击速度分别为1.5m/s、2.0m/s、2.5m/s的蒸馏水撞击斜纹织物表面，对比分析三种情况下微滴在斜纹织物表面的铺展渗透沉积规律。

当撞击速度为1.5m/s时，撞击过程微滴铺展渗透情况如图4-54所示。碰撞初期，微滴渗透到织物的纬纱中顺着纬纱迅速铺展，在206μs时刻微滴的铺展沉积达到最大铺展半径，之后由于表面张力的存在，微滴开始回缩，经过一段的振荡后，在628μs时达到平衡状态。

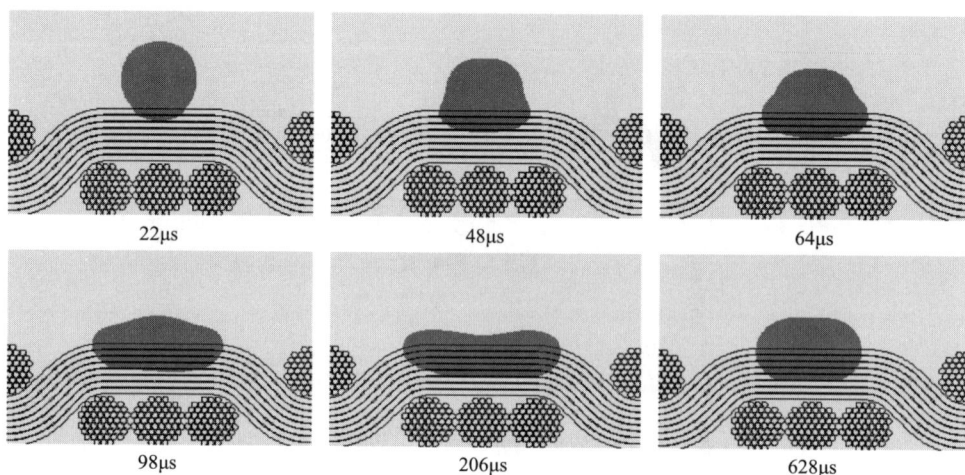

图4-54　撞击速度为1.5m/s的微滴沉积形态变化图

当撞击速度为2.5m/s时，撞击过程微滴铺展渗透情况如图4-55所示，碰撞初期与撞击速度为1.5m/s、2.0m/s的微滴沉积过程基本一致，但比前两种铺展的速度快，且达到最大铺展半径的时间提前到162μs，在回缩的过程中，微滴不仅开始回缩，还继续向下渗透，直至能量消耗完，达到平衡状态，渗透沉积深度比前两种速度下得深。

利用微滴的撞击速度分别为1.5m/s、2m/s、2.5m/s的计算结果绘制微滴沉积铺展因子随时间的变化图，如图4-56所示。

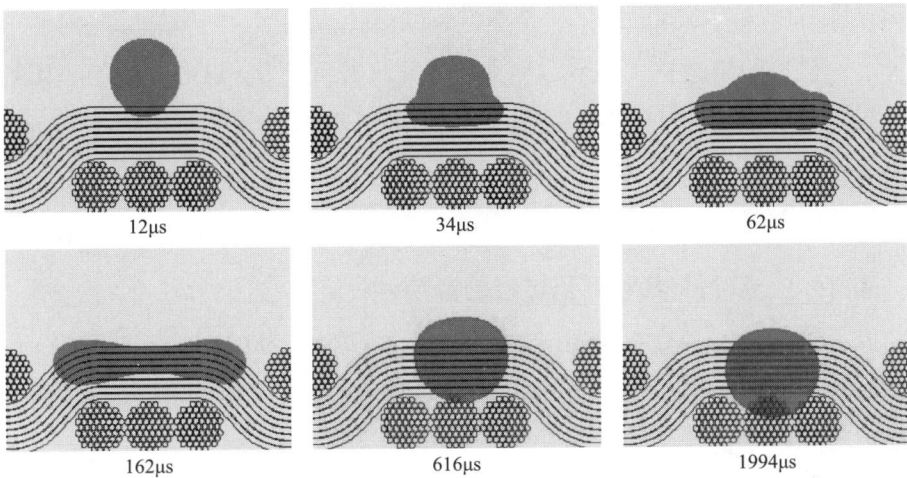

图 4-55 撞击速度为2.5m/s的微滴沉积形态变化图

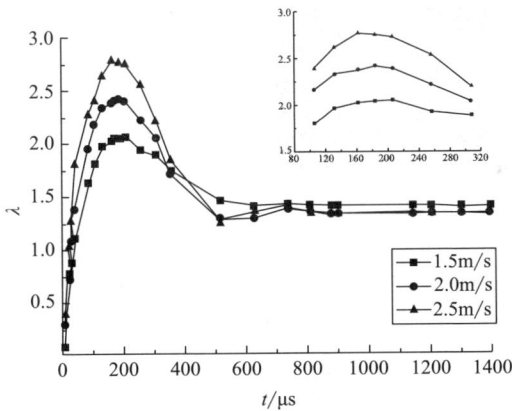

图4-56 不同撞击速度下微滴沉积铺展因子随时间的变化图

由图4-56可以看出，不同撞击速度下，微滴沉积铺展因子变化随时间先增大，后减小，最终达到平衡状态。对于撞击速度分别为$v=1.5$m/s、$v=2.0$m/s和$v=2.5$m/s的微滴，在$t=206$μs、$t=184$μs和$t=162$μs时，微滴的沉积铺展因子达到最大，此时铺展因子分别为2.06、2.43和2.79；可见微滴的撞击速度越大，在斜纹织物上的最大沉积铺展因子越大，达到最大沉积铺展因子所需要的时间越短，在平衡状态下，对于不同的撞击速度，微滴的铺展因子基本在1.35左右，撞击速度对微滴的沉积铺展半径基本没有影响。

不同材料的微滴具有不同的密度、黏度及表面张力，这些参数与雷诺数及韦伯数有关，且会影响微滴在沉积过程中的沉积形态，下面从微滴不同的黏度及表面张力单一因素到不同种类微滴的多因素来研究对其微滴沉积形态的影响。

4.2.4.3　微滴黏度对沉积过程的影响

设定微滴半径为100μm，撞击速度为2m/s，黏度分别为0.001Pa·s、0.005Pa·s、0.01Pa·s的微滴撞击斜纹织物，对比分析三种情况下微滴在斜纹织物表面上的铺展渗透沉积规律。

当黏度为0.005Pa·s时，微滴在斜纹织物表面上的沉积形态变化如图4-57所示。微滴迅速在斜纹织物表面上的铺展渗透快，在164μs时达到了最大铺展半径，接着微滴只在左右回缩振荡，不再继续向下渗透，最后沉积在596μs时微滴沉积形态基本不再变化。

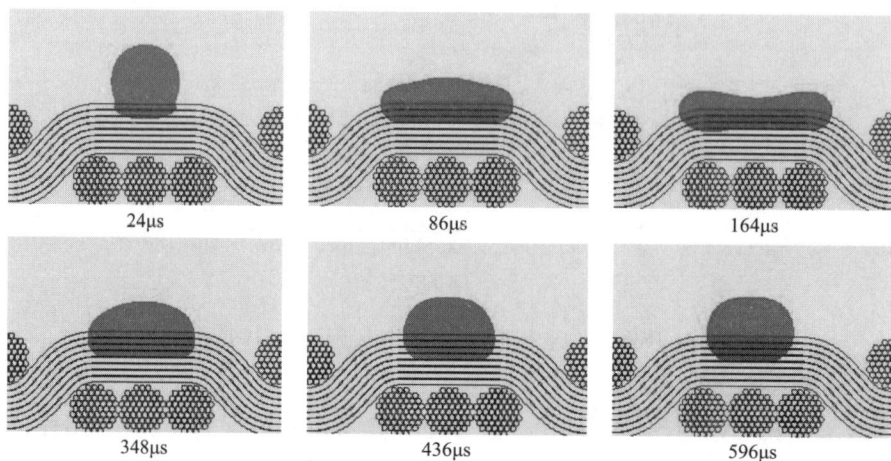

图4-57　黏度为0.005Pa·s的微滴沉积形态变化图

当黏度为0.01Pa·s时，微滴在斜纹织物表面上的沉积形态变化如图4-58所示，相比前两种不同的黏度下微滴的沉积过程图可以看出，微滴的铺展更快，达到最大铺展半径时所用的时间提前到146μs，且渗透沉积的深度明显减小。

利用微滴的黏度分别为0.001Pa·s、0.005Pa·s、0.01Pa·s的微滴数值计算结果绘制微滴沉积铺展因子随时间的变化图，如图4-59所示。

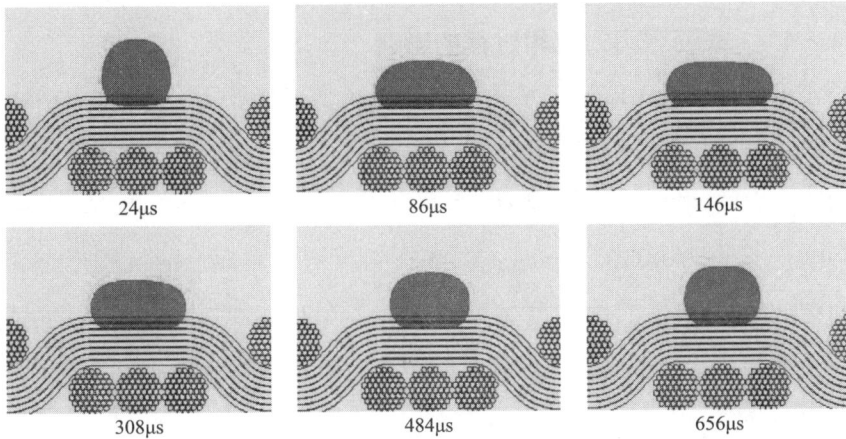

24μs　　　　　　　　86μs　　　　　　　　146μs

308μs　　　　　　　　484μs　　　　　　　　656μs

图4-58　0.01Pa·s的微滴沉积形态变化图

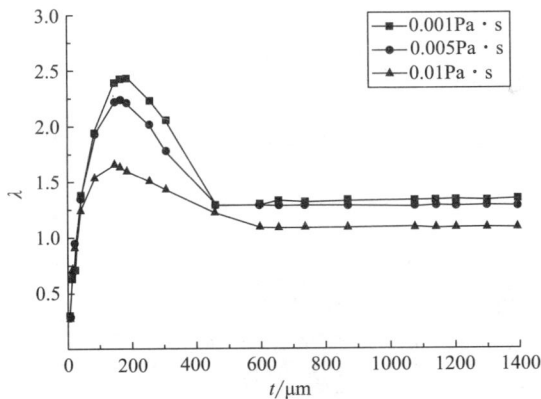

图4-59　不同黏度下微滴沉积铺展因子随时间的变化图

由图4-59可以看出，不同微滴黏度下，微滴沉积铺展因子变化随时间先增大，后减小，最终达到平衡状态。对于黏度分别为0.001Pa·s、0.005Pa·s、0.01Pa·s的微滴，在t=184μs、t=164μs和t=146μs时，微滴的铺展因子达到最大，此时铺展因子为2.43、2.23和1.65；可见微滴的黏度越大，微滴沉积在斜纹织物中的最大沉积铺展因子越小，达到最大沉积铺展因子所需要的时间越短。平衡状态下，黏度分别为在0.001Pa·s、0.005Pa·s、0.01Pa·s的微滴铺展因子先后为1.33、1.28和1.08，微滴的沉积铺展因子随着微滴黏度的增大而减小。

4.2.4.4 表面张力对沉积过程的影响

设定微滴半径为100μm，撞击速度为2m/s，表面张力分别为0.0365N/m、0.07275N/m、0.1095N/m的微滴撞击斜纹织物表面，对比分析三种情况下微滴在斜纹织物表面的铺展渗透沉积规律。

当表面张力为0.0365N/m时，微滴在斜纹织物表面上的沉积形态变化如图4-60所示。微滴沿着纬纱开始铺展渗透，在292μs时，达到了最大铺展半径，由于织物纬线中微滴渗透已经达到饱和状态，故不能继续向下渗透，最后静止在织物的纬纱中。

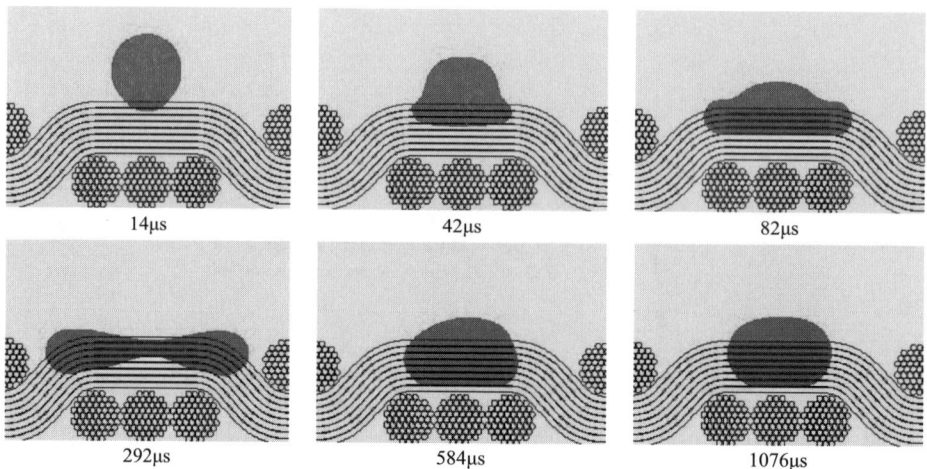

14μs	42μs	82μs
292μs	584μs	1076μs

图4-60 表面张力为0.0365N/m的微滴沉积形态变化图

当表面张力为0.0725N/m时，微滴在斜纹织物表面上的沉积形态变化如图4-61所示，微滴撞击初期与表面张力为0.0365N/m时基本一致，微滴的最大铺展半径变小，且微滴在斜纹织物表面铺展达到最大铺展半径的时间提前到184μs，接着由于表面张力微滴一边开始回缩，另一边继续向下渗透，回缩到基本呈球形后，微滴左右只是微滴的振荡，但还会向下渗透，在1396μs时刻静止在斜纹织物中。

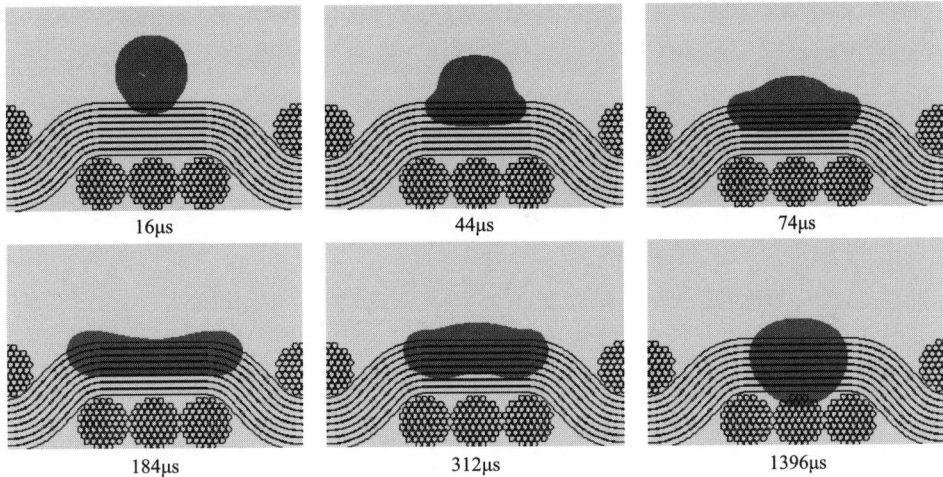

图4-61 表面张力为0.07275N/m的微滴沉积形态变化图

当表面张力为0.1095N/m时，微滴在斜纹织物表面上的沉积形态变化如图4-62所示，相比前两种不同表面张力的微滴沉积形态图，微滴在斜纹织物表面上的最大铺展半径的时间提前到154μs，此后微滴在纬纱中已经达到最大渗透深度，只有左右回缩最后静止在斜纹织物纬纱中。对比三种不同的表面张力下微滴沉积形态的变化图可见，在微滴的沉积过程中，微滴的表面张力过小和过大都会影响微滴的渗透深度。

通过对三种不同表面张力下的数值计算结果绘制微滴沉积铺展因子随时间的变化，如图4-63所示。

由图4-63可以看出，不同表面张力下，微滴沉积铺展因子变化随时间先增大，后减小，最终达到平衡状态。对于表面张力分别为0.0365N/m、0.07275N/m、0.1095N/m的微滴，在$t=292$μs、$t=184$μs和$t=154$μs时，微滴的铺展因子达到最大，此时铺展因子为2.93、2.43和2.22。可见微滴的表面张力越大，微滴沉积在斜纹织物中的最大沉积铺展因子越小，达到最大沉积铺展因子所需的时间越

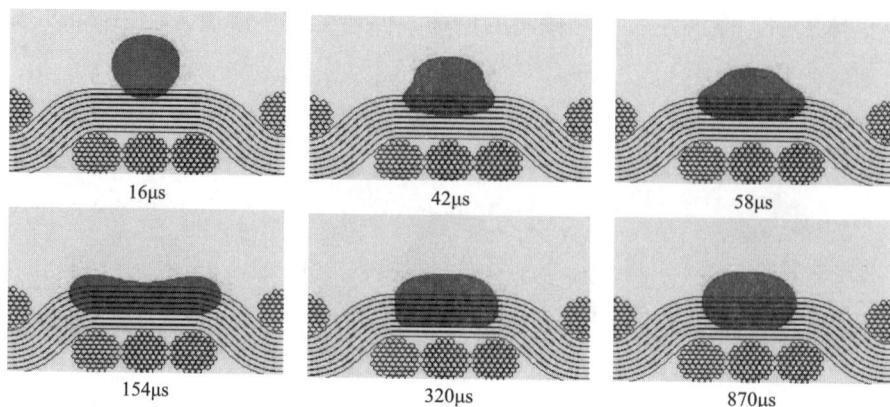

图4-62 表面张力为0.1095N/m的微滴沉积形态变化图

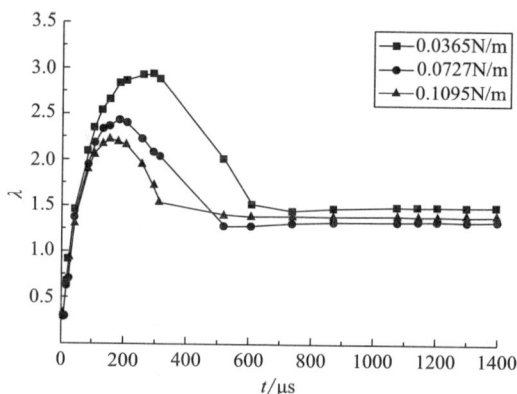

图4-63 不同表面张力下微滴沉积铺展因子随时间的变化图

短，平衡状态下，黏度分别为在0.0365N/m、0.07275N/m、0.1095N/m的微滴铺展因子先后为1.49、1.33和1.38，微滴的表面张力对微滴的沉积形态有一定的影响。

4.2.4.5 不同流体材料对沉积过程的影响

本节对蒸馏水和乙醇液体在斜纹织物上的铺展沉积进行研究，蒸馏水和乙醇液体的密度、黏度及表面张力的大小见表4-9，对比分析两种不同微滴在斜纹织物表面的铺展渗透沉积规律。

表 4-9　微滴属性参数

微滴	密度/（kg·m⁻³）	黏度/（Pa·s）	表面张力/（N·m⁻¹）
蒸馏水	998	0.001	0.07275
乙醇	789	0.0012	0.02197

当乙醇液体撞击织物表面时，微滴在斜纹织物表面的沉积形态变化如图4-64所示。乙醇迅速铺展在织物表面，在334μs时达到了最大铺展半径，且出现了中间薄、两边厚的形态；之后由于表面张力回缩及振荡，静止在织物的纬纱中，渗透沉积深度没有水的沉积深度深。

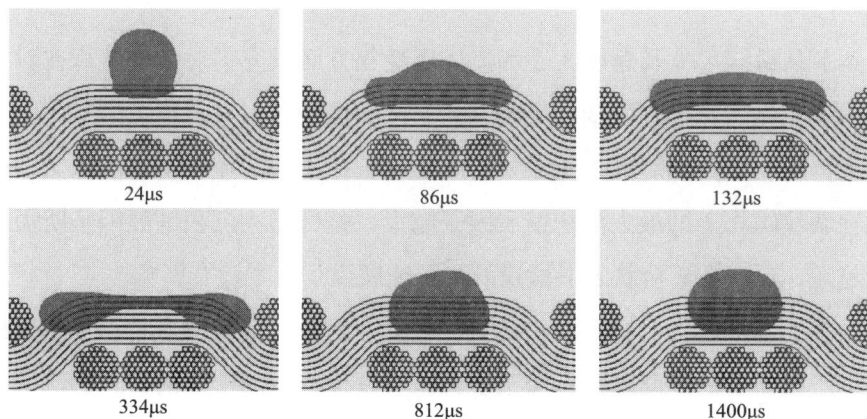

图4-64　乙醇撞击织物表面的沉积形态变化图

利用蒸馏水和乙醇微滴的沉积数值计算结果绘制微滴沉积铺展因子随时间的变化图，如图4-65所示。

由图4-65可以看出，对于水和乙醇，微滴沉积铺展因子变化随时间先增大，后减小，最终达到平衡状态。在$t=184$μs和$t=334$μs时，微滴的铺展因子达到最大，此时铺展因子分别为2.43和3.16。可见乙醇微滴，在斜纹织物上的最大沉积铺展因子越大，达到沉积铺展因子最大所需要的时间越长，随后微滴经历了反复振荡，对于水和乙醇微滴，微滴的铺展因子基本在1.35左右，可见平衡状态下水和乙醇对微滴的沉积铺展半径基本没有影响。

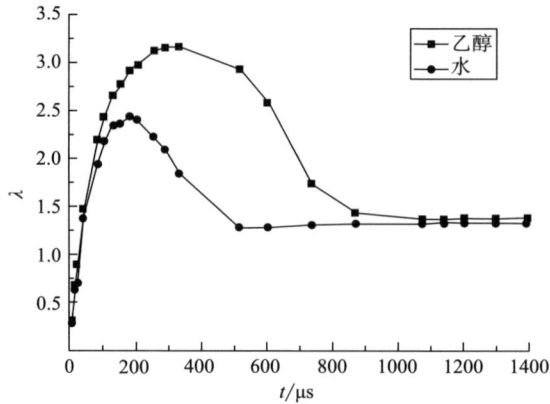

图 4-65　不同种类下微滴沉积铺展因子随时间的变化图

本节从微滴尺寸及速度大小和流体属性等方面研究了对微滴沉积在斜纹织物上形态变化的影响。微滴的半径越大，微滴沉积在斜纹织物上的最大铺展因子越大，达到最大铺展因子所需要的时间越长；微滴的撞击初速度越大，微滴沉积在斜纹织物上的最大沉积铺展因子越大，达到最大沉积铺展因子所需要的时间越短，但对在平衡状态下微滴的沉积铺展因子基本没有影响。

微滴的黏度越大，微滴沉积在斜纹织物上的最大铺展因子越小，达到最大铺展因子所需要的时间越短；由于表面张力是保持微滴形态的力，微滴的表面张力越小，它很难保持微滴的形态，导致微滴越容易铺展，且最大沉积铺展因子越大。在微滴的沉积过程中，微滴的表面张力过小和过大都会影响微滴的渗透。

4.2.5　微滴撞击斜纹织物沉积过程实验

上节利用数值模拟的方法对微滴沉积形态变化进行了研究。在此基础上，本节利用气动式按需喷射系统装置进行微滴撞击斜纹织物表面的沉积过程实验研究，通过CCD工业相机及高速相机对微滴喷射到斜纹织物上的沉积形态进行采集，比较数值模拟与实验的结果，从实验的角度分析微滴沉积在斜纹织物表面上的形态变化。

在微滴的沉积过程中，选择斜纹织物作为沉积基板，通过CCD相机拍摄斜纹织物的样品如图4-66所示，喷射材料为水溶液，利用气动式微滴喷射系统进行喷射，通过调节控制参数，喷射参数见表4-10所示。在稳定条件（频率为1Hz，脉冲宽度1.953ms，供气压力为20kPa，泄气阀开口角度55°）下实现微滴的稳定喷射，利用OLYMPUS i-SPEEDS高速相机对微滴的产生过程如图4-67所示以及微滴撞击织物的铺展沉积过程进行采集，如图4-68所示。

表4-10　喷射参数

名称	频率/Hz	脉冲宽度/ms	供气压力/kPa	泄气阀开口角度/（°）
数值	1	1.953	20	55

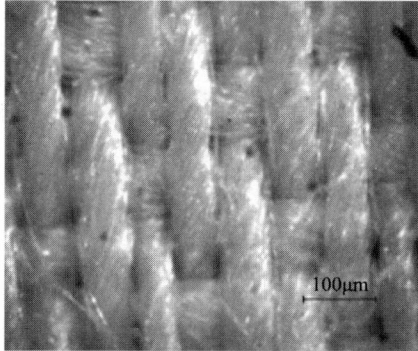

图4-66　斜纹织物样品图

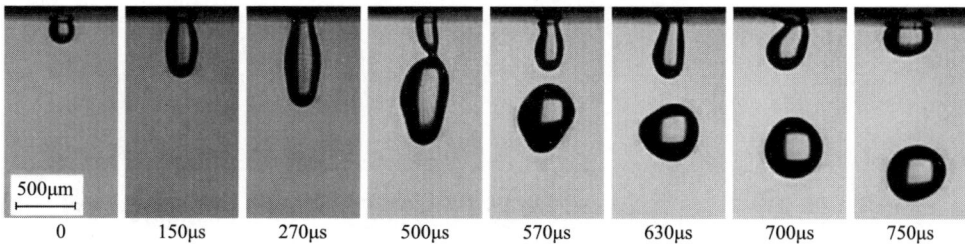

图4-67　水微滴喷射过程随时间变化图

由图4-67可以看出，微滴成形过程主要经历：液柱伸长、液柱缩颈断裂成形微滴、微滴飞行和剩余射流缩回喷嘴腔体三个阶段，说明可以实现微滴的稳定喷射。

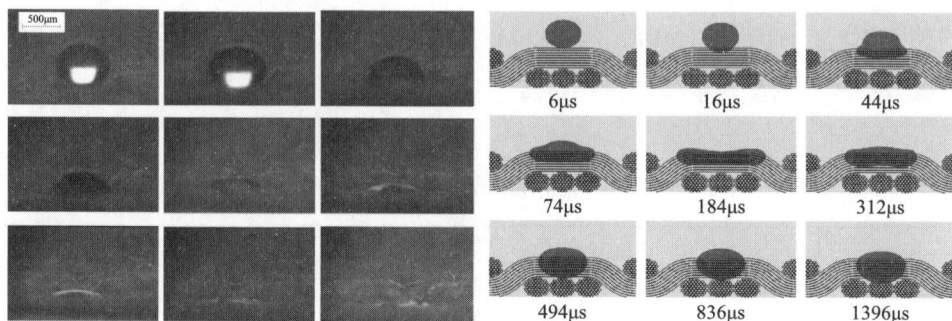

图4-68　微滴撞击斜纹织物沉积铺展实验与数值模拟图

由图4-68左图微滴撞击斜纹织物沉积铺展实验图可以看出，微滴沉积在斜纹织物表面后，随着时间的推移其在斜纹织物表面的形态不断发生变化，且渗入织物里的液体体积不断增加，最终基本完全深入斜纹织物中。

从力学角度分析，由于斜纹织物表面及纱线内部存在形状不一的无数大小孔隙，致使斜纹织物内毛细压差的产生，在毛细压差的作用下，液体就会自发地流动到毛细孔隙中。随着微滴渗入一定程度后，微滴的重力作用对其影响逐渐增大，微滴的高度继续减小，最后基本完全深入斜纹织物中。

通过分析图4-68可以看出，数值模拟的结构与实验的结构基本吻合，在微滴撞击斜纹织物纬纱的过程中，两者都经历了四个主要阶段，可以分为运动、铺展渗透、回缩及渗透平衡四个阶段。为研究导电线路的打印成形奠定了基础。

4.3　织物微尺度三维建模及微滴喷射沉积过程数值模拟

以上研究主要集中在将织物简化为二维轴对称多孔介质，研究微滴撞击二维轴对称多孔介质流体流动特性，且物理模型多以纱线为基本单元的中尺度模型为主，未充分考虑纤维间隙和织物三维结构对流体流动的影响。因此，对于织物表面微滴沉积过程和形态变化还需进一步深入研究。基于此，本节以平纹织物为沉积基板，以纤维为基本单元建立微尺度三维织物模型，根据N—S方程和VOF界面追踪模型，建立并求解微滴撞击微尺度三维织物数值模型，研究沉积过程中相场、压力场和速度场变化，明确微滴在织物表面的沉积过程及形态变化规律，为织物表面高质量导电线路的制备奠定了理论基础。

为了研究微滴在织物表面的沉积过程及形态变化规律，根据织物截面SEM图，对织物进行参数化建模，基于上节织物内外流动方程和VOF法，对其进行网格划分和边界条件设置，建立微滴撞击织物微尺度三维数值模型，为后续沉积过程研究奠定基础。

4.3.1　织物微尺度三维模型的建立

选用结构简单的平纹织物作为基底，并考虑实际喷射的微滴尺寸、碰撞位置以及计算成本等因素，选择纱线交织矩形单元进行建模如图4-69所示。

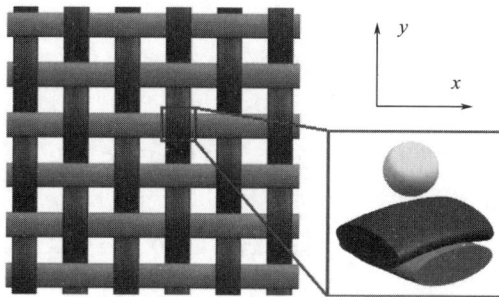

图4-69　平纹织物结构及矩形单元

平纹织物物理模型如图4-69所示，首先由平纹织物经纬纱线空间交织规律可得到经纬纱线的几何位置关系如图4-70（a）所示，为更好地描述经纬纱线的几何位置，本节提出如下假设：

①经纬纱线的中心线由圆弧段组成。

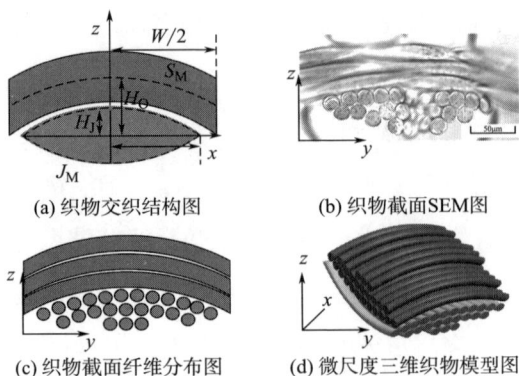

(a) 织物交织结构图　　　　　　(b) 织物截面SEM图

(c) 织物截面纤维分布图　　　(d) 微尺度三维织物模型图

图4-70　平纹织物三维物理模型图

②纱线横截面为透镜形。

③横截面面积在中心线各个位置均保持不变。

基于以上假设，本节给出了平纹织物空间交织几何位置关系表达式。

纱线中心线几何表达式为：

$$S_{\mathrm{M}}(x) = \frac{H_{\mathrm{O}}}{2}\left[4\left(\frac{x}{W}\right)^3 - 6\left(\frac{x}{W}\right)^2\right] \tag{4-71}$$

纱线横截面几何表达式为：

$$J_{\mathrm{M}}(t)_{\mathrm{x}} = \frac{I_{\mathrm{J}}}{2}\cos 2\pi t \qquad 0 \leqslant t \leqslant 1 \tag{4-72}$$

$$J_{\mathrm{M}}(t)_{\mathrm{y}} = \begin{cases} \dfrac{H_{\mathrm{J}}}{2}[\sin 2\pi t]^{\mathrm{N}} & 0 \leqslant t \leqslant 0.5 \\[2mm] -\dfrac{H_{\mathrm{J}}}{2}[-\sin 2\pi t]^{\mathrm{N}} & 0.5 < t \leqslant 1 \end{cases} \tag{4-73}$$

式中：I_{J} 为经纱宽度；H_{J} 为经纱高度；H_{O} 为纱线中心线高度；W 为纱线中心距；N 为变形参数（本节取值2）。

纱线是由多根纤维加捻而成，纤维在纱线内的分布受多种因素影响，为简化计算作如下假设：

①纤维截面为半径相等的圆形。

②纤维在纱线截面内按层分布。

③同一层的纤维圆心分布在一条曲线上。

因此，纤维圆心分布曲线可由纱线横截面按照预定间隙和纤维直径线性变化得到，实现层与层之间的平稳过渡，其几何表达式为：

$$J_M(t)_y = \begin{cases} \dfrac{(H_J - \Delta H_J)}{2}[\sin 2\pi t]^N & 0 \leqslant t \leqslant 0.5 \\[3mm] -\dfrac{(H_J - \Delta H_J)}{2}[-\sin 2\pi t]^N & 0.5 < t \leqslant 1 \end{cases} \tag{4-74}$$

$$\Delta H_J = sL + (2s-1)r_0 \tag{4-75}$$

式中：s为层数，r_0为纤维半径；H_J为经纱高度。

由织物截面SEM图［图4-70（b）］可以看出，一根纱线中包含24根纤维，且纤维分布为3层，纤维之间间隙明显存在，因此，纤维面积分数是织物几何模型的一个重要参数可通过下式计算。

$$\mu = \dfrac{\rho_x}{\Omega \rho_w} \tag{4-76}$$

式中：μ为纤维面积分数；ρ_x为线密度；Ω为纱线截面面积；ρ_w为纤维的密度。

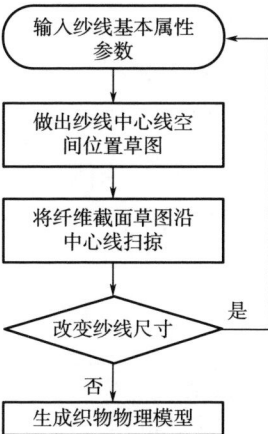

结合纤维面积分数与纤维圆心分布曲线，建立纱线横截面纤维分布模型［图4-70（c）］，利用三维建模软件NX12.0和表4-1所示实验测得的织物属性参数，按照如图4-71所示流程进行参数化建模，得到织物微尺度三维物理模型［图4-70（d）］。

对比图4-70（b）和图4-70（d）可以看出，建立的织物模型较好地体现织物具有的空隙特性，基本上还原了织物的三维结构，建立的模型与真实织物比较符合，为后续微滴在织物表面的沉积过程及形态变化研究奠定基础。

图4-71　织物物理模型建模流程图

4.3.2 微滴沉积过程三维数值模型的建立

基于微尺度三维织物物理模型和织物内外流体流动控制方程，采用网格划分软件（ICEM CFD）和有限元软件（FLUENT）进行网格划分和数值模拟，织物模型边界尺寸为2.2mm×2.2mm×3.5mm，网格划分类型为四面体单元，共生成1097129个网格单元，网格图如图4-72（a）所示。

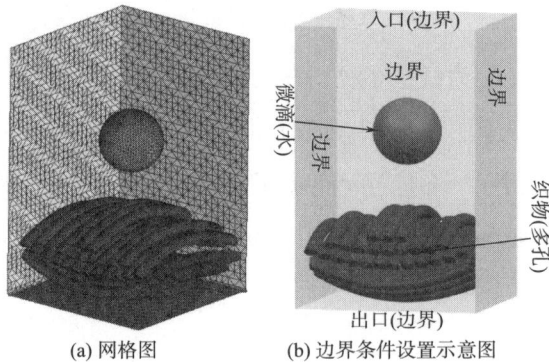

(a) 网格图　　　　　　　(b) 边界条件设置示意图

图4-72　微滴沉积过程三维模型的建立

网格划分完成后，将模型导入仿真模拟平台，边界条件设置如图4-72（b）所示，为避免时间步长上的扩散约束，采用全隐式积分方法进行流场的求解，多孔区域的速度选择表观速度进行计算，用标准k—ε湍流模型和压力—速度耦合PISO算法进行数值求解，动量方程均为一阶精度，迭代8000～10000步，残差曲线收敛至10^{-3}。数值求解时织物特性参数设置见表4-11，流体特性参数设置见表4-12。

表4-11　织物特性参数

名称	孔隙率/%	渗透率/μm²	压力阶跃系数	厚度/mm
平纹织物	80	4.80	3265.3	0.194

表4-12　流体特性参数

微滴	密度/ （kg·m⁻³）	黏度/ （Pa·s）	表面张力/ （N·m⁻¹）	半径/ μm	下落速度/ （m·s⁻¹）
蒸馏水	998	0.001	0.07275	120	2.0

4.3.3　微滴沉积过程三维数值模拟

结合数值模拟的微滴形态变化过程、压力场和速度场，模拟分析微滴在织物表面沉积过程中引起微滴形态变化的原因。

4.3.3.1　微滴沉积过程形态分析

设置微滴半径为60μm，飞行初始速度为2m/s，模拟得到微滴碰撞三维织物表面的形态变化过程如图4-73所示。

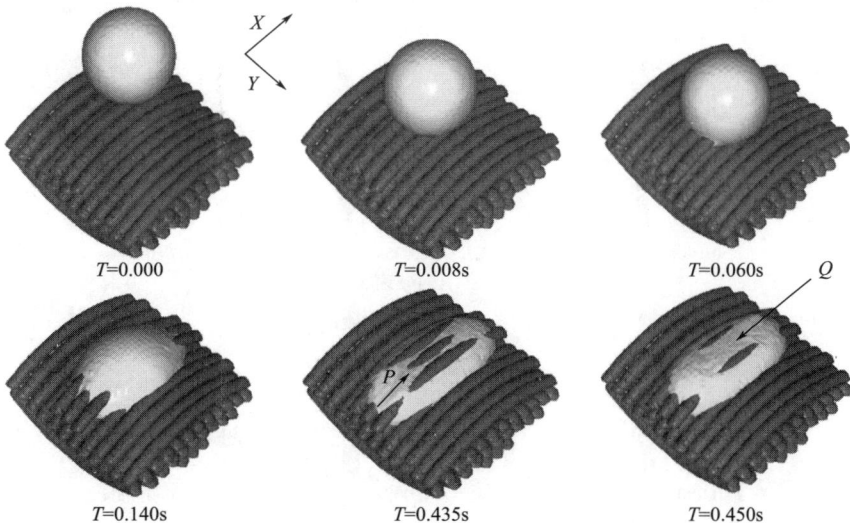

图4-73　微滴形态变化过程

从图4-73可以看出，微滴在飞行阶段基本保持球形（0～0.008 s），当微滴与织物表面接触后，微滴底部在织物表面快速同步向外环型铺展，X与Y方向铺展半径迅速增大，而微滴上部形态基本保持不变。随后微滴X和Y方向铺展半径出现差异性，X方向铺展半径沿着纤维方向继续增大，而Y方向铺展半径基本

183

保持不变（0.060～0.140 s），随着沉积过程的进行，*X*方向铺展半径达到最大值，而*Y*方向铺展半径略有减小或基本保持不变（0.140～0.435 s）。之后微滴边缘*P*出现反弹（0.435～0.450 s），液膜*Q*高度略有升高，在0.450 s之后微滴形态不再发生变化，沉积过程结束。

4.3.3.2 微滴沉积过程流场分析

为研究微滴碰撞织物表面沉积过程中铺展方向差异性以及微滴边缘反弹现象的内部机理，给出了微滴形态变化过程对应时刻的速度场和压力场分布如图4-74所示。

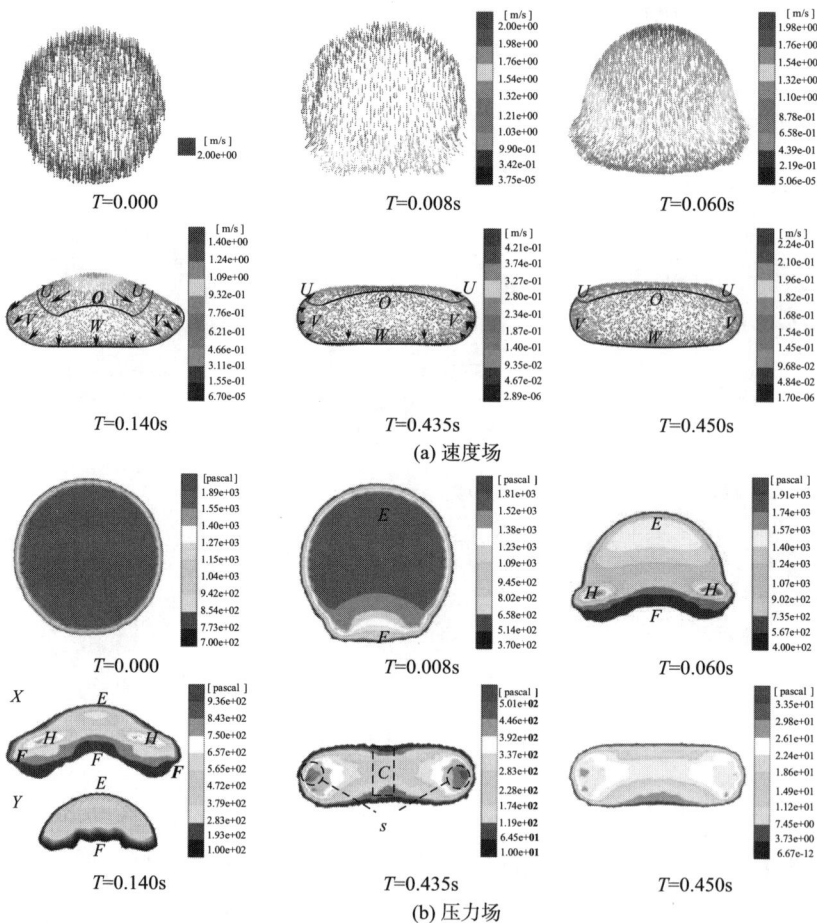

图4-74 微滴沉积过程不同时刻速度场及压力场

由速度场图4-74（a）可以看出，微滴在飞行阶段（0~0.008 s）基本保持球形，飞行速度保持在2m/s，飞行过程中微滴储存了较高的动量。在0.008 s时，当微滴与织物表面接触，在织物的阻力作用下，飞行过程中储存的动量一部分转换为纵向动量，另一部分转化为横向动量，尽管织物对微滴下落速度有阻碍作用，但撞击区的速度（1.32e-00m/s）和动压力（1.81e+03Pa）仍保持在较高水平，少量微滴在压力梯度的作用下压迫渗透到织物内。而横向动量则控制微滴在织物表面的接触线迅速向外环型前移（1.54e-00m/s），由于动量较大，微滴在织物表面快速（0.052s）铺展至最大铺展半径。由压力场图4-74（b）可以看出，在0.060s时微滴顶部E（1.40e+03Pa）与底部F（7.35e+02Pa）存在较大的压力梯度，这种压力梯度与微滴表面张力相互作用使得微滴产生剧烈振荡，随着纵向动量不断耗散，纵向动量与表面张力影响趋于平衡，振荡现象逐渐微弱直至消失。

在0.140s时，由压力场图4-74（b）可以看出，Y方向微滴内部只存在区域E（5.65e+02Pa）与F（1.93e+02Pa）之间的压力梯度，方向竖直向下，而X方向微滴内部不仅有竖直方向的压力梯度，区域H（9.36e+02Pa）与F（1.93e+02Pa）之间也存在水平压力梯度。由速度场图4-74（a）可以看出，竖直方向压力梯度驱动微滴润湿峰W向织物内部前进（1.55e-01m/s），微滴向织物内部渗透，织物表面接触线O保持静止（0），铺展半径基本保持不变。水平压力梯度驱动微滴润湿峰V前进（7.76e-01m/s），织物表面接触线U前移（6.21e-01m/s），铺展半径继续增大。水平方向毛细压力梯度控制X方向微滴铺展半径增大，竖直方向毛细压力梯度控制Y方向铺展半径基本不变，从而导致铺展方向差异性。

在0.435s时，由速度场图4-74（a）可以看出，织物表面接触线U（1.87e-01m/s）及润湿峰V后退（1.87e-01m/s）而润湿峰W则是前进（9.35e-02m/s），微滴边缘出现反弹现象，这是由于随着沉积过程的进行，织物表面液膜高度下降，微滴边缘的曲率半径减小，在表面张力的作用下，两侧边缘区域S压力增大（5.01e+02Pa），与中心低压区域C（2.28e+02Pa）形成压力梯度，这种压力梯度是导致微滴边缘发生反弹的主要原因，但是织物基底具有渗透性，会明显削弱反弹的趋势，相反，反弹现象会增加织物内部润湿区与干燥区的压力梯度，进一步提高微滴的渗透速率。

微滴在沉积过程中，纵向动量不断耗散，压力梯度逐渐减小，由于毛细管压力很小，压力梯度依旧可以驱动润湿峰W以很小的速度前移（3.11e−01m/s），当纤维引起的阻力影响与压力梯度引起的影响平衡之后，微滴会在自身重力的驱动下继续向织物内部渗透，但由图4−74（a）可以看出，在0.450s时，当压力梯度处在较低水平时（1.495e+01Pa），微滴润湿峰（W：9.68e−02m/s，V：1.45e−01m/s）和接触线（U：1.54e−01m/s，O：4.84e−02m/s）停止移动，所以重力并不能克服纤维内部阻力，净驱动力不足以控制渗透继续进行。此时，沉积过程结束微滴形成最终形状。

4.3.3.3　微滴沉积过程扎钉现象

通过对微滴在织物表面沉积过程机理的分析，发现纬向和横向铺展半径的增长在t=0.008s时刻之前是同步的且达到最大值，织物表面接触线近似为圆形，在t=0.060s时刻微滴振荡趋势消失，微滴直到t=0.140 s时刻稳定状态被破坏，瞬时稳定状态持续了约0.080s，对于微滴在织物表面整个沉积过程而言，这个时间尺度是极其重要的，因此取t=0.060s时刻微滴沉积过程俯视图进行进一步分析。

非平衡的Young驱动力表达式为：

$$F_Y=Z\cos\theta_s=T-\Omega \tag{4-77}$$

式中：Z为液—气界面自由能；T为固—气界面自由能；Ω为液—固界面自由能；θ_s为动态接触角。

如图4−75所示，当液滴在织物表面接触后，在惯性力的作用下，微滴排除织物表面的空气固—气界面被固—液界面代替发生铺展，导致界面自由能升高。并且在铺展的过程中液相界面与固相界面两相融合，使得黏附力做负功，同时，在撞击区强压力梯度的作用下，少量微滴被压迫渗透到织物内部，微滴的内聚力做负功。随着铺展的快速进行，动态接触角迅速减小，在黏附力和内聚力共同影响下，多余的界面自由能被完全耗散，最终液—气、固—气和液—固界面交界处的三相接触线会在某一动态接触角下达到平衡，停止移动，即瞬时静态接触角。纬向和横向铺展半径保持稳定，微滴被扎钉在纤维柱面上，微滴在织物表面沉积过程处于瞬时稳定状态。在这个过程中第一次振荡微滴下落高度（H_D）最小值处对应微滴最大铺展半径，并且织物表面能越高扎钉现象越明显。

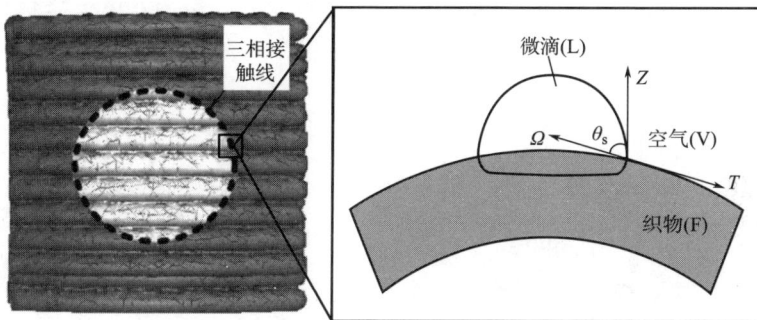

图4-75　接触线扎钉稳定过程

在$t=0.140$ s时刻后，微滴的铺展过程不再由惯性力控制，而由毛细力控制。

如图4-76（a）所示，在纬纱方向毛细力的拉动下，织物内部润湿峰沿着纤维向两侧移动，接触线以外的干燥区域被不断润湿（G），固—气界面被相互作用强度较低的固—液界面替代，液—液界面不能提供足够强的黏附力来维持三相接触线的平衡状态，并且随着微滴缓慢的向织物内部渗透，微滴内聚力逐渐增大，在$t=0.150$s时刻，三相接触线稳定被破坏，扎钉状态崩坏瞬间微滴剧烈振荡，界面自由能剧增，为满足质量和动量守恒，接触线脱黏前移。但是由于纬向与毛细力作用方向平行，毛细力对织物内部润湿峰的影响远大于织物内部纤维的摩擦阻力影响，毛细力吸湿作用明显，而横向与毛细力作用的方向垂直，相比于纬向毛细力吸湿作用横向作用不明显，所以毛细力控制接触线移动出现明显差异，导致经向和纬向铺展半径不同步，动态接触角变化不一致，与织物纤维的排布有着紧密的联系。如图4-76（b）所示，纬向接触线在毛细力的拉动下，以较快的速度前移，动态接触角快速减小，最终在 $t=0.450\mathrm{s}$ 时刻接触线停止移动纬向铺展达到最大铺展半径。

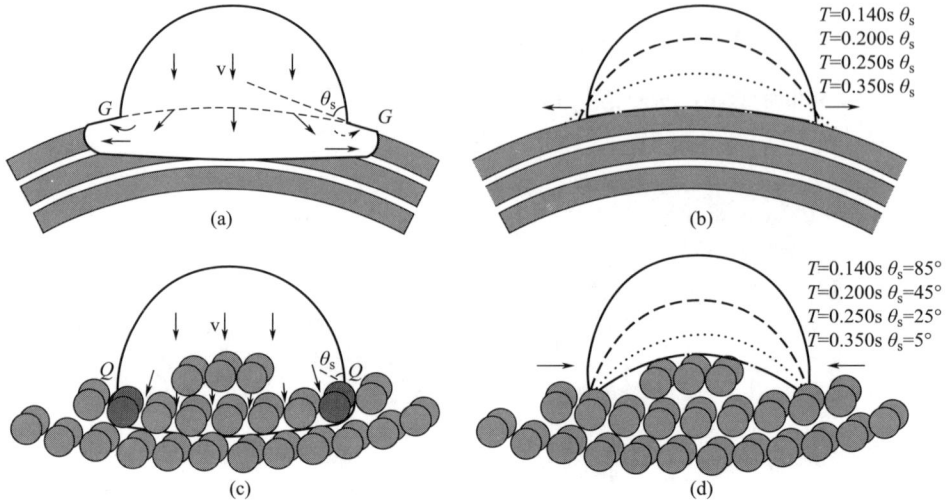

图4-76　接触线脱黏移动过程

而经向接触线移动规律则完全相反，如图4-76（c）所示，扎钉崩坏导致界面自由能急剧升高，为满足质量和能量守恒接触线继续前移，纬向接触线在毛细力的作用下前移，而经向接触线只能依靠惯性阶段撞击区产生动压力与毛细压力形成的压力梯度向织物内缓慢渗透，动态接触角减小。相反如图4-76（d）所示，织物表面微滴质量和多余的界面自由能主要依靠纬向接触线前移来平衡，导致经向接触线脱黏后并没有前移反而后退。而润湿区（Q）表面张力的作用使得接触线后退能力大大减小，所以直到 $t=0.450\mathrm{s}$ 时刻，横向接触线脱黏后退停止，横向铺展半径保持不变或略微减小。

4.3.4　微滴沉积过程实验

通过对微滴沉积过程及形态变化规律进行了数值模拟，解释了沉积过程中形态变化的完整过程和基本原理，为进一步验证数值模拟结果的准确性，结合直接驱动型压电式微滴喷射系统，首先，采用CCD相机捕捉微滴的形态变化，其次，绘制微滴沉积过程中无量纲参数（铺展半径、渗透高度等）随时间变化的曲线并与模拟结果进行对比。

4.3.4.1 微滴形态变化实验研究

采用如图4-77所示实验装置，主要由织物、光源、CCD相机、微滴喷射系统，实验条件与模拟初始条件相同。

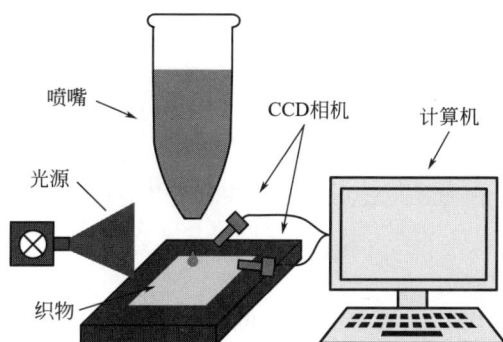

图4-77　实验装置示意图

微滴通过喷射装置产生，通过两组CCD相机分别拍摄纬向X和经向Y的微滴在纱线表面形态变化过程，经图像处理得到微滴沉积过程经向和纬向不同时刻微滴的形态，如图4-78所示。

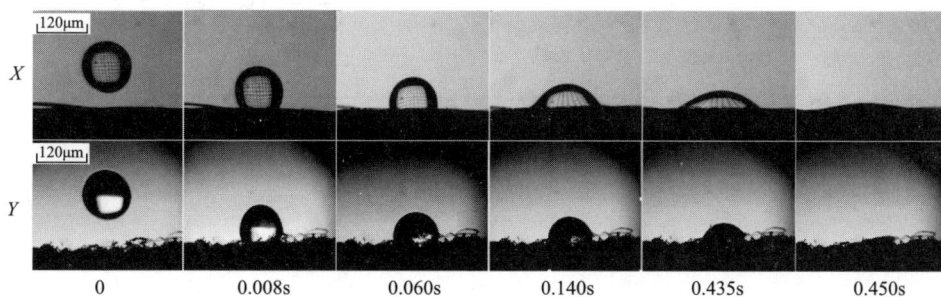

图4-78　沉积形态变化

由图4-78可以看出，实验采集的X与Y方向不同时刻微滴形态变化过程与模拟结果基本一致，较好验证了织物微尺度三维数值模型的准确性。

4.3.4.2　微滴沉积过程特征参数实验研究

为进一步描述微滴在织物表面的沉积过程，通过绘制无量纲纬向铺展半径 $\Delta L_X = L_X/R_C$、无量纲经向铺展半径 $\Delta L_Y = L_Y/R_C$ 以及无量纲微滴下落高度 $\Delta H_D = H_D/R_C$ 随时间的变化曲线，如图4-79所示 L_X、L_Y、H_D 和 R_C 依次为沉积过程中某时刻对应的 X 向铺展半径、Y 向铺展半径、微滴下落高度和微滴初始半径。

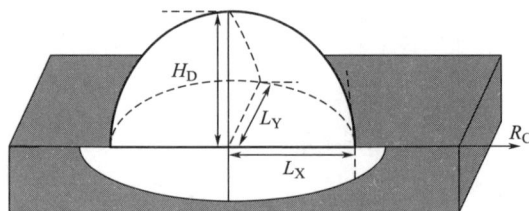

图4-79　特征参数

由图4-80可以看出，微滴在织物表面的沉积过程模拟和实验测得的无量纲特征参数变化趋势基本一致，进一步验证了模型的准确性，通过无量纲特征参数曲线变化可以看出微滴在织物表面的沉积过程可分为三个阶段：

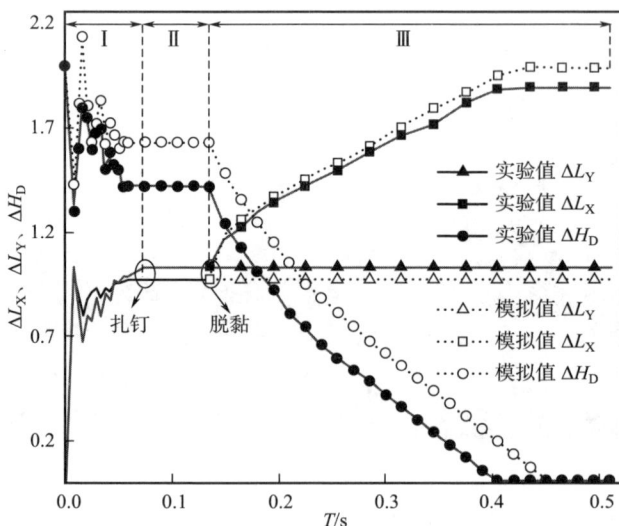

图4-80　无量纲参数 ΔL_X、ΔL_Y 和 ΔH_D 随时间变化

第 I 阶段（0～0.080s）：微滴在织物表面快速铺展(ΔL_X=0.00～0.97，

ΔL_Y=0.00～0.97），随后发生剧烈振荡，受振荡影响渗透高度变化明显
（ΔH_D=2.00～1.63），这一阶段主要受到纵向动量和表面张力控制。且该阶段
微滴的铺展半径任一方向上均同步。

第Ⅱ阶段（0.080～0.140s）：微滴铺展半径（ΔL_X=0.98，ΔL_Y=0.97）和渗
透高度（ΔH_D=1.63）基本保持不变，微滴处于瞬时稳定状态。这是由于液滴在
织物表面铺展时微滴排除织物表面的空气，固—气界面被固—液界面代替，界
面自由能升高，黏附力做负功。同时，少量微滴被压迫渗透到织物内部时，内
聚力做负功。在黏附力和内聚力共同影响下，随着界面自由能被完全耗散，三
相接触线会在某一动态接触角下达到平衡停止移动，微滴边缘被固定在纤维柱
面上，处于瞬时稳定状态，这一阶段主要受非平衡的Young驱动力控制，

第Ⅲ阶段（0.140～0.450s）：纬向铺展半径继续增大（ΔL_X=0.97～1.99），
横向铺展半径略微减小或保持不变（ΔL_Y=0.97），渗透高度逐渐下降
（ΔH_D=0.01～1.63）。这是由于在毛细压力梯度的拉曳下，织物内部润湿峰V
沿着纤维间隙前移，接触线以外的干燥区域被润湿，固—气界面被固—液界面
代替，黏附力不足以维持三相接触线的平衡状态，接触线U脱黏继续前进，O
保持不变或缓慢后退。这一阶段主要受到毛细压力梯度的控制。

4.4　不同组织结构棉织物表面微滴喷射打印沉积过程实验

4.4.1　微滴与织物表面碰撞动态过程及定点沉积实验

微滴沉积过程是以一定的初速度与织物基板发生碰撞，碰撞后微滴发生形
态变化，碰撞速度不同微滴变形程度不同，从而微滴在基板表面达到稳定状态
的时间也不尽相同。因此，本章采用理论与实验相结合的方法，对微滴碰撞前
飞行速度的变化、微滴在织物表面的碰撞动态过程进行研究，掌握不同碰撞条
件对微滴变形程度的影响规律，结合微滴定点沉积过程研究，确定微滴定点精
确沉积工艺参数。

4.4.1.1 织物基板的选择

本节选择四种不同织物组织结构的棉织物作为沉积基板，其微观结构如图4-81所示，相关物理参数见表4-13。这四种织物材料均是市场购买的成品布，实验过程中忽略了制造商对织物的前处理。

(a) 织物1　　　　　　　　　　　(b) 织物2

(c) 织物3　　　　　　　　　　　(d) 织物4

图4-81　织物组织微观结构图

表4-13　织物规格及相关参数

编号	经纬密度/（根·$10cm^{-1}$）	厚度/mm	组织结构
织物1	370×260	0.44	机织/平纹
织物2	480×300	0.29	机织/斜纹
织物3	400×280	0.26	机织/缎纹
织物4	320×240	0.39	针织/纬平

由图4-81可以看出，图4-81（a）所示织物组织为平纹结构，经纬纱线每隔一根交织一次，结构紧密。图4-81（b）所示织物组织为斜纹组织结构，表面有明显的斜向纹路。图4-81（c）所示织物组织为缎纹组织，织物中形成一些单独的互不连接的经纬组织，表面几乎被经纱覆盖。图4-81（d）所示织物组织为纬平针织结构，织物表面呈V形线段圆柱。所选四种织物组织结构不同，因而表面结构和性能也不同。

4.4.1.2 微滴飞行阶段速度分析

微滴沉积前的直径和速度等直接决定了其沉积后的变形情况，进一步影响微滴的精确沉积和稳定性。因此，必须对微滴飞行阶段的速度进行研究，从而为分析微滴与织物基板碰撞过程微滴形态变化规律提供准确的初始条件。

采用高速摄像机OLYMPUS i-SPEED3对微滴飞行过程进行拍摄，对采集的图像进行测量，经过计算可以得到微滴不同飞行高度下与基板碰撞前的初始速度。实验过程中以水为喷射材料，其物理参数见表4-14。沉积高度为10mm，喷嘴直径为110μm，在稳定喷射的工艺参数下（频率为1Hz，脉冲宽度1.953ms，供气压力30kPa，泄气阀开口角度55°），设定相机帧速为20000fps，对实验过程进行拍摄。

表 4-14 水物理参数

参数	密度/（g·cm³）	黏度/(Pa·s)	表面张力/(N·m⁻¹)
数值	1	0.001	0.0735（297K）

由于相机不能完整捕捉到微滴从离开喷嘴到接触沉积基板的全过程，只是捕捉到了微滴飞行到与基板接触瞬间时刻之间的图像，共捕捉到50帧画面。以微滴第一次出现在CCD视野时为第一帧图像，定义为0，随后每隔0.25ms取一帧图像，得到微滴飞行过程序列照片如图4-82所示。

通过CCD采集的图像测量计算微滴速度的方法如图4-83所示：

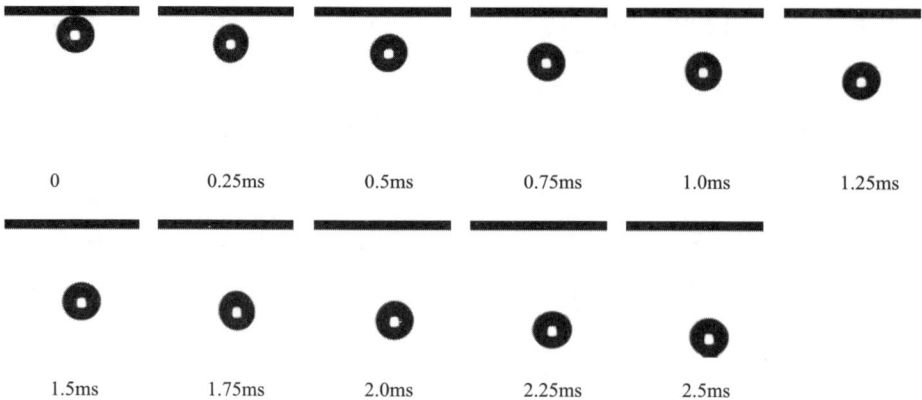

| 0 | 0.25ms | 0.5ms | 0.75ms | 1.0ms | 1.25ms |

| 1.5ms | 1.75ms | 2.0ms | 2.25ms | 2.5ms |

图4-82　微滴飞行距离随时间变化图像

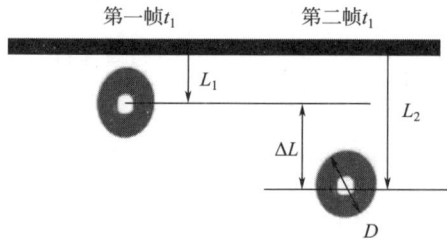

图4-83　微滴速度测量原理

测量相邻两帧图像中微滴的飞行距离ΔL和微滴的直径D，两帧图像间隔时间Δt由相机拍摄速率决定，则微滴在该段距离的平均速度为：

$$\bar{v}_i = \Delta L/\Delta t \tag{4-78}$$

式中：ΔL为飞行距离；D为微滴的直径；Δt为两帧图像间隔时间。

利用图4-83的方法对获得的照片进行测量计算，得到微滴直径为435μm，得到对应的微滴速度变化曲线如图4-84所示。从图中可以看出，微滴速度基本随时间呈线性变化，实验图片是在沉积高度为10mm时捕捉到了，因此可以得出，在上述喷射条件下，微滴与基板接触碰撞时已进入匀速阶段，且速度稳定在0.4m/s附近。

通过上述对微滴飞行速度的分析研究，可以根据实验图片计算出不同条件下微滴的速度变化情况，确定出微滴与织物基板接触碰撞沉积过程的初始条件。

微滴沉积过程中以一定的初速度与织物基板发生碰撞，碰撞会使微滴发生形态变化，速度不同微滴变形程度不同，从而微滴在基板表面达到稳定沉积的时间也不同，以下对微滴在织物基板表面碰撞过程进行研究分析。

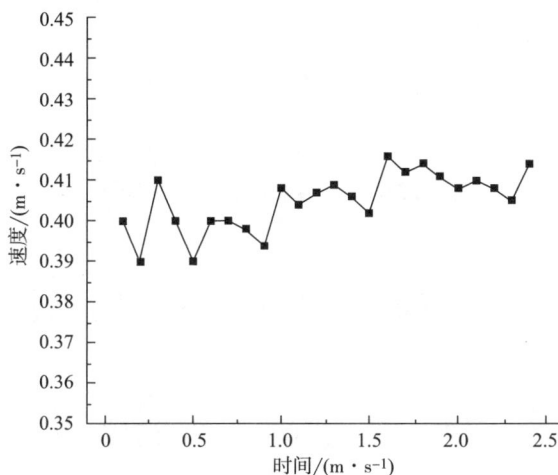

图4-84 微滴速度变化曲线

4.4.1.3 微滴与织物基板碰撞动态过程研究

常温下液态微滴与刚性实体碰撞后，第一次完整的变形过程一般会经历运动、射流、回缩三个阶段，随后发生弹跳沉积或者直接振荡沉积，在沉积基板上经过不断铺展回缩来消耗能量，最后达到平衡。

由于织物基板不同于普通的固体基板，它的表面及内部分布着许多大小不一的孔隙，且其表面属于高粗糙度表面。因此，织物表面物理和化学性质复杂，很难用理论对液体在织物表面的碰撞过程进行详细描述，鉴于此，本节采用实验对微滴在织物表面的碰撞过程进行研究。

选用水作为喷射材料，喷嘴直径为140μm，调节气动式微滴喷射系统达到均匀按需稳定喷射状态（频率为1Hz，脉冲宽度1.953ms，供气压力20kPa，泄气阀开口角度35°），设置相机帧速为10000fps，每帧图像时间间隔为0.1ms。设定沉积高度分别为10mm和5mm，通过OLYMPUS i-SPEED3高速摄像机对不同沉积高度下微滴在织物表面的碰撞过程进行拍摄，如图4-85所示为截取的沉积高度为10mm时微滴在织物1表面碰撞过程系列照片。经过对图片数据测量分析得到微滴飞行直径为700μm，微滴初始碰撞速度为0.6m/s。

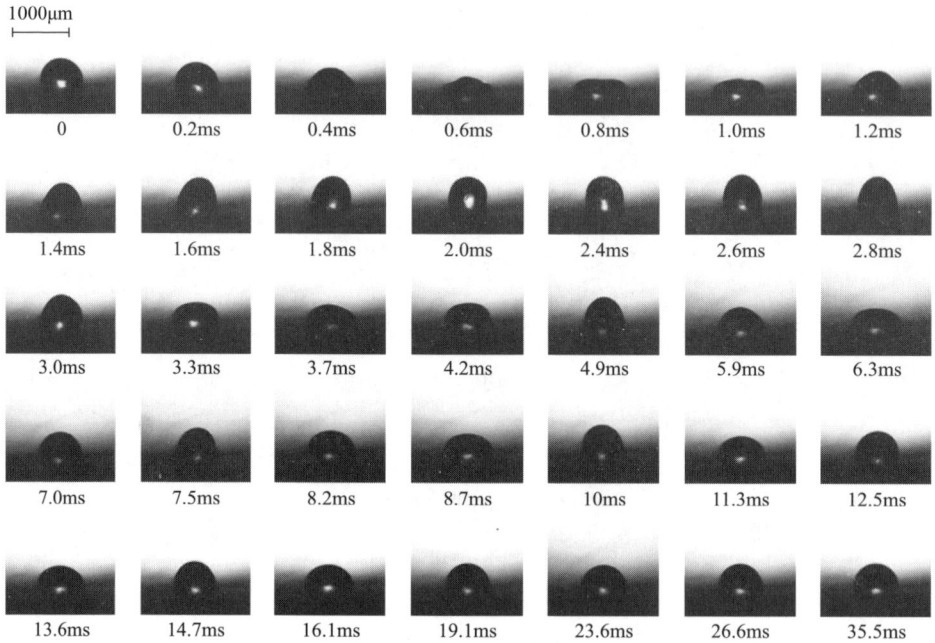

图4-85　微滴碰撞过程形态变化图

通过图4-85可以看出，微滴在织物表面的碰撞过程与在普通固体基质表面的碰撞过程相似，经历了运动、射流、回缩阶段，随后振荡沉积直到达到平衡。微滴在与织物基板碰撞后的射流和铺展阶段在1ms内完成，微滴铺展达到最大直径的时刻仅为0.8ms，此时微滴为饼状，具体形貌如图4-85中0.8ms时刻对应的微滴形态图。随后微滴没有出现弹跳现象，直接进入回缩阶段，直到2.6ms时刻，微滴第一次达到最大程度回缩位置。随后继续铺展回缩往复循环，直到能量被消耗完，最终在35.5ms附近达到平衡状态。

如图4-86所示为截取的沉积高度为5mm时微滴与织物1基板碰撞过程系列照片。经过对图片数据的测量分析得到微滴飞行直径保持为700μm，微滴初始碰撞速度为0.5 m/s。

1000μm

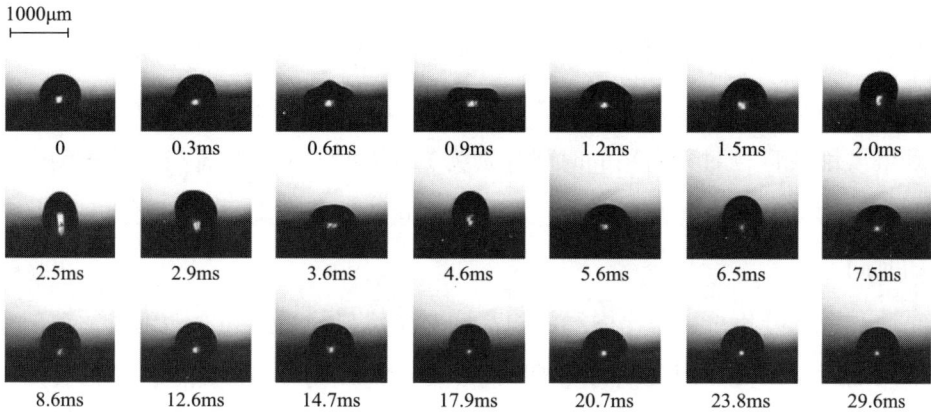

0	0.3ms	0.6ms	0.9ms	1.2ms	1.5ms	2.0ms
2.5ms	2.9ms	3.6ms	4.6ms	5.6ms	6.5ms	7.5ms
8.6ms	12.6ms	14.7ms	17.9ms	20.7ms	23.8ms	29.6ms

图4-86　微滴碰撞过程形态变化图

通过图4-86可以看出，当微滴沉积高度减小为5mm时，微滴与织物基板碰撞后仍然经历了运动、射流、回缩、振荡沉积后达到平衡四个过程。只是沉积高度不同，四个过程所用的时间不同。此时微滴在与织物基板碰撞后的射流和铺展过程中，微滴达到最大铺展直径的时刻为0.9ms，此时微滴为饼状，具体形貌如图4-86中0.9ms时刻对应的微滴形态图。随后过程中微滴没有出现弹跳现象，直接进入回缩阶段，直到2.5ms时刻，微滴第一次达到最大程度回缩位置。随后继续铺展回缩往复循环，最终在29.6ms附近达到平衡状态。

对于微滴在织物基板表面的碰撞过程从能量角度分析如下：在微滴碰撞初始时刻微滴具有动能和表面能，能量的大小由微滴的密度、直径、碰撞速度和表面张力确定。当微滴达到最大铺展直径时，动能为零，表面能最大。微滴铺展至最大直径后受到表面张力的作用，使液体开始回缩，直到液体回缩到极限位置，此时的动能也为零，总能量包括势能和表面能。微滴进入平衡振荡状态时，反复的振荡过程会逐渐消耗能量，从而达到最终的平衡状态，此时的总能量为表面能。Stow C D等人对流体在干燥表面的流动碰撞问题研究过程中给出了微滴达到最大铺展直径所用时间t_s的经验计算公式，如式（4-79）所示：

$$t_s = \sqrt{\rho D^3 / \sigma} \qquad (4-79)$$

式中：ρ为液体密度（kg/m³）；D为微滴直径（m）；σ为液体表面张力（N/m）。

通过式（4-79）可以看出微滴达到最大铺展直径所用的时间除了与液体性质有关，还与微滴直径有关，上述实验过程中微滴的直径为700μm，带入式（4-79）中求得微滴达到最大铺展直径所用的时间为1.08ms，实验过程中微滴达到最大铺展直径时刻所用的时间分别为0.8ms和0.9ms，两者结果基本吻合，因此可以用Stow C D提出的经验公式预测不同条件下微滴达到最大铺展直径所用的时间。

通过上述分析可以得出微滴沉积高度对微滴碰撞后第一次达到最大铺展直径所用的时间无关，而沉积高度不同时，微滴与织物基板碰撞后的变形程度则不同。根据碰撞过程中微滴直径的变化情况，对微滴的变形程度进行分析。对上述两组实验照片中微滴的动态直径进行测量，得到微滴碰撞后直径随时间的变化曲线如图4-87所示。

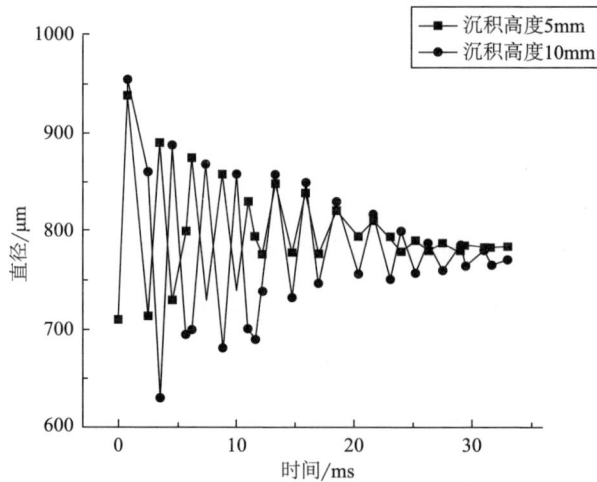

图4-87　微滴碰撞后铺展直径随时间变化曲线

通过图4-87可以看出，碰撞后微滴直径随时间振荡变化，沉积高度越大，微滴第一次达到最大铺展状态时直径取值越大，第一次回缩到极限位置时微滴直径越小，且微滴直径趋于平衡值所用的时间越长。

实验结果表明：沉积高度对微滴达到最大铺展直径所用的时间几乎没有影

响，只是影响了微滴碰撞后最大直径的取值与微滴达到最终平衡状态所用的时间。微滴直径相同时，沉积高度越大，微滴最大铺展直径越大，微滴达到稳定状态所需的时间越长。

实验过程中选择的沉积高度不同时，微滴在与基板碰撞时的初始速度也不同，沉积高度为10mm时，碰撞初始速度为0.6m/s，沉积高度为5mm时，碰撞初速度为0.5m/s。西北工业大学罗俊和蒋小珊对熔融金属微滴飞行过程速度变化研究时得到微滴经历先加速后匀速的运动过程。因此当沉积高度为5mm时，微滴仍处于加速运动阶段，未达到匀速。设置微滴沉积距离为10mm，实验测得碰撞前的初速度则分别为0.4m/s和0.6m/s时微滴直径为435μm和700μm，由此可以得出当沉积高度相同时，微滴直径越大，微滴达到稳定飞行的速度越大。

因此，在微滴沉积过程中不仅要合理控制微滴的沉积高度，而且也要控制微滴的直径，沉积高度越低，微滴直径越小，微滴与基板碰撞过程中的初始速度越小，微滴的变形越小，最终达到稳定状态所需的时间也越短。然而，微滴的沉积距离也不能太小，距离太小会影响微滴的正常射流和断裂。下面从微滴定点沉积对微滴的沉积距离进行研究，寻找到适合微滴精确稳定沉积的合理取值范围。

4.4.1.4 单颗微滴定点沉积过程研究

微滴沉积高度是影响微滴定点精确沉积的重要因素之一，前期研究过程中发现微滴的沉积高度越高，微滴达到平衡状态所需的时间越长，不利于微滴快速稳定沉积。下面将通过微滴的定点沉积偏差来研究不同沉积高度对微滴精确沉积的影响规律。采用实验研究的手段，利用图像采集系统对微滴的沉积分布进行拍摄，通过实验数据的测量和计算，得到不同沉积高度下微滴定点沉积分布规律。

流体从喷嘴口喷射流出，在表面张力作用下断裂形成微滴，断裂过程中喷嘴端面的平行度，端面的不均匀润湿，以及微滴飞行过程中空气阻力和大气流动的作用，均会使微滴产生一定程度的偏差，如图4-89所示。理想情况下，微滴离开喷嘴后按照理想沉积路径垂直下落，沉积到基板的指定位置。因受到各种外界环境因素的影响后，微滴就会出现如图4-88中路径1和路径2等所示的偏离飞行，从而导致微滴出现沉积偏差，微滴沉积偏差的存在会导致后期导电线路制备过程中出现断裂或者过渡重合现象，使得沉积的导线外形宽度和导电性不均匀。这种偏差飞行情况不可能完全避免，只能通过改变实验条件最大限度地减小。

通过图4-88可以看出，微滴飞行距离越长，最终沉积在基板表面位置的偏差越大，因此，要减小微滴定点沉积偏差，就要适当控制微滴的沉积距离，下面通过实验研究的方法，对不同沉积高度下，微滴定点沉积过程进行研究。

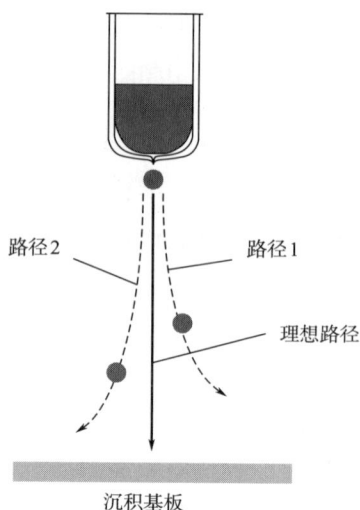

图4-88 微滴沉积原理图

调节气动式微滴喷射系统达到按需均匀稳定喷射状态（频率为1Hz，脉冲宽度1.953ms，供气压力30kPa，泄气阀开口角度25°），选用喷嘴直径为100μm，沉积基板为2000目水性砂纸，设置运动平台速度为1.2mm/s。图4-89为沉积高度为5mm时微滴在基板表面的沉积分布图。

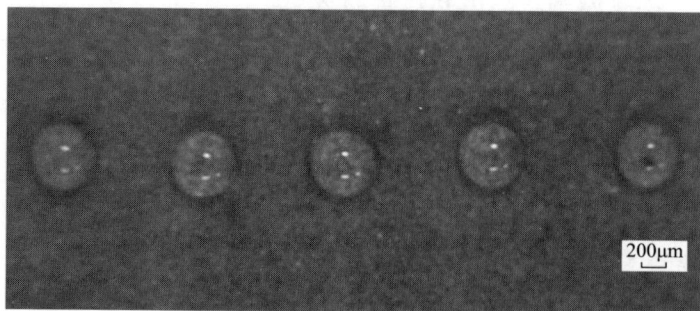

图4-89 沉积高度为5mm时微滴在基板表面的沉积分布图

由图4-89可以看出，当沉积高度为5mm时，微滴能够均匀地分布在基板表面，微滴的中心近似在一条直线上。保持运动平台速度不变，当继续增大沉积高度时，微滴的沉积分布则发生变化，图4-90为沉积高度为10mm时微滴沉积分布图。通过图片可以看出，沉积的微滴分布不均匀，微滴之间的间距长短不一，且微滴的中心也不在一条直线上。为了进一步确定微滴沉积高度对沉积精度的影响，对实验得到的图片数据进行测量计算，分析微滴的沉积偏差。

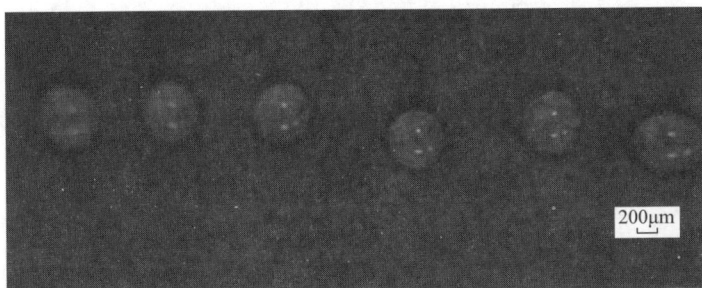

图4-90　沉积高度为10mm时微滴沉积分布图

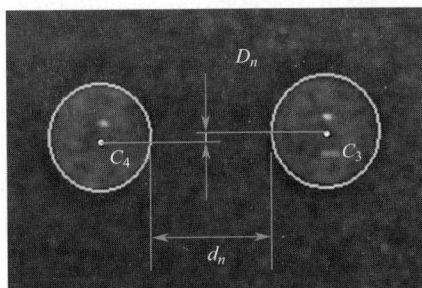

图4-91　图片数据测量方法示意图

利用专用图像分析软件，采用如图4-91所示的测量方法，分别对微滴之间的距离d和圆心之间的距离D进行测量，过程中共取50个微滴作为研究对象，共得到49组数据。对得到的数据进行偏差计算，当沉积高度为5mm时，微滴之间距离的最大偏差为101μm，圆心之间的最大偏差为78μm。当沉积距离为10mm时，微滴之间距离的最大偏差为326μm，圆心之间距离的最大沉积偏差为220μm。经过测量微滴的沉积直径为530μm，因此，沉积高度为10mm时，微滴的最大偏差超过了微滴的沉积半径，在成形成线过程中，容易造成微滴连接之间出现段裂。利用标准偏差计算公式式（4-80）对不同沉积高度下微滴的沉积标准偏差进行计算。

$$\sigma = \sqrt{\frac{1}{N}\sum_{i=1}^{N}(X_i - \mu)^2} \qquad （4-80）$$

式中：σ为微滴的沉积标准偏差。

经过计算得到沉积高度为5mm时微滴之间距离的标准偏差为49.5μm，圆心之间距离的标准偏为26.6μm。沉积高度为10mm时，微滴之间距离的标准偏差为133μm，圆心之间距离的标准偏差为91μm。因此，为了实现微滴定点精确沉积，微滴沉积高度应该控制在5mm附近。

4.4.1.5　多颗微滴定点沉积过程研究

微滴喷射打印沉积制造柔性导电线路是通过点的连续叠加实现的，为保证成形线路的质量，就要实现微滴之间的良好结合。微滴之间的结合效果是影响导电线路精确制备的关键。因此，为了实现微滴之间的良好结合，就要对多颗微滴定点沉积过程进行研究，分析不同沉积方式下，微滴定点沉积影响因素。

多颗微滴沉积过程中，需要配合移动平台的运动，移动平台的运行速度可以实现微滴的不同沉积方式。在一个微滴喷射周期内，若移动平台的运行距离大于微滴直径时，则出现离散式沉积方式，反之，则出现接触/重合式沉积方式。下面根据微滴的不同沉积方式对多颗微滴的定点沉积过程进行研究。

调节气动式微滴喷射系统达到按需均匀稳定喷射状态（频率为1Hz，脉冲宽度1.953ms，供气压力20kPa，泄气阀开口角度25°），选用喷嘴直径为125μm，沉积高度为5mm，微滴直径为460μm，设置移动平台运行速度依次为0.46mm/s和0.7mm/s。当移动平台速度为0.46mm/s时微滴出现接触式沉积方式，此时多颗微滴在基板表面的理想沉积形态如图4-92所示。当移动平台速度为0.7mm/s时，微滴出现离散式沉积方式，此时多颗微滴在基板表面的理想沉积形态如图4-93所示。

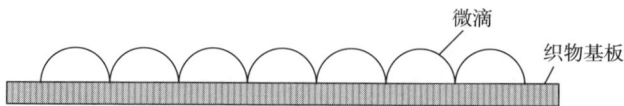

图4-92　接触式微滴理想沉积形态

图4-93　离散式微滴理想沉积形态

在实际沉积过程中，微滴沉积效果并非如此。当微滴以接触式方式沉积时，在沉积过程中出现微滴"团聚"现象，如图4-94所示，下一颗微滴沉积时，与相邻液滴融为一颗大液滴。微滴在与基板碰撞过程中具有能量，前颗微滴在受到能量冲击的作用下克服表面张力的约束随之发生形变，致使微滴"团聚"现象的出现，从而使微滴之间不能完全搭接，出现断裂。

图4-94　微滴团聚现象

当微滴以离散方式沉积时，得到多颗微滴在基板表面的沉积形态图，如图4-95所示。

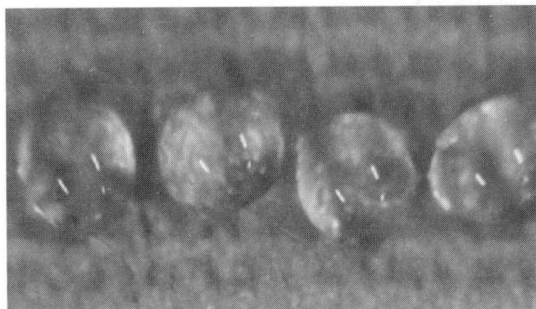

图4-95　离散式微滴沉积形貌图

通过图4-95可以看出，四颗微滴之间的沉积距离分布不均，这与沉积基板的表面性质有关，实验中微滴沉积基板为2000目的水性砂纸，微滴在5mm的沉积高度下，能够均匀的分布在其表面，而织物表面是具有多孔结构高粗糙度的复杂特性表面，当微滴沉积在织物表面不同位置时，微滴的沉积位置就会出现偏差，因此，基板表面的组织结构和表面粗糙度等性质会对多颗微滴的定点沉积造成一定的影响。微滴沉积到基板表面后会发生铺展，当微滴之间的距离较小时，微滴在铺展后邻近的两颗微滴就会互相结合，如图4-96所示为两颗液滴的结合过程。

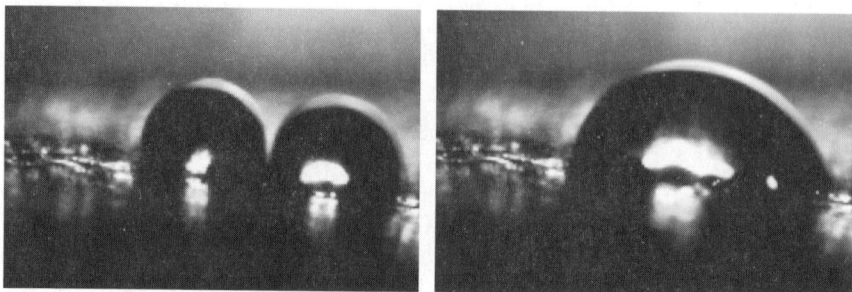

图4-96　离散式微滴沉积结合过程

因此，在多颗微滴定点沉积过程中除了沉积高度的影响之外，织物的表面结构和粗糙程度以及润湿性等均会影响微滴之间的沉积，而织物表面结构及性能对微滴沉积的影响较复杂，因而在实际制造过程中通过调节工艺参数的最佳匹配实现多颗微滴按需沉积。

基于如图4-96所示微滴铺展后的结合现象，可提出采用离散式微滴沉积方式来实现导电线路的沉积成形，然而这种沉积方式的关键就是合理控制微滴之间的间隙，若间隙过大，微滴铺展扩散后不能接触重合，出现断裂现象影响成线质量。要确定出合理的间隙取值，使微滴之间能够良好地结合，就要对微滴在织物表面的铺展渗透规律进行研究。

4.4.2　织物表面微滴铺展渗透及形态控制

微滴喷射打印沉积成形过程中，液体在织物结构中的渗透扩散对成形高质量的导电线路至关重要。因此，本节通过分析单颗微滴在织物表面铺展渗透过程动态形态变化，明确织物润湿性及组织结构对微滴渗透过程的影响规律。研究织物表面处理方法，实现对微滴沉积形态的控制，为微滴喷射打印沉积成形制备导电线路提供理想沉积表面。

微滴对织物表面的润湿性是其能够铺展渗透的前提和基础，微滴对织物表面的润湿与其在织物表面的铺展几乎同时进行，下面对微滴在织物表面的铺展渗透过程进行研究。

4.4.2.1　液体对织物的润湿

润湿（wetting）是指固体表面上的一种流体被另一种流体所取代的过程，往往是指液体取代气体的过程。对于润湿性宏观上采用接触角来表征。液体对理想光滑固体表面的润湿可以用杨氏方程来描述，如图4-97（a）所示，其润湿角可定义为：

$$\cos\theta = \frac{\gamma_s - \gamma_{sl}}{\gamma_l} \tag{4-81}$$

式中：γ_s为固—气界面自由能；γ_{sl}为液—固界面自由能；γ_l为液—气界面自由能；θ为接触角。

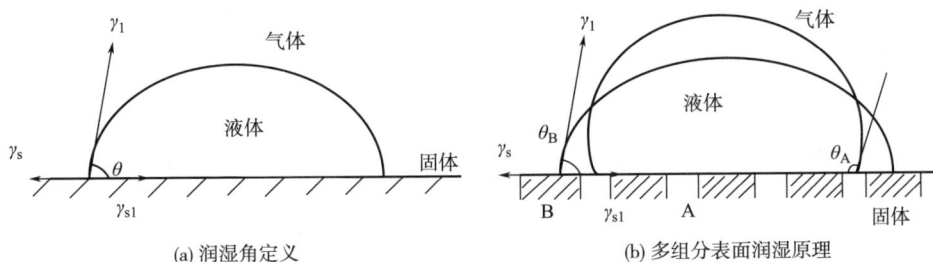

(a) 润湿角定义　　　　　(b) 多组分表面润湿原理

图4-97　液体对表面的润湿定义及原理

织物是由纤维集合而成的具有多孔结构的粗糙表面，纤维之间存在一定的孔隙，凌群民在对织物润湿性能研究过程中提出它遵循水对多组分固体表面的润湿原理，如图4-97（b）所示。此时接触角定义为：

$$\cos\theta_{fa} = f_A \cos_A - f_B \tag{4-82}$$

式中：θ_{fa}为织物的接触角；f_A为纤维的面积分数；f_B为孔眼的面积分数；θ_A为纤维的接触角。

液体对固体的润湿情况，大致可分为以下几种形式，见表4-15。

表 4-15　润湿形式

接触角 θ	润湿形式
$\cos\theta=1$ （$\theta=0$）	完全润湿 液滴在固体表面完全铺展开，在其上面形成一液体薄膜
$0<\cos\theta<1$ （$0<\theta<90°$）	可润湿 液滴在固体表面部分铺展开，在其上面形成一较平坦的液滴
$\cos\theta=0$ （$\theta=90°$）	零润湿 不可润湿
$-1\leqslant\cos\theta<0$ （$90°<\theta\leqslant180°$）	液滴在固体表面几乎不发生铺展，而是"坐"在其上面而形成一高凸的液滴

　　微滴在织物表面铺展是一个动态过程，因此实际接触角并不是唯一值，而是在两个角度之间变化，这种现象称为接触角滞后现象。固—液界面代替固—气界面过程中的接触角称为前进接触角；固—气界面代替固—液界面过程中的接触角称为后退接触角。若前进接触角和后退接触角都小于90°，则表示微滴对织物的润湿性较好。本书以水微滴为例，分析其在织物结构中的铺展渗透规律。

4.4.2.2　微滴铺展渗透实验研究

　　液滴在润湿织物表面后，由于织物纤维中含有大量的亲水基因子，故而液滴会在基质表面发生铺展和在基质内部发生渗透。液滴在织物表面铺展和内部纤维中的渗透对打印成形导线质量有着重要的影响，必须对微滴在织物结构中铺展和渗透进行深入研究，从而寻找合理的控制方法，保证微滴的理想沉积形态。

　　本节以4.4.1.1中选定的四种织物（图4-81）作为研究对象，研究分析不同组织结构、经纬密度、表面粗糙度等对微滴铺展渗透行为的影响规律。

　　液体对织物表面的润湿主要表现为沾湿和铺展。沾湿是改变液—气界面和固—液界面为固—液界面的过程；铺展是在固—液界面代替固—气界面的同时，液体表面也扩展。因此织物表面润湿过程可以分为两个步骤：液体与织物表面的接触和润湿，以及液体在织物表面及内部的扩散。

　　若液体对多孔介质的润湿性较好，润湿液体可以通过毛细力自发渗透至其中。而织物结构中纱线之间和纤维之间分布着尺寸不一的孔隙，其中的毛细渗透非常复杂。宏观上液体浸透进入织物层面的体积随着织物孔隙率、孔隙直径、浸透时间的增加而增加。

实验过程中以水为喷射材料，水为透明液体，为了便于观察在水中添加了着色剂。沉积高度为5mm，喷嘴直径为100um，调节气动式微滴喷射系统达到稳定工作状态，喷射参数见表4-16。采用BASLER 工业CCD相机对微滴在织物表面的铺展渗透过程进行拍摄，设定相机帧速为66fps，微滴离开喷嘴时以球形飞行，测得其直径为$350\mu m$。图4-98（a）、（b）、（c）、（d）依次为水微滴在织物1～4表面的铺展渗透形态变化图。

表4-16　喷射参数

参数	频率/Hz	电磁阀通电时间/ms	供气压力/kPa	泄气阀开口角度/（°）
数值	1	1.953	20	45

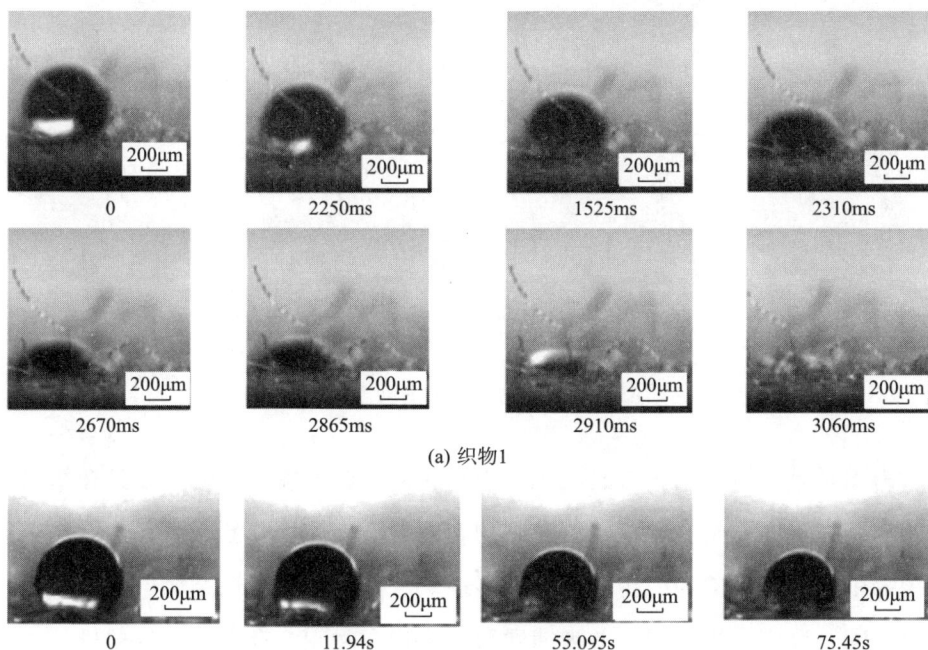

(a) 织物1

图4-98

(b) 织物2

(c) 织物3

(d) 织物4

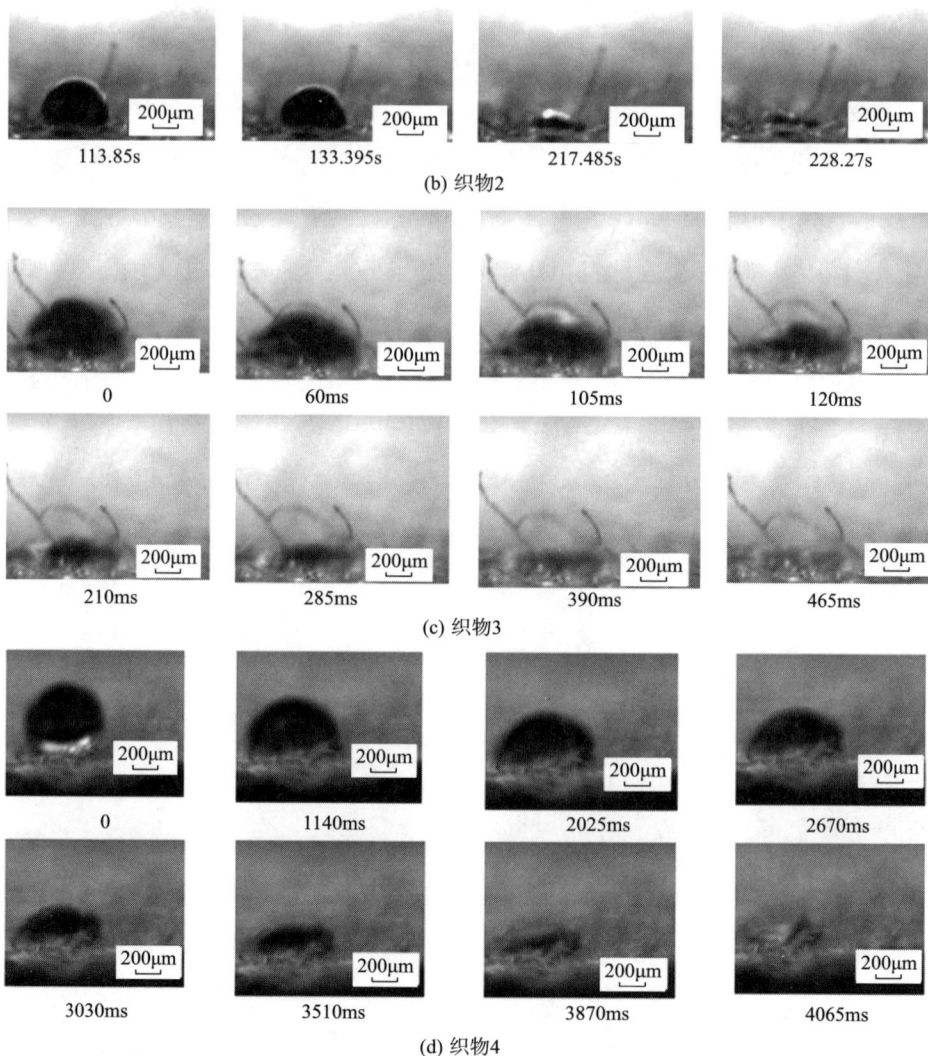

图4-98 织物表面微滴动态扩散

由图4-98可以看出，微滴沉积到织物表面后，随着时间的延续其在织物表面的形态在不停发生变化，停留在织物表面的液体体积不断减少，最终完全渗入织物中，这种现象为织物的动态吸湿现象。四种织物组织结构不同，表面性能也不同，反应在实验现象上为铺展渗透过程在时间上存在很大的差异。液滴在四种织物中的渗透时间依次为：3060ms、228.27s、465ms、4065ms。

　　织物对液滴的吸收取决于织物本身的吸湿性，而织物对液滴吸收速度的快慢取决于织物的表面性能。织物的表面性能主要为润湿性，通常用接触角来表征，见表4-17，为微滴在四种织物表面的接触角大小。

表4-17　不同织物表面的接触角

编号	织物1	织物2	织物3	织物4
接触角θ	98°	125°	86°	100°

　　织物对液体吸收后，微滴沉积高度不断减小，下面通过微滴沉积高度随时间的变化曲线来研究微滴的动态扩散过程。采用图像分析软件对上述微滴在四种不同织物表面铺展渗透过程中的高度进行测量，得到如图4-99所示的四条曲线，四条曲线依次为微滴在织物1～4中的动态扩散曲线图。

　　由图4-99可以看出，在微滴动态扩散过程中，微滴高度随着微滴扩散时间的增长基本呈线性逐渐减小。当微滴沉积到织物表面后，首先是液体对表面的润湿过程。对于织物1、织物2、织物4这三种织物来说，其表面处于不润湿状态，理论上曲线开始阶段的微滴高度应恒定不变，由于织物表面为凹凸不同的粗糙表面，部分液体会进入织物表面的孔隙中，从而使微滴的高度减小。织物3表面具有良好的润湿性，结合图4-99（b）微滴的动态形态图可以看出，微滴随着时间的变化发生铺展且在120ms附近达到最大铺展直径，此阶段内微滴高度的减小不仅包括对表面孔隙填充过程的液体，还有微滴铺展造成的高度减小，因此图4-99（c）在0～150ms斜率比其他过程较大。随着时间的延续，在织物的毛细作用下，微滴会渗透进入纤维内部。

　　由于织物表面及纤维内部存在无数大小和形状不一的孔隙，致使毛细管内弯曲液面存在一个附加压力，导致毛细压差的产生。在毛细压差作用下，液体就会自发地在毛细孔隙中流动，在这个过程中，开始阶段毛细压差大，织物中的孔隙顺畅，液体渗入快，孔隙不断被液体所填充，出现快速芯吸现象，反应在曲线上，就会出现斜率的增大，图4-99（a）中曲线为2250～2240ms，

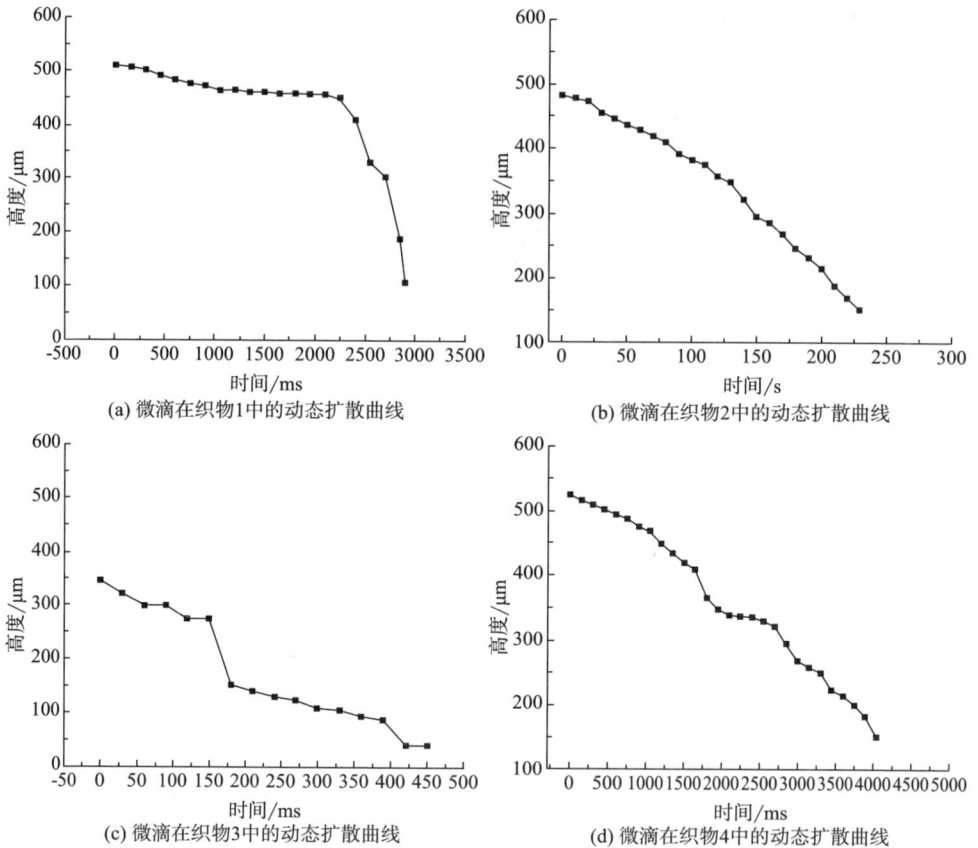

(a) 微滴在织物1中的动态扩散曲线

(b) 微滴在织物2中的动态扩散曲线

(c) 微滴在织物3中的动态扩散曲线

(d) 微滴在织物4中的动态扩散曲线

图4-99　微滴在不同织物中的动态扩散

图4-99（b）中曲线为120s～150s，图4-99（c）中曲线为140～170ms，图4-99（d）中曲线为1700～1900ms。随着液体渗入一定程度后，液体自身重力对芯吸作用影响逐渐增大，液滴高度继续减小直到最终渗透完全。

由于液体在织物中的流动靠毛细管来实现，组织结构越紧密，粗毛细管数量越少，从而织物的吸湿速率也越低，从图可以看出，图4-99（b）中曲线的平均斜率最小。

总而言之，液体在织物结构中的扩散过程，包括水在织物微孔中的扩散，纤维自身对水分子的吸收和传递以及织物毛细管的芯吸作用。织物的表面能越高，接触角越小，饱和吸湿量和吸湿率也相应越大。织物的密度越大，织物芯吸呈减弱趋势。密度越小，织物越疏松，毛细管中的粗毛细管越多，织物芯吸效果越明显。

在液体渗透进入织物内部的过程中，织物表面能和组织结构的不同致使微滴在其内部的渗透方式也不同，接下来通过分析微滴在织物中的扩散效果来评价织物表面能和组织结构对其影响规律。

4.4.2.3　织物结构中液体扩散分析

微滴在织物中的渗透流动可以近似地用达西定律来描述，如式（4-83）所示：

$$Q = K\frac{A\Delta P}{\mu L} \tag{4-83}$$

式中：Q为单位时间液体渗流量；A为截面积；ΔP为多孔介质两端的压力差；L为渗流路径长度；μ为液体黏度；K为渗透系数。

通过上式可以得到液体在多孔介质中的渗流速度为：

$$V = \frac{Q}{A} = K\frac{\Delta P}{\mu L} \tag{4-84}$$

液体在织物中的渗透流动包括两部分：纱线间孔隙内部的流动和纱线中的流动。用一维Navier-Stokes方程描述液体在纱线间孔隙内的流动如式（4-85）所示：

$$\mu\frac{\mathrm{d}^2 u}{\mathrm{d}z^2} = \frac{\mathrm{d}p}{\mathrm{d}x} \tag{4-85}$$

式中：u为液体在孔隙中的流动速度；p为孔隙间流体作用力；μ为液体黏度；x，z为坐标轴方向。

用一维Brinkman方程来表示液体在纱线中的流动如式（4-86）：

$$\mu_i\frac{\mathrm{d}^2 u}{\mathrm{d}z^2} - \mu_i\frac{u_i}{k_i} = \frac{\mathrm{d}p_i}{\mathrm{d}x} \tag{4-86}$$

式中：下标i分别代表与纬线，与纬线相邻的经线，与孔隙相邻的经线三组参数。

织物中液体的流量速率Q为：

$$Q = \frac{S}{\mu} K_{\text{eff}} \frac{\mathrm{d}p}{\mathrm{d}x} \qquad (4\text{-}87)$$

式中：S为织物总面积；p为孔隙间流体作用力；μ为液体黏度；K_{eff}为总渗透张量。

织物渗透张量的取值随着织物各个参数的变化而变化，其测定过程非常复杂烦琐，实际过程中人们通过建模来根据织物的参数对渗透张量进行预测。因此，在确定了每种织物的渗透张量后，就可以计算出液体在织物结构的渗流量。

通过对微滴在织物表面铺展渗透过程的研究，得出织物表面能和织物组织结构对液体动态渗透量和渗透速率的影响规律，而液体在进入织物内部后的扩散方式也会影响喷射打印沉积成形导线的精度和质量，再通过微滴在织物纱线和纤维中的扩散效果图来研究分析不同织物表面和组织结构对渗透方式的影响规律。如图4-100所示为微滴在不同织物结构中的扩散图。

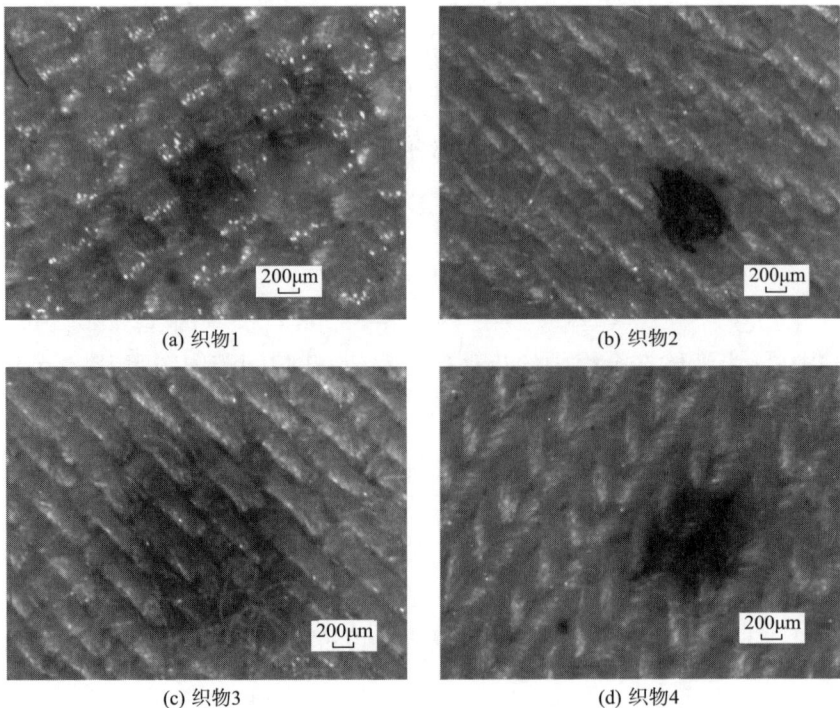

(a) 织物1

(b) 织物2

(c) 织物3

(d) 织物4

图4-100　水微滴渗透扩散图

由图4-100可以看出，微滴在渗透进入织物内部后的扩散情况各不相同，图4-100（a）中出现了条状；图4-100（b）中微滴渗透扩散后近似为圆形，且扩散面积最小；图4-100（c）、（d）近似为椭圆状，且图4-100（c）的面积比其他几组大得多。织物3具有较好的润湿性，微滴渗透的同时在不断铺展，致使渗透面积扩大。采用专用图像分析软件对微滴扩散后的面积进行测量，测量结果见表4-18。从表中数据看出，微滴的渗透面积大小与其润湿性的强弱能力基本吻合，渗透面积随着润湿性的减弱而减小。

表4-18 微滴渗透痕迹面积

编号	织物1	织物2	织物3	织物4
扩散面积/mm^2	0.977	0.237	1.758	0.484

微滴渗透后的形状取决于织物的组织结构。在织物组织结构中，若织物经向密度大于纬向密度，紧密的经向组织结构表面能相比较低，致使微滴在其方向的动态接触角相对较大，液体沿此方向较难发生铺展，而是垂直渗透进入纤维中。结合四种织物的经纬密度参数，发现结果与实验现象吻合。

因此，微滴在织物结构中渗透面积大小与织物表面能有关，而渗透形状则取决于织物的经纬密度。要得到良好的微滴沉积形态，就要寻找到一种表面能适当，且经纬密度比较接近的织物，这个过程必须经过不断尝试。基于此，课题组提出对织物进行表面处理的方法来获得理想沉积介质。

4.4.3 织物表面润湿性能及沉积形态

在织物表面微滴喷射打印成形导电线路过程中，织物的润湿性直接影响微滴在织物表面的铺展扩散性能，从而影响导电线路的制备效果。不同组织密度、纤维类型及处理方法均会对微滴在织物表面的润湿、扩散、渗透产生影响，因此，本节选用不同处理剂对不同组织密度和纤维类型的织物表面进行改性处理，从而有效控制液滴的渗透、铺展及扩散现象。通过对不同纤维类型、组织密度及不同处理方法的织物润湿性能进行评价，分析织物组织密度、纤维类型及不同处理方法对织物润湿性能的影响，并根据实际微滴喷射沉积效果，选出合适的织物作为基板，为后续织物表面导电线路的打印成形做好准备。

4.4.3.1 织物基板

根据实验研究的需要，选择了四种不同类型的织物作为沉积基板，所有织物均为市售，所选织物相关参数见表4-19，织物微观结构图如图4-107所示。

表4-19　织物相关参数

织物组织成分	经纬密度/（根·$10cm^{-1}$）	厚度/mm	克重/（g·m^{-2}）	组织结构
纯棉1	446×338	0.24	115	机织/平纹
纯棉2	326×272	0.30	119	机织/平纹
涤棉1	524×282	0.20	109	机织/平纹
涤棉2	432×300	0.18	96	机织/平纹

由图4-101可以看出，四种织物均为平纹织物，图4-101（a）、（b）为两种纯棉织物，纯棉1比纯棉2更加致密，纯棉2可明显观察到孔隙的存在。图4-101（c）、（d）为两种涤棉织物，涤棉2的组织结构更加疏松，纤维之间存在很大孔隙。四种织物纤维不同，经纬密度不同，从而导致其表面性质也不同。

表4-20的四种织物中，分别有两种纯棉织物和两种涤棉织物，纯棉织物是由棉纤维构成，棉纤维本身具有多孔结构，存在许多形状、大小不同的孔隙，同时，棉纤维分子结构（图4-102）中的羟基与水有较大的亲和力，从而导致棉织物吸湿性较好。由于纯棉1的经纬密度大于纯棉2的经纬密度，从而纯棉2的组织结构较疏松，液体更容易润湿和扩散。涤棉织物是由涤纶和棉纤维共同构成的，涤纶中没有亲水性基团，且其分子结构（图4-103）中存在刚性分子苯环，苯环的结晶度较高，水分子无法进入，故而亲水性较差，但由于涤纶纤维集合体之间毛细管以及棉纤维分子结构中羟基的存在，使涤棉织物也具有一定的吸

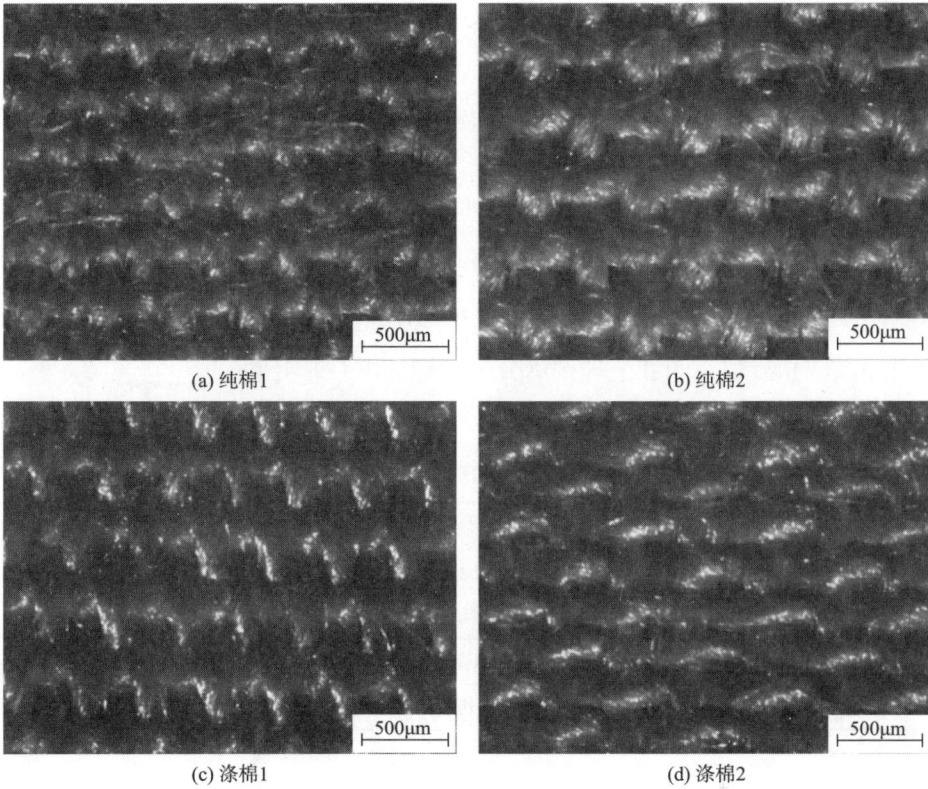

(a) 纯棉1　　　　　　　　　　　　　　(b) 纯棉2

(c) 涤棉1　　　　　　　　　　　　　　(d) 涤棉2

图4-101 织物微观结构图

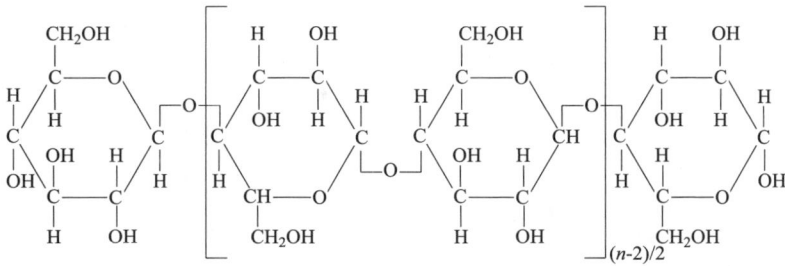

图4-102 棉纤维大分子结构

湿性。两种涤棉织物中，涤棉1的组织结构更紧密，液体的润湿和扩散更难。

4.4.3.2 处理剂

选择以下四种整理剂，均属于柔软整理剂，见表4-20，其中，阳离子脂肪

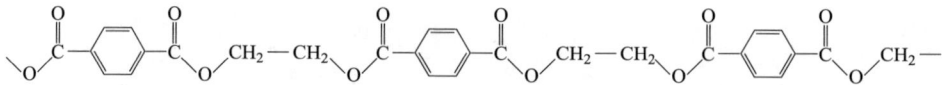

图4-103 涤纶分子结构

酰胺TF449A和天然蜡乳液可使织物更加柔软、光滑，硅蜡乳液可用作纺织、皮革等的润滑剂、憎水剂和柔软剂；硅酮化学性质稳定，无色、无毒、无味，润滑且易于涂布，可用于纤维、皮革等的憎水剂、柔软剂以及润滑剂，使用后皮革更加柔软和舒适。四种整理剂的分子结构如图4-104所示。

表4-20 整理剂

整理剂	规格	生产厂家
阳离子脂肪酰胺TF449A	工业级	浙江传化股份有限公司
天然蜡乳液	市售	—
硅蜡乳液TF4071	工业级	浙江传化股份有限公司
硅酮	市售	—

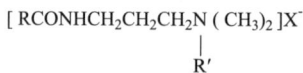

$[RCONHCH_2CH_2CH_2N(CH_3)_2]X^-$
R'

R为烷基，R'为烷基或烷基醇 如：
$HOCH_2CH_2$, $HOCHOHCH_2$, X=Cl, Br

(a) 阳离子脂肪酰胺TF449A

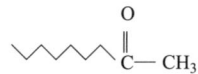

(b) 天然蜡乳液

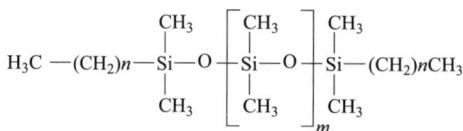

(c) 硅蜡乳液TF4071

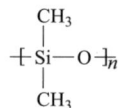

(d) 硅酮

图4-104 整理剂的分子结构

由图4-104可知，阳离子脂肪酰胺TF449A和天然蜡乳液分子结构中没有亲水性基团，在其与棉纤维的结合过程中，烷基键指向外侧，使纤维的表面能有所降低，织物亲水性变差，大幅增加了它的润湿时间。硅蜡乳液是一种长链烷基改性硅油，同时具有硅油和蜡的性质，具有憎水性、润滑性，可使纱线表面平滑、柔软、有光泽，减少织物表面的毛丝。硅酮分子结构中存在Si—CH$_3$键，使其具有较强的疏水性，是较理想的疏水性基质，可增强皮革的疏水性、柔软性和舒适性。

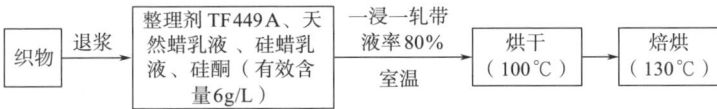

图4-105　织物整理工艺流程图

上述四种织物中，选取纯棉1为织物基板，用不同处理剂改性处理，其工艺流程如图4-105所示，首先将裁剪好的织物用沸水浸泡两到三次进行退浆处理，自然晾干后置于整理剂溶液中浸泡5～10min，然后利用轧车轧（轧液率80%），最后将其烘干、定形，改性处理后织物表面结构如图4-106所示。

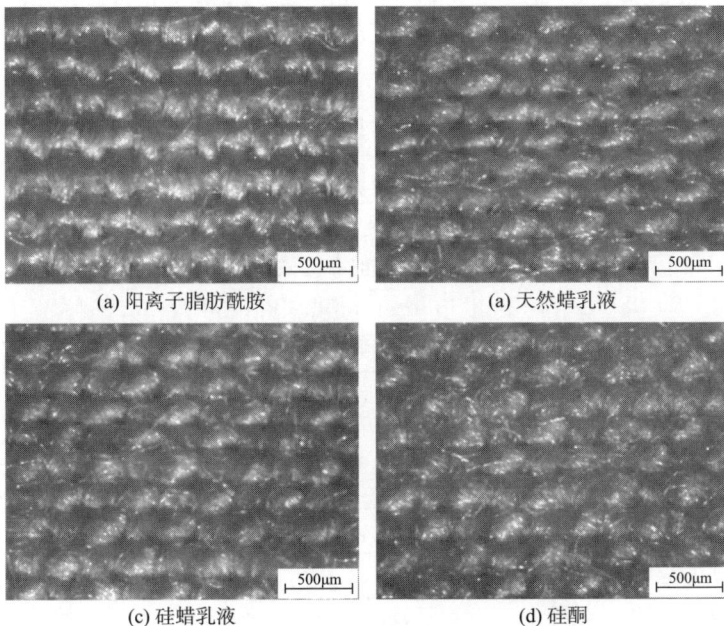

(a) 阳离子脂肪酰胺　　　　　(a) 天然蜡乳液

(c) 硅蜡乳液　　　　　(d) 硅酮

图4-106　不同整理剂处理后织物表面结构图

由图4-106可以看出，经不同整理剂处理的织物，其表面都没有形成明显的薄膜，但织物表面更加光滑平整有光泽，且织物更加柔软。

4.4.3.3 改性后织物的润湿性能

实验只针对不同整理剂改性对同一织物润湿性能的影响，主要从接触角和润湿时间两个方面进行测试。以纯棉1为织物基板，图4-107分别为不同整理剂处理后的水微滴沉积形态，表4-21为处理前后微滴的润湿时间和接触角。

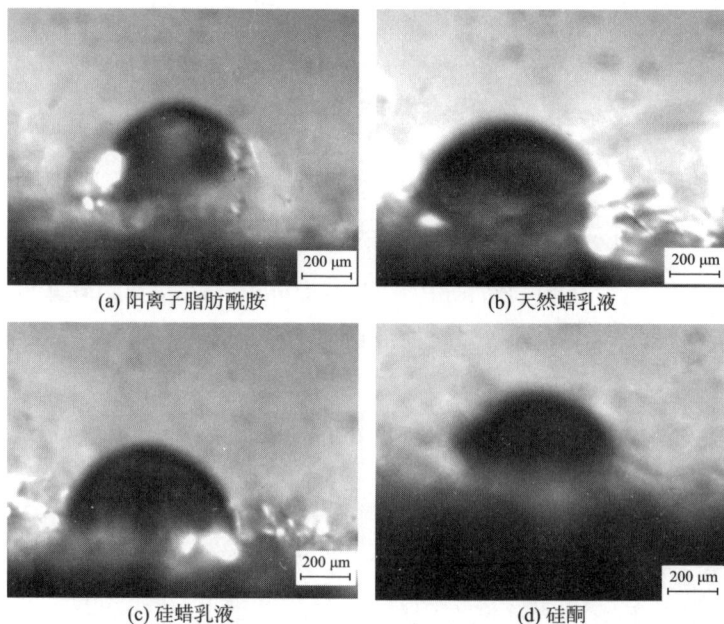

(a) 阳离子脂肪酰胺　　　(b) 天然蜡乳液

(c) 硅蜡乳液　　　(d) 硅酮

图4-107　纯棉1处理前后的微滴沉积形态

表4-21　不同整理剂处理后织物的润湿时间和接触角

整理剂	润湿时间/s	接触角/(°)
未处理	1.9	—
阳离子脂肪酰胺	178.2	78.5
天然蜡乳液	6.8	71.3
硅蜡乳液	4.5	66.5
硅酮	3.6	55

当织物未经整理剂处理时，由于棉纤维分子结构存在较大亲水性的羟基，微滴在接触到织物表面后，迅速扩散并渗透到织物内部，难以拍摄到微滴的沉积形态。由图4-107可以看出，经不同整理剂处理后，微滴在织物表面的沉积情况有所改善，从四幅图可以观察到，微滴在织物表面的沉积形态为阳离子脂肪酰胺 > 天然蜡乳液 > 硅蜡乳液 > 硅酮。阳离子脂肪酰胺的分子结构中没有亲水性基团，在其与棉纤维的结合过程中，烷基键指向空气，纤维的表面能降低，织物亲水性下降，故而微滴在织物表面的沉积形态较好，此时微滴的接触角为78.5°，润湿时间相对大幅提高（表4-21）。经天然蜡乳液处理后，微滴的接触角为71.3°，织物润湿性相对有所改善，但微滴在接触织物表面后，仍会以较快的速度渗透、扩散到织物纤维内部。

硅蜡乳液和硅酮与棉纤维的羟基相互作用，从而具有取向性和吸附性，使整理剂在织物表面的定向排列过程中，Si—CH$_3$键指向外侧，Si—O键指向纤维，由于Si—CH$_3$键的疏水特性，降低了棉纤维的亲水性，使微滴在织物表面的润湿时间有所提高，然而由于棉纤维分子结构中大量羟基的存在，经硅酮处理后的棉织物仍具有很强的吸水性，微滴在织物表面的接触角很小，微滴还是会快速润湿织物。

4.4.3.4 织物表面微滴沉积形态研究

以不同整理剂处理的纯棉1为基板，以络黑水溶液为喷射材料，在织物表面定点沉积微滴，待液体完全扩散后，利用图像采集系统采集图片，获得微滴在织物表面的扩散情况，如图4-108所示，测量不同整理剂处理后微滴的扩散面积，见表4-22。

表4-22 不同整理剂处理后纯棉1表面微滴扩散面积

整理剂	未处理	阳离子脂肪酰胺	天然蜡乳液	硅蜡乳液	硅酮
扩散面积/mm²	2.13	0.47	3.38	1.50	4.27

由图4-108（a）可以看出，当织物未经整理剂处理时，微滴在织物表面

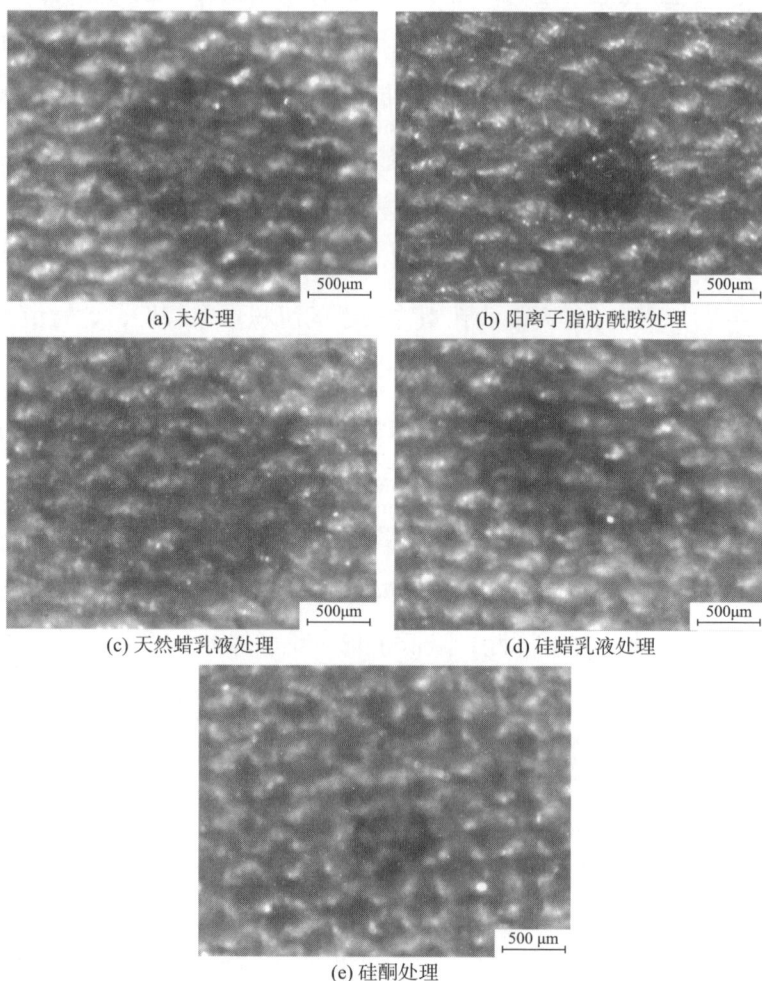

(a) 未处理

(b) 阳离子脂肪酰胺处理

(c) 天然蜡乳液处理

(d) 硅蜡乳液处理

(e) 硅酮处理

图4-108　不同整理剂处理后织物表面微滴扩散情况

扩散严重，在织物表面形成较大的扩散面积，为2.13mm²。经四种整理剂处理后，微滴的扩散情况各有不同。图4-108（b）是经阳离子脂肪酰胺处理后微滴在织物表面的扩散情况，可以看出，微滴的扩散情况得到了明显改善，微滴在织物表面的扩散面积减小至0.47mm²。经硅蜡乳液处理后，微滴的扩散情况有所改善，扩散面积相对较小。而经天然蜡乳液和硅酮处理后，微滴的扩散面积反而增大了。说明四种整理剂中，阳离子脂肪酰胺的处理效果是最好的，能有效改善织物润湿性能，在本组实验所选的四种织物中，纯棉1为最适合微滴沉积的织物基板。

参考文献

［1］郑天勇，崔世忠. B样条曲面技术构建单纱模型的改进［J］. 纺织学报，2007，28（9）：35-40.

［2］Peirce F. The geometry of cloth structure［J］. Journal of the Textile Institute Transactions, 1937, 28（3）：45-96.

［3］Wong C C, Long A C, Sherburn M, et al. Comparisons of novel and efficient approaches for permeability prediction based on the fabric architecture［J］. Composites Part A Applied Science and Manufacturing, 2006,37（6）：847-57.

［4］Hearle J W S, Shanahan W J. An energy method for calculations in fabric mech anics［J］. Journal Textile Institute,1978, 69（4）：81-110.

［5］MARTIN S. Geometric and mechanical modelling of textiles［D］. Nottingham：The University of Nottingham, 2007.

［6］ANSYS Fluent ANSYS CFD. http：//www. ansys. com/Products/Simulation+Technology/Fluid+Dynamics.

［7］STAR-CD. http：//www. cd-adapco. com / products/.

［8］FLOW-3D. http.//www.flow3d.com.

［9］Brackbill J U, Kothe D B, Zemach C. A continuum method for modeling surface tension［J］. Journal of Computational Physics,1992,100（2）：323-341.

［10］韩占忠，王敬，兰小平. FLUENT 流体工程仿真计算实例与应用［M］. 北京：北京理工大学出版社，2004.

［11］于勇，张俊明，姜连田. FLUENT 入门与进阶教程［M］. 北京：北京理工大学出版社，2008.

［12］GOLPAYGAN A, HSU N, ASHGRIZ N. Numerical investigation of impact and penetration of a droplet onto a porous substrate［J］. Journal of Porous Media, 2008,11（4）：323-341.

［13］EDIN B．Numerical simulations of flow due to drop impact on a porous substrateusing a permeable wall model［C］//19h International Research/Expert Conference,2015,22–23.

［14］刘晓娜．喷墨印刷在织物上的应用研究——薄织物上墨滴铺展与渗透理论模型［D］．无锡：江南大学，2011.

［15］Xiao Yuan, Liu Huanhuan, Shen Song, et al．Modelling of Droplet Deposition Shape on Fabric Surface using Spray Printing［J］．AATCC Journal of Research, 2020, 7（1）：37–45, 9.

［16］Bayer I S, Megaridis C M．Contact angle dynamics in droplets impacting on flatsurfaces with different wetting characteristics［J］．Journal of Fluid Mechanics, 2006, 558（7）：415–449.

［17］申松．微滴撞击织物表面沉积过程数值模拟及实验研究［D］．西安工程大学，2017.

［18］顾平．织物组织与结构学［M］．3版．上海：东华大学出版社，2014.

［19］胡艳．机织物图像自动纠偏及组织分析的研究［D］．杭州：浙江理工大学，2010.

［20］刘让同，刘莹莹．斜纹织物的几何结构研究［J］．中原工学院学报，2010, 21（1）：41–46.

［21］姚穆．纺织材料学［M］．3版．中国纺织出版社，2009.

［22］刘荣清，孟进．棉纺织计算［M］．3版．中国纺织出版社，2011.

［23］Das B, Das A, Kothari V K, et al．Development of mathematical model to predictvertical wicking behaviour．Part I：flow through yarn［J］．Journal of the Textile Institute, 2011．102（11），957–970.

［24］陆振乾，钱坤．利用分形理论求解织物渗透率［J］．纺织学报，2006，27（2）：17–24.

［25］刘欢欢，肖渊，王盼，等．斜纹织物表面微滴沉积过程的建模研究［J］．西安工程大学学报，2019，33（3）：244–248.

［26］林世凯．液滴黏度及表面润湿性对液滴冲击动力学影响的研究［D］．成都：西南交通大学，2018.

［27］刘欢欢．斜纹织物表面微滴沉积过程数值模拟及实验研究［D］．西安：西安工程大学，2019.

［28］Martin S. Geometric and Mechanical Modelling of Textiles［M］. UK Campuses： University of Nottingham, 2007.

［29］葛文凯. 液滴在多孔介质上的铺展渗透研究［D］. 北京：华北电力大学（北京），2017.

［30］陈兰. 织物表面微滴喷射打印沉积过程研究［D］. 西安：西安工程大学，2016.

［31］曾祥辉，杨方，齐乐华,等. 液滴喷射过程中碰撞的形态及流场模拟分析［J］. 西北工业大学学报，2007，25（4）：528-532.

［32］Stow C D, Hadfield M G. An Experimental Investigation of Fluid Flow Resultingfrom the Impact of a Water Drop with an Unyielding Dry Surface［J］. Proceedings of the Royal Society of London A Mathematical Physical & Engineering Sciences, 1981,373（1755）： 419-441.

［33］罗俊. 面向微小制件喷射成形的均匀金属液滴充电偏转及控制［D］. 西安： 西北工业大学，2010.

［34］蒋小珊. 均匀金属液滴流的产生及其稳定喷射研究［D］. 西安： 西北工业大学，2010.

［35］肖渊，刘金玲，申松,等. 织物表面微滴喷射打印沉积过程实验研究［J］. 纺织学报，2017，38（5）：139-144.

［36］凌群民，李永锋，谭磊，等. 对织物润湿性能的研究［J］. 纺织科学研究，2005，1：43-46.

［37］倪冰选，张鹏，郑锦维. 基于接触角法表征纺织品表面润湿性应用研究［J］. 中国纤检，2015，4： 72-75.

［38］范菲，齐宏进. 织物孔径特性与织物结构及芯吸性能的关系［J］. 纺织学报，2007，28（7）：38-41.

［39］张辉，张建春. 棉织物结构对芯吸效应的影响［J］. 棉纺织技术，2003，31（11）：12-15.

［40］陈天文，李秀艳，傅吉全. 织物的透湿性及液态水传递研究［J］. 北京服装学院学报：自然科学版，2005，25（1）： 25-30.

［41］刘晓娜. 喷墨印刷在织物上的应用研究——薄织物上墨滴铺展与渗透理论模型［D］. 无锡：江南大学，2011.

［42］Yu B, Lee L J. A simplified in-plane permeability model for textile fabrics

［J］. Polymer Composites, 2004, 21（5）：660–685.

［43］陈兰. 织物表面微滴喷射打印沉积过程研究［D］. 西安：西安工程大学，2016.

［44］Whittow W. Inkjet Printed Microstrip Patch Antennas Realised on Textile for Wearable Applications ［J］. IEEE Antennas & Wireless Propagation Letters, 2014, 13：71–74.

［45］Suh M, Carroll K E, Oxenham E G W. Effect of fabric substrate and coating material on the quality of conductive printing ［J］. Journal of the Textile Institute, 2013, 104（2）：213–222.

［46］吴姗. 织物表面微滴喷射打印成形微细导线基础研究［D］. 西安：西安工程大学，2017.

第5章　微滴喷射打印成形导电线路

本章将对气动式和压电式两种驱动方式下微滴喷射成形导电线路过程中各参数对成形导电线路性能的影响进行研究，对成形导电线路中的凸起现象进行分析，为制备性能良好的织物基柔性导电线路奠定基础。

5.1　气动式微滴喷射打印成形导电线路工艺参数的确定

利用气动式双喷头微滴喷射系统，通过调节系统参数，将反应物硝酸银溶液与抗坏血酸溶液依次沉积在基板上，通过两者反应可在基板上成形导电线路，而在两种溶液的反应过程中，反应物硝酸银与抗坏血酸浓度、分散剂含量、溶液pH，以及基板速度、沉积序列都对导电线路成线质量有影响。因此，预获得成形性能良好的导电线路，需对各影响因素进行研究。本节首先明确反应过程中各个工艺条件对反应的影响机理；其次，利用气动式双喷头微滴喷射系统分别在纸质、织物基板上打印成形导电线路；最后对打印成形的导电线路进行扫描电子显微镜观察以及方阻值大小分析，确定出制备较好导电线路的工艺条件参数。

5.1.1　导电打印成形线路方法

制备成形导电线路的方法是以硝酸银为银盐溶液，抗坏血酸为还原剂还原银化合物。通过液相还原法制备导电线路，基本过程如图5-1所示。

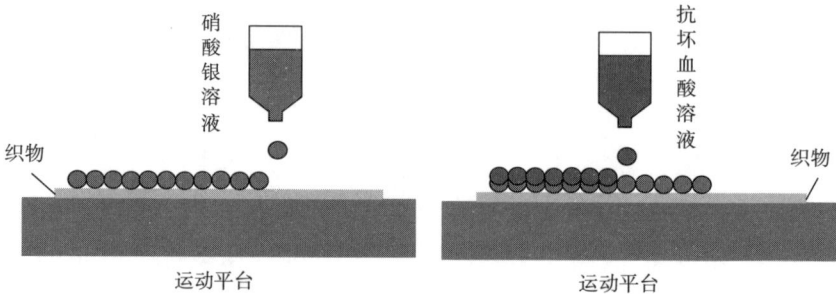

图5-1　气动式双喷头微滴喷射成形导电线路工艺流程图

在制备的过程中，先配制硝酸银溶液，在硝酸银中加入分散剂，采用磁力搅拌器搅拌使其充分混合均匀，采用双层滤纸过滤两次后放置微滴喷射系统的喷嘴中待用；然后将还原剂中加入分散剂配制成溶液后，采用双层滤纸过滤两次后置于微滴喷射系统的另一个喷嘴中待用；使用双喷头微滴喷射系统在基板上先按照预定的轨迹打印硝酸银溶液，再按照之前的轨迹打印抗坏血酸溶液，使两种溶液在基板上反应生成银单质，经过陈化、干燥，最终在基板上得到导电线路。

通过液相还原法制备导电线路的过程中，不同硝酸银和抗坏血酸的浓度组合反应生成的导电线路其银的成核、结晶速率不同，使得其微观形貌和导电线路的方阻也不相同；pH会影响反应溶液在反应过程中的速率和反应体系的电荷，在酸性、中性、碱性条件下，生成的导电线路形貌各不相同；分散剂PVP（聚乙烯吡咯烷酮）的作用是促进所得银颗粒沉积在织物表面的过程中均匀分散，并且防止已经形成的银微粒再度出现聚集，从而使生成的导电线路具有较好的微观形貌；基板速度、沉积序列也影响着成线的形貌以及导电性。因此，反应物的浓度、溶液的pH、分散剂PVP的浓度、基板速度、沉积序列对成形性能较好的导电线路显得十分重要，故需要对这些条件参数进行研究，合理设计实验进行研究。

5.1.2 实验设计

5.1.2.1 实验材料

导电线路成形过程中所需材料及成形后对导电性测量、形貌观察所需的仪器，见表5-1。

表 5-1 实验材料、试剂及主要设备

名称	规格	生产厂家
硝酸银（$AgNO_3$）	AR≥99.8%	天津市大茂化学试剂厂
抗坏血酸（$C_6H_8O_6$）	AR≥99.7%	天津市大茂化学试剂厂
氢氧化钠（NaOH）	AR≥96.0%	天津市大茂化学试剂厂
无水乙醇（CH_3CH_2OH）	AR≥99.7%	天津市富宇精细化工有限公司
氨水（NH_4OH）	AR25%~28%	天津市天力化学试剂有限公司
碳纳米管	—	
聚乙烯吡咯烷酮K30	分析纯	天津市百世化工有限公司
分析电子天平	SIN-203P	常州市幸运电子设备有限公司
磁力加热搅拌器	CJJ78-1	金坛市大地自动化仪器厂
固化炉	FCE-3000	—
数控超声波清洗器	KQ2200DE	昆山市超声仪器有限公司
四探针测试仪	RTS-4	广州四探针科技有限公司
扫描电子显微镜（SEM）	Quanta-450-FEG+X-MAX50	—

5.1.2.2 喷射溶液配制

①还原剂抗坏血酸溶液的配制：称取适量的抗坏血酸晶体颗粒置于洁净的25mL烧杯中，加入去离子水，溶解后，根据实验方案确定是否加入分散剂，采

用氨水调节溶液的pH，经过滤器过滤溶液后备用。

②银盐溶液的配制：称取适量的硝酸银晶体颗粒置于洁净的25mL烧杯中，加入去离子水搅拌至溶解，形成银盐溶液，用过滤器过滤溶液后备用。

5.1.2.3 溶液稳定喷射

利用直径为125μm和155μm的喷嘴，对配制的质量体积浓度分别为30%和18%的硝酸银和抗坏血酸溶液进行喷射研究，通过调节气动式微滴按需喷射系统的工艺控制参数，获得两种材料按需喷射的工艺参数见表5-2，利用高速图像采集系统对该参数下微滴的喷射过程进行图像采集，得到两种溶液的过程如图5-2所示。

表 5-2　微滴喷射工艺参数

参数	供气压力 p/MPa	脉冲宽度 b/ms	喷射频率 f/Hz	球阀开口 $\theta/(°)$	喷嘴孔径 $d/μm$
硝酸银	0.03	1.953	1	45	125
抗坏血酸	0.04	1.953	1	25	155

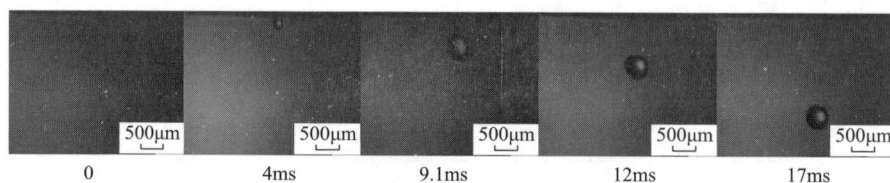

0　　4ms　　9.1ms　　12ms　　17ms

(a) 硝酸银微滴喷射过程

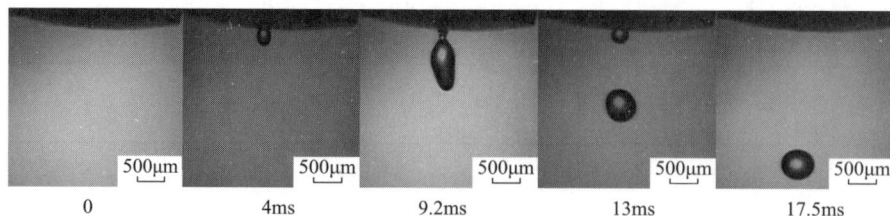

0　　4ms　　9.2ms　　13ms　　17.5ms

(b) 抗坏血酸微滴喷射过程

图5-2　硝酸银和抗坏血酸稳定喷射过程

由图5-2可以看出，通过调节工艺控制参数，系统在一次控制信号作用下，对应的可产生单颗均匀的微滴，说明系统可实现两种材料的按需喷射，为后续研究两种溶液不同体系反应条件对导电线路的成形奠定了基础。

5.1.2.4 导电线路沉积工艺参数影响

依据微滴喷射打印化学沉积成形的原理，采用上述溶液的配制方法，获得不同反应物浓度、溶液pH，以研究不同条件变化对按需喷射打印反应沉积成形线路的影响，并对基板速度、沉积序列等对沉积成形线路的进行研究，实验方案见表5-3。

表 5-3 导电线路喷射打印成形实验方案

实验组序号	硝酸银（X）与抗坏血酸（Y）浓度	PVP	pH	基板速度/（mm·s⁻¹）	沉积序列
1	X: 30% W/V +Y: 18% W/V X: 50% W/V + Y: 30% W/V X: 70% W/V + Y: 42% W/V X: 90% W/V + Y: 54% W/V	0	2~3	0.4	XKXKXK
2	X: 50% W/V + Y: 30% W/V	0 2% 4% 6% 8%	2~3	0.4	XKXKXK
3	X: 50% W/V + Y: 30% W/V	0	2~3 8 10	0.4	XKXKXK
4	X: 2.94mol/L + Y: 1.70mol/L	0	2~3	0.30 0.35 0.40 0.45 0.50 0.55 0.60	XKXKXK
5	X: 2.94mol/L + Y: 1.70mol/L	0	2~3	0.40	XK XKXK XKXKXK

实验组序号	硝酸银（X）与抗坏血酸（Y）浓度	PVP	pH	基板速度/（mm·s⁻¹）	沉积序列
5	X: 2.94mol/L + Y:1.70mol/L	0	2~3	0.40	XXK XXXK XXKXX XXKXX XKXXX XXXKK XKK XKKXX

注 表中所有实验组反应温度均为25 ℃。

5.1.3 气动式微滴喷射打印成型导电线路的影响因素

5.1.3.1 反应物浓度

以铜版纸为沉积基板，调整工艺控制参数（表5-2），按实验方案1操作（表5-3），得到不同反应物浓度下成形的导电线路如图5-3所示。

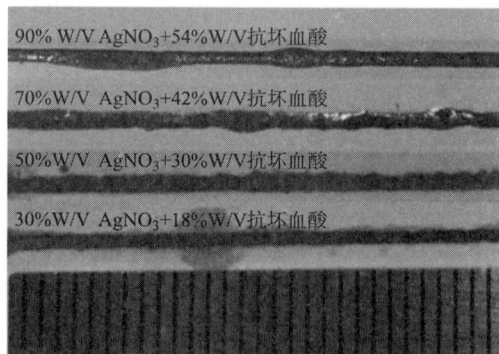

图5-3 不同反应物浓度下成形的导电线路

由图5-3可以看出，导电线路基本形貌相似，在浓度较低时，成形导电线路表面及边缘轮廓线也较为规则。当浓度逐渐增大时，反应过程有气泡产生，致使线路表面产生凸起。

对不同浓度下成形的导电线路进行SEM观察，所得照片如图5-4所示。

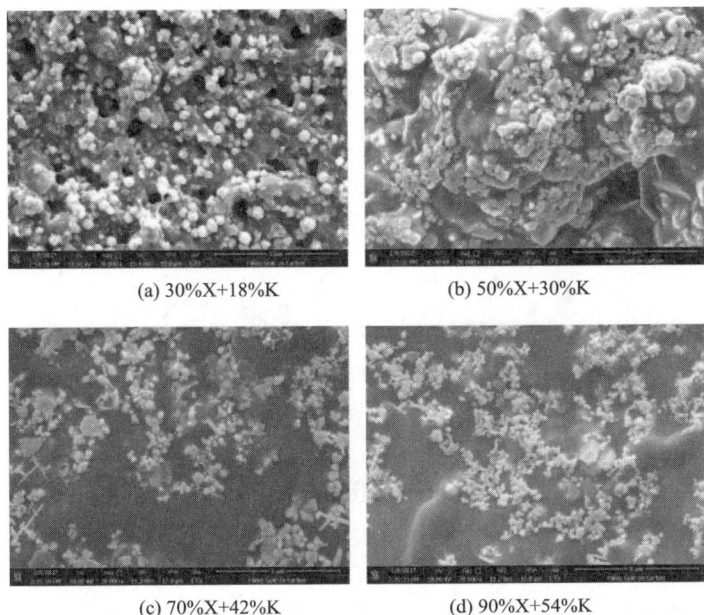

(a) 30%X+18%K　　　　　　　(b) 50%X+30%K

(c) 70%X+42%K　　　　　　　(d) 90%X+54%K

图5-4　不同浓度硝酸银和抗坏血酸反应下基板上沉积成形导电线路的SEM图

从图5-4（a）可以看出，当硝酸银与抗坏血酸溶液浓度较低时，反应所生成的导电线路银颗粒较少，导电线路呈明显的多孔结构，且银颗粒间的连接性较差。当硝酸银和抗坏血酸的浓度分别为50%和30%时如图5-4（b）所示，反应所生成的导电线路银颗粒较为致密，且颗粒数量增多、尺寸增大。当硝酸银与抗坏血酸的浓度继续增大时如图5-4（c）、（d）所示，生成的银颗粒减少，颗粒分布较为分散。

利用RST-4型四探针测试仪，对图5-3中不同浓度反应物下沉积成形的线路进行方阻测量，获得其方阻变化如图5-5所示。

从图5-5中可以看出，30%X+18%K和90%X+54%K两种情况下，导电线路的方阻测量值波动较大，其他两种情况下，方阻值波动较为平缓；为了进一步分析不同浓度下，导电线路方阻的变化情况，计算测量方阻值的平均值和方差，得到浓度为50%X+30%K时，生成的导电线路方阻均值和方差最小，分别为2.92Ω/□和0.46Ω/□。

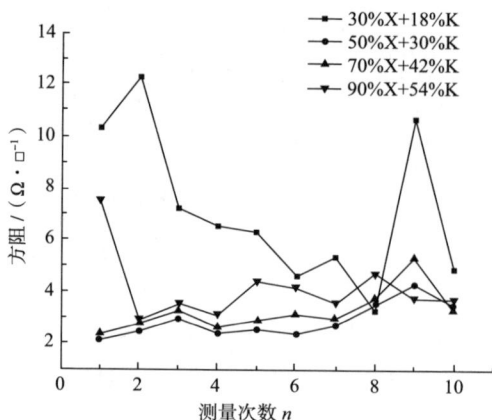

图5-5 四组导电线路的方阻

5.1.3.2 分散剂浓度

以铜版纸为沉积基板，调整工艺控制参数（表5-2）。按实验方案2操作（表5-3），得到不同分散剂浓度下成形的线路如图5-6所示。

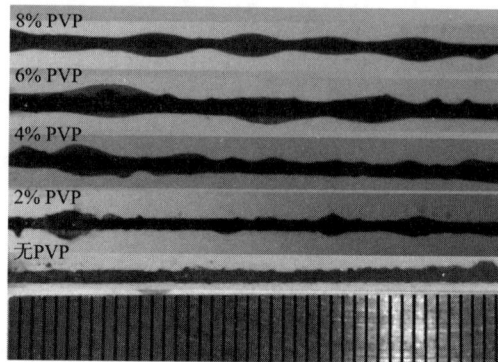

图5-6 不同分散剂浓度下成形导电线路

图5-6中当添加PVP含量不同时，导电线路颜色存在差异，不添加PVP时成黄褐色，而添加PVP后成形导电线路颜色加深并且导电线路边缘存在不同程度的锯齿型。

对图5-6中不同PVP添加量下沉积的线路进行SEM观察，得到的照片如图5-7所示。

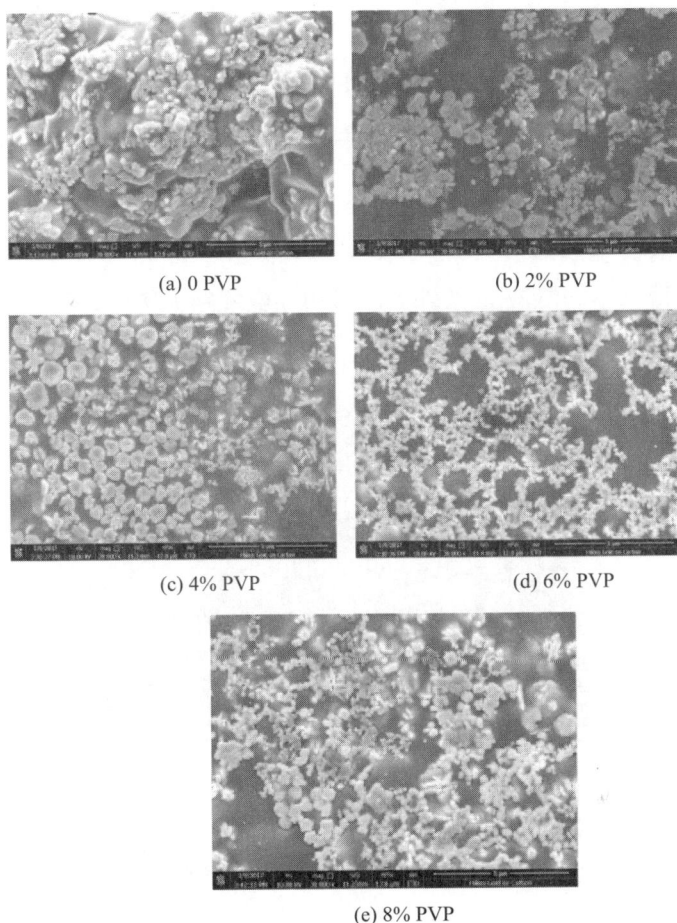

(a) 0 PVP

(b) 2% PVP

(c) 4% PVP

(d) 6% PVP

(e) 8% PVP

图 5-7 添加不同浓度PVP基板上沉积导电线路SEM图

由图5-7（a）可以看出，生成的银颗粒较大，存在颗粒间团聚现象。图5-7（b）~（e）为不同PVP添加浓度下的SEM图，可看出添加PVP对生成的银颗粒具有明显的分散作用，且随着添加PVP浓度的增加，银颗粒由不规则的多面体逐渐变成类椭圆体，并且颗粒尺寸逐渐减小。当含量为6%时，银颗粒为大小均匀的米粒状，在纸质基底上分散性较好。而当浓度为8%时，生成的银颗粒呈类椭圆体，并伴随颗粒团聚现象。分析形成上述现象的原因，可能是因为在反应条件下，不存在由$Ag^+ \rightarrow AgNO_3 \rightarrow Ag$的瞬间过程，在抗坏血酸中加入分散剂

PVP后，反应过程中Ag⁺首先与PVP形成配合物，使游离的Ag⁺浓度降低，从而使反应生成较小直径的银微粒。当PVP的含量较少时，对生成的银微粒分散作用不是很强，当达到6%时，分散效果明显。

5.1.3.3 溶液pH

以铜版纸为沉积基板，调整工艺控制参数（表5-2）。按实验方案3操作（表5-3），得到不同溶液pH条件下成形的导电线路如图5-8所示。

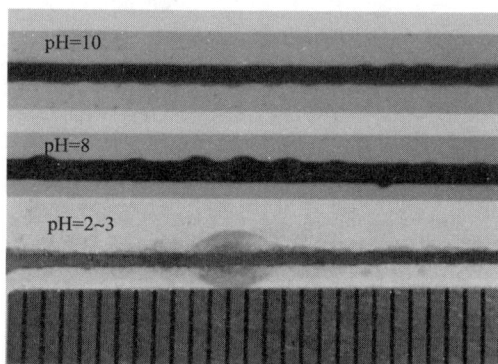

图5-8 不同溶液pH条件下成形的导电线路

对图5-8溶液不同pH情况下沉积成形的导电线路进行微观形貌观察，其SEM图如图5-9所示。

由图5-9（a）和（c）中可以看出，在酸性和碱性条件下较易生成银微颗粒，且图5-9（a）生成的银微粒为较为规则的多面体，且结构较为致密。而在碱性条件下，生成的银微粒形状多样且不规则，并且伴有空隙产生。在图5-9（b）中性条件下，生成的银微颗粒较少。

对图5-8中不同pH条件沉积的线路进行方阻测量，得到酸性和碱性条件的平均方阻分别为3.2Ω/□，24.5Ω/□，而中性条件沉积的线路方阻值不稳定，无法直接采用四探针测量出其方阻。因此，在本实验条件下，在pH=2~3时反应生成的导电线路效果较好。这是因为不同的酸碱环境下，银颗粒的反应机制不同，且不同pH时还原剂的还原能力和硝酸银的稳定性不断发生变化，影响银颗

(a) pH=2~3　　　　　　　　(b) pH=8

(c) pH=10

图5-9　不同pH反应条件下基板上沉积成形导电线路的SEM图

粒的生成。

5.1.3.4　不同基板速度

以纯棉织物（经纬密度446根/10cm×338根/10cm，厚度0.24mm，克重115g/m²，组织结构为机织/平纹）为沉积基板，调整工艺控制参数（表5-2），按实验方案4操作（表5-3），首先在织物基板上喷射打印硝酸银微滴沉积成线，然后在沉积的硝酸银轨迹上叠加沉积抗坏血酸微滴，获得不同基板速度条件下成形的线路如图5-10所示。

由图5-10（a）~（c）可以看出，随着基板速度增大，成形导电线路均匀性越来越好；而（d）~（g）成形的导电线路越来越不均匀，并出现导电线路断裂现象。其中（a）沉积的导电线路出现液滴"聚集"的现象，致使液滴聚集处导电线路宽度变大，使其他位置线路宽度变小。

不考虑微滴聚集的情况，对图5-10沉积的导电线路宽度进行测量，得到不同速度下沉积的导电线路平均线宽如图5-11所示。

由图5-11可知，随着基板速度的变化，成形的线宽先增大后减小。当速度

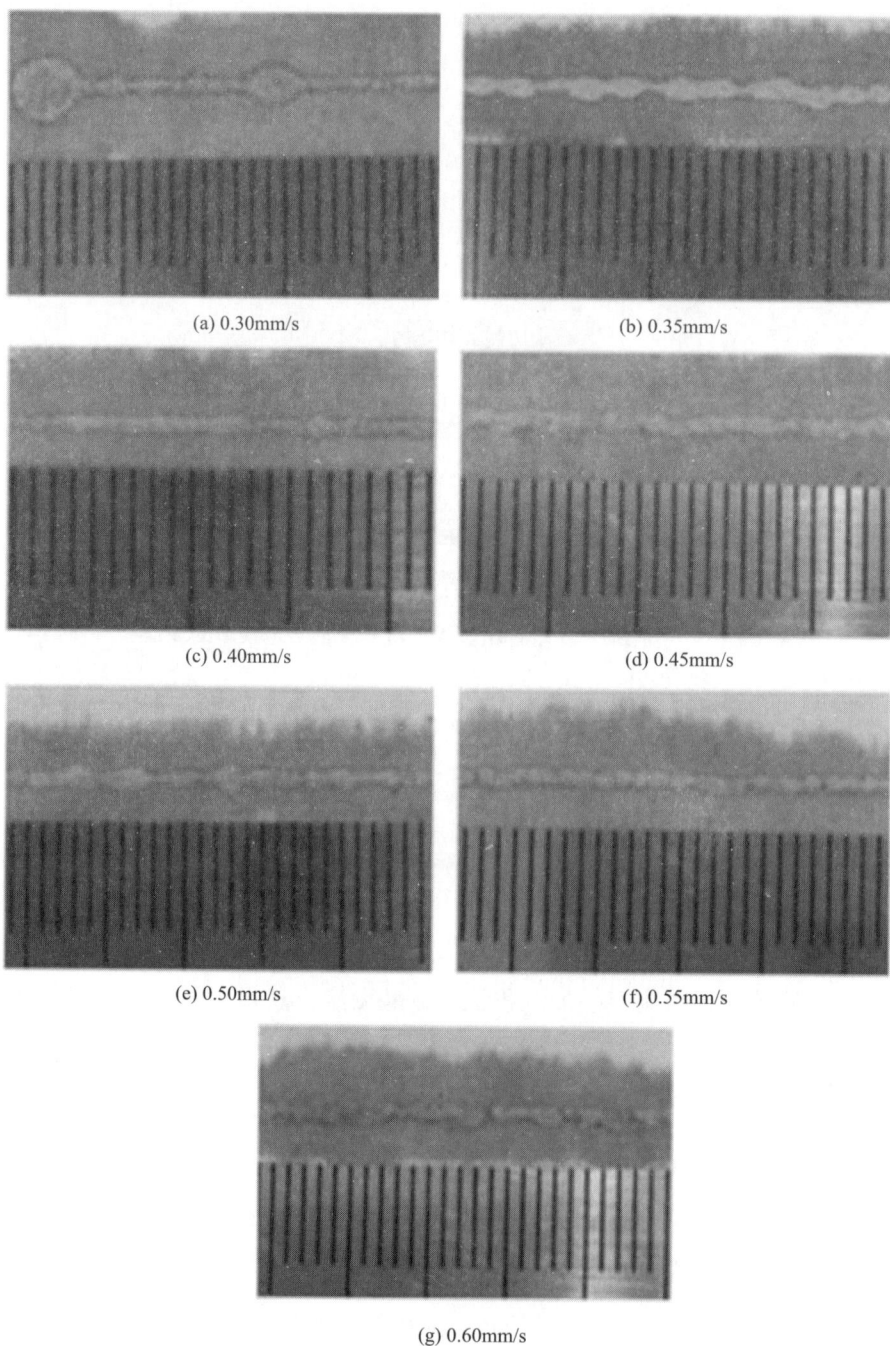

(a) 0.30mm/s

(b) 0.35mm/s

(c) 0.40mm/s

(d) 0.45mm/s

(e) 0.50mm/s

(f) 0.55mm/s

(g) 0.60mm/s

图 5-10　不同基板速度成形导电线路区域形态图

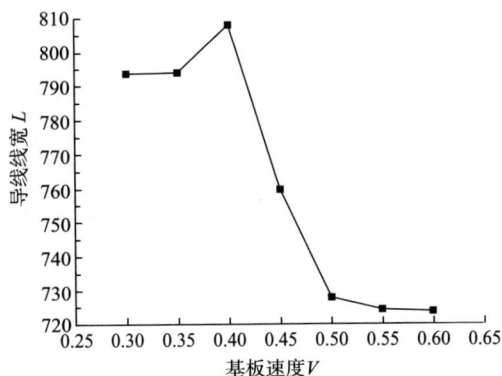

图5-11　不同基板速度沉积导电线路线宽图

为0.40mm/s时，线宽达到最大，这是因为速度增大时，微滴间的间距增大，微滴聚集现象减少，线路均匀，且宽度较大。

为了研究不同基板速度成形导电线路微观形貌的影响，采用扫描电镜对成形导电线路进行微观形貌观测。

采用电镜对不同速度下沉积的导电线路表面微观形貌进行观测，得到其SEM图如图5-12所示。

由图5-12可知，随着速度的增大，生成的银颗粒先增多后减少，其中图5-12（c）生成的银颗粒量最多，织物表面形成一层较为致密的多孔结构银层，完整覆盖织物表面。

为了研究不同基板速度下沉积银导线的导电性能，在导线上随机取20个测量点并标定，利用RTS-4型四探针测试仪测量标定位置的正、反向方阻，两者的平均值为该点的实际方阻值。绘制出不同速度下沉积的银导线方阻平均值和标准偏差，如图5-13所示。

由图5-13可知，随着速度的改变，导线的方阻均值和标准偏差先减小后增大，当速度为0.40mm/s时，成形的导线导电性最好。这是由于速度较低时，液滴聚集，导致沉积导线的溶液量减弱，反应生成的银单质减少，速度逐渐增大时，液滴聚集现象减弱，沉积的线宽均匀，生成的银单质增多。当速度大于0.40mm/s时，沉积在织物表面的单位长度溶液量减少，生成的银单质量也随之减少。

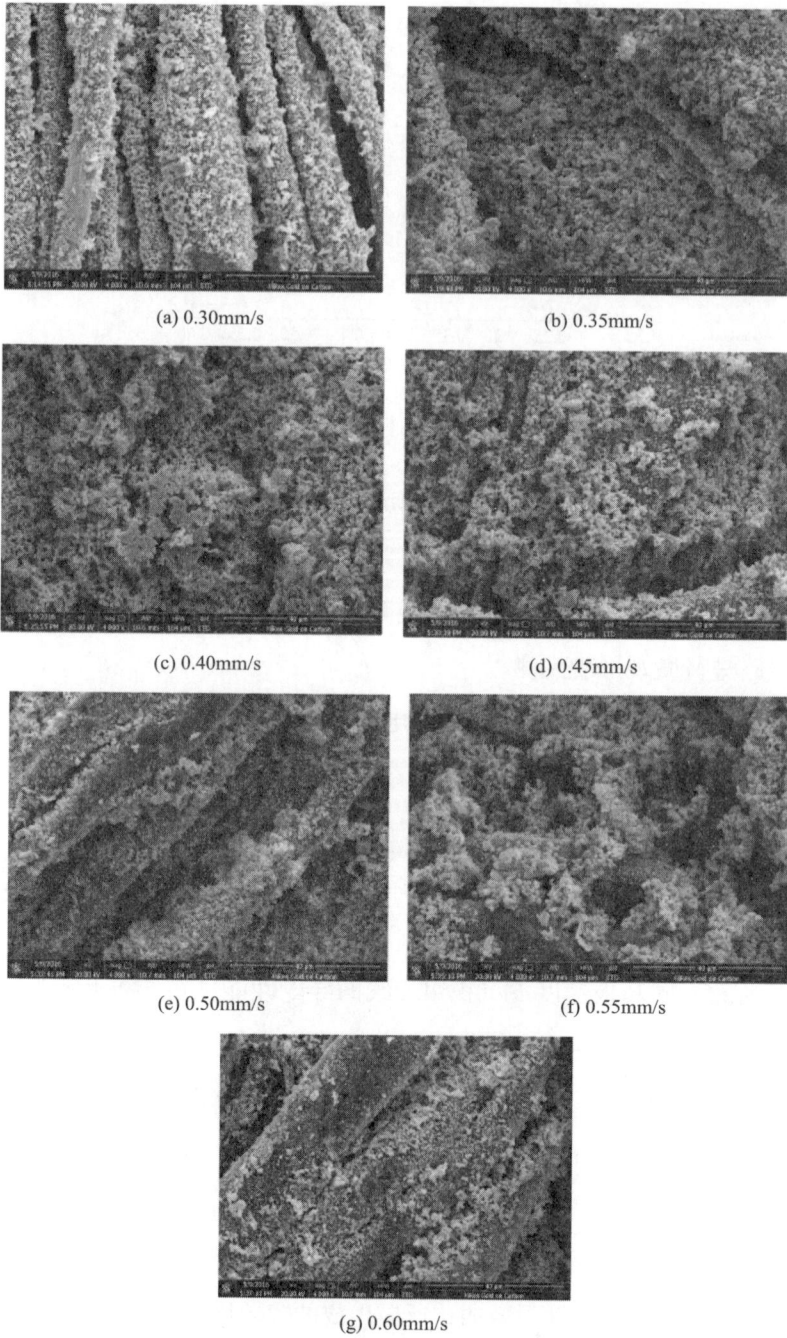

(a) 0.30mm/s

(b) 0.35mm/s

(c) 0.40mm/s

(d) 0.45mm/s

(e) 0.50mm/s

(f) 0.55mm/s

(g) 0.60mm/s

图5-12　不同基板速度成形导线SEM图

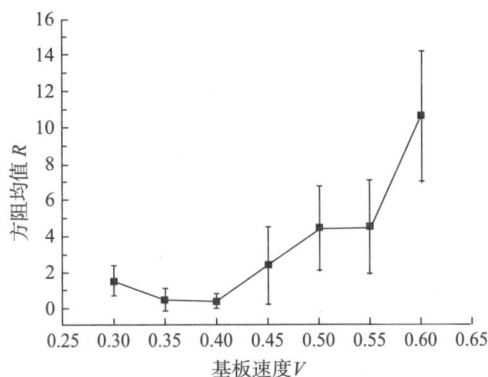

图5-13 不同基板运行速度银导线方阻平均值和标准偏差

综合考虑成形导线线宽、微观形貌及导线方阻测量结果，可知当速度为 0.40mm/s时，成形的导线均匀性和导电性均较好。

5.1.3.5 不同沉积序列

以纯棉为沉积基板，调整工艺控制参数（表5-2），喷嘴孔径对应为 $112\mu m$ 和 $158\mu m$，泄气阀开口角度对应为55°和40°，其余不变，按实验方案5 操作（表5-3），先打印一层溶液成线，再叠加打印沉积第二层溶液，以此类推，使两种溶液间发生氧化还原反应生成微细银颗粒，得到织物表面沉积的导线照片如图5-14所示。

由图5-14可以看出，在喷射参数相同的情况下，采用不同沉积序列成形的导线形态、质量各不相同。图5-14（a）沉积序列为XK，即只打印一层硝酸银溶

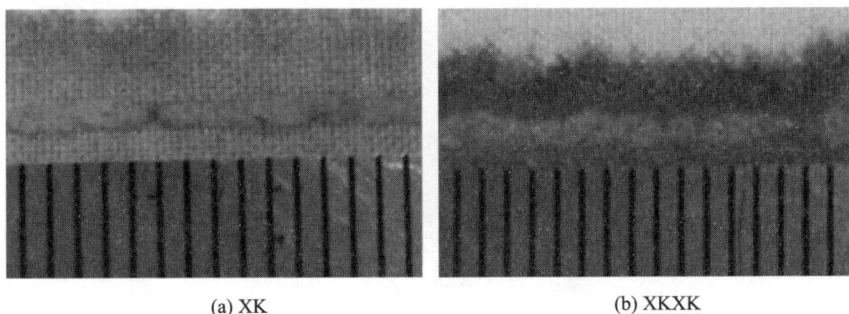

(a) XK (b) XKXK

图5-14

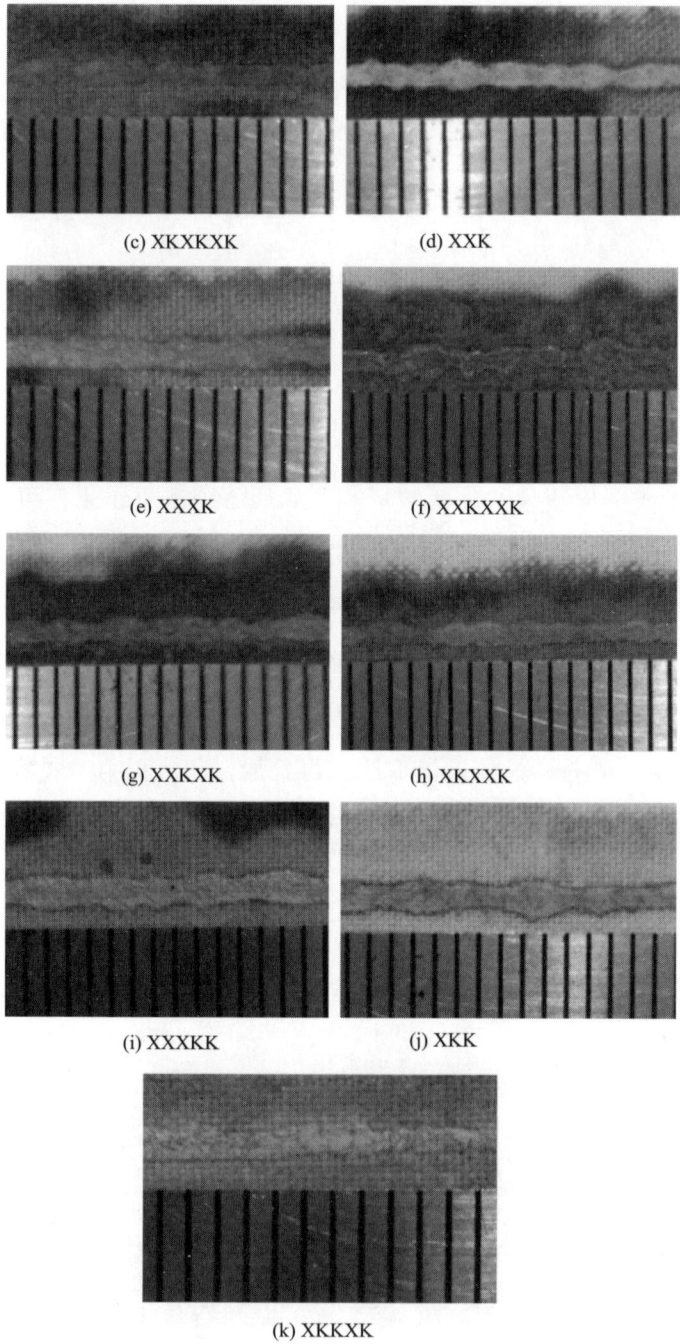

(c) XKXKXK

(d) XXK

(e) XXXK

(f) XXKXXK

(g) XXKXK

(h) XKXXK

(i) XXXKK

(j) XKK

(k) XKKXK

图5-14　不同沉积序列成形导电线路区域形态图

液和一层抗坏血酸溶液，从图可以观察到成形导线有一处断开；（d）、（h）、
（i）、（j）成形的导线边界呈波浪形，局部宽度较大；（e）成形导线宽度大；
（f）、（g）沉积的导线，溶液扩散严重，导致导线边界不清晰。所有沉积序列
中（b）、（c）、（k）成形的导线线宽均匀，导线边界光滑，形态较好。

为进一步分析成形导线的微观形貌结构，采用扫描电镜对不同沉积序列成
形的银导线进行微观形貌观测，得到其SEM图如图5-15所示。

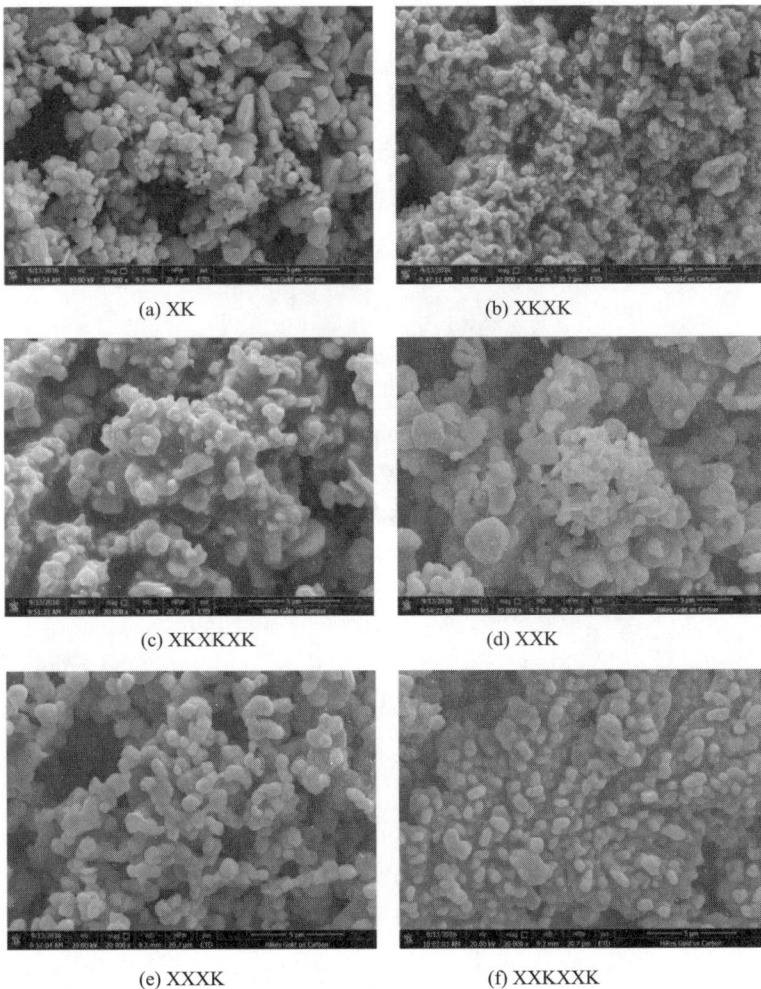

(a) XK

(b) XKXK

(c) XKXKXK

(d) XXK

(e) XXXK

(f) XXKXXK

图5-15

(g) XXKXK

(h) XKXXK

(i) XXXKK

(j) XKK

(k) XKKXK

图5-15　不同沉积序列成形导线SEM图

由图5-15可以看出，在不同沉积序列下，反应生成的银颗粒形态不同，主要以类球状、片状、条状和椭球状四种形式存在，且沉积层都存在不同程度的颗粒团聚现象。（a）、（c）生成的银颗粒主要以类球状、片状的形式存在；（b）生成的银颗粒主要以类球状形式存在，且颗粒直径较小，三幅图片的银颗粒粒径分布较宽，存在一定的团聚现象，可以发现随着打印层数的增加，银颗粒数增多且连接更紧密；（d）生成的银颗粒除了类球状颗粒和片状颗粒，还有条状颗粒，颗粒连接不紧密，而且颗粒间隙较大；（e）中的银颗粒主要是类球状形式，相互连接成雪花状，颗粒间隙较大，无明显的团聚现象；（f）生成的银颗粒主要以椭球状存在，颗粒间因团聚而连成一片，连接更加紧密；（g）、（i）生成的银颗粒主要是类球状颗粒，颗粒较大，颗粒团聚比较严重，粒径分布较宽，颗粒间隙较大，并且可以观察到在大颗粒表面有小颗粒团聚在一起；（h）生成的银颗粒主要是类球状和条状颗粒，颗粒间存在团聚现象，颗粒连接更加紧密，粒径分布较窄，且颗粒直径较（g）、（i）的颗粒小；（j）是在（a）的基础上再打印一层抗坏血酸溶液后的SEM图，可以看出，（j）生成的银颗粒主要以类球状、片状和条状的形式存在，且颗粒直径更小，连接更紧密，但颗粒团聚也更严重；（k）是在（j）的基础上再按照（a）的序列叠加沉积成形的导线SEM图，生成的银颗粒主要以类球状、片状的形式存在，粒径分布较窄，银颗粒较多。

为研究不同沉积序列沉积导线的导电性能，对成形导线进行方阻测量，在导线上随机选取15个测量点，通过RTS-4型四探针测试仪对测量点进行正、反向方阻测量，两者的平均值为该点的实际方阻值，通过计算获得该条导线的方阻均值和方阻标准偏差，结果见表5-4。

表5-4　织物表面不同沉积序列成形导线的导电率（X=硝酸银，K=抗坏血酸）

沉积序列	方阻均值/（$\Omega \cdot \square^{-1}$）	方阻标准偏差/（$\Omega \cdot \square^{-1}$）
XK	11.73	5.70
XKXK	1.91	0.75
XKXKXK	1.41	0.94
XXK	2.13	1.17
XXXK	5.60	4.42
XXKXXK	9.80	5.00
XXKXK	9.87	3.52
XKXXK	2.80	1.15
XXXKK	3.02	1.00
XKK	3.62	1.08
XKKXK	1.71	0.42

由表5-4可以看出，沉积序列为XKXKXK即打印一层硝酸银后打印一层抗坏血酸往复循环三次时，方阻均值最小即导电率最好；沉积序列为XKKXK时，方阻变化最小，导电率最稳定；沉积序列为XKXK时，导电率相对较高。沉积序列为XK时，方阻均值和方阻标准偏差最大，导电率最差。从表中整体数据来看，成形导线的方阻标准偏差相对于方阻均值较大，这是因为织物表面有许多形状、大小不一的孔隙，在微滴沉积过程中会出现渗透和扩散现象，致使沉积导线的方阻不均匀，从而导致方阻值偏离方阻均值较大。在进一步研究中，可改善织物表面改性处理方法，以便获得更适合沉积的表面。

基于上述分析，结合如图5-15所示的微观形貌，可以发现沉积序列为XKXK、XKXKXK和XKKXK的导线方阻较小，导电性较好，反应生成的银颗粒较多，颗粒间连接紧密，有轻微的团聚现象。

为了直接观察成形的导线是否具有导电性能，取线宽均匀、成形形态较好的一段导线和LED灯及直流电源构成的导电回路，如图5-16所示。

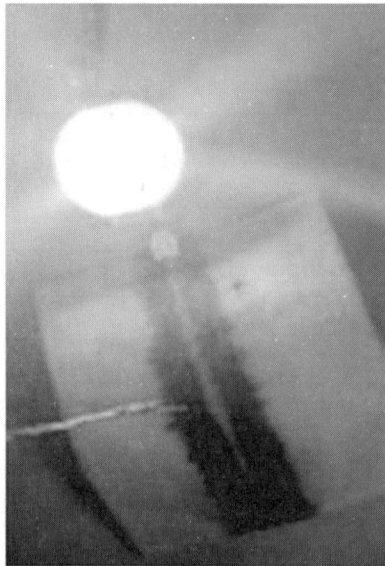

图5-16　银导线在电路中导通LED灯图

由图5-16可以看出，接通电源后LED灯被点亮，且导线可以弯曲，表明沉积成形的银导线具有一定的导电性和柔性，说明利用微滴喷射与化学反应相结合的技术可初步实现织物表面导电线路的打印成形。

5.2　微滴喷射打印成形导电线路起始段凸起现象分析

5.2.1　微滴喷射打印沉积成形导电线路不稳定现象

导电线路的表面形貌是满足织物基高质量导电线路制备的基础，要求成形导电线路表面光滑、线径稳定、线路阻值均匀，具有较好的柔性。然而在微滴喷射打印成形线路过程中，线路是由单颗微滴在基板表面排列而成，由于微滴间的融合以及线路中的液体输送现象，导致成形线路出现边缘波动、线路连续性鼓胀现象以及起始端凸起等不稳定现象，影响导电线路表面形貌与阻值的均匀性，使导电线路的成形质量难以得到保证。

5.2.1.1　线路边缘波动现象

利用微滴喷射技术打印成形线路过程中，线路是由单颗微滴沉积排列，形成紧密排列的圆形银点，构成导电线路。因此，线路边缘会存在波浪状起伏，如图5-17所示，线路边缘的波浪状起伏现象会影响线路边缘的形貌，在正常的

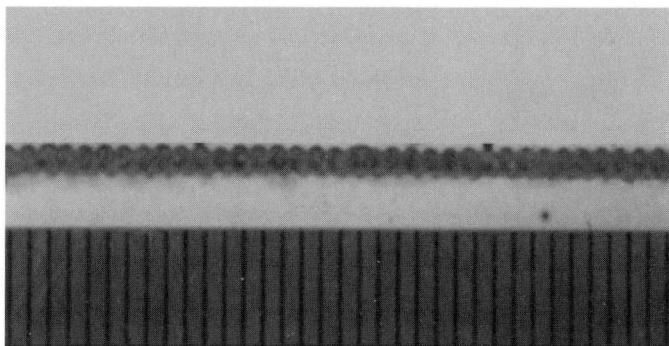

图 5-17　线路边缘波动现象

应用中，也会因线路边缘参差不齐的结构产生不同程度的电磁波动，严重影响导电线路的电学性能。

微滴喷射所形成的线是由一个个圆形微滴沉积连接而成，沉积过程中会产生边缘波浪状起伏，如图5-18所示。

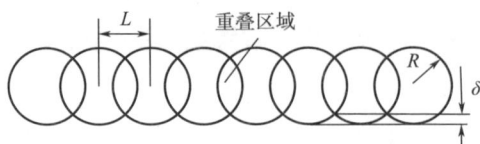

图 5-18 微滴排列成形线路模型图

图5-18为微滴排列成形线路模型图，其中L为微滴间距，R为微滴铺展半径，δ为线路边缘波动量。

研究中利用边缘光滑度S表征成形线路的边缘形貌，其表达式如式（5-1）所示。

$$S = \frac{\delta}{L} \tag{5-1}$$

线路边缘波动量δ的表达式如式（5-2）所示。

$$\delta = R - \sqrt{R^2 - \left(\frac{L}{2}\right)^2} \tag{5-2}$$

由式(5-1)、式(5-2)可以得到微滴成形线路边缘光滑度S的表达式如式（5-3）所示。

$$S = \frac{R}{L}\sqrt{\left(\frac{R}{L}\right) - \frac{1}{4}} \tag{5-3}$$

式中：L为微滴间距；R为微滴铺展半径；δ为线路边缘波动量；S为边缘光滑度。

实验中通常采用$R \geq L$的标准进行喷射打印实验，因此边缘光滑度$S \leq 0.13$。由式（5-3）可知，微滴成形线路的边缘光滑度S与微滴半径R和微滴间距L的比值相关，微滴直径与微滴间距的比值越小，则线路边缘光滑度越好。而微滴间距则可以通过线路成形过程中基板的移动速度以及微滴喷射的频率调整。因此，微滴喷射打印线路过程中出现的线路边缘波动现象，可以通过喷射频率和运动速度的参数调节得到改善。

5.2.1.2　线路连续鼓胀现象

除上述线路边缘波动现象外，在微滴喷射成形导电线路过程中，由于液体的表面张力以及实验过程中系统受到扰动等原因，线路表面会出现连续性鼓胀现象，使成形线路过程中，溶液出现间歇性团聚，使线径出现大的变化，形成如图5-19所示的鼓胀现象，严重影响导电线路成形质量。

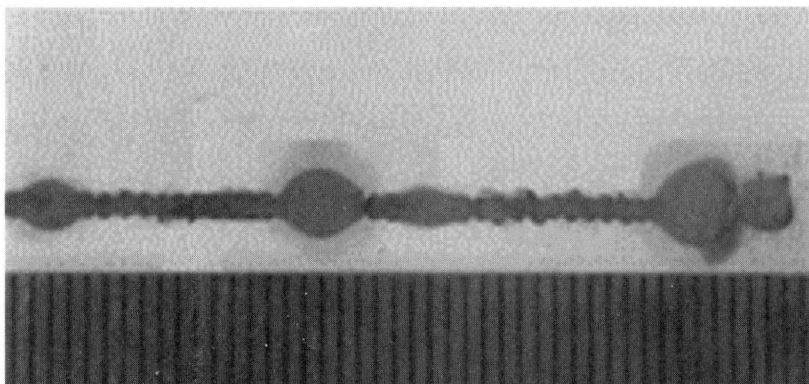

图5-19　线路连续性鼓胀现象

在对于微滴喷射成形线路的稳定性研究中指出，两个相邻鼓胀之间的距离受微滴的体积和微滴间距影响，其关系为：

$$\lambda = \frac{1}{0.15}\sqrt{\frac{2V_{\mathrm{d}}}{\pi L}} \tag{5-4}$$

式中：V_{d}为单颗微滴的体积；L为微滴间距。

由该式可知，相邻鼓胀间距离的平方与微滴体积成正比，与微滴间距成反比。同时，Duineveld在研究中针对该现象建立了微滴喷射成形线路连续性鼓胀的动力学模型，并研究了打印线路稳定成形的条件。其研究结果指出，当微滴在基板表面的前进接触角较小时，线路在成形过程的稳定性会比较好，线路表面形貌也较为平整。因此，在多数研究中通过利用紫外臭氧处理等工艺来改变基板表面的亲水性，降低微滴在基板表面的前进接触角，从而提高成形线路的表面形貌。

5.2.1.3 线路起始端凸起现象

线路起始端凸起现象是由于微滴融合成形线路过程中，线路内部的液体流动聚集造成的，如图5-20所示，该现象对线路表面形貌影响严重，成为影响喷射打印成形导电线路质量的主要因素，但目前针对此种现象研究较少。起始端凸起产生于喷射打印的进程中，随着线路长度不断增长，喷射打印的溶液会在成形线路的起始端不断聚集，进而形成大范围的凸起，液线中的溶液会往凸起处传输，使液滴不能按照预定方式扩散。待成形导电线路后，会在导电线路的起始端形成凸起，此处线径远大于线路整体线径，使成形导电线路的表面形貌与线路阻值受到影响。

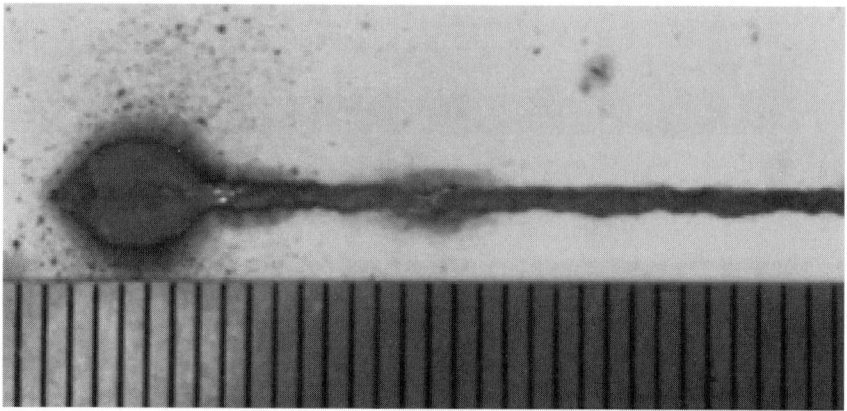

图5-20 线路起始端凸起现象

微滴喷射成形线路过程中，线路表面形貌存在的不稳定现象主要有上述三种，其中，线路边缘波动现象与线路连续性鼓胀现象已有行之有效的解决方法。本节将主要针对线路起始端凸起现象进行实验研究，分析线路起始端凸起产生的原因，探究微滴喷射成形线路起始端凸起的消除方法。

5.2.2　线路起始端凸起的形成过程

线路起始端凸起现象伴随线路打印过程逐渐发展，通过微滴融合与液体输送现象使起始端凸起不断增长。针对微滴喷射打印导电线路起始端微滴融合以及线路增长过程中液体的输送现象，利用微滴按需喷射系统的图像采集模块对微滴喷射过程、微滴融合振荡以及线路增长过程进行拍摄，对微滴融合振荡过程中的动态接触角、线路表面轮廓变化进行测量，分析了微滴融合对线路起始端凸起产生的作用以及线路增长过程中液体的输送流动规律。

5.2.2.1　微滴喷射过程

实验中利用气动式微滴按需喷射系统进行微滴喷射实验，以去离子水为喷射材料对线路起始端的凸起现象进行实验研究，其中喷嘴孔径为120μm，在供气压力为0.02MPa、脉冲宽度为1.953ms、频率为1Hz、球阀开口大小为30°等参数下进行按需喷射，能够满足系统单次激励下稳定产生单颗微滴。利用高速摄像机对微滴喷射过程进行拍摄，帧频为10000帧/s，得到微滴喷射过程如图5-21所示。

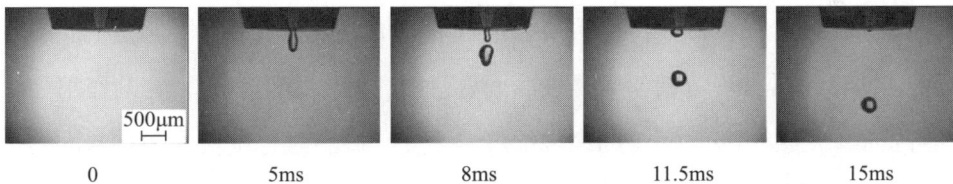

| 0 | 5ms | 8ms | 11.5ms | 15ms |

图5-21　微滴喷射过程

如图5-21所示，微滴按需喷射系统单次激励下，喷嘴可以稳定地产生微滴，喷射过程经过液柱伸长、颈缩断裂以及微滴飞行等过程，最终形成形态均匀的单颗微滴。

5.2.2.2　起始端微滴融合实验

采用上节中微滴稳定喷射的实验参数进行线路起始端微滴融合实验，设置系统运动控制平台基板移动速度为0.5mm/s，利用高速摄像机对微滴融合过程进行拍摄，高速相机帧频为10000帧/s，得到织物基底上微滴融合过程照片如图5-22所示，图中箭头方向为基板运动方向。

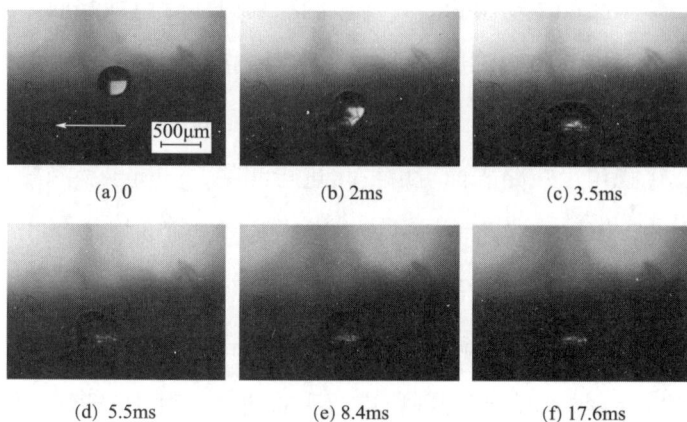

(a) 0　　　　　　　(b) 2ms　　　　　　(c) 3.5ms

(d) 5.5ms　　　　　(e) 8.4ms　　　　　(f) 17.6ms

图5-22　线路起始端微滴融合过程

由图5-22可知，微滴融合后，基板表面的液体经历了多维度振荡直至能量耗尽趋于稳定，基板表面微滴之间的融合主要包括微滴与基板液体融合、液滴向左右两侧振荡、液滴静止几个阶段。微滴下落至基板表面铺展融合后会在基板表面微滴融合局部区域产生聚集，该处液体覆盖范围增大，因此基板润湿区域增大，产生这种现象的原因是微滴间融合时，液体由于表面张力的作用会优先向质量中心和基板已润湿的区域铺展。因此，微滴融合过程中会在基本润湿区域初步形成线路起始端的凸起现象。

5.2.2.3　微滴融合接触角动态变化

为研究微滴融合过程中液体的左右振荡现象和进一步量化分析微滴融合过程的液滴振荡过程，对图5-22微滴融合振荡过程中不同时刻液滴在基板表面的左右接触角进行测量，其测量方法如图5-23所示，其中α为液滴左侧接触角，β为液滴右侧接触角，得到微滴融合过程中左右接触角动态变化如图5-24所示。

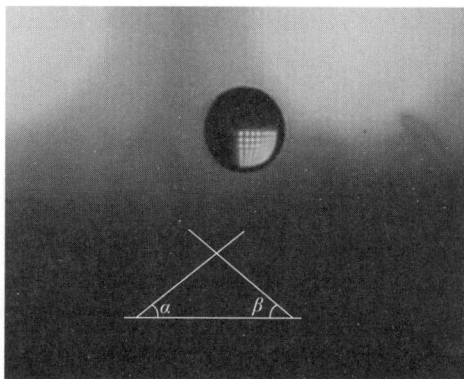

图5-23 左右接触角测量示意图

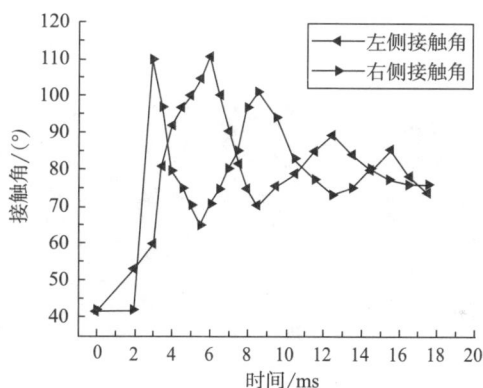

图5-24 左右接触角动态变化

由图5-24可知，在微滴融合振荡过程中，0~3ms液滴左右接触角同时增加，此时下落微滴与基板液滴并未融合，而是下落微滴对基板液体产生挤压，使其与基板的接触角增大。在3~5.5ms时刻液滴右侧接触角减小，左侧接触角继续增大，此时液体整体向左侧振荡，使左侧（线路起始端）的润湿范围增大。在5.5ms时液滴振荡至左侧极限。之后，液滴整体向右侧振荡至极限，如此反复左右振荡，直至能量完全消耗。由此可知，基板表面微滴融合时，液滴整体首先向基板湿润区域，即线路起始端方向振荡，再向另一侧振荡，如此反复直至能量完全消耗，液体在基板表面静止。图5-24中同一时刻左右接触角差值可反映微滴振荡过程的强弱程度，因此微滴融合之后，液滴整体向左侧（线路起始端）振荡的程度大于向右侧振荡的程度。微滴下落撞击基板并于基板液体融合的过程中，每一颗微滴都会经历此过程，从而使线路起始端的润湿区域不断增大。

5.2.2.4 微滴喷射打印成形导电线路增长过程

微滴喷射打印成形导电线路过程中，随着喷射打印进程的继续，线路长度的增加，起始端凸起现象也会不断加剧。为了研究喷射打印线路增长过程中凸起处的变化，实验中保持上述微滴喷射系统的实验参数不变，利用高速摄影机对微滴在织物基板上的成线过程进行拍摄，结果如图5-25所示，其中（a）中箭头方向为基板运动方向。

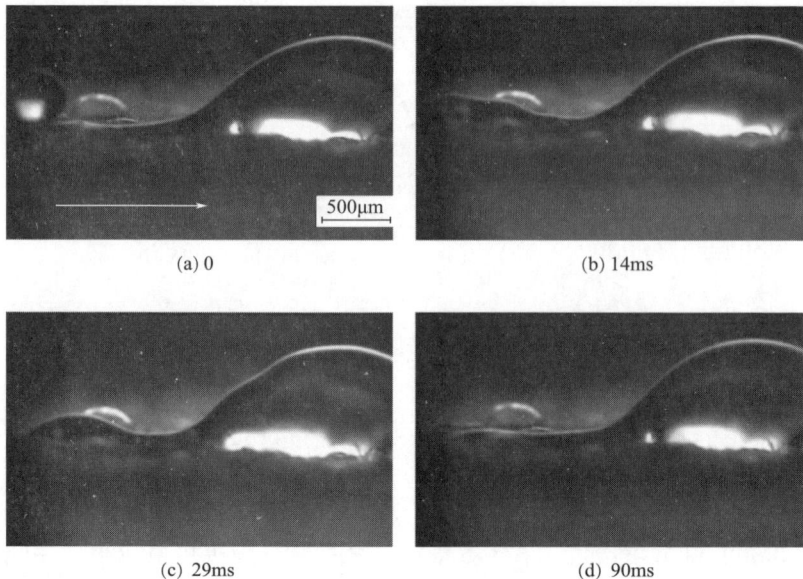

(a) 0   (b) 14ms

(c) 29ms   (d) 90ms

图5-25 基板表面微滴喷射打印成形导电线路过程

从图5-25中可以看出，微滴与基板表面线路融合过程经历了微滴与基板接触、微滴与线路融合、液体向打印线路起始端输送、线路稳定四个阶段。在一定长度范围内，微滴经喷射系统稳定喷射与线路接触后，从撞击位置通过液体通道将一部分液体输送至线路起始端凸起处，同时，微滴在撞击位置铺展并润湿基板与线路融合增长了线路的长度。微滴喷射打印成形线路过程中，每颗微滴与线路融合都会重复上述过程，致使线路起始端的凸起随着线路长度的增加而增加。

5.2.2.5　液体向线路起始端输送过程

微滴成形线路过程经历了液体向线路起始端输送过程，液体向线路起始端聚集产生凸起，为了量化研究液体的输送过程，对高速相机拍摄到的线路成形过程中不同时刻的线路表面轮廓进行测量，将线路表面轮廓测量数据放在笛卡尔坐标系中。以图5-26中缩略图所示，基板水平线方向为X轴，微滴喷射方向为Y轴，交点作为坐标原点O建立坐标系，取h为a位置处表面轮廓高度，定量描述各时刻线路表面轮廓变化，通过对线路各个时刻表面轮廓的测量，得到了7个不同时刻线路表面轮廓变化如图5-26所示。其中0.1ms时刻线路高度为线路初始高度。

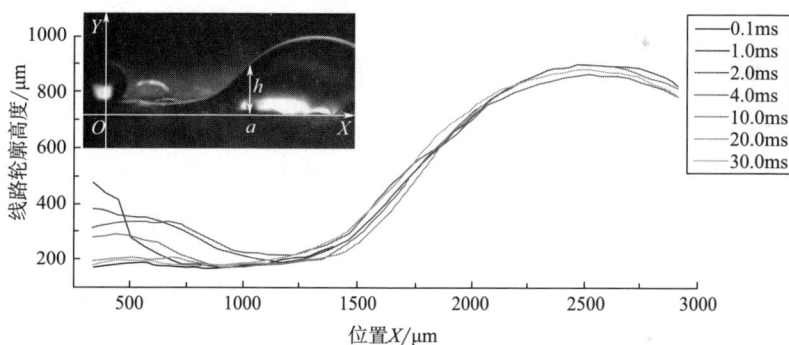

图5-26　各时刻线路表面轮廓高度变化过程

由图5-26可以看出，喷射打印导电线路各个时刻的线路表面轮廓高度变化，1~10ms微滴与线路融合后，液体沿着线路向凸起处输送并且线路整体不断振荡，到20ms左右线路整体趋于稳定。在得到微滴喷射成形导电线路表面轮廓高度变化的量化值的基础上，可以对液体输送过程中的输送方向与速度进行研究，进一步明确液体通过线路输送至起始端凸起的过程。

在线路表面轮廓变化的量化研究基础上，对图5-26中选择轮廓高度变化较大的区域进行分析，从原点开始至凸起处依次选取x_1=505μm、x_2=729μm、x_3=1009μm三点，对此三处线路不同时刻表面轮廓高度进行测量，可以通过其线路表面轮廓高度分析出液体的输送方向，测量得到三处线路表面轮廓高度随时间变化过程如图5-27所示。

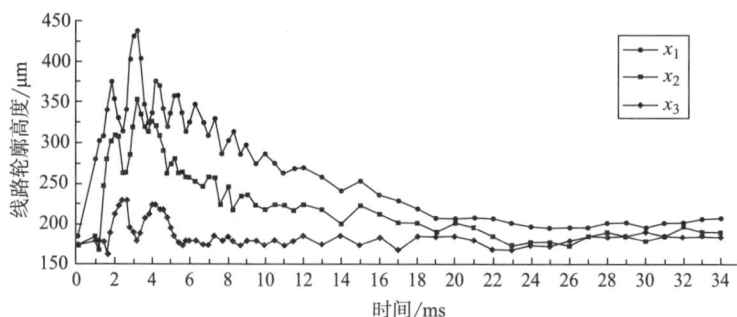

图5-27　x_1，x_2，x_3三处线路轮廓高度随时间变化过程

由图5-27可以看出，线路三处轮廓高度随时间呈现振荡衰减趋势，并于25ms左右趋于稳定。三处喷射打印线路轮廓高度最大值分别为425μm、320μm、230μm。各位置首次到达峰值的时间分别为1.8ms、2.0ms、2.4ms。从中可知打印线路波动及液体输送的方向是从x_1到x_3，且轮廓高度最大值在传播过程中逐渐减小。由以上研究可以得到液体的输送方向是从微滴下落位置向起始端输送的，与微滴融合过程中得到的结论吻合，在此过程中，下落液滴与基板打印线路融合接触后，每一颗微滴都向打印线路的起始端输送，使线路起始端的凸起不断增长，影响线路的表面形貌。

在明确喷射打印成形线路中液体输送方向的前提下，为进一步分析线路中液体的输送速度，在研究中对线路各个位置首次到达峰值的时间进行记录，得到的结果如图5-28所示。

由图5-28可以看出，距微滴下落位置越远，线路表面首次到达波峰越

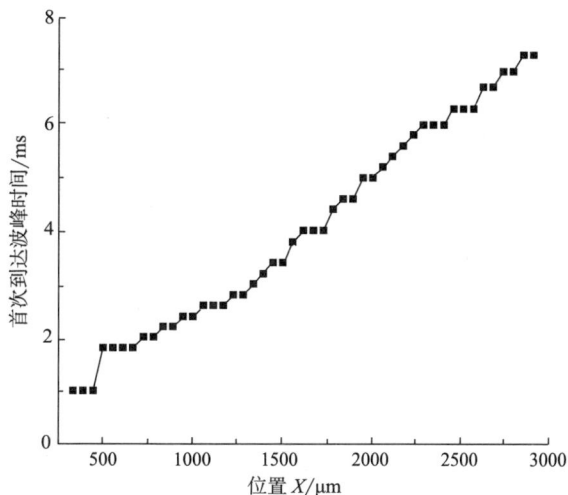

图5-28　线路不同位置首次到达波峰的时间

晚。同样能够说明液体在线路中整体的输送方向是从微滴下落位置到起始端的。将喷射打印线路位置关于首次到达波峰的时间求导便可知液体在线路内部的输送速度。通过拟合喷射打印线路位置X与首次到达波峰的时间t的关系，得到：

$$X=396.04t+23.907 \tag{5-5}$$

式中：X为打印线路位置；t为首次到达波峰时间。

通过将式（5-5）中线路位置X关于首次到达波峰时间t求导可知，可得到液体在线路中的输送速度。由此可知，液体通过线路输送至起始端凸起的输送速度为恒值。Berker在针对流体运动方程的研究中提出，液体通过线路的输送流速Q可以表示为：

$$Q=\frac{s\Delta PS^2}{\mu l_r} \tag{5-6}$$

式中：s为线路横截面的形状因子；S为横截面面积；μ为液体黏度；l_r为微滴下落处至凸起处的距离；ΔP为液体输送至凸起处的驱动压力。

在研究中认为单颗微滴与线路融合过程中，上述几类参数均为恒值，因此液体通过线路的输送流速为恒值。实验测量结论与该理论基本一致，表明液体在线路内部的输送是匀速向起始端输送。

上述研究中指出，微滴喷射成形线路过程中，液体的流动导致线路表面形貌的不稳定现象。因此，后续将从织物基板的润湿性方面进行研究，增加溶液在织物纤维内部的渗透，减小喷射打印过程中液体的流动过程，从而消除线路成形过程中起始端凸起现象。

5.2.3 线路起始端凸起现象的消除

在明确导电线路起始端凸起形成过程的基础上，进行了线路成形过程中起始端的凸起现象消除实验。研究发现线路起始端凸起现象与织物基板表面的亲水性有很大关联，织物基板表面的亲水性越强，则导电线路起始端的凸起现象越不明显，其本质是受界面的湿润性的影响。因此，本节通过在干燥织物、湿润织物表面成形导电线路，研究导电线路起始端凸起的消除途径。

5.2.3.1 干燥织物表面线路成形

利用气动式微滴按需喷射系统进行导电线路制备实验，采用实验室自制去离子水分别配制50%（质量体积分数，下同）的硝酸银溶液和30%的抗坏血酸溶液，将6%的PVP（聚乙烯吡咯烷酮）加入抗坏血酸溶液中，过滤备用。设置系统供气压力为0.02MPa、脉冲宽度为1.953ms、频率为1Hz、球阀开口大小为30°等参数下进行按需喷射，基板移动速度为0.5mm/s。在系统各个模块协同工作下于干燥平纹织物表面依次喷射抗坏血酸与硝酸银微滴，因为只考虑线路的表面形貌而不考虑其电学性能，因此两种溶液均喷射打印一层，经两者化学反应生成的线路如图5-29所示。

如图5-29所示，线路起始端凸起现象明显，影响成形线路的表面形貌。

5.2.3.2 湿润织物表面线路成形

保持上述系统工作条件不变，利用去离子水将织物润湿，然后依次在织物表面喷射打印抗坏血酸与硝酸银微滴，反应成形线路如图5-30所示。

如图5-30所示为湿润织物表面线路成形效果，线路起始端的凸起现象得

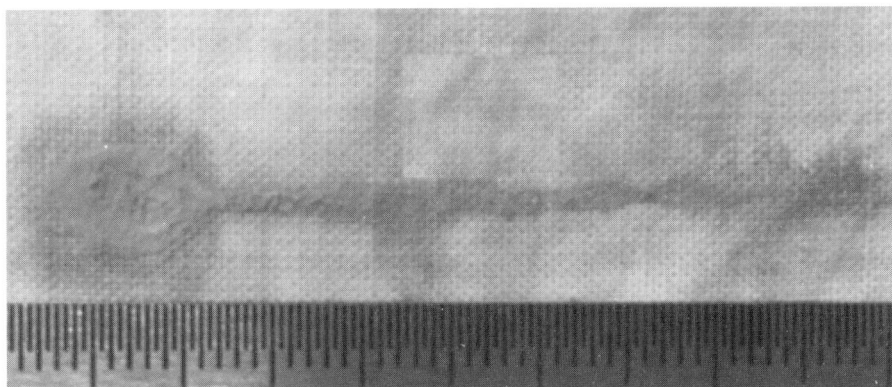

图5-29　干燥织物表面线路成形

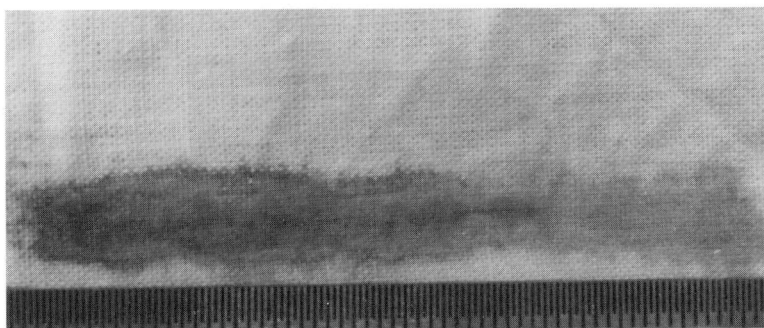

图5-30　湿润织物表面线路成形

到消除，但线路整体扩散严重，成线质量差。在微滴撞击织物表面之后，会与织物中的去离子水融合，立即渗透在织物内部，不会产生微滴之间的融合与液体的输送过程，因此不会在线路起始端产生聚集，线路起始端的凸起现象被消除。但是前驱体溶液微滴会在织物内部的去离子水中扩散，增加其铺展面积，在另一种溶液微滴撞击织物表面之后，两种溶液发生反应，成线宽度变大，线路表面形貌受到影响。

5.2.3.3　经还原剂润湿的织物表面线路成形

针对湿润织物表面线路成形过程中溶液的扩散，利用还原剂抗坏血酸溶液润湿织物，通过硝酸银微滴与织物纤维中渗透的抗坏血酸发生化学反应限制银单质沉积区域。在上述实验条件下，在织物表面喷射打印硝酸银溶液，反应成形线路如图5-31所示。

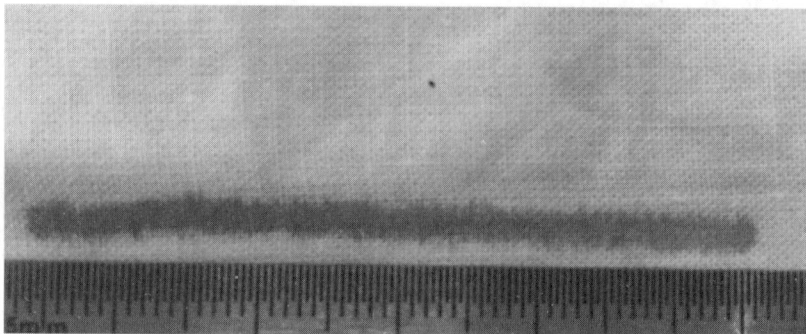

图5-31　经还原剂润湿的织物表面线路成形

如图5-31所示，经抗坏血酸润湿的织物成形线路形貌良好，线路起始端凸起现象得到消除，同时线路宽度也较为均匀，成形线路宽度在2mm左右。经过抗坏血酸润湿的织物，硝酸银微滴撞击织物后，会迅速与抗坏血酸溶液发生反应，不会产生微滴的融合与溶液的输送过程，也就不会在起始端产生凸起现象。同时，撞击位置的抗坏血酸会迅速与硝酸银发生反应生成银颗粒，此反应在一定程度上限制了硝酸银溶液在织物内部的渗透，使成形线路的线宽得到控制，保证了成形线路的质量。

5.3　压电式微滴喷射打印成形导电线路
工艺参数研究

5.3.1　银导线成形过程

本节采用压电式单喷头微滴喷射系统，利用微滴喷射打印原电池置换沉积技术，采用硝酸银溶液为银源，以抗坏血酸溶液为还原剂，以铜箔为原电池阳极（牺牲极），通过搭建的直接驱动型压电式微滴喷射系统，对铜箔基材上放置的浸渍抗坏血酸溶液的织物基底按需喷射硝酸银溶液，硝酸银溶液与抗坏血酸溶液发生化学反应后沉积金属银颗粒，沉积的金属银颗粒与铜箔构成原电池，通过原电池置换反应在织物基底上沉积成形导电线路。织物基柔性导电线路喷射打印成形工艺流程如图5-32所示。

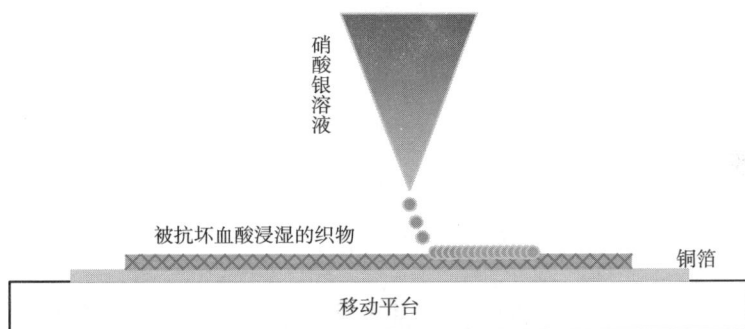

图5-32　织物基柔性导电线路喷射打印成形工艺流程图

当硝酸银溶液微滴喷射到浸渍过抗坏血酸溶液的织物基板上时，离子扩散与抗坏血酸还原硝酸银的反应同时进行，抗坏血酸将银离子还原成银原子，银原子再聚集形成纳米银颗粒，然后吸附到织物纤维表面；同时有部分银离子通过纱线纤维及织物空隙扩散到铜箔表面，此时铜箔表面的铜原子将银离子还原成银原子，而自身变成铜离子进入溶液中，银原子聚集形成纳米银颗粒，该部分纳米银颗粒吸附在下方的织物纱线中；由于此时的织物纱线上聚集了纳米银颗粒，在该反应体系中就形成大量铜银原电池，随着硝酸银溶液微滴不断喷射到织物上表面，体系中铜箔的电子通过溶液及纱线上纳米银颗粒不断向表层银离子移动，因此织物表面银离子不断被还原成纳米银颗粒，随着打印层数的增加，最终在织物表面沉积出被银覆盖的导电线路。

采用微滴喷射打印原电池置换沉积技术在织物表面喷印导电线路的过程中，织物种类、组织以及密度、反应物浓度、反应物的量及织物基板的改性处理对沉积导电线路质量具有较大的影响。实验过程中通过控制变量法来反应单独参数对沉积成形银电极的影响，而这些参数对沉积导电线路的影响最终体现在银电极的表面微观形貌及方阻值上。基于此，下面通过研究沉积工艺条件对银电极表面形貌及方阻变化曲线反映其对沉积成形银电极的影响。

5.3.2 实验设计

5.3.2.1 实验材料

导电线路沉积成形过程中，实验中用到的材料、试剂及主要设备见表5-2。

5.3.2.2 溶液配制

（1）硝酸银溶液配制

使用电子天平称取适量硝酸银晶体放置于25mL烧杯中，在烧杯中加入适量去离子水，并充分搅拌至硝酸银晶体完全溶解，形成硝酸银溶液，使用滤纸对配制的硝酸银溶液进行过滤后备用。

（2）抗坏血酸溶液配制

使用电子天平称取适量抗坏血酸晶体放置于25mL烧杯中，在烧杯中加入适量去离子水，并充分搅拌至抗坏血酸晶体完全溶解，形成抗坏血酸溶液，使用滤纸对配制的抗坏血酸溶液进行过滤后备用。

同理，配制质量分数为10%的氢氧化钠溶液。

5.3.2.3 织物处理

首先使用磁力搅拌器（1000r/min）通过水洗方式去除织物表面杂质，然后通过控制固化炉温度在60℃条件下将清洗的织物烘干，后将织物浸入煮沸的质量分数为10%的NaOH溶液中进行碱洗，时间10min，去除织物表面油脂类物质，再通过去离子水水洗3次后自然晾干，最后将晾干的织物用熨斗熨平后待用。

5.3.2.4 硝酸银溶液稳定喷射

通过微滴喷射系统使用喷嘴口直径为65μm的喷头对质量体积浓度为30%的

硝酸银溶液进行喷射实验,调节微滴喷射系统驱动电源参数,获得硝酸银溶液稳定喷射条件,控制参数见表5-5,利用高速图像采集该参数下硝酸银溶液喷射过程,如图5-33所示。

表5-5 硝酸银溶液稳定喷射参数

参数	脉冲幅值/V	脉冲宽度/μs	脉冲频率/Hz	高速相机帧率/fps
数值	200	10	1	100000

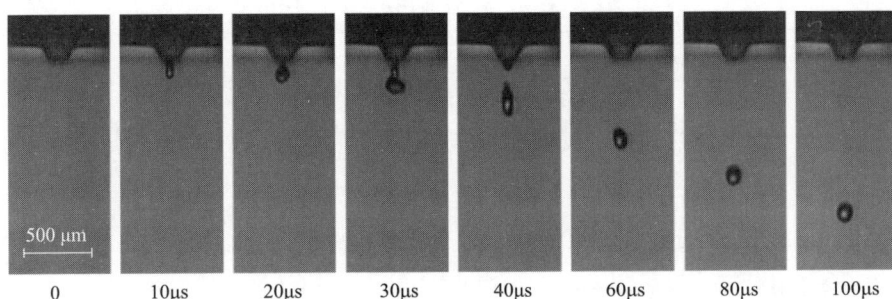

图5-33 硝酸银溶液稳定喷射过程

由图5-33可知,调节微滴喷射系统的控制参数,在控制信号的作用下喷头可产生无卫星滴的单颗微滴,成形微滴直径在80μm左右,表明该系统可实现硝酸银溶液的按需喷射,为后续喷射硝酸银溶液沉积成形导电线路的研究奠定基础。

5.3.2.5 织物基导电线路不同沉积工艺条件实验方案

根据微滴喷射打印原电池置换沉积技术制备织物基导电线路原理,采用本节所述溶液配制方法及织物处理手段,研究织物种类、组织、密度,反应物浓度,反应物的量,织物的改性处理对喷印成形导电线路表面微观形貌及导电性能的影响规律。反应物浓度、反应物的量、织物改性处理实验的具体方案见表5-6。

表5-6 实验方案

序号	A	B	C	D	E
1	10% 30% 50% 70% 90%	30%	4	1：2	0
2	50%	0 10% 20% 30% 40% 50%	4	1：2	0
3	50%	30%	1 2 3 4 5 6	1：2	0
4	50%	30%	4	1：1 1：2 1：3 1：4	0
5	50%	30%	4	1：2	0 0.5% 1% 2%

注 所有实验组反应温度均为室温条件下，其中A为硝酸银浓度、B为抗坏血酸浓度、C为硝酸银溶液打印层数、D织物与抗坏血酸量的克重比、E为织物改性处理（碳纳米管浓度）。

5.3.3 压电式微滴喷射打印成形导电线路的影响因素

5.3.3.1 织物组成、分类及结构

选择合适的织物基底有利于导电线路的成形质量，本节通过制备三种不同织物形成方式、三种不同织物组织以及五种不同密度的导电线路，对织物基底的编织方式、结构、密度等对成形导电线路的影响规律进行分析，并采用扫描

电镜和四探针方阻测量仪，对成形导电线路表面微观形貌与导电性进行测试。

（1）织物形成方式

一般情况下，织物按照不同形成方式可划分为三种，分别是非织造布、针织布及机织布。为了研究织物不同形成方式对成形导电线路的表面微观形貌及导电性能的影响，本节首先选用三种不同形成方式的织物作为成形织物导电线路的基底。图5-34为用CCD相机拍摄的三种织物的表面组织图，设置打印区域为1cm×1cm的正方形，得到不同形成方式织物的导电线路实物图及其表面SEM图，分别如图5-35、图5-36所示。

由图5-35和图5-36可以看出，非织造布导电线路面周围为黑色且表面凹凸不平，SEM图中银层被多条外露纱线隔开；针织布表面局部呈亮白色，这是因为在不对其进行预拉伸喷射打印时，由于其自身容易卷边，使得与下方铜箔

(a) 非织造布　　　　　　(b) 针织布　　　　　　(c) 机织布

图5-34　不同形成方式织物表面

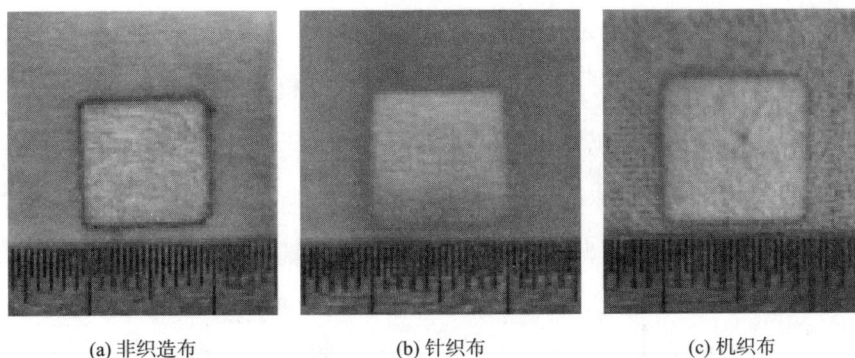

(a) 非织造布　　　　　　(b) 针织布　　　　　　(c) 机织布

图5-35　不同形成方式织物导电线路实物图

(a) 非织造布

(b) 针织布

(c) 机织布

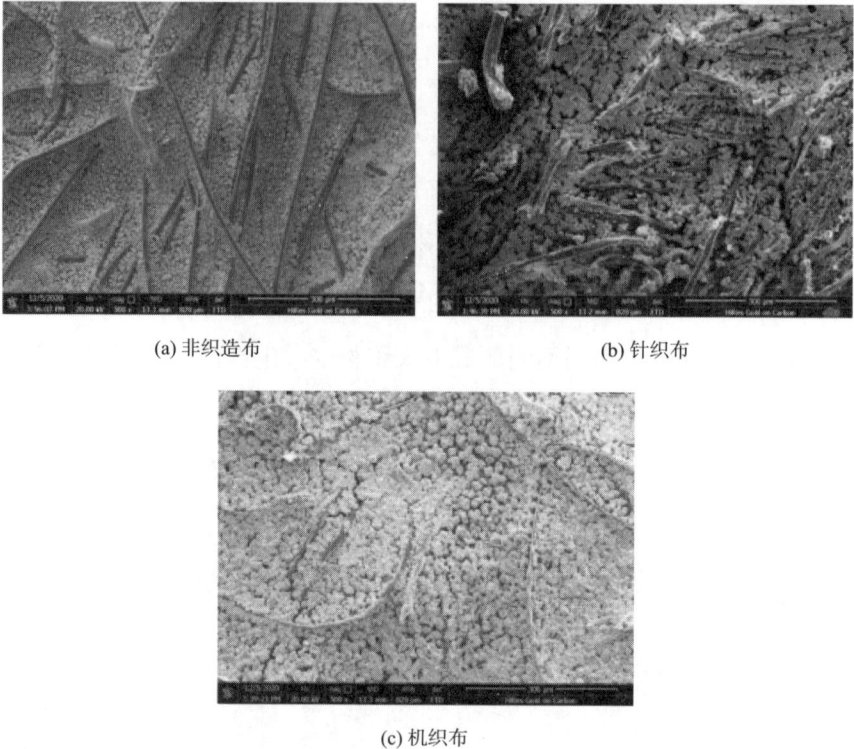

图5-36　不同形成方式织物的导电线路表面SEM图

不能较好贴合，进而部分反应不够充分，出现成形导电线路面不均匀的问题，SEM图中银层存在多处缝隙且裸露纱线较多；机织布表面呈银白色且较为均匀，SEM图中银颗粒间相比非织造布与针织布连接更紧密且几乎无裸露纱线。

　　为了进一步研究三种不同形成方式导电线路导电层的电学性能，采用RST-4型四探针方阻测量仪，在导电线路导电层随机选取10个点对正反方向方阻测试，实际方阻取各点正反测量的平均值，测得三种不同形成方式导电线路导电层的方阻如图5-37所示。

　　由图5-37可以看出，从三种不同形成方式导电线路导电层的方阻均值以及标准偏差大小来评判，机织布的导电性能及均匀性最优，其方阻值为（0.03007±0.01798）Ω/□；非织造布次之，其方阻值为（0.04512±0.03295）Ω/□；针织布最差，其方阻值为（0.07537±0.04758）Ω/□。结合实际制备过程中，非

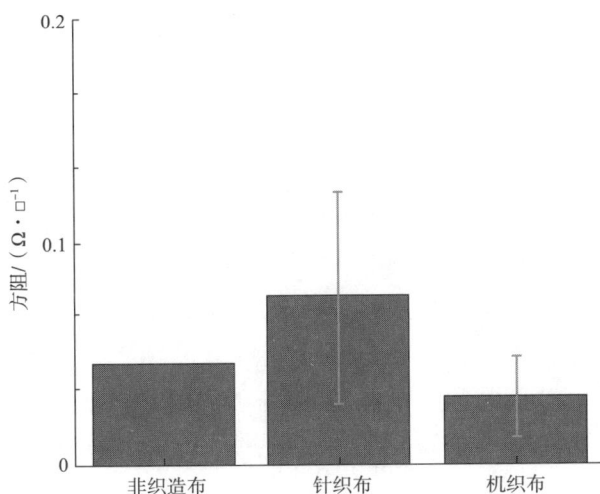

图5-37　不同形成方式导电线路电层的方阻

织造布结构的不确定性以及针织物的易卷边等情况不利于导电线路的制备，因此后续选择机织布作为导电线路成形研究的基础。

（2）织物组织

机织物有三原组织，即平纹、斜纹及缎纹。本节在确立了以机织布作为导电线路成形基底之后，为了研究织物不同组织对成形导电线路的表面微观形貌及导电性能的影响，选用三种不同组织的纯棉机织物作为成形导电线路的基底（图5-38）。为用CCD相机拍摄的三种织物的表面组织图，设置打印区域为1cm×1cm的正方形，得到不同组织织物的导电线路实物图及其表面微观形貌

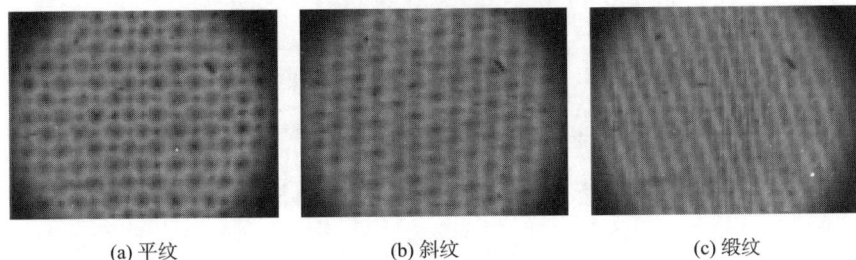

(a) 平纹　　　　　　　(b) 斜纹　　　　　　　(c) 缎纹

图5-38　三种不同组织织物表面

SEM图分别如图5-39和图5-40所示。

由图5-39和图5-40可以看出，通过打印在三种不同组织织物表面导电线

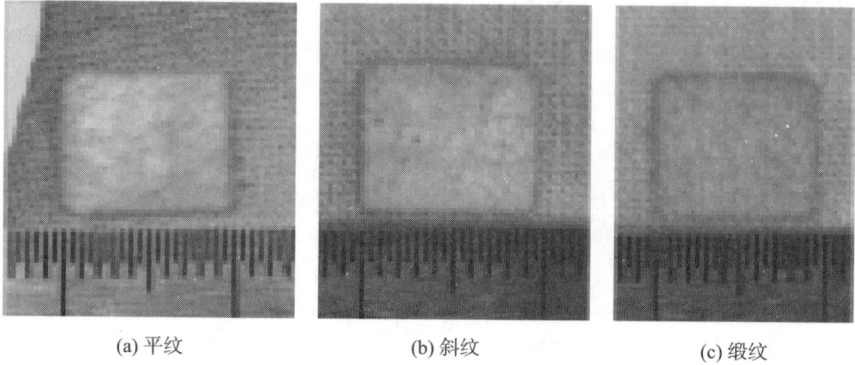

(a) 平纹   (b) 斜纹   (c) 缎纹

图5-39　三种不同组织导电线路实物图

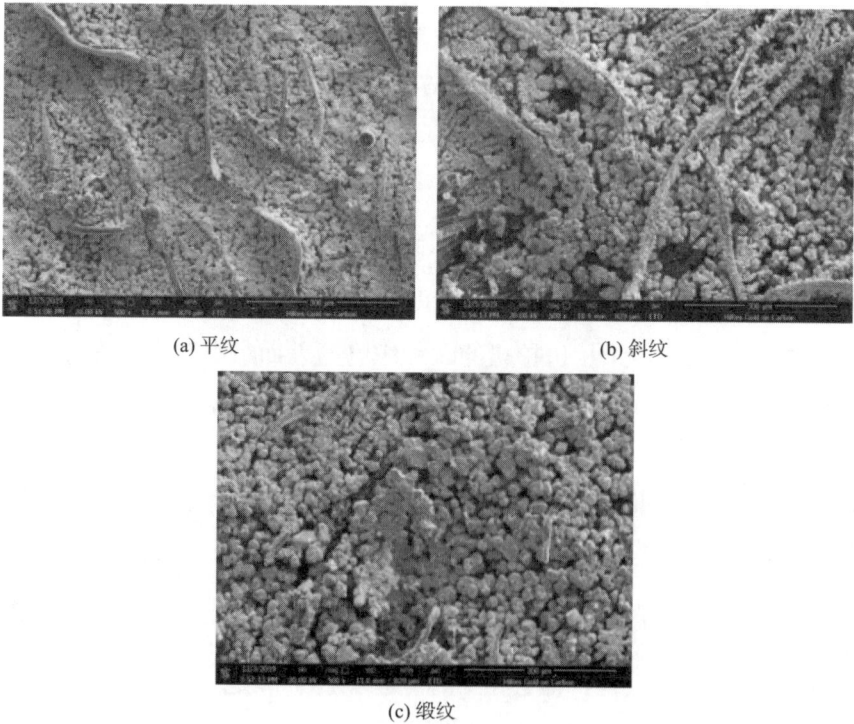

(a) 平纹   (b) 斜纹

(c) 缎纹

图5-40　三种不同组织导电线路表面SEM图

路的实物图与SEM图中，实物图除成形银颗粒的颜色外无较大差异，SEM图中平纹导电线路表面形貌较好，银颗粒间连接性良好，银层表面较为平滑；而斜纹织物导电线路表面银颗粒间连接性较差，甚至出现缝隙、孔洞，且裸露纱线较多；缎纹导电线路表面银层较为紧密，银颗粒间连接性较好，基本能够有效包覆纱线，但仍然存在缝隙、部分凹陷区域。因此，从三者的微观形貌来看，平纹织物导电线路材料表面成形效果优于斜纹及缎纹织物导电线路材料表面。

为了研究三种不同组织织物导电线路导电层的电学性能，按照5.3.3.1中方阻测试方法进行测试，测试结果如图5-41所示。

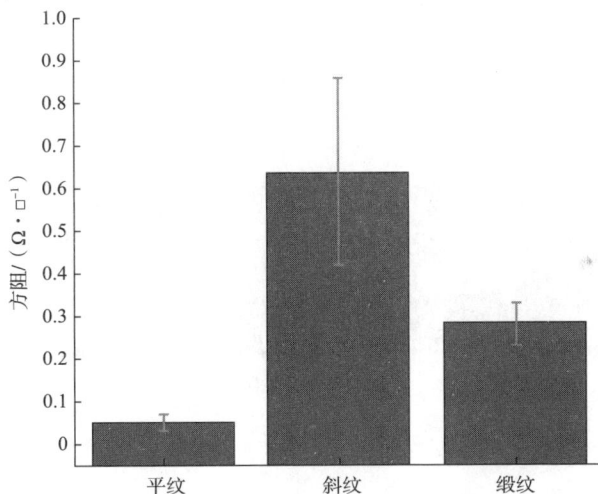

图5-41　三种不同组织织物导电线路导电层方阻

由图5-41可知，从三种不同组织织物导电线路导电层的方阻均值以及标准偏差大小可以看出，平纹织物导电线路的导电性能及均匀性最好，其方阻值为（0.0478 ± 0.01961）$\Omega/\square$，缎纹织物导电线路次之，其方阻值为（0.2791 ± 0.05112）$\Omega/\square$，斜纹织物导电线路最差，其方阻值为（0.6370 ± 0.2208）$\Omega/\square$。因此，后续选用平纹机织布作为导电线路成形基底。

（3）织物密度

平纹机织物密度是重要参数，本节在前面确定平纹机织物导电线路基底上，进一步对不同织物密度对成形导电线路的表面微观形貌及导电性能的影响进行研究，实验选用五种不同密度的纯棉平纹机织物作为成形导电线路的基底，图5-42为用CCD相机拍摄的五种织物密度的表面组织图，设置打印区域为1cm×1cm的正方形，得到不同密度织物的导电线路实物图及其表面微观形貌SEM图分别如图5-43和图5-44所示。

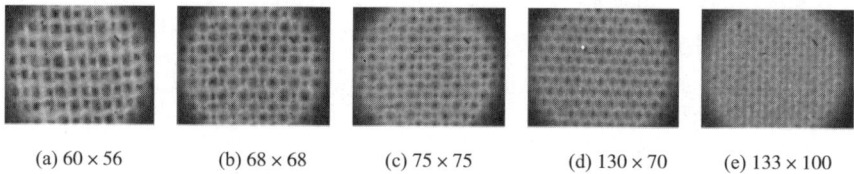

| (a) 60×56 | (b) 68×68 | (c) 75×75 | (d) 130×70 | (e) 133×100 |

图5-42　不同密度的平纹织物表面（单位：根/英寸❶）

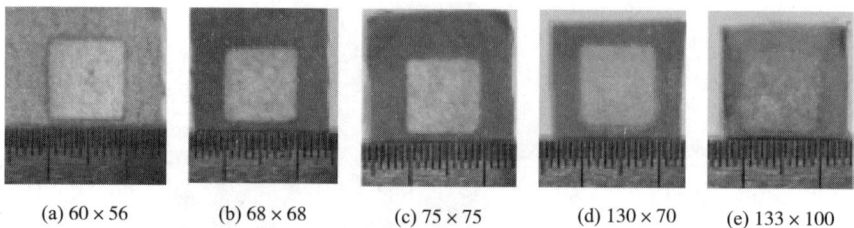

| (a) 60×56 | (b) 68×68 | (c) 75×75 | (d) 130×70 | (e) 133×100 |

图5-43　不同密度的平纹织物导电线路实物（单位：根/英寸）

由图5-43和图5-44可以看出，通过打印在五种不同密度织物表面导电线路的实物图与SEM图，实物图中可以看出随着织物密度的增大，导电线路导电层打印分辨率降低，与织物的结合性变差，SEM图中平纹导电线路表面形貌随着织物密度的增大银层表面逐渐松散，出现多处孔洞、缝隙且外露纱线逐渐增多，整体成形质量下降。因此，从五种不同密度的导电线路表面微观形貌得

---

❶　1英寸=2.54cm。

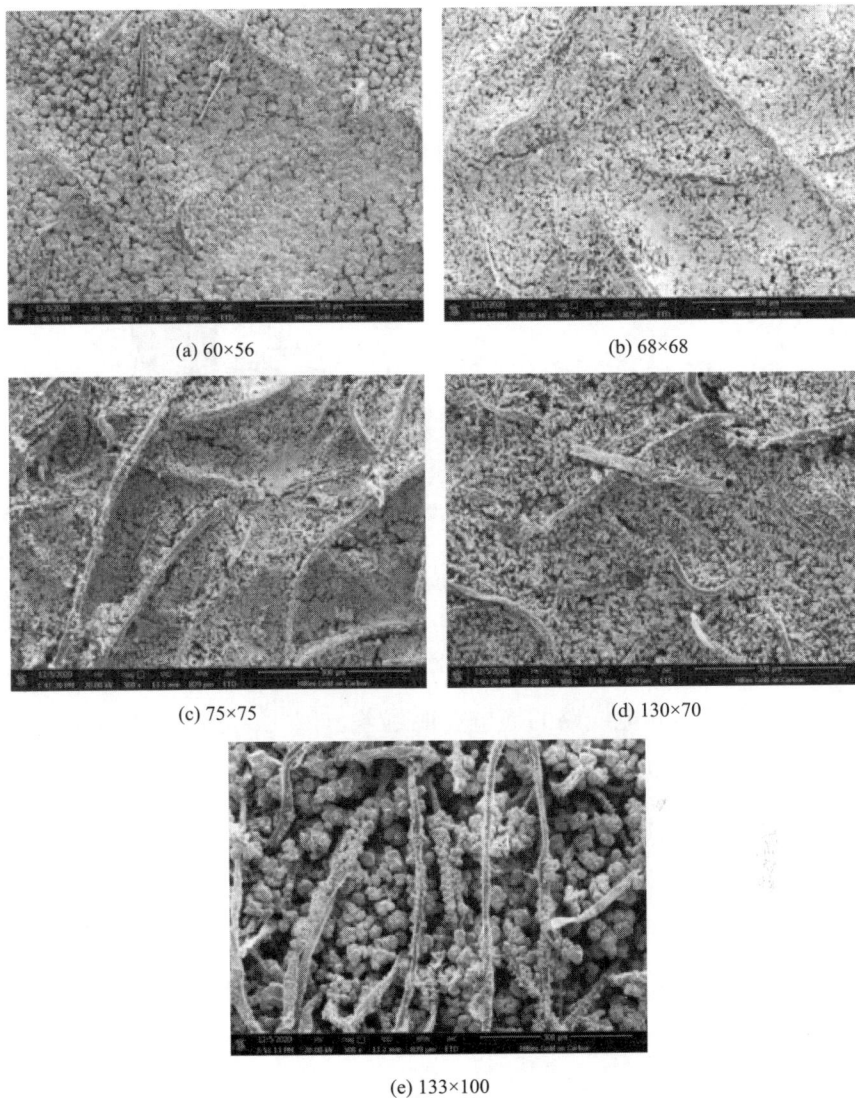

(a) 60×56

(b) 68×68

(c) 75×75

(d) 130×70

(e) 133×100

图5-44　不同密度的平纹织物导电线路表面SEM图（单位：根/英寸）

出，小密度导电线路表面成形效果优于大密度导电线路表面。

　　为了进一步研究五种不同密度导电线路导电层的电学性能，按照5.3.3.1中方阻测试方法进行测试，测试结果如图5-45所示。

　　由图5-45可以看出，从三种不同组织导电线路导电层的方阻均值以及标准

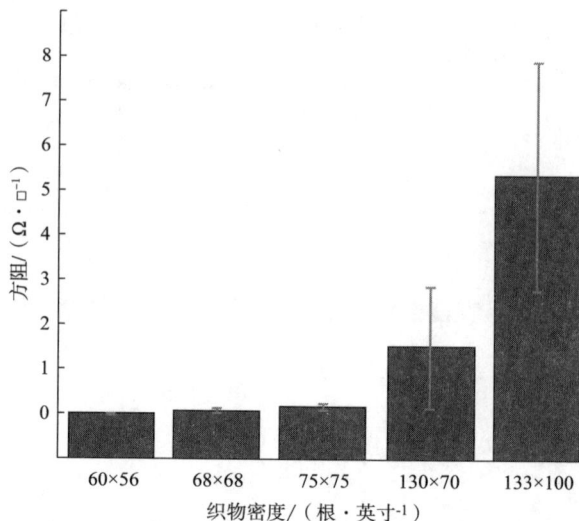

图5-45 不同密度的平纹机导电线路方阻

偏差大小可以看出，随着织物密度的增大，成形导电线路方阻值越大，标准偏差越大，即所成形导电线路的导电性能越差。因此，选择密度为60根/英寸 × 56根/英寸的平纹机织布作为后续导电线路成形基底。

5.3.3.2 反应物浓度

（1）硝酸银浓度对导电线路的影响

原电池置换沉积法主要是通过置换反应大量还原硝酸银溶液中的银离子，其中硝酸银和抗坏血酸为溶液，两者浓度会影响银离子与抗坏血酸、铜箔的碰撞概率，从而影响还原银离子的速度，进一步影响纳米银颗粒的前期沉积。基于此，对反应物浓度进行相应实验，获得织物基板上沉积成形导电线路的最佳反应浓度。

按照表5-6的实验方案，利用直接驱动型压电式微滴喷射系统进行织物表面喷射打印成形导电线路实验，得到不同浓度硝酸银溶液下沉积成形银导电线路的照片，如图5-46所示。

图5-46中，不同浓度硝酸银溶液下沉积成形的银导电线路外形基本相似，表面银层颜色随着硝酸银溶液浓度的升高出现亮银色；

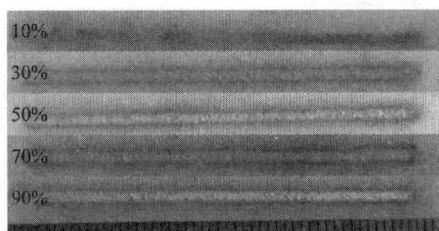

图5-46　不同浓度硝酸银溶液下沉积成形的银导电线路

对图5-46中不同浓度硝酸银溶液下沉积成形的银导电线路表面形貌进行观察，得到SEM照片如图5-47所示。

从图5-47（a）可以看出，当硝酸银溶液浓度较低时，反应沉积成形银导电线路的银颗粒较少，导电线路呈明显疏松结构，在纱线表面没有形成有效包覆，随着硝酸银溶液浓度的升高，沉积的银颗粒增多，颗粒均匀且颗粒间越来

(a) 10%（质量体积分数，下同）的硝酸银溶液

(b) 30%的硝酸银溶液

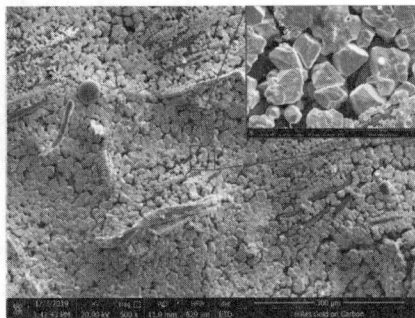

(c) 50%的硝酸银溶液

图 5-47

(d) 70%的硝酸银溶液　　　　　　　　(e) 90%的硝酸银溶液

图5-47　不同浓度硝酸银溶液下沉积成形银导电线路的SEM图

越致密，完全包覆了沉积位置处的织物，如图5-47（c）~（e）所示。

对图5-47中不同浓度硝酸银溶液下沉积成形的银导电线路进行方阻测试，得到银导电线路方阻变化如图5-48所示。

由图5-48可知，随着硝酸银溶液浓度的增加，所测银导电线路的方阻均值及方差均减小，当硝酸银浓度达到50%之后，方阻均值及方差波动较小；当硝酸银浓度为50%、70%、90%时，多次测量下，方阻值如图5-48右上方所示，

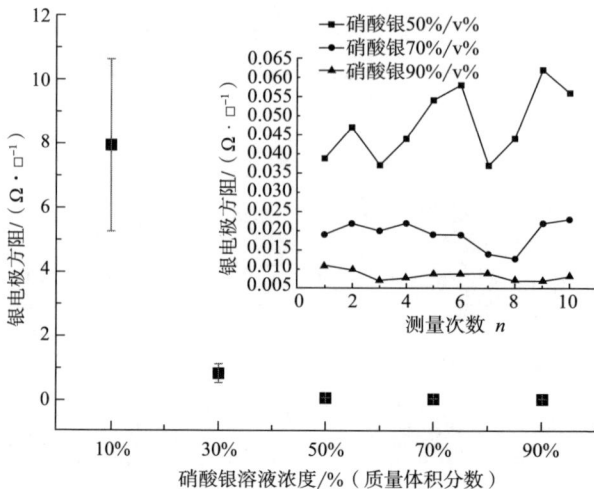

图5-48　不同浓度硝酸银溶液下沉积成形银导电线路的方阻

银导电线路方阻在硝酸银溶液浓度为90%时，生成银导电线路方阻均值和方差最小，分别0.0085 Ω/□和0.001354Ω/□。

（2）抗坏血酸浓度对导电线路的影响

按照表5-6实验方案，利用直接驱动型压电式微滴喷射系统进行织物表面喷射打印成形导电线路实验，得到不同浓度抗坏血酸溶液下沉积成形银导电线路的照片，如图5-49所示。

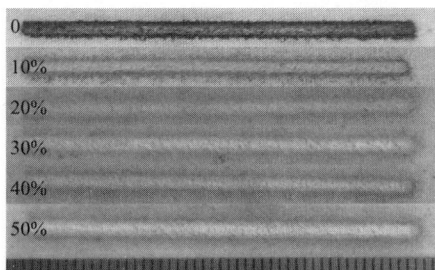

图5-49 不同浓度抗坏血酸溶液下沉积成形的银导电线路

图5-49中，当抗坏血酸溶液浓度≥10%时，沉积成形银导电线路的外形和颜色相差不大，而抗坏血酸溶液浓度为0时，沉积成形银导电线路的颜色较暗，银线边缘为黑色。

对图5-49中不同浓度抗坏血酸溶液下沉积成形银导电线路的表面形貌进行观察，得到SEM照片如图5-50所示。

从图5-50可以看出，当抗坏血酸溶液浓度较低时，银导电线路主要由铜银间的置换反应沉积，银层多由银枝晶构成，结构疏松，银枝晶间连接较差。随着抗坏血酸浓度的升高，沉积银层由颗粒状银构成，浓度越高生成的银颗粒越均匀且颗粒间越来越致密，完全包覆了沉积处的织物，如图5-50（c）~（f）所示。

对图5-49中不同浓度抗坏血酸溶液下沉积成形的银导电线路进行方阻测试，得到银导电线路方阻变化如图5-51所示。

由图5-51可得，随着抗坏血酸浓度的增加，所测银导电线路方阻的均值及

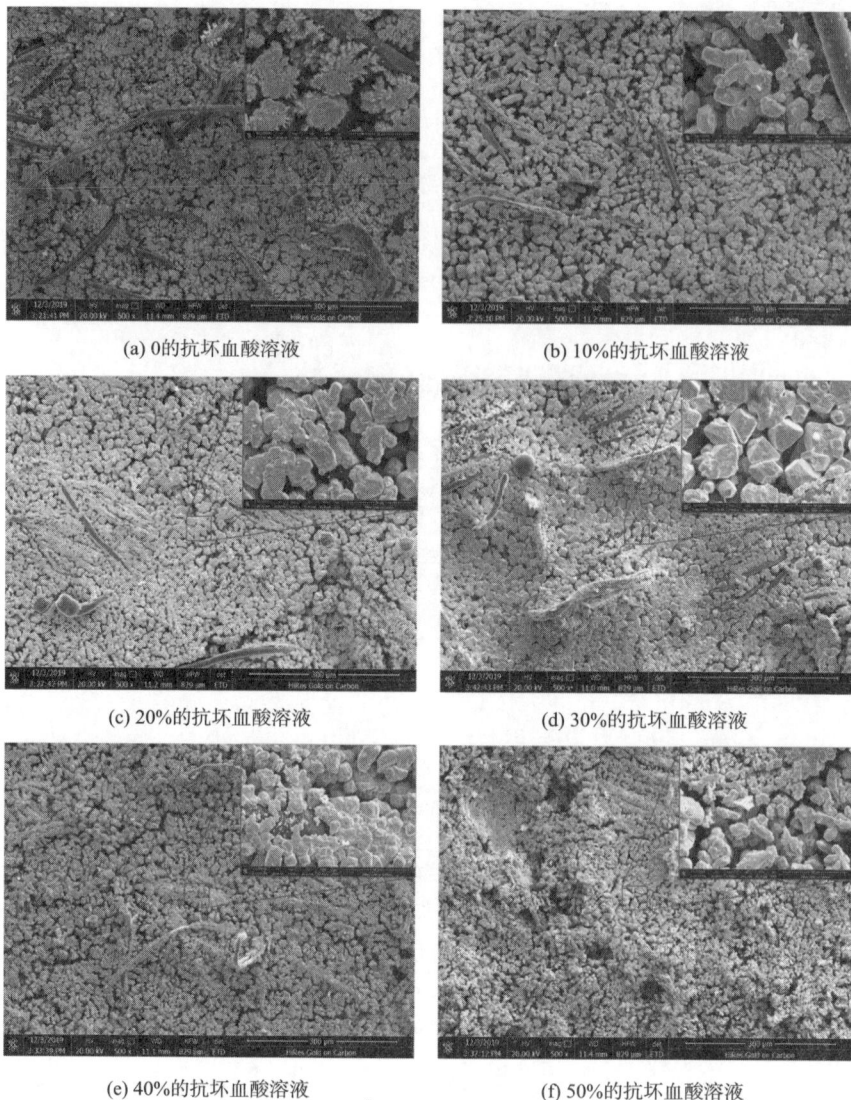

(a) 0的抗坏血酸溶液

(b) 10%的抗坏血酸溶液

(c) 20%的抗坏血酸溶液

(d) 30%的抗坏血酸溶液

(e) 40%的抗坏血酸溶液

(f) 50%的抗坏血酸溶液

图 5-50　不同浓度抗坏血酸溶液下沉积成形银导电线路的SEM图

方差先减小，在抗坏血酸浓度达到40%后沉积银导电线路的方阻值有所增加，这是由于抗坏血酸在常温下的最大溶解度为0.33g/mL，即最大浓度为33%，当浓度超过此值时，抗坏血酸容易在溶液中再结晶，结晶会影响银颗粒的形成，且配制的溶液不能长久保存，因此最佳的抗坏血酸浓度为30%，沉积银导电线

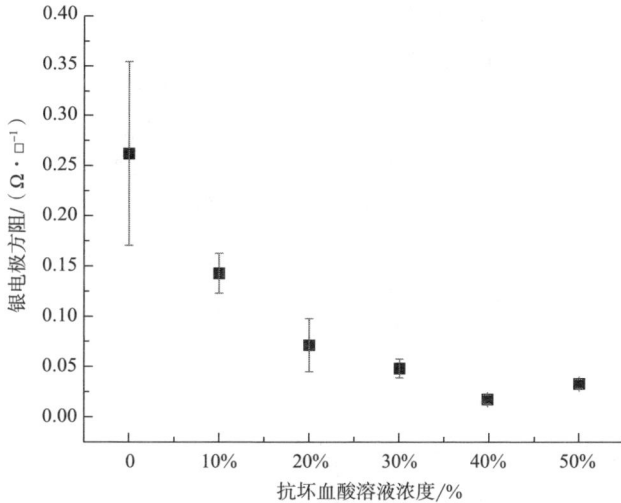

图 5-51 不同浓度抗坏血酸溶液下沉积成形银导电线路的方阻

路方阻的均值和方差分别为0.0478 Ω/□和0.009138 Ω/□。

5.3.3.3 反应物的量

（1）硝酸银打印层数对导电线路的影响

导电线路沉积成形过程中，反应物的量影响沉积成形银导电线路的厚度、致密性，对反应沉积成形银导电线路的微观形貌和导电性有较大的影响。硝酸银溶液的量是沉积银导电线路中银颗粒的直接来源，对导电线路的均匀性及致密性影响较大，本实验中通过控制打印硝酸银溶液的层数实现对硝酸银溶液量的控制；抗坏血酸溶液的量会影响织物基板上纳米银颗粒的前期沉积，本实验通过控制抗坏血酸溶液与织物基底的克重比实现对抗坏血酸溶液量的控制。

按照表5-6实验方案，利用直接驱动型压电式微滴喷射系统进行织物表面喷印导电线路实验，得到硝酸银溶液不同打印层数下成形银导电线路照片，如图5-52所示。

如图5-52所示，通过控制打印硝酸银溶液的层数实现硝酸银溶液参与反应量的控制，随着打印层数增多，沉积银层颜色越来越亮。

对图5-52中不同硝酸银溶液打印层数下沉积银导电线路的表面形貌进行观

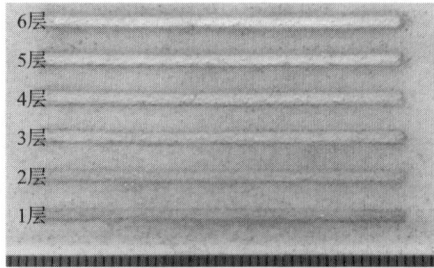

图5-52 不同打印层数下成形的银导电线路

察，得到SEM照片如图5-53所示。

从图5-53可以看出，当打印硝酸银溶液层数较少时，反应沉积的银导电线路中银颗粒较少，导电线路呈明显疏松结构，在纱线表面没有形成有效包覆，随着打印层数的增加，沉积银颗粒增多，颗粒均匀且颗粒间越来越致密，完全包覆了沉积位置处的织物，如图5-53（c）~（f）所示。

(a) 打印1层硝酸银溶液

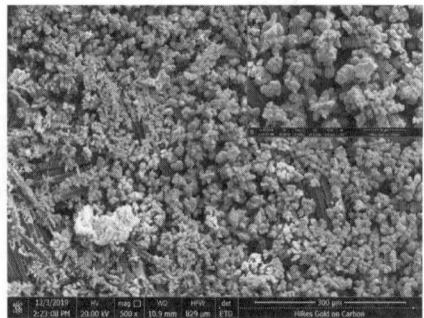

(b) 打印2层硝酸银溶液

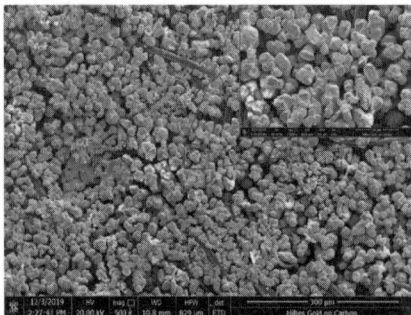

(c) 打印3层硝酸银溶液

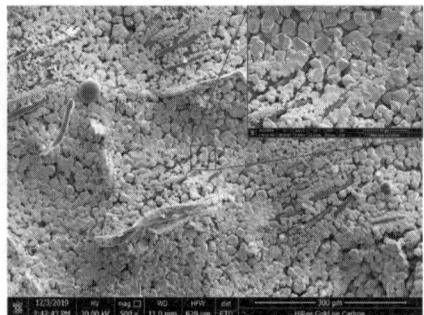

(d) 打印4层硝酸银溶液

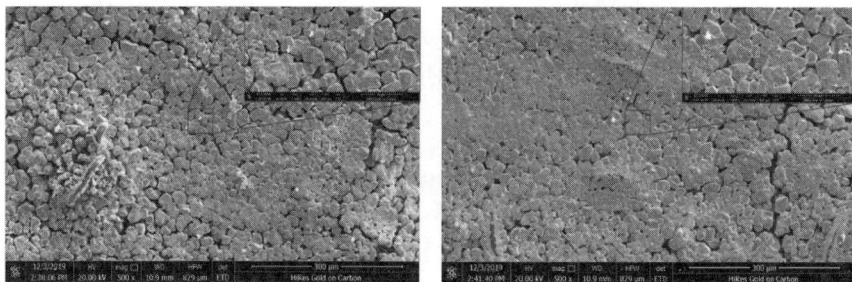

(e) 打印5层硝酸银溶液　　　　　　　　　(f) 打印6层硝酸银溶液

图5-53　不同硝酸银溶液打印层数下沉积成形银导电线路的SEM图

对图5-52中不同硝酸银溶液打印层数下沉积的银导电线路进行方阻测试，得到银导电线路方阻变化如图5-54所示：

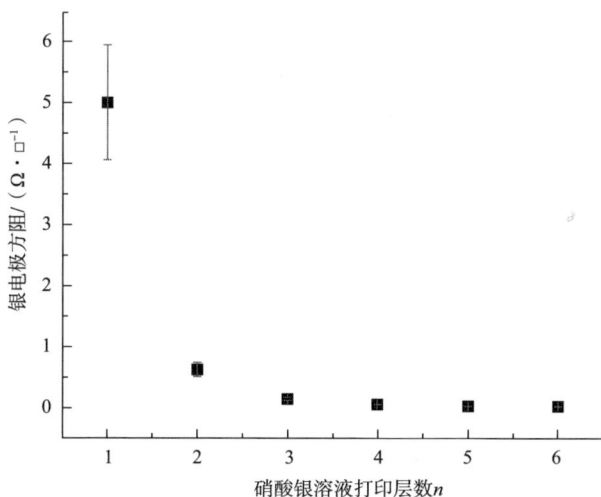

图5-54　不同硝酸银溶液打印层数下沉积成形银导电线路的方阻

由图5-54可知，随着硝酸银溶液打印层数的增加，所测银导电线路的方阻均值及方差均减小，当打印层数在4层及以上时，沉积银导电线路的方阻均值及方差基本保持不变。当打印4层硝酸银溶液时，沉积银导电线路的方阻均值和方差分别为0.00478Ω/□和0.009138Ω/□。

（2）抗坏血酸量对导电线路的影响

按照表5-6实验方案，利用直接驱动型压电式微滴喷射系统进行织物表面喷印导电线路实验，得到抗坏血酸不同用量下沉积成形银导电线路的照片，如图5-55所示。

由图5-55可以看出，随着抗坏血酸溶液参与反应量的增加，可以看出不同抗坏血酸溶液量的银导电线路外形存在较为明显地差异，随着抗坏血酸溶液量的增加，沉积的银层主要分布在织物上表面。

对图5-55中不同抗坏血酸溶液的量浸渍织物下沉积银导电线路的表面形貌进行观察，得到SEM照片如图5-56所示。

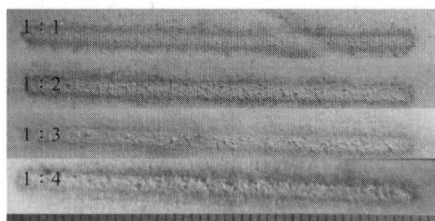

图5-55 不同抗坏血酸溶液的量浸渍织物下沉积成形的银导电线路

从图5-56可以看出，当抗坏血酸溶液的量较少时，反应沉积银导电线路中银颗粒没有对织物形成完全包覆，随着抗坏血酸溶液的量增加，沉积的银颗粒逐渐完全覆盖织物，颗粒均匀且颗粒间较为致密，如图5-56（b）~（d）所示。

(a) 织物与抗坏血酸溶液的质量比为1∶1   (b) 织物与抗坏血酸溶液的质量比为1∶2

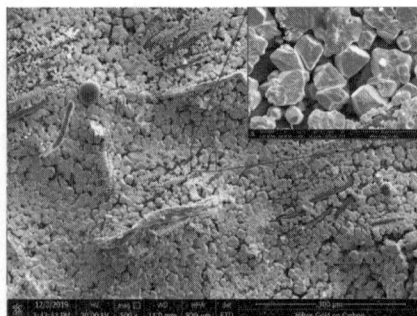

(c) 织物与抗坏血酸溶液的质量比为1：3　　　(d) 织物与抗坏血酸溶液的质量比为1：4

图 5-56　织物与抗坏血酸溶液不同质量比下沉积成形银导电线路的SEM图

对图5-56织物与抗坏血酸溶液不同质量比下沉积成形的银导电线路进行方阻测试，得到银导电线路方阻变化如图5-57所示。

由图5-57可知，随着抗坏血酸溶液的量增加，打印的硝酸银溶液主要与在织物表面的抗坏血酸溶液液膜反应并开始沉积银颗粒，银颗粒未能有效地吸附在织物纱线上，沉积银层与织物结合性较差，影响成形银导电线路的阻值，沉积银导电线路的方阻均值及方差先减小后增大，当织物与抗坏血酸溶液的质量比为1：2时，沉积银导电线路的方阻均值及方差较小。

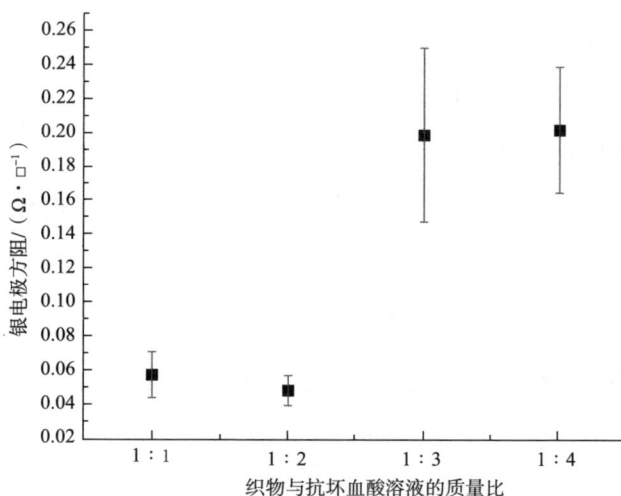

图 5-57　织物与抗坏血酸溶液不同质量比下沉积成形银导电线路的方阻

5.3.3.4 织物的改性处理

织物改性处理是通过浸渍的方法使织物表面获得一层具有电学性能改性材料的处理手段，在微滴喷射打印原电池置换沉积技术中，通过引入其他导电材料对织物进行改性处理，能够影响原电池置换反应中阴极向阳极电子运动的速度，从而对银导电线路的沉积成形造成影响。本实验中采用具有一定浓度的碳纳米管溶液浸渍织物实现织物的改性处理。

由图5-58可以看出，通过碳纳米管浸渍织物实现织物表面的改性处理，不同碳纳米管浓度浸渍下沉积成形的银导电线路外形和颜色无较大差异，线形均匀，颜色为银白色。

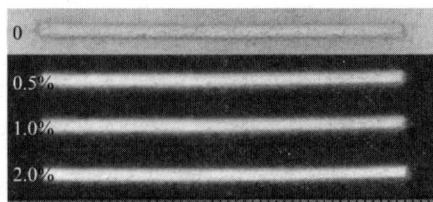

图5-58　不同织物改性处理条件下成形的银导电线路

对图5-58中不同浓度碳纳米管溶液浸渍织物下沉积银导电线路的表面形貌进行观察，得到SEM照片如图5-59所示。

从图5-59可以看出，随着碳纳米管溶液浓度的增加，在织物表面沉积的银导电线路的银颗粒间越致密，完全包覆了沉积位置处的织物。

对图5-58不同浓度碳纳米管溶液浸渍织物下沉积的银导电线路方阻进行测试，得到银导电线路方阻变化如图5-60所示。

由图5-60可知，随着碳纳米管溶液浓度的增加，沉积银导电线路的方阻均值及方差均减小，当碳纳米管溶液浓度过大时，银导电线路的方阻均值及方差均增大。碳纳米管溶液浓度为1%时，银导电线路方阻均值及方差最小，分别为0.0172Ω/□和0.002348Ω/□。

为了进一步分析织物表面改性处理对沉积银导电线路电学性能的影响规

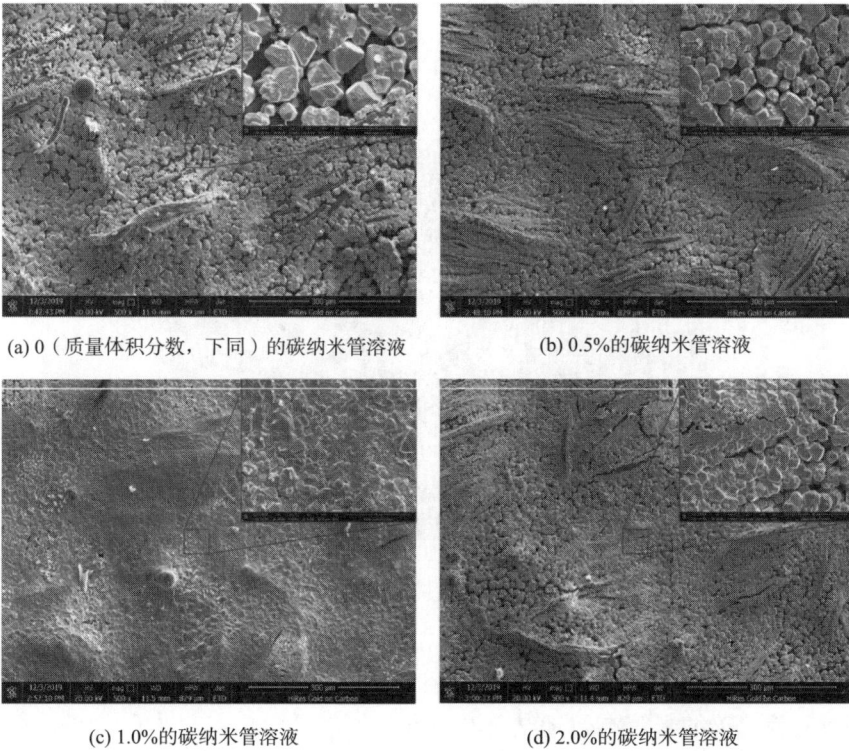

(a) 0（质量体积分数，下同）的碳纳米管溶液

(b) 0.5%的碳纳米管溶液

(c) 1.0%的碳纳米管溶液

(d) 2.0%的碳纳米管溶液

图5-59 不同浓度碳纳米管溶液浸渍织物下沉积成形银导电线路的SEM图

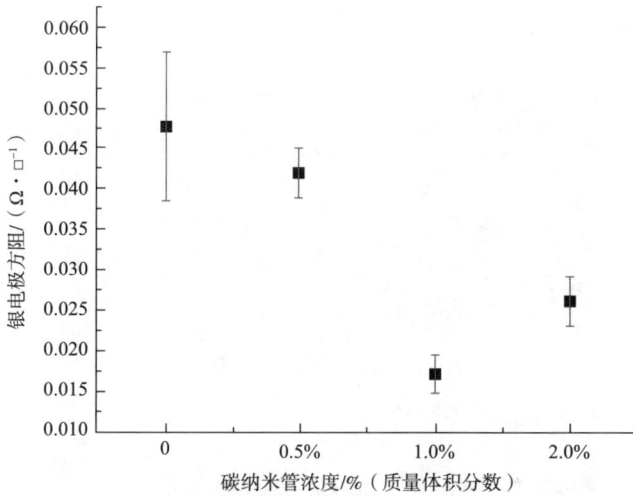

图5-60 不同浓度碳纳米管溶液浸渍织物下沉积成形银导电线路的方阻

律，采用1%的碳纳米管溶液浸渍织物，对打印1层硝酸银溶液时沉积银层的表面形貌进行观察，得到SEM图如图5-61所示。

图5-61　打印单层硝酸银溶液时沉积成形银导电线路的SEM图

从图5-61可以看出，反应生成的银颗粒包覆在织物纱线表面，银颗粒与织物表面覆盖的碳纳米管有效地结合在一起。

为了与市面上所售银浆的导电性能进行比较，采用印刷的方式在平纹棉织物基底上印刷导电银浆，通过加热固化后对银导电线路的表面形貌进行观察，得到SEM图如图5-62所示。

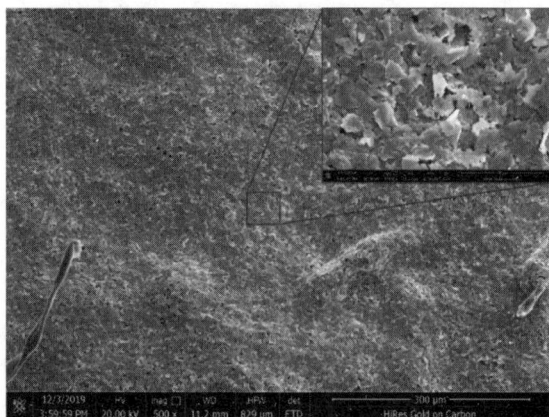

图5-62　在织物表面印刷导电银浆制备银导电线路的SEM图

从图5-62可以看出，印刷的银浆导电线路完全覆盖了织物表面，形成的银层颗粒主要呈片状结构。对不同浓度碳纳米管溶液浸渍织物下印刷的银浆导电线路进行方阻测试，得到印刷银导电线路方阻变化如图5-63所示。

由图5-63可知，不同浓度碳纳米管溶液浸渍织物下印刷银导电线路的方阻均值及方差较为接近。

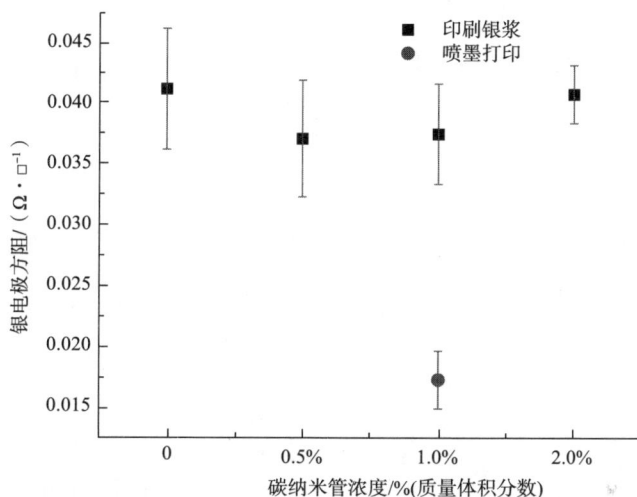

图5-63 不同浓度碳纳米管溶液浸渍织物下印刷银导电线路的方阻

5.4 织物基柔性导电线路的制备及性能测试

5.4.1 织物基柔性导电线路的制备

在本章前几节研究的基础上，确定了织物基柔性导电线路喷射打印成形的最优工艺参数。然而，利用微滴喷射打印原电池置换沉积技术在进行喷射打印成形的导电线路，不仅需要具有良好的电学性能，同时还需要适应纺织品的水洗、弯折等状况。本节将采用气动式微滴喷射系统，选择喷嘴孔径155μm，调节供气压力0.1MPa、脉冲宽度1.953ms、喷射频率为1Hz、球阀开口20°，保证硝酸银溶液以单颗微滴形式稳定喷射，实验中设定系统基板运动速度为0.5mm/s，硝酸银溶液浓度为50%（质量体积分数，下同）、抗坏血酸溶液浓度为30%，将6%的PVP加入抗坏血酸溶液中，过滤备用；利用1500目细砂纸打磨铜箔，去除表面氧化铜；将织物浸泡于抗坏血酸溶液中，使织物完全浸湿，与铜箔表面紧密贴合；利用MC600运动控制器设计移动平台运动轨迹；采用气动式微滴按需喷射系统，室温条件下，在平纹织物表面按照预定轨迹定点打印沉积七层硝酸银微滴，得到导电线路；利用无水乙醇对导电线路进行冲洗，去除反应残留物；将清洗后的导电线路置于干燥箱内70℃烘干3min；制备得到具有良好的柔性与导电性的导电线路，如图5-64所示。

如图5-64所示，线路起始端无大范围团聚、凸起现象，成形线路能够适应织物基本变形，有较好的柔性，各处连接完成，可以通过该导电线路将高强光

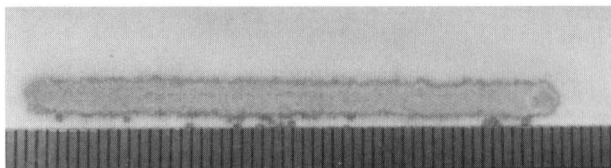

(a) 制备的织物基导电线路

(b) 织物基底上制备的简单电路

图5-64　制备的织物基柔性导电线路

LED灯点亮，具有良好的电学性能。

为检验制备成形的织物基柔性导电线路电学性能，对如图5-64所示的导电线路电学性能进行表征，通过测量导电线路方阻，测量结果如图5-65所示。

如图5-65所示为导电线路各点方阻测量结果，导电线路方阻均值为

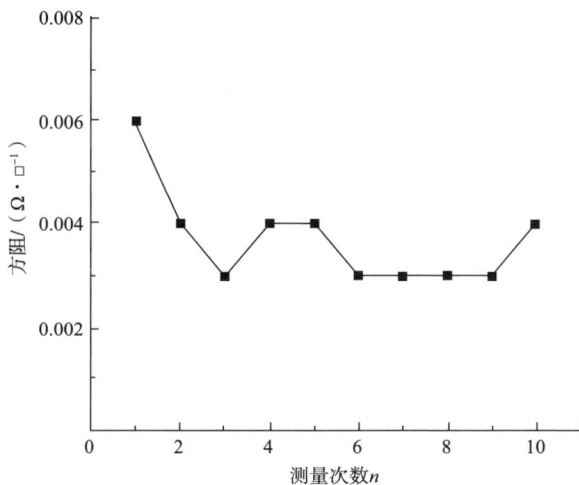

图5-65　导电线路方阻测量结果

0.0037Ω/□，方阻标准偏差为0.0014Ω/□。

对图5-64所示导电线路进行微观形貌观察，得到图片如图5-66所示。

由图5-66可以看出，织物纤维之间的孔隙被银颗粒填充，银颗粒之间互相连接，银颗粒与纤维结合成为一体，纤维无明显裸露，银颗粒整体将织物纤维

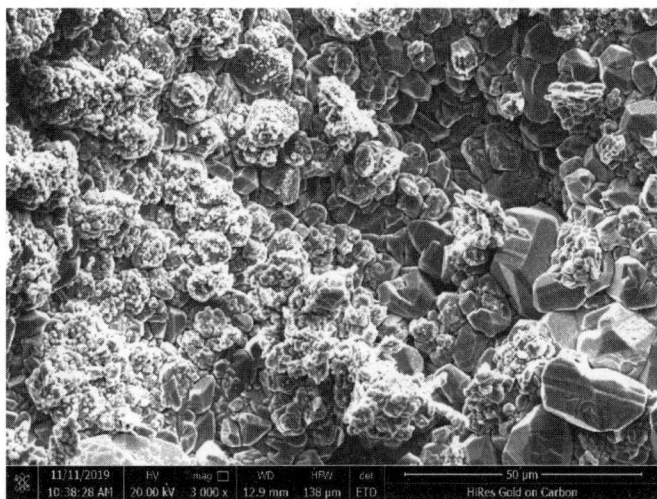

图5-66　导电线路SEM图

完全包裹，导电线路微观形貌良好。

5.4.2 织物基柔性导电线路的性能测试

5.4.2.1 黏合性测试

纺织品在使用过程中可能会导致银层的磨损甚至脱落，引起功能失效。而导电线路是利用化学反应生成的，银颗粒与织物纤维之间结合的牢固性决定了导电线路与织物的黏合性。导电线路与织物基底之间的黏合性越强，则线路随织物变形过程中越不容易脱落。利用胶带实验测试黏合性的方法对织物基底与银层的黏合性进行测试。

胶带实验测试黏合性的目的是测试表面涂层与基底结合的牢固性，该方法使用压敏胶带黏贴在基底表面的涂层上，并施加一定压力，然后撕下压敏胶带，通过基底表面涂层的脱落程度来判断其黏合性。胶带实验测试黏合性方法示意图如图5-67所示。

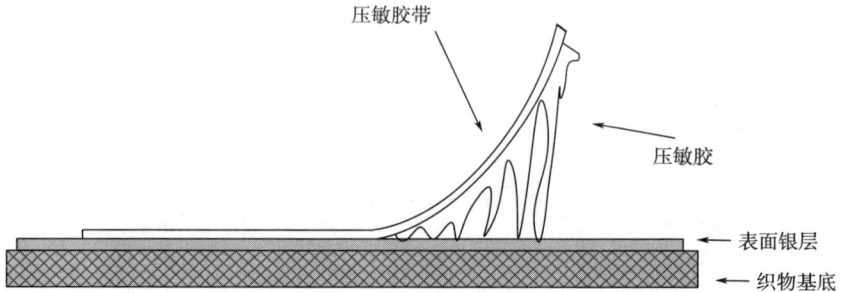

图5-67　胶带实验测试黏合性方法示意图

本书以美国材料与实验学会标准（ASTM）D3359—2002《胶带测试附着力的标准实验方法》为依据，参照其他研究者的测试方法，根据实验具体情况进行修改，利用此方法对导电线路银层与织物纤维结合之间的牢固程度进行测量，为制备具有良好黏合性的织物基导电线路提供依据，其测试步骤如下。

① 裁剪制得3 cm × 2 cm的织物样品，利用电子天平测量织物样品质量为m_0。

② 在裁剪好的织物样品表面制备长度为2 cm导电线路，利用电子天平对制备好的织物基导电线路样品质量进行测量，将导电线路样品质量记作m_1。

③ 计算得到织物基底上银层质量$m_Y=m_1-m_0$。

④ 将压敏胶带制成与测试样品面积相同的形状，黏附于样品银层表面。

⑤ 将待测样品置于推拉力计（DS2–500N）载物台上，施加压力10N，保压60s。

⑥ 缓慢撕下样品表面的压敏胶带，对其进行质量测量，记作m_2。

⑦ 织物基底上银层质量变化量Δm，记作$\Delta m=m_1-m_2$。

⑧ 银层的质量损失率r记作，以此来判定导电线路与织物纤维的黏合程度。

按照上述所示方法，裁剪10组平纹织物样品，在相同实验环境下，依照第4章所示实验参数进行导电线路制备，对10组样品进行胶带黏合性测试，计算其质量损失率r，并对导电线路的黏合性进行评价，10组样品的测试结果见表5–7。

表5–7　导电线路胶带黏合性测试结果

组别	m_0/g	m_1/g	m_Y/g	m_2/g	Δm/g	r/%
1	0.160	0.186	0.026	0.185	0.001	3.8
2	0.188	0.209	0.021	0.206	0.003	14.3
3	0.143	0.175	0.032	0.173	0.002	6.3
4	0.130	0.152	0.022	0.150	0.002	9.1
5	0.144	0.174	0.03	0.172	0.002	6.7
6	0.156	0.181	0.025	0.179	0.002	8.0
7	0.127	0.145	0.018	0.144	0.001	5.6
8	0.140	0.158	0.018	0.155	0.003	16.7
9	0.139	0.162	0.023	0.158	0.004	17.4

组别	m_0/g	m_1/g	m_Y/g	m_2/g	Δm/g	r/%
10	0.152	0.182	0.03	0.180	0.002	6.7
平均值					0.0022	9.4

表5-7为织物基导电线路胶带黏合性测试结果，$\triangle m$反映了测试前后样品质量变化，即被胶带粘掉的银颗粒的质量，r反映了织物基导电线路通过胶带黏合性测试之后，其银层的质量损失率。通过表5-7可知，10组样品测试实验Δm均值为0.0022g，最大值为0.004g；银层质量损失率r均值为9.4%，最大损失率为17.4%。其表面银层质量损失率最大值未超过20%，其均值未超过10%，对比测试前后导电线路样品质量变化可知，实验制备的导电线路具备较好的黏合性，后续可以通过对银层的冲压以及改变导电线路制备过程中PVP的浓度等工艺来提高织物基导电线路的黏合性。

5.4.2.2 耐洗涤性测试

织物基导电线路需要满足一定的耐洗涤性，以适应纺织品定期水洗、湿润环境下使用等特点，并保持一定的电学性能。为研究微滴喷射打印成形的织物基导电线路的耐洗涤性能，课题组利用磁力搅拌器模拟机洗的情况下，对所制备的导电线路进行洗涤性测试，通过测试前后导电线路的阻值变化对导电线路的耐洗涤性进行讨论。

导电线路耐洗涤性测试方法参照GB/T 8629—2017《纺织品实验用家庭洗涤和干燥程序》，针对实验具体情况进行修改，利用磁力搅拌机1000r/min洗涤5min模拟垂直搅拌的普通机洗环境，添加等量陪洗物，搅拌洗涤结束之后于40℃下烘干。对测试前后线路整体阻值变化进行测量，以判定实验样品的耐洗涤性。具体测试步骤如下：

① 制备长度为5cm的导电线路样品。

② 利用数字万用表测量导电线路整体阻值，记作R_0。

③ 将样品置于300mL烧杯中，加入200mL水，并加入陪洗物。

④ 设置磁力搅拌机转速1000r/min连续洗涤5min，将样品取出，利用温控电热干燥箱40℃下烘干10min。

⑤ 测量干燥后的样品整体阻值，记作R_1。

⑥ 参照①～⑤循环洗涤，记录每次洗涤后线路整体阻值R_n。

根据上述织物基导电线路耐洗涤性测试步骤，对长度为5cm，导电线路阻值初始值为0.95Ω的导电线路进行耐洗涤性测试，循环洗涤12次，得到洗涤测试结束后线路阻值变化如图5-68所示。

由图5-68可知，随着线路洗涤次数的增加，导电线路阻值呈现先不断增大，同时，在线路阻值增长过程中，其阻值变化率不断减小，最后，导电线路整体阻值变化平缓趋于稳定。经实验分析发现，首次洗涤后导电线路的阻值变化率最大，约为38.1%。这是因为首次洗涤会使线路表面松动的银颗粒脱落，线路阻值也会随着银颗粒的减少而增加，而在后续洗涤过程中，洗涤液与陪洗物与样品的摩擦会使线路表面松动的银颗粒不断脱落，同时线路表面松动的银颗粒也越来越少，线路整体的阻值也就不断趋于稳定，最终，实验

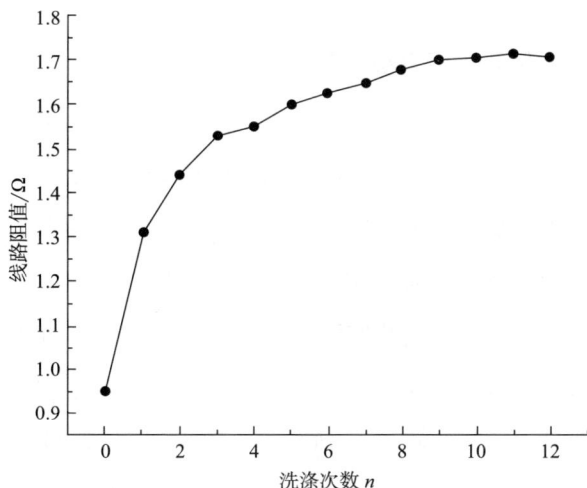

图5-68　线路阻值随洗涤次数的变化

测得导电线路在第9次洗涤之后线路整体的阻值保持在1.7Ω左右。

5.4.2.3 抗弯折性测试

导电线路在适应纺织品变形过程中，会伴随着纺织品进行重复性弯折动作，在多次弯折过程中，导电线路的电学性能会发生变化，从而对智能纺织品的功能产生影响，因此需要对织物基导电线路的抗弯折性能进行研究。利用曲柄连杆机构带动样品往复运动，实现对测试样品进行重复弯折，测量导电线路阻值随线路弯折次数的变化情况，对导电线路的抗弯折性能进行研究。

针对织物弯折变形特点，结合导电线路实验样品，本节利用往复运动机构对导电线路进行抗弯折实验。制备长度为5cm的织物基导电线路样品，对导电线路阻值进行测量，并对其进行重复性弯折实验，研究弯折次数对导电线路阻值的影响规律。具体步骤如下：

① 制备长度为5cm导电线路样品，测量其阻值记作R_0。

② 利用往复运动机构对实验样品进行弯折实验，电动机转速100r/min，弯折次数为1000次，机构行程为1cm。

③ 对经过弯折测试的导电线路样品进行阻值测量，记作R_1。

④ 重复②和③，测量不同弯折次数下导电线路样品的阻值R_n。

如图5-69所示，实验中利用电动机带动曲柄连杆机构实现往复运动，利用夹持装置使导电线路样品实现弯折动作，抗弯折测试过程中选择导电线路样品阻值初始值为1.15Ω，曲柄连杆机构运动行程为1cm，导电线路样品弯折前后状况如图5-69（a）、（b）所示，抗弯折实验机构如（c）所示。

按照上节所述实验步骤，利用曲柄连杆机构对导电线路样品进行抗弯折实验，弯折1000次后对导电线路阻值进行测量，重复弯折10000次，测量得到导电线路弯折1000~10000次范围内线路阻值的变化过程如图5-70所示。

如图5-70所示为导电线路阻值随弯折次数的变化过程，线路整体阻值随着弯折次数的增加而增大，弯折次数达到7000次以后线路阻值基本趋于平稳线路整体阻值约为2.20Ω，经弯折10000次测试后的导电线路仍具有良好的电学性能。经实验分析，线路经历第一次弯折测试后，其阻值约为1.51Ω，阻值变化

(a) 导电线路样品弯折前　　　(b) 导电线路样品弯折后

(c) 导电线路抗弯折实验机构

图5-69　织物基导电线路抗弯折测试

1—电动机　2—偏心轮　3—曲柄　4—连杆　5—夹持装置

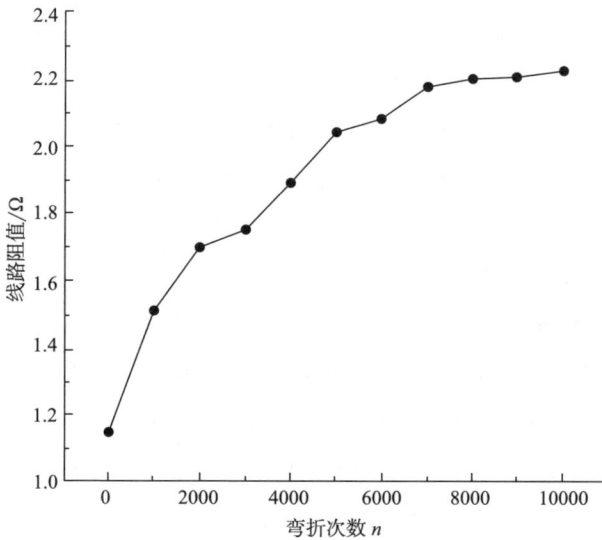

图5-70　导电线路阻值随弯折次数的变化

率最大，约为31.3%，线路阻值增长幅度也随弯折次数的增加而不断变小，该趋势与织物基导电线路耐洗涤性测试中阻值的变化趋势有一定的相似性。

在导电线路重复性弯折过程中，织物结构中银颗粒之间的连接状态发生改变，银颗粒之间会发生挤压与脱落，减少导电线路中银颗粒的含量，与此同时，弯折过程会改变线路中银颗粒之间的孔隙，影响银颗粒之间构成的导电通道。随着重复性弯折次数的增加，颗粒之间的连接状态逐渐稳定，同样实验条件下难以对导电线路产生新的损伤，导电线路的阻值也就逐渐趋于稳定。由此可知，导电线路具有一定的抗弯折性能。

参考文献

［1］肖渊，尹博，李岚馨，等. 微滴喷射化学沉积工艺条件对成形银导线的影响［J］. 纺织学报，2019，40（5）：78–83.

［2］赵斌，马海燕，张宗涛，等. 以抗坏血酸为还原剂制备不同粒径的银超微粒子［J］. 化学世界，1996（5）：235–239.

［3］谢炜，郑亚亚，匡加才，等. 以聚乙烯吡咯烷酮为分散剂制备球形银粉的研究［J］. 粉末冶金工业，2015，25（1）：23–27.

［4］肖渊，吴姗，刘金玲，等. 织物表面微滴喷射反应成形导电线路基础研究［J］. 机械工程学报，2018，54（7）：216–222.

［5］吴姗，肖渊，刘金玲，等. 织物表面不同序列喷射打印成形导线实验研究［J］. 西安工程大学学报，2017，31（2）：251–257.

［6］Bidoki S M，Nouri J，Heidari A A. Inkjet deposited circuit components［J］. Journal of Micromechanics & Microengineering，2010，20（5）：055023.

［7］Bidoki S M，Lewis D M，Clark M，et al. Ink–jet fabrication of electronic components［J］. Journal of Micromechanics & Microengineering，2007，17（5）：967.

［8］赵斌，姚明懿. 高分子保护的银超微粒子分散液的制备及导电性［J］. 华东理工大学学报，1995，21（4）：428–434.

［9］刘书祯，谈定生，吕超君.抗坏血酸还原制备微细银粉的研究［J］. 粉末冶金工业，2009，19（2）：5-9.

［10］肖渊，王盼，张威，等. 织物表面导电线路喷射打印起始端凸起形成过程研究［J］. 纺织学报，2020，41（12）：81-86.

［11］PAUL G，TORAH R，BEEBY S，et al. The development of screen printed conductive networks on textiles for biopotential monitoring applications［J］. Sensors and Actuators A：Physical，2014，206（206）：35-41.

［12］Duineveld P C. The stability of ink-jet printed lines of liquid with zero receding contact angle on a homogeneous substrate［J］. Journal of Fluid Mechanics，2003，477：175-200.

［13］CASTREJON-PITA J R，BETTON E S，Kubiak K J，et al. The dynamics of the impact and coalescence of droplets on a solid surface［J］. Biomicrofluidics，2011，5（1）：014112.

［14］BERKER R. Intégration des équations du mouvement d'un fluide visqueux incompressible［J］. Handbuch der physik，1963，3：1-384.

［15］李冰. 以纺织物为基底的直接打印可穿着柔性微带天线的研究［D］. 杭州：浙江理工大学，2014.

第6章　织物基柔性可拉伸导电线路喷射打印成形

上一章对微滴喷射成形导电线路影响参数进行了研究，明确了导电线路喷射打印参数，完备了导电线路制备工艺流程，实现了高质量、织物基柔性导电线路喷射打印成形。而近年来，国内外学者对开发高弹性机械响应的可伸缩智能可穿戴电子设备表现出浓厚的兴趣，而可拉伸导电线路作为此类设备的基本元件之一，存在柔性低、拉伸性不足、与织物融合性不高等问题，不适合用于高性能、可拉伸、低成本的可穿戴电子器件。因此，实现织物基可拉伸导电线路的柔性化制备是目前研究的热点。

6.1　织物基导电线路结构特征参数及拉伸模拟研究

本章首先从改善导电线路自身结构强度和材料强度两个方面进行研究，首先，对多种织物基底进行单轴拉伸实验，得到针织物为拉伸性能最优的织物类型，以此作为沉积基底，然后采用直接驱动型压电式微滴喷射系统，结合微滴喷射打印原电池置换沉积技术，对实验制备的针织物基导电线路进行参数化三维建模，基于弹性力学理论和有限元方法建立针织物基导电线路三维数值模型，模拟单轴拉伸下导电线路结构特征参数（形状、宽度、角度及数量）对导电线路应力分布的影响，研究能够有效降低导电线路机械应力集中最优特征参数组合, 然后将导电线路与针织物结合, 模拟分析针织物基导电线路数值模型分别在横向和纵向单轴拉伸载荷下针织物和导电线路的变形过程及其失效形式。其次, 研究烧结温度、烧结时间以及针织物预拉伸处理等影响因素对导电线路拉伸性能和微观形貌的影响规律, 确定针织物基可拉伸导电线路最优实验参数组合, 搭建拉伸疲劳测试装置, 对针织物基柔性可拉伸导电线路进行拉伸疲劳和弯曲疲劳测试, 为针织物基柔性可拉伸导电线路的实际应用奠定基础。

6.1.1 织物基导电线路三维几何建模

可拉伸导电线路的制备首要考虑的问题就是织物基底的选择, 不同织造方式决定了织物不同的拉伸性能, 因此, 本节首先选取不同织造方式的织物进行单轴拉伸实验, 分析拉伸性能最优的织物类型, 然后以此作为打印成形基底实现织物基导电线路喷射打印成形, 最后, 通过相关特征参数, 完成织物基导电线路三维几何建模。

6.1.1.1 织物基底的选择

可拉伸织物基导电线路在制备过程中, 首先, 应考虑具有良好拉伸性的织物作为基底。采用如图6-1所示织物拉伸测试装置, 其中 (a) 表示数显推拉力计测试仪 (ZQ-770), (b) 表示计算机数据采集面板, 对表6-1所示的5组织物样品进行单轴拉伸测试, 在伸长量为50%时, 变形和拉力测试结果如图6-2所示, 其中图6-2 (a) 表示织物变形实物图, 图6-2 (b) 表示拉力—伸长率变化曲线图。

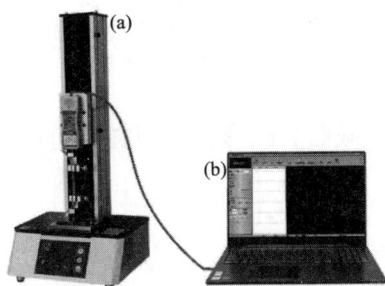

图6-1 拉伸测试装置示意图

表 6-1 不同织物属性

样品	织物类型	长×宽/mm	厚度/mm	克重/(g·m^{-2})	材料
(a)	斜纹		0.440	210.00	
(b)	平纹		0.334	203.75	
(c)	针织	40×20	0.505	388.75	纯棉
(d)	编织		1.000	673.75	
(e)	非织造		0.091	71.25	

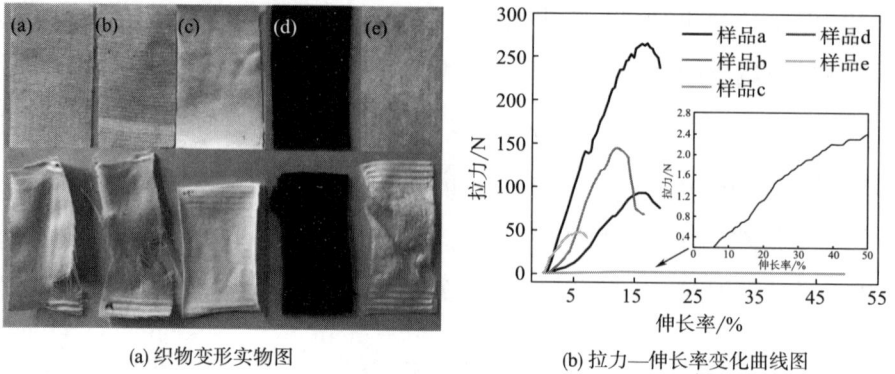

(a) 织物变形实物图　　　　　　　(b) 拉力—伸长率变化曲线图

图6-2　不同织物单轴拉伸测试

由图6-2（a）可以看出，5组织物样品在总变形量为50%时编织布、平纹布、斜纹布以及非织造布在单轴拉伸测试过程中均出现了断裂，针织物拉伸前后基本没有明显变化。

由图6-2（b）可以看出，编织布断裂时的拉伸强力为265.8N，最大伸长率为16.9%；平纹布断裂时的拉伸强力为140N，最大伸长率13.3%，斜纹布断裂时的拉伸强力为93.1N，最大伸长率为16.2%；非织造布断裂时的拉力为48N，最大伸长率5.9%；针织物伸长率为50%时拉伸强力为2.7N。对比分析发现，在伸长率为50%时针织物仍处于弹性阶段，其余4组织物样品均发生塑性变形，表明针织物具有良好的拉伸性能，可作为织物基可拉伸导电线路打印成形基底。

6.1.1.2　针织物三维模型建立

针织物的主要结构参数为圈高、圈距和纱线直径，其他参数由这3个基本参数通过数学表达式推导得出，而几何参数的估算都是基于理想弹性纱线，所以为了简化模型，便于计算，作如下假设：

① 纱线为恒定直径的均质线弹性圆柱体，截面为圆形，截面在受力过程中不发生改变。

② 线圈为空间三维结构，由中心线分段函数构建。

通过计算 1/4线圈（ABCE）中心线函数，再根据对称性关系即可得到单元线圈中心线函数表达式，如图6-3所示，1/4线圈中心线路径由AB、BC和CE三段组成，其数学表达式如下所示：

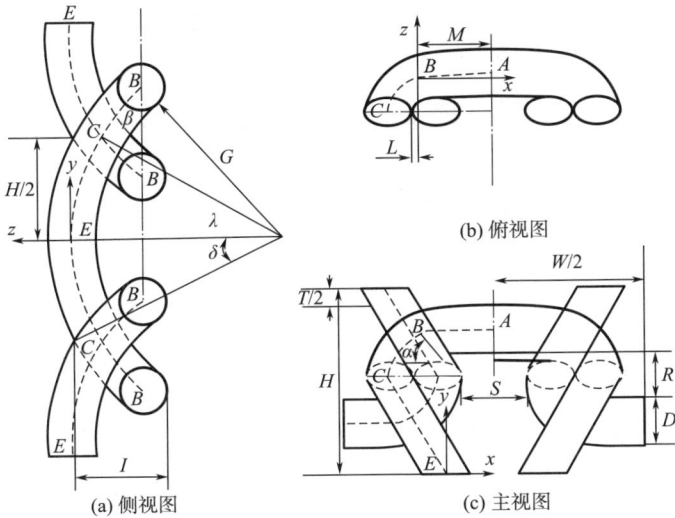

图6-3　针织物单元线圈中心线示意图

*AB*段数学表达式为：

$$z(x)=P-\sqrt{Q-(x-W/4)^2},\ (y=C/2+R<x<W/4) \tag{6-1}$$

其中：

$$P=\frac{(x_2-W/4)^2-(x_1-w/4)^2+z_2^2+z_1^2}{2\cdot(z_2-z_1)}$$

$$Q=\sqrt{(x_1-w/4)^2+(z_1-P)^2} \tag{6-2}$$

$$\begin{cases} x_1=L-a\sqrt{1-\left(\dfrac{R-0.001}{b}\right)^2} \\ x_2=L-a\sqrt{1-\left(\dfrac{R}{b}\right)^2} \end{cases}$$

$$\begin{cases} x_1=L-a\sqrt{1-\left(\dfrac{R-0.001}{b}\right)^2} \\ x_2=L-a\sqrt{1-\left(\dfrac{R}{b}\right)^2} \end{cases} \tag{6-3}$$

$$\begin{cases} z_1 = \sqrt{(G+D/2)^2 - (H/2+R-0.001)^2} - (G + \dfrac{D}{2}) \\ z_2 = \sqrt{(G+D/2)^2 - (H/2+R)^2} - (G+D/2) \end{cases}$$

$$\begin{cases} z_1 = \sqrt{(G+D/2)^2 - (H/2+R-0.001)^2} - (G + \dfrac{D}{2}) \\ z_2 = \sqrt{(G+D/2)^2 - (H/2+R)^2} - (G + \dfrac{D}{2}) \end{cases} \quad (6\text{-}4)$$

$$L = \left(\frac{H}{2} - R\right) \cdot \tan = \left(\frac{\pi}{2} - \alpha\right)$$

$$R = \frac{H}{2} - \frac{T}{2} - \frac{D}{2}$$

$$\alpha = \arctan\left(\frac{H - D\,\sin\lambda}{D}\right) \quad (6\text{-}5)$$

$$\lambda = \arctan\left(\frac{H}{2 \cdot (G+D)}\right)$$

$$G = \frac{\left[\left(H - \dfrac{D}{2} - \dfrac{T}{2}\right)^2 - \left(\dfrac{D}{2} + \dfrac{T}{2}\right)^2\right]}{2 \cdot D} \quad (6\text{-}6)$$

BC段数学表达式为：

$$x(y) = L - a\sqrt{\left(1 - \frac{y - H/2}{b}\right)^2} \quad (6\text{-}7)$$

$$z(y) = \sqrt{\left(G + \frac{D}{2}\right)^2 - y^2} - \left(G + \frac{D}{2}\right), (H/2 < y < H/2 + R)$$

CE段数学表达式为：$(0 < y < H/2 + R)$：

$$z(y) = \sqrt{(G + D/2)^2 - y^2} - (G + D/2) \quad (6\text{-}8)$$

$$x(y) = -\frac{D}{H} y, (0 < y < H/2 + R)$$

其中：

$$I=\left(\sqrt{G+\left(\frac{D}{2}\right)^2+\left(\frac{G}{2}\right)^2}-\sqrt{G+\left(\frac{D}{2}\right)^2-\left(\frac{D}{2}+\frac{T}{2}\right)^2}+\frac{D}{2\cos\lambda}+\frac{D}{2}\right)\quad（6-9）$$

$$S=\frac{W}{8}-\frac{D}{2},\ M=\frac{W}{4}-\left(\frac{H}{2}-R\right)\cdot\tan\left(\frac{\pi}{2}-\alpha\right),\ \sin\delta=\frac{H}{2\cdot G+D}\quad（6-10）$$

$$\tan\beta=\frac{\left(\sqrt{G+\left(\frac{D}{2}\right)^2+\left(\frac{H}{2}\right)^2}-\sqrt{G+\left(\frac{D}{2}\right)^2-\left(\frac{D}{2}+\frac{H}{2}\right)^2}\right)}{R}\quad（6-11）$$

式中：针织物主要结构参数：$H=0.4857$；$W=0.8327$；$D=0.1845$；$T=0.072$。

首先，代入数学表达式计算得出1/4单元线圈中心线7组型值点，见表6-2。

表 6-2　1/4单元线圈中心线型值点

型值点	ψ_1	ψ_2	ψ_3	ψ_4
坐标值	0, 0, 0	−0.046,0.121,0.019	−0.09,0.243,0.241	−0.079,0.3,−0.138
型值点	ψ_5	ψ_6	ψ_7	
坐标值	−0.03,0.357,0.228	0.209,0.4,−0.27	0.089,0.39,−0.25	

借助NX三维建模平台，首先，采用样条曲线拟合1/4单元线圈中心线曲线，如图6-4（a）所示，其次，采用扫掠建模方法以中心线曲线为扫掠路径，以线圈直径为扫掠截面，实现1/4单元线圈三维模型，如图6-4（b）所示，最后，根据对称性关系，采用镜像特征建模方法建立单元线圈三维模型，如图6-4（c）所示。

在建立单元线圈三维模型的基础上，采用阵列几何特征的建模方法，单元线圈作为基本单位，沿着水平和垂直矢量方向，设置节距0.24，阵列数量100，建立针织物三维物理模型（长×宽：25mm×25mm），其实物与模型对比图如图6-5所示。

(a) 1/4单元线圈中心线模型图　　(b) 1/4单元线圈三维模型图　　(c) 单元线圈三维模型图

图6-4　针织物单元线圈三维模型图

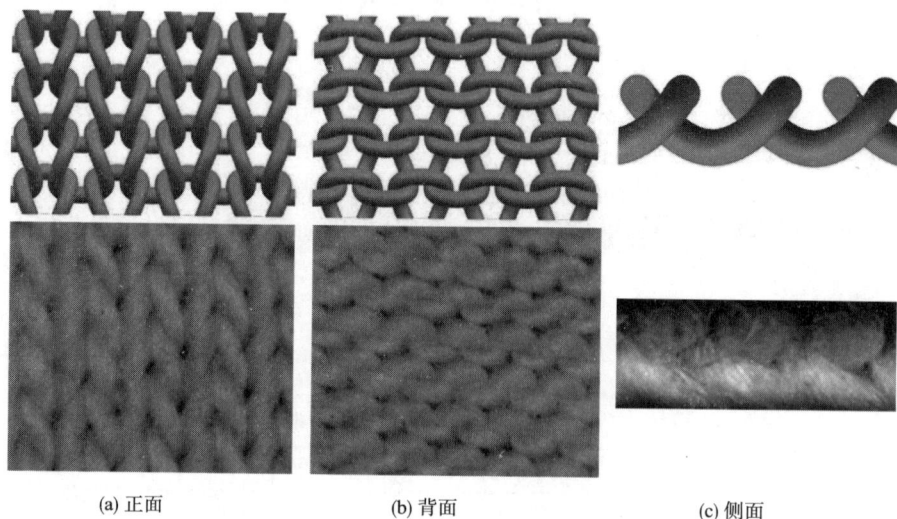

(a) 正面　　　　　　　　　(b) 背面　　　　　　　　(c) 侧面

图6-5　针织物三维物理模型

由图6-5可以看出，建立的针织物三维物理模型与实物图基本吻合，为后续针织物基导电线路物理模型的建立奠定了基础。

6.1.1.3　针织物基导电线路三维模型建立

通过调节驱动电源控制参数，微滴生成装置可产生单颗硝酸银溶液，实现稳定喷射，结合微滴喷射打印原电池置换沉积技术，根据表6-3属性参数在针织物表面与前驱体溶液发生化学反应沉积回收金属银单质沉积成形导电线路，使用无水乙醇和蒸馏水依次冲洗针织物表面残留的抗坏血酸溶液和其他生成物，在室温（25℃）下干燥后，实现针织物基导电线路喷射打印成形。

表6-3　材料属性参数

图形	名称	密度/（kg·m⁻³）	泊松比	杨氏模量/Pa	材料模型
	针织物	1130.9	0.3	18500	线弹性体模型
	银导电基体	6303.3	0.367	256.8	弹塑性模型
	辅助杆	7850	0.3	2e+10	

制备的针织物基导电线路实物图如图6-6所示。

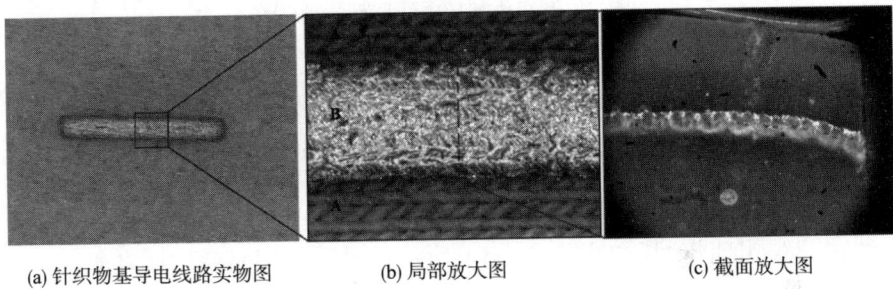

(a) 针织物基导电线路实物图　　　　(b) 局部放大图　　　　(c) 截面放大图

图6-6　针织物基导电线路实物图

由图6-6（a）和（b）可以看出，针织物基导电线路主要特征由A、B两部分组成，A表示针织物，B表示针织物—银导电基体组成的复合材料，针织物三维物理模型已在上节中完成，而针织物—银导电基体组成的三维物理模型需进一步研究。

由图6-6（c）可以看出，银导电基体在针织物表面、间隙及背面均有分布，并且纱线截面的不规则和复杂的空间取向大幅增加有限元计算过程中网格划分难度和网格体量，而本书主要研究针织物基导电线路拉伸性能的宏观影响以及纱线和纱线间隙在拉伸变形过程中对导电线路的影响，所以对模型进行简化，假设针织物基导电线路三维模型由纱线和银导电线路组成，根据纱线和导电线路在宏观上各项均是同性的特点，实现针织物基导电线路三维建模，建模流程如图6-7所示。

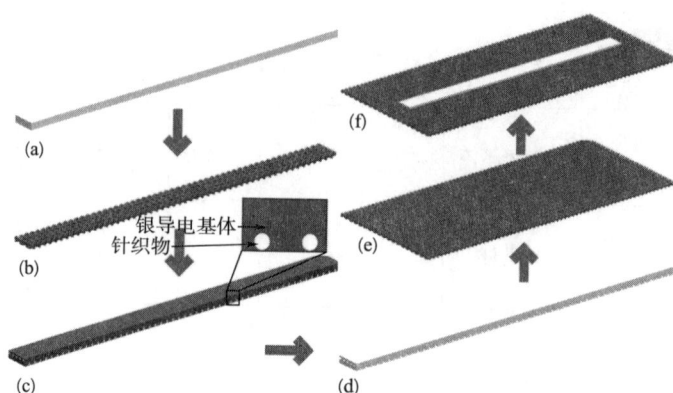

图6-7　针织物基导电线路建模流程图

由图6-7可以看出，基于NX三维建模平台，首先采用拉伸建模方法，建立完全包覆针织物三维模型的包容块，如图6-7（a）所示，其次，以包容块为目标，针织物三维模型为工具，如图6-7（b）所示，采用求差建模方法，得到银导电线路三维物理模型，如图6-7（d）所示，最后采用组合建模方法，将针织物三维物理模型与银导电线路三维物理模型组合实体。得到针织物基银导电线路三维物理模型，如图6-7（f）所示。对比图6-6（b）可看出，银导电线路完全填充和包覆在针织物间隙及纱线表面，较大程度还原了真实针织物基导电线路的三维形貌，为后续可拉伸性能研究奠定基础。

6.1.2　针织物基导电线路三维数值模型的建立

结合弹性力学有限元法相关理论，基于虚位移原理，首先对针织物基导电线路三维物理模型进行材料模型设置，然后选择合适的网格类型和网格尺寸对其进行网格划分，最后对接触类型和边界条件进行设置，初始化计算环境，实现针织物基导电线路三维数值模型的建立，为后续数值模拟分析奠定基础。

6.1.2.1　控制方程

采用有限元方法求解弹性力学相关问题，可以简单理解为求解一组或多组偏微分方程，其中，选择虚位移原理求解力学问题的方法应用成熟，其表述为：外力在约束所允许的虚位移上所做的虚功等于相应应力在需应变上所产生的总需应变能。

如图6-8所示，在一组体力f_i和面力$\overline{p}_i$作用下，弹性体处于平衡状态，若发生约束所允许的任意微小的虚位移为du_i，则体积内虚应变为：

图6-8　弹性体示意图

$$\sigma_{ij,j}+f_i=0(i,j=x,y,z) \tag{6-12}$$

边界上虚应变为：

$$\sigma_{ij}n_j=\overline{p}_i(i,j=x,y,z) \tag{6-13}$$

在弹性体产生微小虚变形的过程中，该物体的总虚应变能为：

$$\delta E=\int_v \sigma_{ij}\delta\varepsilon_{ij}\mathrm{d}V \tag{6-14}$$

弹性体的外力在约束所允许的虚位移上所做的功为：

$$\delta W=\int_v f_i\delta u_i\mathrm{d}V+\int_{S\sigma}\overline{p}_i\delta u_i\mathrm{d}S+\int_\Lambda t_i\delta u_i\mathrm{d}\Lambda \tag{6-15}$$

而总虚应变能与虚功相等，则基于虚功原理的控制方程为：

$$\int_v \sigma_{ij}\delta\varepsilon_{ij}\mathrm{d}V=\int_v f_i\delta u_i\mathrm{d}V+\int_{S_\sigma}\overline{p}_i\delta u_i\mathrm{d}S+\int_\Lambda t_i\delta u_i\mathrm{d}\Lambda \tag{6-16}$$

式中：S为面积；t为张力；V为体力空间区域；S_σ为面力空间区域；Λ为张力空间区域。

6.1.2.2　材料模型

ANSYS提供了多种材料的性能，材料建模在Engineering Data中完成的，将针织物基银导电线路三维物理模型导入ANSYS–Workbench模块后，双击打开Engineering Data，添加材料属性，见表6-3。

6.1.2.3 网格划分

采用自由网格划分方法对针织物、银导电线路及辅助杆进行网格划分，详细参数见表6-4。

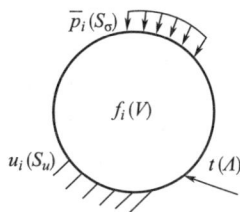

表6-4 网格划分参数

图形	名称	网格类型	网格尺寸/mm
	针织物	四面体单元	5e-002
	银导电基体	四面体单元	5e-002
	辅助杆	六面体单元	5e-002

6.1.2.4 接触类型及边界条件

将针织物基导电线路物理模型导入Workbench（Static-statical）模块进行数值求解，求解步控制采用人工时间步控制，选择稀疏矩阵法，进行多步静态求解分析，实时追踪动力学过程中的载荷值。导电线路与针织物之间的接触类型为Bond，结构约束分别设置固定约束（fix support）和位移约束（displacement），如图6-9所示。

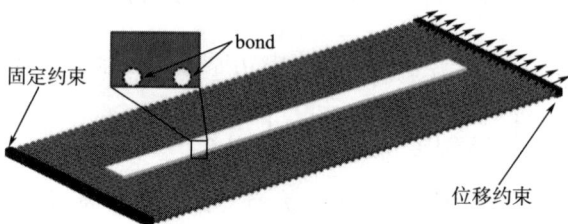

图6-9 接触类型及边界条件示意图

本节介绍了有限元方法求解弹性力学问题的基本步骤和基本理论，建立了针织物数学模型和三维物理模型，采用直接驱动型微滴喷射系统，结合微滴喷射打印原电池置换沉积技术在针织物表面制备导电线路并建立针织物基导电线路三维物理模型，根据弹性力学和有限元方法对针织物基导电线路三维数值模型分别进行控制方程建立、材料模型设置、网格划分以及边界条件设定，为下文针织物基导电线路结构特征参数及拉伸数值模拟奠定了基础。

6.1.3 针织物基导电线路结构特征参数拉伸数值模拟

为了研究导电线路结构特征参数对降低应力集中，提高导电线路拉伸性能，本节首先对导电线路展开研究，模拟单轴拉伸下导电线路结构特征参数（形状、宽度、角度及数量）对导电线路应力分布的影响，研究能够有效降低导电线路机械应力集中最优特征参数组合，然后将导电线路与针织物结合，模拟分析针织物基导电线路数值模型分别在横向和纵向单轴拉伸载荷下针织物和导电线路的变形过程及其失效形式，为后续针织物基可拉伸导电线路拉伸性能影响因素研究奠定基础。

6.1.3.1 不同形状

选取了8种不同形状的导电线路，结合形状参数进行参数化建模，借助模拟软件数值求解，分析不同形状导电线路应力/应变分布区域及其原因，得到拉伸性能表现最佳的导电线路结构，形状参数见表6-5。

表 6-5 不同形状导电线路参数

几何形状	名称	长度H/mm	宽度W/mm	角度δ/（°）	半径R/mm
	直线形	15	1	180	
	钝齿形	15	1	130	
	方波形	15	1	90	
	梯形	15	1	120	
	锐齿形	15	1	80	

几何形状	名称	长度H/mm	宽度W/mm	角度δ/（°）	半径R/mm
	圆弧形	15	1	135	
	马蹄形	15	1		5.5
	椭圆形	15	1		2.5

由图6-10可以看出，直线形导电线路应力集中区域是均匀分布的，最大等效应变为0.94，均高于其他结构；钝齿形、锐齿形、梯形和方波形应力集中区域均位于两直线段夹角位置，最大等效应变依次为0.85、0.59、0.44和0.32，圆弧形应力集中区域位于直线段与圆弧段夹角处，最大等效应变为0.19，而马蹄形和椭圆形的应力集中区域均匀分布在圆弧段（波峰与波谷），最大等效应变分别为0.11和0.19。

对比分析直线形和其他形状可以看出，由于直线形导电线路应力分散方向单一，不能有效增强导电线路强度，其最大应变均大于其他结构，应避免直接使用直线形。

对比分析锐齿形、钝齿形、梯形和方波形可以看出，夹角为90°时，最大等效应力最小（0.32），并且钝齿的最大应变（0.85）为方波形状的2.66倍，这主要是由于方波形状比钝齿形状拥有更多夹角，有效减小了应力集中，从而提高了夹角处导电线路的强度，进而提高了拉伸性能。

对比分析方波形、圆弧形和马蹄形三种形状可以看出，其分别由直线段—直线段、直线段—圆弧段以及圆弧段—圆弧段组成，相较于直线段最大等效应变（0.94）依次减小67%、75%和87.5%，表明圆弧段—圆弧段组成的马蹄形相较于其他形状在导电线路上创造了更为均匀的应力分布，有效提升了系统的强度，导电线路最大伸长率增加，从而提高导电线路的拉伸性能。

进行单轴拉伸数值模拟，模拟不同形状导电线路应力—应变分布云图如图6-10所示。

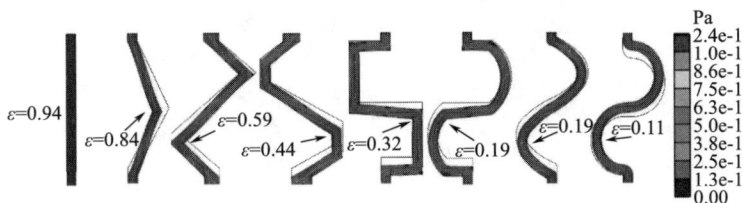

图6-10 不同形状导电线路应力—应变分布云图

6.1.3.2 不同宽度

通过上节对不同形状导电线路数值计算可知，马蹄形对减小应力集中，提高拉伸性能最佳，基于此，为进一步研究不同宽度参数对马蹄形导电线路在单轴拉伸作用下应力分布的影响，根据实验数据，设计宽度为1～4mm的马蹄形导电线路进行数值求解，不同宽度导电线路参数见表6-6。

表 6-6 不同宽度导电线路参数

不同宽度	长度H/mm	宽度W/mm	角度δ/（°）	半径R/mm
	27.83	1	0	6
	27.83	2	0	5.5
	27.83	3	0	5
	27.83	4	0	4.5

进行单轴拉伸数值模拟，模拟不同宽度导电线路应力—应变分布云图如图6-11所示。

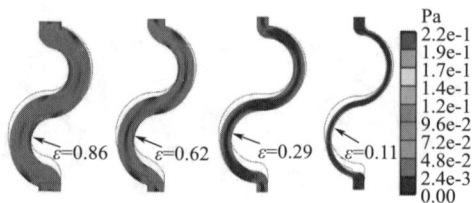

图6-11　不同宽度导电线路应力—应变分布云图

由图6-11可以看出，最大等效应力分布在马蹄形圆弧段的波峰和波谷位置，随着宽度增加，最大等效应变依次为0.11、0.29、0.62、0.86，也逐渐增加，波峰与波谷的应力集中现象加剧，当应变达到最大值时，导电线路就会断裂失效，由模拟结果可以看出，应尽量选择窄的线宽，使得马蹄形导电线路波峰与波谷的应力集中维持在较低水平，增强系统强度，进一步提高拉伸性能。

6.1.3.3　不同数量

通过上节对不同宽度参数研究可知，马蹄形导电线路应力集中与宽度成反比，基于此，为进一步研究不同数量参数对马蹄形导电线路在单轴拉伸作用下应力分布的影响，根据实验数据，设计数量为1～4根的马蹄形导电线路，结构特征参数见表6-7。

表 6-7　不同数量导电线路参数

不同数量	长度 H/mm	数量/根	角度 δ/（°）	半径 R/mm	宽度 W/mm	间距 D/mm
	27.83	1	0	6	1	1
	27.83	2	0	5	1	1

不同数量	长度 H/mm	数量/根	角度 δ/(°)	半径 R/mm	宽度 W/mm	间距 D/mm
	27.83	3	0	4.5	1	1
	27.83	4	0	4	1	1

进行单轴拉伸数值模拟，模拟不同数量导电线路应力—应变分布云图如图6-12所示。

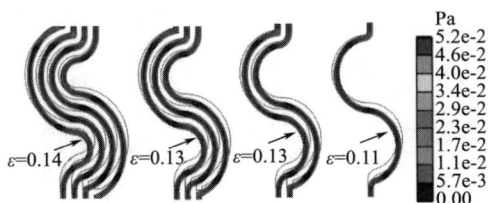

图6-12　不同数量导电线路应力—应变分布云图

由图6-12可以看出，随着数量的增加，马蹄形导电线路最大等效应变依次为0.11、0.13、0.13、0.14，最大等效应变增长缓慢，波动较小，相较于1根马蹄形导电线路，增加根数并没有明显改变线路的失效应变，表明所有马蹄形导线通常都在狭窄的应变范围内失效，综合考虑制备过程中的成本和效率选择1根为最优数量参数。

6.1.3.4　不同角度

通过上节对不同数量参数研究可知，马蹄形导电线路应力集中与根数影响不大，基于此，进一步研究不同角度参数对马蹄形结构导电线路在单轴拉伸作用下应力分布的影响，设计角度为0、22.5°以及45°的马蹄形导电线路进行数值求解，结构特征参数见表6-8。

表 6-8　不同角度导电线路参数

不同角度	长度H/mm	数量/根	角度δ/(°)	半径R/mm	宽度W/mm
	15	1	0	10	1
	15	1	22.5	10	1
	15	1	45	10	1

进行单轴拉伸数值模拟，模拟不同角度导电线路应力—应变分布云图如图6-13所示。

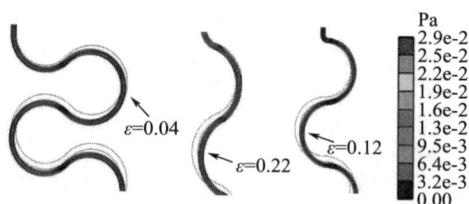

图6-13　不同角度导电线路应力—应变分布云图

由图6-13可看出，45°、22.5°和0马蹄形状最大等效应变依次为0.04，0.22和0.12，这主要是由马蹄形导电线路长度决定的，若0马蹄形相邻圆心距为L_c，则：

0马蹄形状一个周期弧长A_0为：

$$A_0=\left(\frac{180\times\pi\times\dfrac{L_c}{4}}{180}\right)\times2=0.5\pi L_c \tag{6-17}$$

22.5°马蹄形状一个周期弧长$A_{22.5°}$为：

$$A_{22.5°}=\frac{135\times\pi\times\left(\dfrac{L_c}{4\cos22.5°}\right)}{180}=0.41\pi L_c \tag{6-18}$$

45° 马蹄形状一个周期弧长 $A_{45°}$ 为：

$$A_{45°} = \frac{135 \times \pi \times \left(\dfrac{L_c}{6\cos 45°} \right)}{180} \times 6 = 1.06\pi L_c \quad (6\text{-}19)$$

式中：L_c 为相邻圆心距。

其中，弧长关系为 $A_{22.5°} < A_0 < A_{45°}$，结构的机械强度随着弧长的增加而增加，分散应力的能力逐渐提升强，具有更好的拉伸性能，选择0和45°为最优角度参数。

通过上文对不同形状、不同角度、不同宽度以及不同数量的模拟研究分析，得出导电线路最优拉伸性能结构特征参数见表6-9。

表 6-9　导电线路最优拉伸性能结构特征参数

不同形状	不同角度/（°）	不同宽度/mm	不同数量
马蹄形	0、45	1	1

确定了导电线路最优结构特征参数之后，将其与针织物基底组合，进一步对针织物基导电线路拉伸过程中针织物的变形过程以及导电线路的失效形式进行数值模拟研究。

6.1.4　针织物基导电线路拉伸数值模拟

上文只针对导电线路结构参数进行数值模拟，而针织物基导电线路在实际拉伸变形过程中，导电线路与针织物之间是互相影响的，受力情况更为复杂，基于此，对针织物基导电线路数值模型进行拉伸模拟分析，研究针织物的变形过程以及导电线路的失效形式。

6.1.4.1　针织物基导电线路拉伸数值模拟方案

通过上文对导线线路不同参数的模拟研究，确定了可拉伸导电线路最优结构参数组合，基于此，进一步研究针织物基马蹄形结构（0和45°）导电线路在单轴拉伸作用下的变形过程和断裂形式，对第3章建立的针织物基导电线路物理模型进行数值求解，模拟分析在横向和纵向拉伸作用下针织物和导电线路的应力—应变分布云图及其变形过程和断裂产生的原因，针织物基导电线路单轴拉伸示意图如图6-14所示。

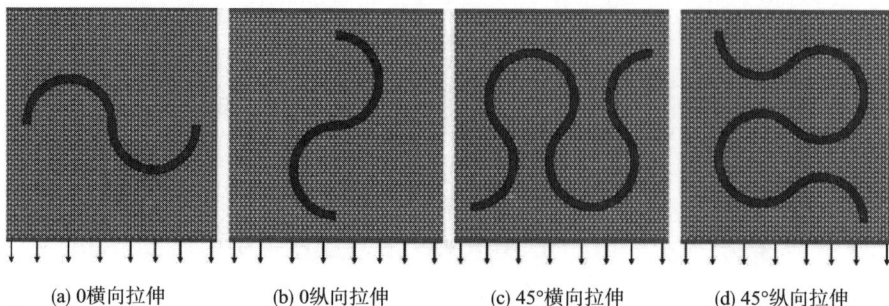

(a) 0横向拉伸　　　(b) 0纵向拉伸　　　(c) 45°横向拉伸　　　(d) 45°纵向拉伸

图6-14　针织物基导电线路单轴拉伸示意图

将针织物基导电线路物理模型导入Workbench–Static Statical模块进行数值求解，其材料设置、网格划分、接触类型及边界条件见表6-10。

6.1.4.2 针织物基导电线路拉伸数值模拟研究

根据图6-14所示的实验方案，首先对针织基马蹄形导电线路在单轴拉伸作用下总变形过程进行研究，模拟得到的总变形图如图6-15所示。

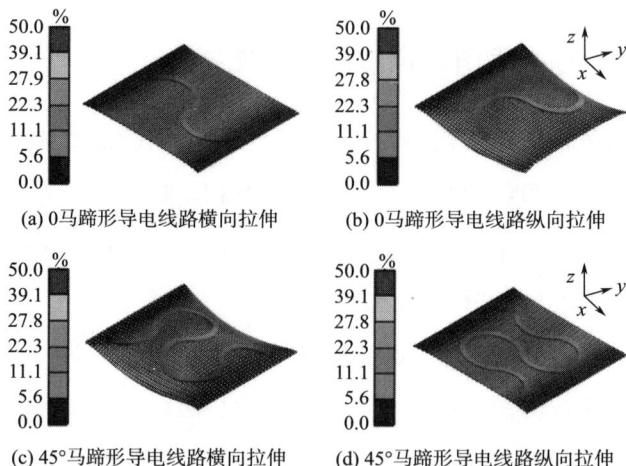

(a) 0马蹄形导电线路横向拉伸　　　(b) 0马蹄形导电线路纵向拉伸

(c) 45°马蹄形导电线路横向拉伸　　　(d) 45°马蹄形导电线路纵向拉伸

图6-15　针织基马蹄形导电线路拉伸总变形图

如图6-15可以看出，单轴拉伸作用下，不同的拉伸方向对应的针织物和银导电线路在x和y方向上变形方式为伸长变形，z方向的变形方式为弯曲变形。对于不同角度的马蹄形银导电线路在不同拉伸方向下z方向变形程度存在明显差异，其中0马蹄形导电线路横向拉伸下z方向变形弱于纵向拉伸，而45°马蹄形导电线路横向拉伸下z方向变形强于纵向拉伸，这主要是受泊松效应的影响。

在泊松效应影响下，导致垂直于拉伸方向的导电线路会受到压缩，0马蹄形银导电线路垂直于纵向拉伸方向的导电线路区域明显大于横向拉伸方向，所以0马蹄形导电线路在纵向拉伸作用下弯曲变形程度大于横向拉伸作用下弯曲变形，而45°马蹄形银导电线路垂直于横向拉伸方向的导电线路区域明显大于纵向拉伸方向，所以45°马蹄形导电线路结构横向拉伸作用下的弯曲变形程度强于纵向拉伸作用下的弯曲变形。

为进一步研究针织基马蹄形导电线路在单轴拉伸作用下不同拉伸方向对针织物和银导电线路局部变形过程及其失效形式的影响规律，模拟得到针织物和导电线路的最大等效应变图如图6-16所示。

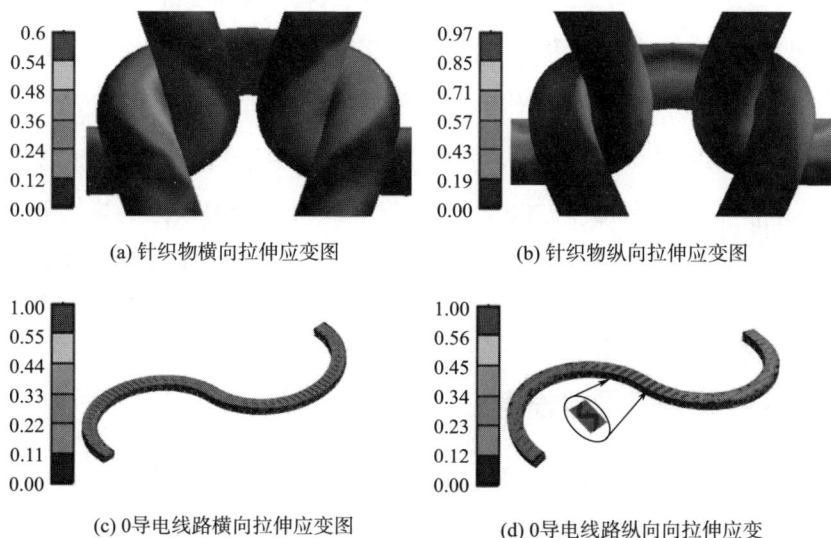

(a) 针织物横向拉伸应变图　　　　　　(b) 针织物纵向拉伸应变图

(c) 0导电线路横向拉伸应变图　　　　　(d) 0导电线路纵向向拉伸应变

图6-16

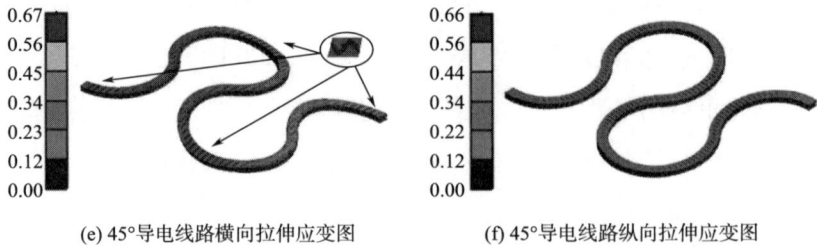

(e) 45°导电线路横向拉伸应变图   (f) 45°导电线路纵向拉伸应变图

图6-16　针织物基导电线路最大等效应变图

由图6-16（a）、（b）可以看出，当拉伸总变形为50%时，针织物拉伸方向不同对应的应变分布区域和大小也不相同，横向拉伸作用下针织物高应变区域主要集中在纱线接触区及线圈圆柱段内侧，最大等效应变值为0.6。纵向拉伸作用下针织物高应变区域主要集中在纱线接触区及线圈弧段内侧，最大等效应变值为0.97。应变区域分布的差异性一是由于针织物仍处在弹性变形阶段，纱线沿拉伸方向的配置导致最大等效应变不同；二是由于纵向针织物纱线初始弹性模量较低，更容易产生变形，这也导致纵向最大等效应变稍大于横向最大等效应变。

由图6-16（c）、（e）可以看出，当拉伸总变形为50%时，横向拉伸作用下0°和45°银导电线路高应变区域主要集中在波峰与波谷位置，银导电线路裂纹为锯齿形，最大等效应变值分别为0.66和0.67，由图6-16（d）、（f）可看出，纵向拉伸作用下0°和45°银导电线路高应变区域主要集中在波峰与波谷的连接区域，银导电线路裂纹为直线形，最大等效应变值分别为0.67和0.66。模拟的结果显示在不同拉伸方向下0°和45°马蹄形银导电线路的最大等效应变值基本相同，这是因为银导电线路失效范围很小，在50%的拉伸总变形下，银导电线路完全断裂造成的。

6.1.5　针织物基导电线路拉伸实验

为进一步验证针织物基导电线路数值模型的准确性，结合拉伸测试装置，首先，利用CCD相机采集针织物的变形过程并与模拟结果进行对比，其次，拍摄导电线路失效时的裂纹形貌，比较分析不同形状导电线路在不同拉伸方向上的最大伸长率，与模拟结果对比分析，进一步验证模型与结果的一致性。

6.1.5.1 针织物拉伸变形过程实验研究

为验证上节建立的针织物基马蹄形导电线路数值模型的准确性，在织物表面沉积成形导电线路，常温干燥处理后制得针织物基马蹄形导电线路，采用数显推拉力计对导电线路进行单轴拉伸测试，结合CCD相机捕捉针织物以及表面银层的变化过程，选择数字电流表（Tektronix DMM4020 5-1/2）采集单轴拉伸过程中马蹄形导电线路电阻的变化，实验装置如图6-17所示。

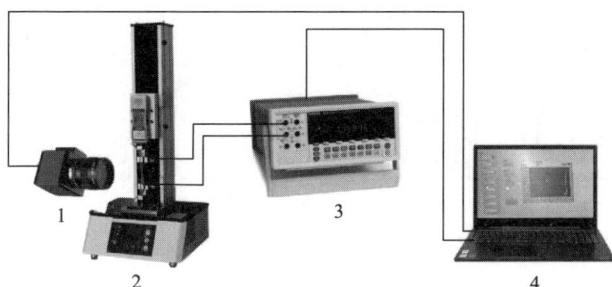

图6-17　单轴拉伸实验装置示意图

1—CCD相机　2—推拉力测试仪　3—数字电流表　4—计算机

采用上述实验装置拍摄针织物在不同拉伸条件下的变形实物图，如图6-18所示。

(a) 无拉伸载荷下变形实物图　　(b) 横向拉伸载荷下变形实物图　　(c) 纵向拉伸载荷下变形实物图

图6-18　针织物变形实物图

由图6-18可以看出，在无拉伸载荷下针织物受自身结构影响，纱线紧密排列，无明显间隙，当施加横向拉伸载荷时，纱线的配置方向被改变，圈高沿横向拉长，出现锯齿形孔隙，同样，在纵向拉伸作用下，圈距沿纵向拉长，纱线间距增大，出现直线形孔隙，实验拍摄的结果与实验基本一致，有效验证了针织物三维模型的准确性。

6.1.5.2 导电线路拉伸变形实验研究

采用上述实验装置拍摄得到马蹄形银导电线路在不同拉伸条件下断裂实物图，记录随着伸长量增加银导电线路电阻变化曲线，读取最大伸长量，如图6-19所示。

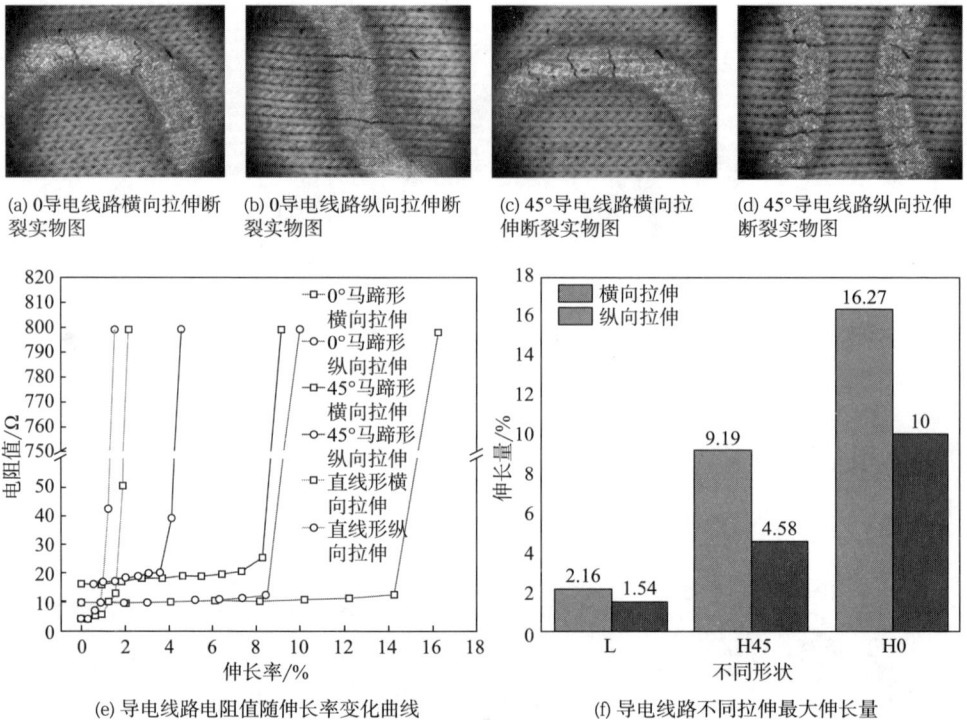

(a) 0导电线路横向拉伸断裂实物图　(b) 0导电线路纵向拉伸断裂实物图　(c) 45°导电线路横向拉伸断裂实物图　(d) 45°导电线路纵向拉伸断裂实物图

(e) 导电线路电阻值随伸长率变化曲线　　　　(f) 导电线路不同拉伸最大伸长量

图6-19　导电线路拉伸测试

由图6-19（a）和（c）可以看出，在横向拉伸作用下，0°和45°马蹄形银导电线路裂纹出现在波峰和波谷位置，裂纹呈锯齿形。由图6-19（b）和（d）可以看出，在纵向拉伸作用下，0°和45°马蹄形银导电线路裂纹出现在波峰和波谷连接区位置，裂纹呈直线形，实验测得的结果与模拟结果基本吻合。

由图6-19（e）可以看出，直线形和马蹄形银导电线路在断裂前随着伸长量增加电阻值并无明显变化，当达到最大伸长量时，电阻值骤增，说明银导电线路具有塑性材料的特性，失效应变范围很小，而不同形状银导电线路初始电阻值也不相同，主要是由银导电线路的长度决定的。

由图6-19（f）可以看出，与直线形相比较，0°马蹄形银导电线路拉伸性能总体提升了85.7%，与模拟结果（88.6%）基本吻合，并且不同形状导电线路在不同拉伸方向下最大伸长量也有明显差异，一是由于针织物横向和纵向弹性模量不同，二是由于导电线路自身结构导致的。

由图6-19（f）可以看出，实验结果0°马蹄形导电线路在横向和纵向拉伸下最大伸长率均大于45°马蹄形导电线路，这是由于设计之初，两种角度不同的导电线路宽度和圆弧半径是相同的，由于45°马蹄形结构比0°马蹄形导电线路高度更高，在针织物的影响下，应力集中效果更加明显［图6-16（e）、（f）］，所以最大伸长量反而降低，相比较拉伸性能0°马蹄形结构导电线路拥有更强的拉伸性能，后续研究选择0°马蹄形结构导电线路进行研究。通过实验研究较好验证了针织物基导电线路数值模型的准确性，为针织物表面可拉伸导电线路进一步研究奠定了基础。

本节主要对微滴喷射打印原电池置换沉积技术制备针织物基可拉伸导电线路最优结构特征参数展开了研究，模拟了在单轴拉伸下导电线路形状、宽度、角度以及数量等参数对导电线路应力分布的影响，研究了最佳参数组合，模拟分析了在横向和纵向拉伸载荷下针织物和导电线路的变形过程及其失效形式，得到如下结论。

① 对导电线路结构特征参数研究表明：马蹄形结构为最优形状参数，导电线路宽度与拉伸性能成反比，导电线路数量基本不会影响其拉伸性能，0°和45°马蹄形都具有较好的拉伸性能。

② 对针织物基导电线路单轴拉伸总变形研究表明：在x和y方向上变形方式为伸长变形，z方向的变形方式为弯曲变形；0°马蹄形导电线路纵向拉伸弯曲变形程度大于横向拉伸弯曲变形程度；45°马蹄形导电线路横向拉伸弯曲变形

程度大于纵向拉伸弯曲变形程度。

③ 对针织物单轴拉伸作用下应变分布研究表明：横向拉伸作用下针织物高应变区域主要集中在纱线接触区及线圈圆柱段内侧，纵向拉伸作用下针织物高应变区域主要集中在纱线接触区及线圈弧段内侧。

④ 对导电线路单轴拉伸作用下应变分布研究表明：横向拉伸作用下0°和45°导电线路高应变区域主要集中在波峰与波谷位置，导电线路裂纹为锯齿形，纵向拉伸作用下0°和45°导电线路高应变区域主要集中在波峰与波谷的连接区域，导电线路裂纹为直线形。

6.2 针织物基导电线路拉伸性能影响因素

上节研究了导电线路结构特征参数对导电线路应力分布的影响，得到能够有效降低导电线路机械应力集中的最优结构参数组合，模拟分析了在横向和纵向单轴拉伸载荷下针织物和银导电线路的变形过程及其失效形式，为后续针织物基柔性可拉伸导电线路喷射打印成形制备奠定基础，而提升导电线路自身材料强度，也是改善针织物基导电线路拉伸性的重要方式。基于此，本节采用直接驱动型压电式微滴喷射系统，结合微滴喷射打印原电池置换沉积技术，以针织物作为基底喷射打印成形针织物基柔性可拉伸导电线路，研究烧结温度、烧结时间以及针织物预拉伸处理等影响因素对导电线路拉伸性能和微观形貌的影响规律，确定针织物基可拉伸导电线路最优实验参数组合，搭建拉伸疲劳测试装置，对针织物基柔性可拉伸导电线路进行拉伸疲劳和弯曲疲劳测试，为针织物基柔性可拉伸导电线路实际应用奠定基础。

6.2.1 针织物基导电线路实验参数研究方案

研究方案见表6-10。

表 6-10　研究方案

序号	烧结温度/℃	烧结时间/min	预拉伸/%	硝酸银浓度/%（质量体积分数）	抗坏血酸浓度/%（质量体积分数）	打印层数	反应温度/℃
1	25	15	0	80	30	4	25
	50	15	0	80	30	4	25
	80	15	0	80	30	4	25
	110	15	0	80	30	4	25
	140	15	0	80	30	4	25
	170	15	0	80	30	4	25
	200	15	0	80	30	4	25
2	110	15	0	80	30	4	25
	110	30	0	80	30	4	25
	110	45	0	80	30	4	25
	110	60	0	80	30	4	25
3	110	15	5	80	30	4	25
	110	15	10	80	30	4	25
	110	15	15	80	30	4	25
	110	15	20	80	30	4	25
	110	15	25	80	30	4	25
	110	15	30	80	30	4	25

6.2.2　针织物基导电线路不同实验参数喷射打印成形

采用上节所述针织物基导电线路的制备方案，基于直接驱动型压电式微滴喷射系统，采用微滴喷射打印原电池置换沉积技术，控制实验参数，以上一章中0°马蹄形结构作为几何结构参数，制备不同实验参数针织物基马蹄形导电线路，如图6-20所示。

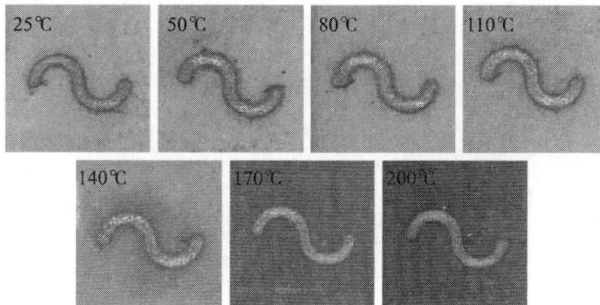

(a) 不同烧结温度

图6-20

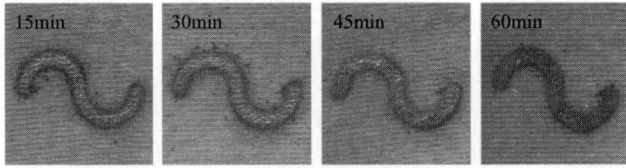

(b) 不同烧结时间

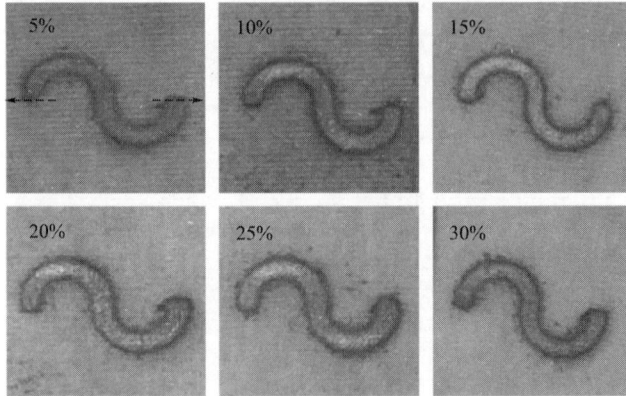

(c) 横向不同预拉伸伸长量

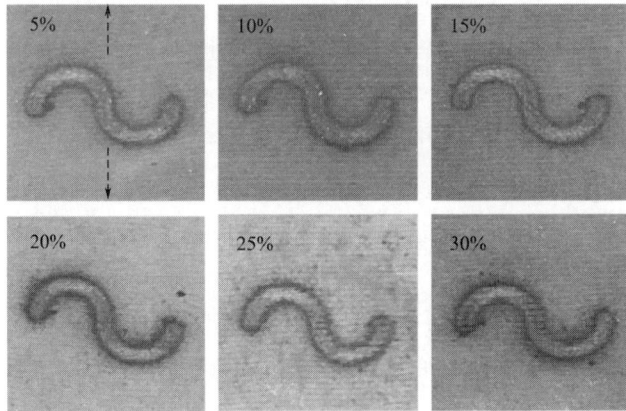

(d) 纵向不同预拉伸伸长量

图6-20　针织物基导电线路不同实验参数打印成形

由图6-20可以看出，本节采用自主搭建的直接驱动型压电式微滴喷射系统，利用微滴喷射打印原电池置换沉积技术可较好实现针织物基马蹄形导电线路喷射打印成形。由图6-20（a）逐渐变亮，针织物基底在140℃之后逐渐炭化变黄；由图6-20（b）可以看出，随着烧结时间增加，银导电线路逐渐变暗，针织物基底在烧结60min后表面轻微炭化变黄；由图6-20（c）可以看出，随着横向预拉伸伸长量的增加，释放后银导电线路高度增加，长度减小；由图6-20（d）可以看出，随着纵向预拉伸伸长量增加，释放后银导电线路长度基本不变，高度降低，其中25%和30%拉伸量银导电线路表面出现褶皱。

6.2.3　不同实验参数对针织物基导电线路的影响

为进一步研究不同影响因素对针织物基导电线路拉伸性能的影响规律，采用数显推拉力计对不同影响因素下针织物基导电线路进行单轴拉伸测试，结合数字电流表记录拉伸过程中电阻值变化趋势从而表征针织物基导电线路拉伸性能，并利用电子扫描显微镜拍摄导电线路表面微观形貌，研究不同影响因素对银导电线路微观形貌的影响。

6.2.3.1　烧结温度对导电线路拉伸性能及微观形貌的影响

（1）导电线路拉伸性能研究

对图6-20（a）中不同烧结温度针织物基导电线路从横向和纵向两个方向进行单轴拉伸测试，绘制电阻值随伸长量增加的变化曲线，表征不同烧结温度下银导电线路横向和纵向的拉伸性能，采用数字万用表对不同烧结温度条件下针织物基导电线路进行测试，得到银导电线路初始电阻随烧结温度的变化曲线，如图6-21所示。

由图6-21（a）可以看出，随着横向伸长量逐渐增大，一定范围内银导电线路电阻值维持在较低水平（2~12Ω），当达到最大拉伸量时电阻值出现骤增，银导电线路失效，测试得到不同烧结温度下银导电线路横向最大拉伸量依次为：16.27%（25℃）、20.78%（50℃）、24.73%（80℃）、30.41%（110℃）、18.62%（140℃）、7.33%（170℃）、3.5%（200℃），烧结温度在25~110℃范围内，随着烧结温度增加银导电线路横向最大伸长量逐渐增大，烧结温度在140~200℃范围内，随着烧结温度升高，最大伸长量减小。

由图6-21（b）可以看出，随着横向伸长量逐渐增大，一定范围内银导电线路电阻值维持在较低水平（2~12Ω），当达到最大拉伸量时电阻值出现骤增，银导电线路失效，测试得到不同烧结温度下银导电线路纵向最大拉伸量依次为：10%（25℃）、15.8%（50℃）、20.67%（80℃）、26.99%（110℃）、15.77%（140℃）、12.16%（170℃）、8.73%（200℃），烧结温度在25～110℃范围内，随着烧结温度增加，银导电线路横向最大伸长量逐渐增大，烧结温度在140～200℃范围内，随着烧结温度升高，最大伸长量减小。

由图6-21（c）可以看出，随着烧结温度的升高，银导电线路的电阻减小，25～110℃范围内电阻值快速从10.34Ω下降为3.34Ω，在110～200℃范围内电阻值缓慢从3.34Ω下降至3.06Ω。

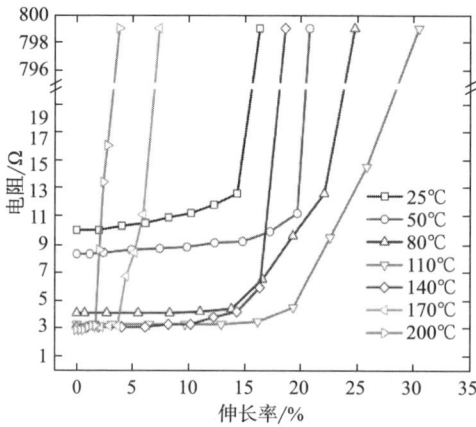

（a）银导电线路横向单轴拉伸测试

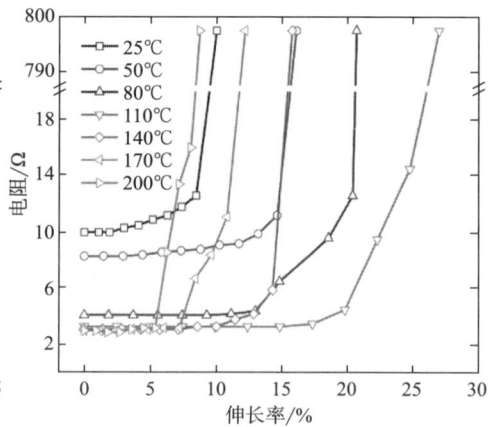

（b）银导电线路纵向单轴拉伸测试

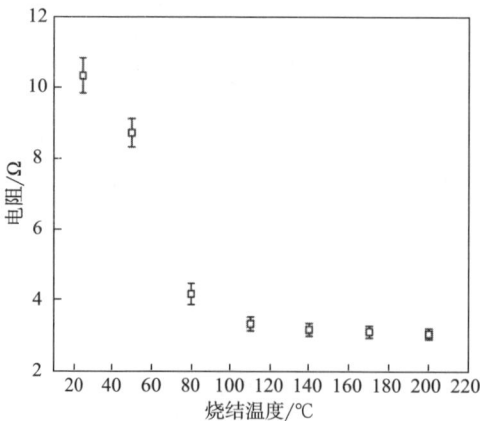

（c）银导电线路电阻值变化

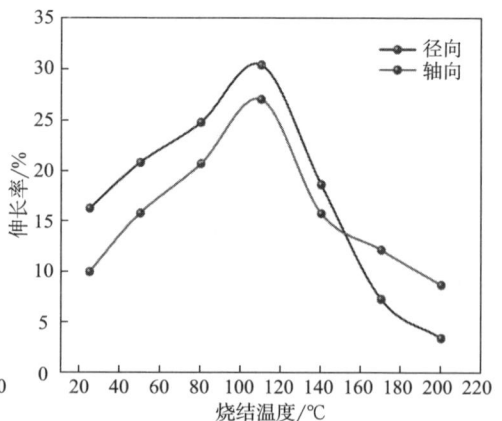

（d）银导电线路最大伸长率变化曲线

图6-21　不同烧结温度银导电线路单轴拉伸测试

由图6-21（d）可以看出，不同拉伸方向上最大伸长量的变化趋势是一致的，在25～110℃温度范围内最大伸长量随烧结温度升高而增大，在110～200℃范围内，随着温度升高，最大拉伸量反而下降，并且纵向最大伸长量（30.14%）大于横向最大伸长量（26.99%）。

（2）导电线路微观形貌研究

为进一步研究烧结温度是如何影响银导电线路最大伸长量及电阻值变化，利用扫描电子显微镜，研究不同烧结温度对银导电线路表面微观形貌的影响。

拍摄银导电线路表面微观形貌SEM图如图6-22所示。

由图6-22可看出，25℃时银颗粒之间是点对点接触，接触距离较大，传输电子能力弱，随着烧结温度不断升高，孤立、密堆积的银颗粒熔化团聚进一步融合，银颗粒之间点对点接触被面对面接触代替，接触距离减小，银导电线路整体电阻率降低，大幅提高了导电性，接近于纯银体材料。

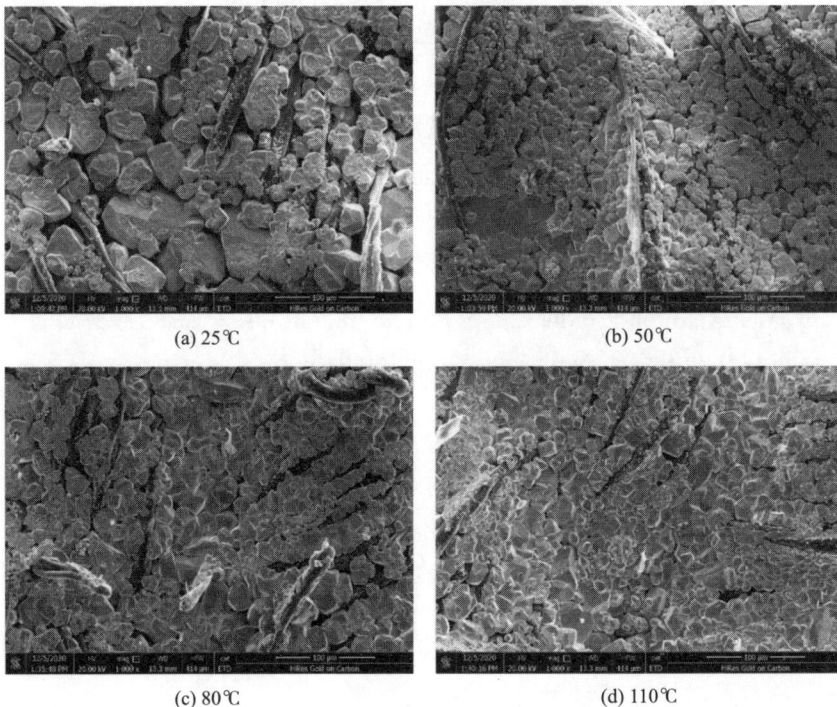

(a) 25℃　　　(b) 50℃

(c) 80℃　　　(d) 110℃

图6-22

(e) 140℃

(f) 170℃

(g) 200℃

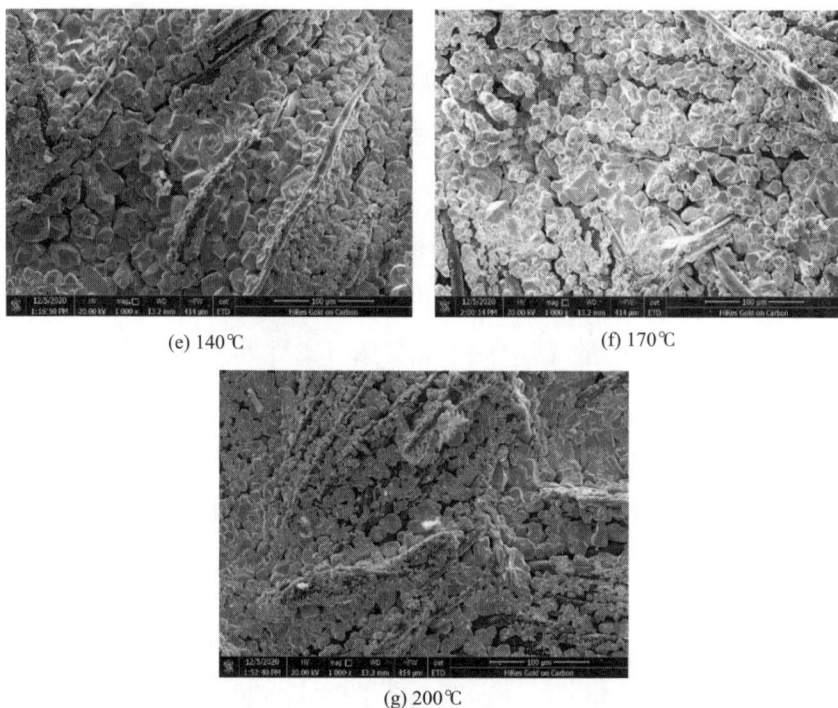

图6-22　不同烧结温度银导电线路SEM图

最大伸长量在拉伸方向上表现出的差异性主要有两个原因：一是由于马蹄形结构相较于纵向，横向抵抗拉伸变形的能力更强；二是由于针织物横向弹性模量大于纵向弹性模量，纵向更容易产生变形，银导电线路更容易断裂失效。而最大伸长量随着烧结温度升高先增大后减小的现象，一是由于在25～110℃范围内银颗粒之间高温熔化黏结团聚，表现出薄膜特征对拉伸性能有显著提高，而在110～200℃拉伸性能的降低主要有两个原因：一是随着烧结温度升高，针织物表面纤维素被炭化，银颗粒与纤维素黏合力下降，导致银颗粒易脱落，拉伸性能下降；二是由于在高温作用下针织物发生变形，热膨胀导致形成的银纳米颗粒薄膜破裂，出现细小裂纹，导致热损伤，影响了薄膜整体拉伸性能，并且这种影响随着银导电线路面积的增大更加突出。

6.2.3.2 烧结时间对导电线路拉伸性能及微观形貌的影响

（1）导电线路拉伸性能研究

对图6-20（b）中不同烧结时间针织物基导电线路从横向和纵向两个方向进行单轴拉伸测试，绘制电阻值随伸长量增加的变化曲线，表征不同烧结时间下银导电线路横向和纵向的拉伸性能，采用数字电流表对不同烧结时间条件下针织物基导电线路进行测试，得到银导电线路初始电阻随烧结时间的变化曲线，如图6-23所示。

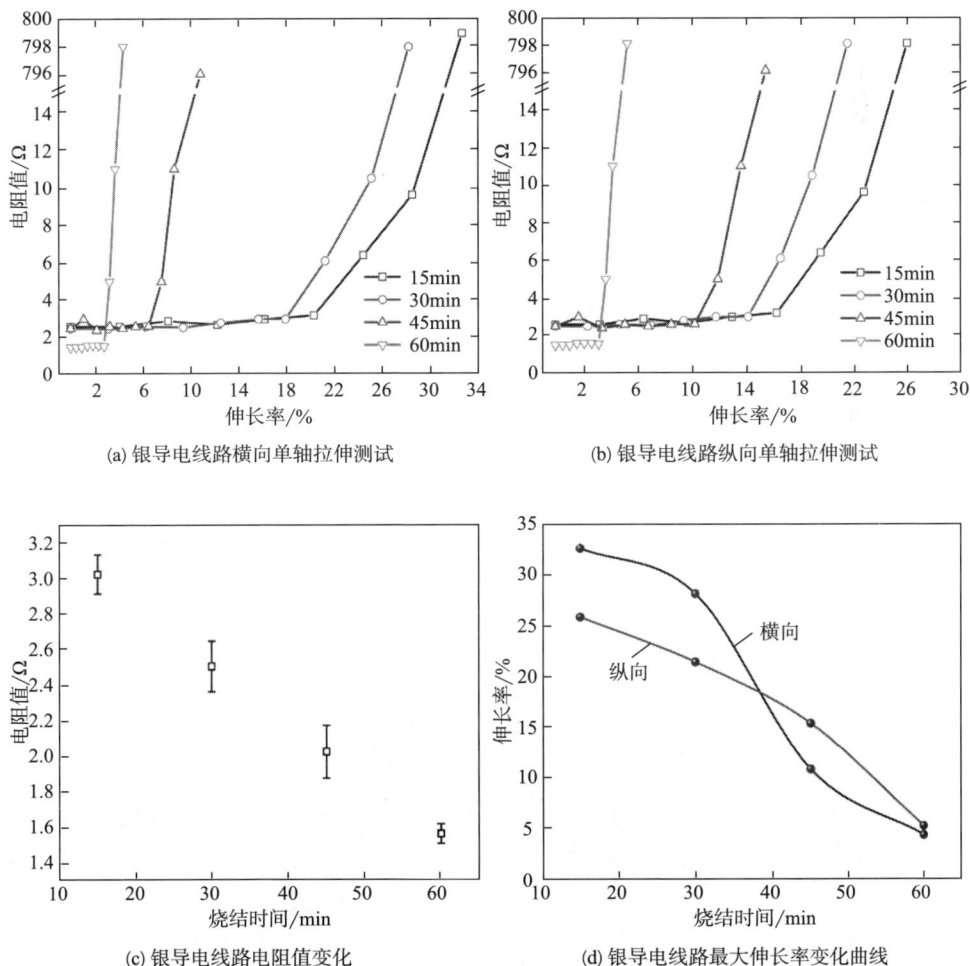

(a) 银导电线路横向单轴拉伸测试

(b) 银导电线路纵向单轴拉伸测试

(c) 银导电线路电阻值变化

(d) 银导电线路最大伸长率变化曲线

图6-23　不同烧结时间银导电线路拉伸测试

由图6-23（a）可以看出，随着横向伸长量逐渐增大，一定范围内银导电线路电阻值维持在较低水平（1~4Ω），当达到最大拉伸量时电阻值出现骤增，银导电线路失效，测试得到不同烧结时间下银导电线路横向最大拉伸量依次为：32.64%（15min）、28.18%（30min）、10.87%（45min）、4.41%（60min），随着烧结时间增加，银导电线路横向最大伸长量逐渐减小。

由图6-23（b）可以看出，随着横向伸长量逐渐增大，一定范围内银导电线路电阻值维持在较低水平（1~4Ω），当达到最大拉伸量时电阻值出现骤增，银导电线路失效，测试得到不同烧结时间下银导电线路横向最大拉伸量依次为：25.86%（15min）、21.43%（30min）、15.4%（45min）、5.3%（60min），随着烧结时间增加，银导电线路纵向最大伸长量快速减小。

由图6-23（c）可以看出，烧结时间由15min增长到60min，对应银导电线路的电阻值由3.02Ω下降至1.56Ω，通过观察不同烧结温度银导电线路SEM图像可解释电阻值的变化规律。

由图6-23（d）可看出，不同拉伸方向上最大伸长量的变化趋势是一致的，最大伸长量都随着烧结时间增加而减小，并且纵向最大伸长量（32.64%）大于横向最大伸长量（25.86%）。

（2）银导电线路微观形貌研究

为进一步研究烧结温度是如何影响银导电线路最大伸长量及电阻值变化，利用扫描电子显微镜，研究不同烧结时间对银导电线路表面微观形貌的影响。

拍摄银导电线路表面微观形貌SEM图如图6-24所示。

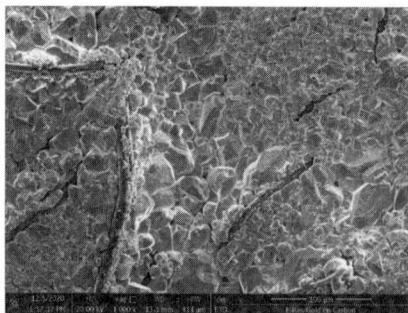

(a) 15min　　　　　　　　　　　　　　(b) 30min

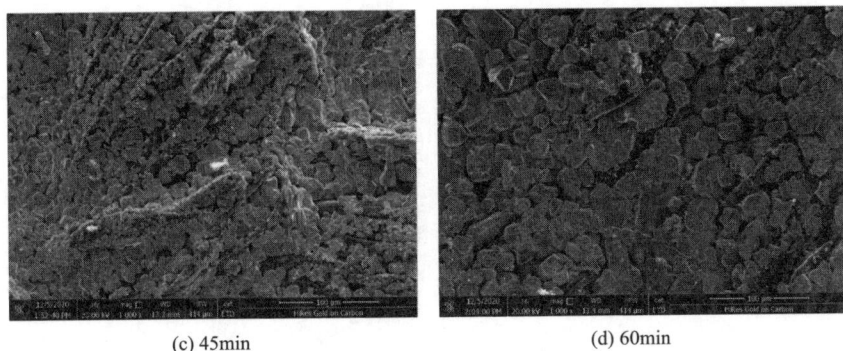

(c) 45min　　　　　　　　　　(d) 60min

图6-24　不同烧结温度银导电线路SEM图

由图6-24可以看出，随着烧结时间增加，银颗粒团簇尺寸逐渐变大，银导电线路电阻率进一步减小，所以电阻值呈减小趋势，而最大伸长率随烧结时间增加而减小这是由于，一是银颗粒团簇尺寸增大，导致裂纹间距增加，使得薄膜孔隙率变大，薄膜强度降低，最大伸长量降低；二是随着烧结时间增加，针织物纤维热膨胀持续作用，银颗粒薄膜热损伤加剧，薄膜出现裂纹，强度进一步降低，导致最大伸长量降低，从而影响银导电线路拉伸性能。

6.2.3.3　预拉伸对导电线路拉伸性能及微观形貌的影响

（1）导电线路拉伸测试

对图6-20（c）和（d）中不同预拉伸针织物基马蹄形导电线路进行单轴拉伸测试，绘制电阻值随伸长量增加的变化曲线，表征不同预拉伸伸长量下银导电线路拉伸性能，采用数字万用表对不同预拉伸条件下针织物基马蹄形导电线路进行测试，得到银导电线路初始电阻随预拉伸伸长量的变化曲线，如图6-25所示。

由图6-25（a）可以看出，随着横向伸长量逐渐增大，一定范围内银导电线路电阻值维持在较低水平（2Ω左右），当达到最大拉伸量时电阻值出现骤增，银导电线路失效，测试得到不同预拉伸条件下银导电线路横向最大拉伸量依次为：34.34%（5%）、36.17%（10%）、52.55%（15%）、38%（20%）、36.86%（25%）、34.87%（30%），预拉伸在5%～15%范围内，随着预拉伸伸

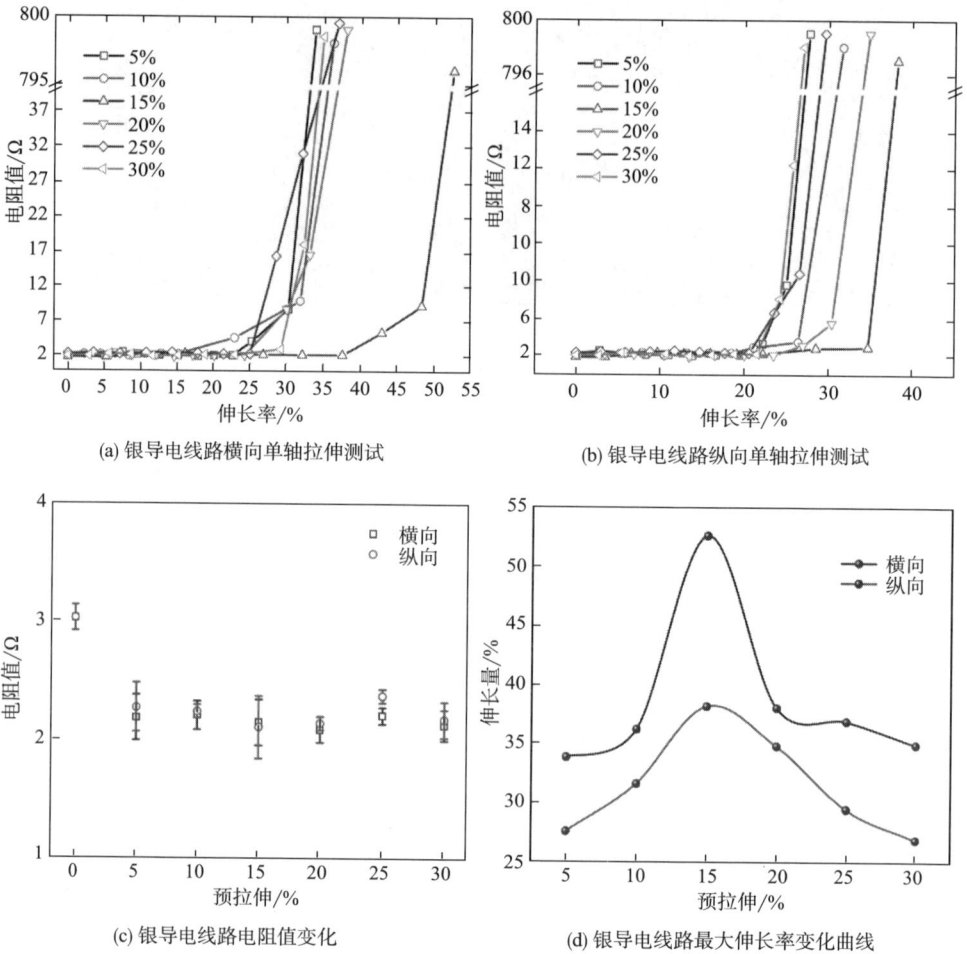

(a) 银导电线路横向单轴拉伸测试

(b) 银导电线路纵向单轴拉伸测试

(c) 银导电线路电阻值变化

(d) 银导电线路最大伸长率变化曲线

图6-25　不同预拉伸下银导电线路单轴拉伸测试

长量的增加，银导电线路横向最大伸长量逐渐增大，预拉伸在15%～30%范围内，随着预拉伸伸长量的增加，最大伸长量减小。

由图6-25（b）可以看出，随着纵向伸长量逐渐增大，一定范围内银导电线路电阻值维持在较低水平（2Ω左右），当达到最大拉伸量时电阻值出现骤增，银导电线路失效，测试得到不同预拉伸条件下银导电线路纵向最大拉伸量依次为：27.56%（5%）、31.58%（10%）、38.13%（15%）、34.77%（20%）、29.46%（25%）、26.88%（30%），预拉伸伸长量在5%～15%范围内，随着预拉伸伸长量的增加银导电线路纵向最大伸长量逐渐增大，预拉伸伸长量在15%~30%范围内，随着预拉伸伸长量增加，最大伸长量减小。

由图6-25（c）可以看出，无预拉伸时银导电线路的电阻值为3.02Ω，不同横向预拉伸伸长量的银导电线路电阻值依次为2.27Ω（5%）、2.23Ω（10%）、2.1Ω（15%）、2.13Ω（20%）、2.37Ω（25%）、2.17Ω（30%）。不同纵向预拉伸的银导电线路电阻值依次为2.18Ω（5%）、2.2Ω（10%）、2.14Ω（15%）、2.08Ω（20%）、2.4Ω（25%）、2.12Ω（30%），相较于无预拉伸，预拉伸可进一步降低银导电线路的电阻值，提高导电性，但随着预拉伸逐渐增大，电阻值变化趋势明显减小或基本保持不变。

由图6-25（d）可以看出，不同拉伸方向上最大伸长量的变化趋势是一致的，在5%~15%范围内最大伸长量随着预拉伸伸长量的增加而增大，在15%~30%范围内，随着预拉伸量的增加最大拉伸量反而下降，并且横向最大伸长量（52.55%）大于纵向最大伸长量（38.13%）。

（2）银导电线路微观形貌研究

为进一步研究不同预拉伸量是如何影响银导电线路最大伸长量及电阻值变化，结合如图6-26所示的预拉伸处理针织物基导电线路流程示意图，研究不同预拉伸伸长量对银导电线路拉伸性能的影响。

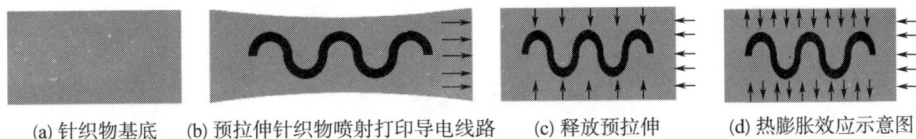

(a) 针织物基底　　(b) 预拉伸针织物喷射打印导电线路　　(c) 释放预拉伸　　(d) 热膨胀效应示意图

图6-26 预拉伸处理针织物基导电线路流程示意图

由图6-26（a）~（b）可以看出，当针织物被拉伸后，在泊松效应的作用下，垂直于拉伸方向织物宽度受到压缩。由图6-26（b）~（c）可以看出，针织物表面导电线路沉积成形后，释放预拉伸，预拉伸方向银导电线路受到压缩，而垂直于与拉伸方向由于并效应的影响由向内收缩变为向外伸张，在这种趋势的影响下，银导电线路表面会出现裂纹，而值得注意的是，由于这一阶段经化学反应沉积成形的银导电线路是湿润的，并没有直接成形固体银导电薄膜，从而有效降低了泊松效应的影响。

由图6-26（c）~（d）可以看出，当把针织物基银导电线路置于110℃烧结15min后，由于针织物与银的热膨胀系数不同，在热膨胀的影响下产生的应变差是不同的，导致银导电线路会出现裂纹。在预拉伸方向上，由于存在较大的预拉伸应变，相较于热膨胀产生的应变差，影响很小，主要是垂直于预拉伸方向的泊松效应的影响与热膨胀效应影响较大，下面讨论在泊松效应影响下垂直于预拉伸方向针织物与银导电线路的应变差。

预拉伸后泊松效应引起的的针织物与银导电线路宽度收缩可表示为：

$$\Delta d_p = -d_o \left[1 - \left(1 + \frac{\Delta l}{l} \right)^{-\upsilon} \right] \quad （6\text{-}20）$$

则预拉伸针织物和银导电线路的宽度可表示为：

$$d = -d_o \left(1 + \frac{\Delta l}{l} \right)^{-\upsilon} \quad （6\text{-}21）$$

那么释放预拉伸时垂直于预拉伸方向的应变可表示为：

$$\varepsilon_{[\perp, p]} = \frac{d_o}{d} = \left(1 + \frac{\Delta l}{l} \right)^{\upsilon} \quad （6\text{-}22）$$

针织物与银导电线路在垂直于与拉伸方向上的应变差可表示为：

$$\varepsilon_{[\perp, p, k\text{-}s]} = \frac{\varepsilon_{[\perp, p, k]}}{\varepsilon_{[\perp, p, s]}} = \left(1 + \frac{\Delta l}{l} \right)^{\upsilon_k - \upsilon_s} \quad （6\text{-}23）$$

式中：d_o为针织物和银导电线路初始宽度；d为针织物预拉伸后宽度；υ为针织物和银导电线路泊松比；Δl为针织物预拉伸方向长度变化量；l为针织物初始长度。

下面讨论在热膨胀效应影响下垂直于预拉伸方向针织物与银导电线路的应变差。

烧结处理后热膨胀效应引起的宽度变化可表示为：

$$\Delta d_{\mathrm{t}} = \delta d \Delta H \qquad (6\text{-}24)$$

同时考虑泊松效应和热膨胀效应，则针织物和银导电线路的宽度可表示为：

$$d = d_{\mathrm{o}}(1 + \delta \Delta H)\left(1 + \frac{\Delta l}{l}\right)^{-\upsilon} \qquad (6\text{-}25)$$

则释放预拉伸时垂直于预拉伸方向的应变可表示为：

$$\varepsilon_{[\perp,\,\mathrm{p},\,\mathrm{t}]} = \frac{d_{\mathrm{o}}}{d} = \frac{\left(1 + \dfrac{\Delta l}{l}\right)^{\upsilon}}{1 + \delta \Delta H} \qquad (6\text{-}26)$$

针织物与银导电线路在垂直于与拉伸方向上的应变差可表示为：

$$\varepsilon_{[\perp,\,\mathrm{p},\,\mathrm{k\text{-}s}]} = \frac{\varepsilon_{[\perp,\,\mathrm{p},\,\mathrm{t},\,\mathrm{k\text{-}s}]}}{\varepsilon_{[\perp,\,\mathrm{p},\,\mathrm{t},\,\mathrm{k\text{-}s}]}} = \frac{1 + \delta_{\mathrm{k}} \Delta H}{1 + \delta_{\mathrm{s}} \Delta H}\left(1 + \frac{\Delta l}{l}\right)^{\upsilon_{\mathrm{k}} - \upsilon_{\mathrm{s}}} \qquad (6\text{-}27)$$

式中：d_{o} 为针织物和银导电线路初始宽度；d 为针织物预拉伸后宽度；δ 为针织物和银导电线路热膨胀系数；υ 为针织物和银导电线路泊松比；ΔH 为退火温度（$\Delta H =$ 烧结温度$-$室温）；Δl 为针织物预拉伸方向长度变化量；l 为针织物初始长度。

由上式可知，银导电线路是否出现裂纹，由预拉伸量、针织物热膨胀系数以及银热膨胀系数决定。在某一固定加热温度下，代入针织物和银的热膨胀系数进行计算，若应变差大于1%，则容易出现裂纹，应变差小于1，出现裂纹的趋势降低。这样就可以确定，在某一烧结温度下针织物基底的最优预拉伸范围。下面运用上述公式对实验结果进行验证，如图6-27所示。

由图6-27可以看出，当加热温度为110℃时，通过计算得到预拉伸伸长量从0至30%对应的应变差依次为：0.29%、0.57%、0.84%、1.1%、1.3%、1.6%，小于15%时，应变差均小于1，预拉伸伸长量大于15%时，应变差大于1%，纵向预拉伸方向变化趋势与横向相同，结合实验测试结果综合分析，确定15%预拉伸伸长量为最优参数。

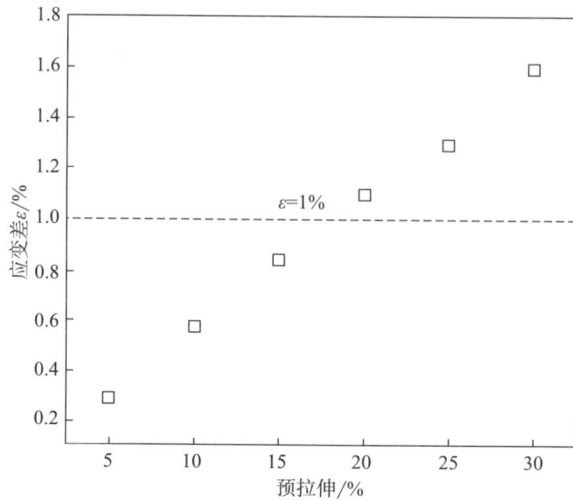

图6-27　预拉伸—应变差关系曲线

为进一步说明15%为最优预拉伸伸长量，结合如图6-28所示电镜图进行分析。

由图6-28可以看出，在预拉伸伸长量为15%时，针织物表面完全被银纳米颗粒覆盖，颗粒之间面面接触特征明显，表面比较平整，而30%预拉伸伸长量时，银纳米颗粒在针织物表面的包覆效果差，表面不平整，出现裂纹，从而大幅降低了导电线路的拉伸性能，进一步说明预拉伸为15%时，针织物基柔性导电线路拉伸性能最佳。

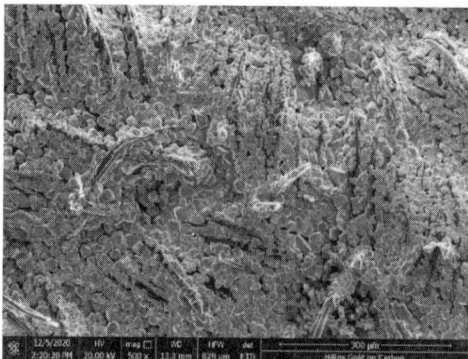

5%预拉伸

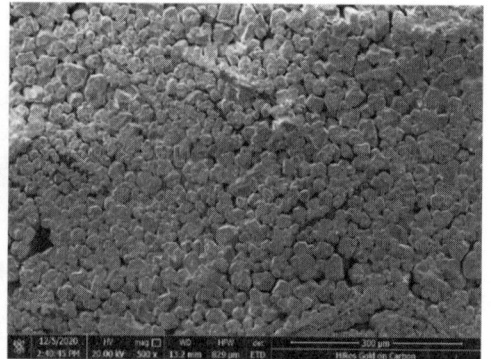

5%预拉伸

30%预拉伸

（a）横向预拉伸银导电线路SEM图

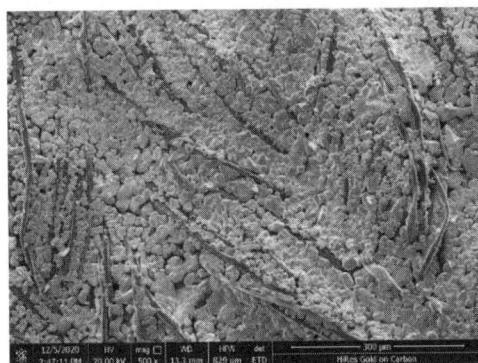

5%预拉伸

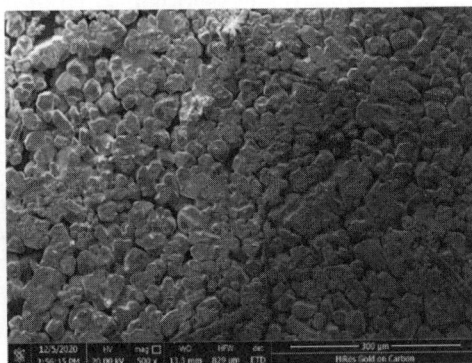

15%预拉伸

30%预拉伸

(b) 纵向预拉伸银导电线路SEM图

图6-28　不同预拉伸银导电线路SEM图

6.2.4 针织物基可拉伸导电线路单轴拉伸疲劳测试

上节采用控制变量法，通过分析银导电线路导电性及其表面微观形貌，研究了烧结温度、烧结时间及预拉伸等影响因素对银导电线路拉伸性能的影响规律，并得到最优参数组合。基于此，本节主要根据上文研究得到的最优参数，制备针织物基柔性可拉伸导电线路，结合实时电阻测量法（electrical resistance measurement，ERM）对银导电线路进行拉伸疲劳测试和弯曲疲劳测试，测试针织物基柔性可拉伸导电线路的疲劳特性，为其实际应用奠定基础。

6.2.4.1 针织物基柔性可拉伸导电线路喷射打印成形

针织物基导电线路制备工艺参数见表6-11，基于直接驱动型压电式微滴喷射装置，采用微滴喷射打印原电池置换沉积技术，结合表6-11工艺参数，制备针织物基导电线路如图6-29所示。

表 6-11　针织物基可拉伸导电线路打印成形参数

烧结温度/℃	烧结时间/min	预拉伸/%		硝酸银浓度/%（质量体积分数）	抗坏血酸浓度/%（质量体积分数）	打印层数	反应温度/℃
		横向	纬向				
110	15	15	15	80	30	4	25

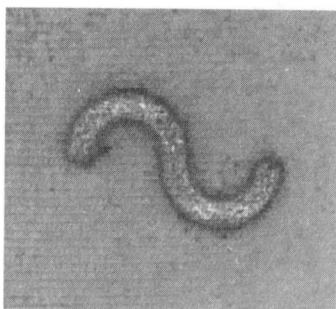

图6-29　针织物基可拉伸导电线路实物图

6.2.4.2 拉伸疲劳测试

由上节可知，0°马蹄形在横向和纵向单轴拉伸作用下最大伸长量为52.55%和38.13%，基于此，本节采用如图6-1所示拉伸测试装置，对0°马蹄形导电线路进行横向和纵向循环拉伸测试，研究马蹄形导电线路在不同拉伸范围内电阻变化率，分析其拉伸疲劳特性，其研究方案见表6-12。

表 6-12　拉伸疲劳测试研究方案

试验样品	拉伸方式	拉伸范围	拉伸次数	测试方法
		0~20%		
		0~40%		
		0~60%	50	实时电阻测量法 ERM
		0~20%		
		0~40%		

根据表6-12试验方案，采用如图6-17所示单轴拉伸测试装置进行单轴拉伸疲劳测试，试验结果如图6-30所示。

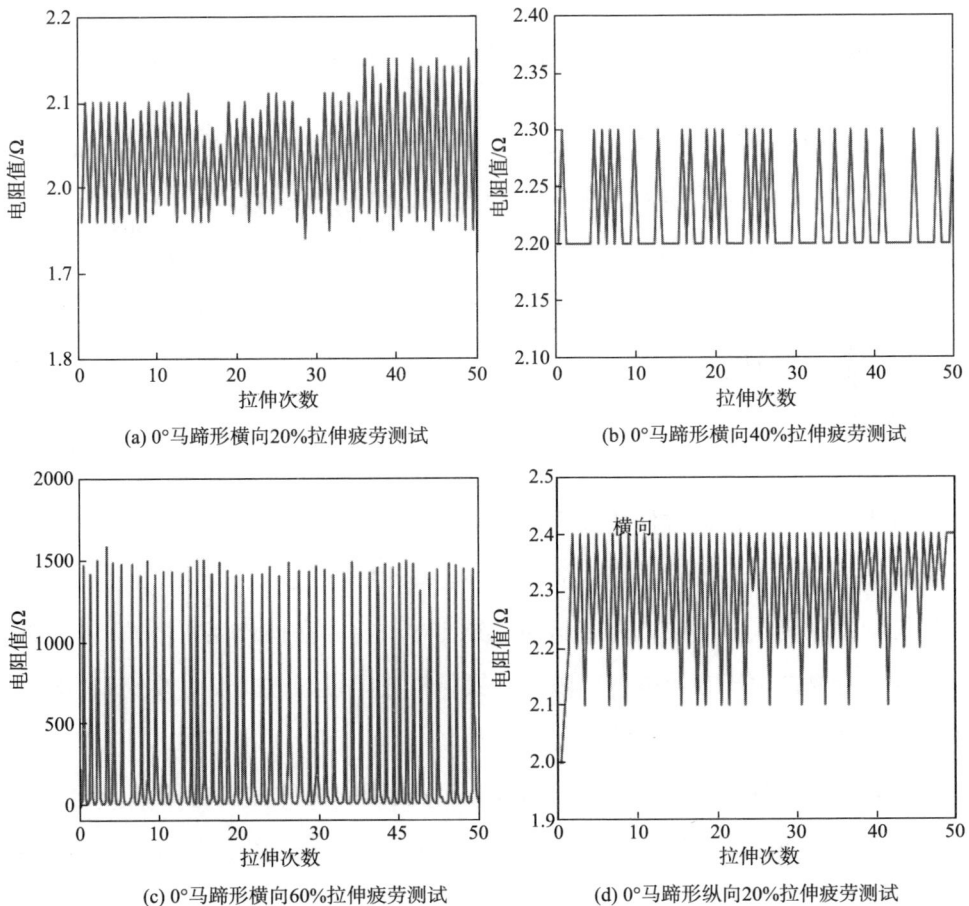

(a) 0°马蹄形横向20%拉伸疲劳测试

(b) 0°马蹄形横向40%拉伸疲劳测试

(c) 0°马蹄形横向60%拉伸疲劳测试

(d) 0°马蹄形纵向20%拉伸疲劳测试

图6-30

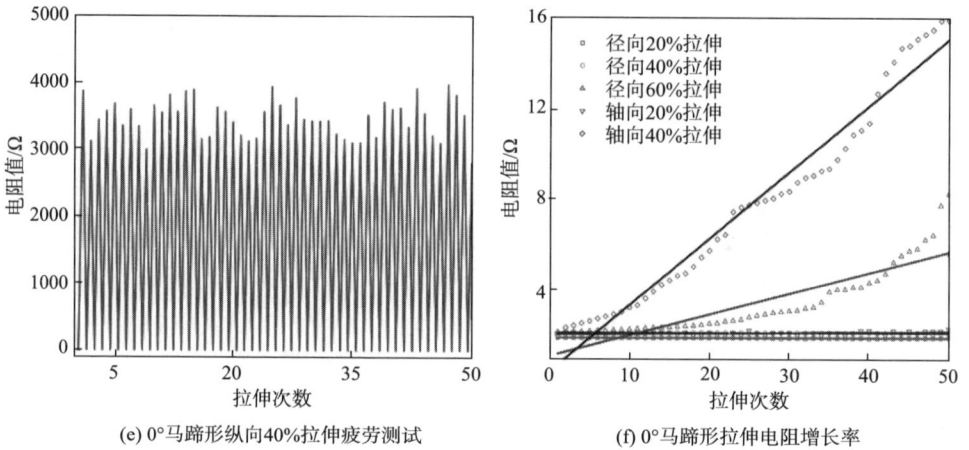

(e) 0°马蹄形纵向40%拉伸疲劳测试

(f) 0°马蹄形拉伸电阻增长率

图6-30　导电线路单轴拉伸疲劳测试

由图6-30（a）~（e）可以看出，0°马蹄形银导电线路在横向拉伸作用下，伸长率为20%时，银导电线路电阻在1.96~2.15Ω范围内波动，电阻增长率为9%，伸长率为40%时，银导电线路电阻在2.2~2.3Ω范围内波动或保持不变，电阻增长率为4.5%，伸长率为60%，银导电线路电阻在2.4~1586.5Ω范围内波动，电阻增长率为660.04%，在纵向拉伸作用下，伸长率为20%时，银导电线路电阻在2.0~2.4Ω范围内波动，最大电阻增长率为20%。伸长率为40%时，银导电线路电阻在2.4~3976.4Ω范围内波动，最大电阻增长率为1655.83%。

对比分析可知，在拉伸范围内，横向拉伸电阻增长率小于纵向拉伸电阻增长率，一是由于0°马蹄形结构横向拉伸性能高于纵向拉伸性能导致的，二是由于针织物弹性模量在方向上表现出的差异性导致的。在拉伸范围之外，电阻增长率增大主要是由于银导电薄膜断裂，银颗粒之间接触方式发生改变，传输电子能力下降，从而导电性降低，电阻增大。

读取每次循环拉伸复位（伸长率=0）位置银导电线路的电阻值，绘制复位电阻值随拉伸次数增加的变化曲线，并对变化趋势进行线性拟合，如图6-30（f）所示。

由图6-30（f）可看出，横向复位电阻增长率依次为$Y_{20\%}$=（0.00265 ±

0.00066）x+2.12041±0.01942、$Y_{40\%}$=（0.0003±0.00011）x+1.96198±0.00323、$Y_{60\%}$=（0.09151 ±0.00717）x+1.17261±0.21013，纵向复位电阻增长率依次为$Y_{20\%}$=（0.00024±0.00014）x+2.192±0.00398、$Y_{40\%}$=（0.29146±0.00788）x+0.49771±0.23091，对比分析可知，马蹄形导电线路电阻值随着拉伸次数增加呈线性增长，横向电阻增长率明显小于纵向电阻增长率。在拉伸范围内，复位电阻变化率小，电阻值基本保持不变，电学性能相对稳定，导电线路表现出较强的拉伸疲劳特性，随着最大伸长率不断增加，导电线路断裂失效，复位后，电阻仍能保持在较低水平，仍保持一定的电学性能，说明本书制备的导电线路具备一定的拉伸疲劳特性。

6.2.4.3　弯曲疲劳测试

本节采用如图6-17所示测试装置，对0°马蹄形导电线路进行弯曲疲劳测试，其实验方案见表6-13。

表 6-13　弯曲疲劳测试研究方案

弯曲方式	实验样品	弯曲角度 θ/（°）	弯曲次数	测试方法
		45° 90° 135° 180°	500	实时电阻测量法ERM

如表6-13所示，其中A代表针织物基马蹄形银导电线路，B代表PET薄膜，将样品分别贴附在PET薄膜（长×宽：40mm×25mm）内侧和外侧，依次在弯曲角度为45°、90°、135°和180°下进行弯曲测试500次，记录电阻值动态变化过程，测试结果如图6-31所示。

由图6-31（a）和（b）可以看出，0马蹄形导电线路外弯曲角度为45°、90°、135°、180°时，电阻增长率依次为3.6%、1.2%、6.2%、9.2%；内弯曲电阻增长率为3.6%、1.2%、4.7%、9.2%。

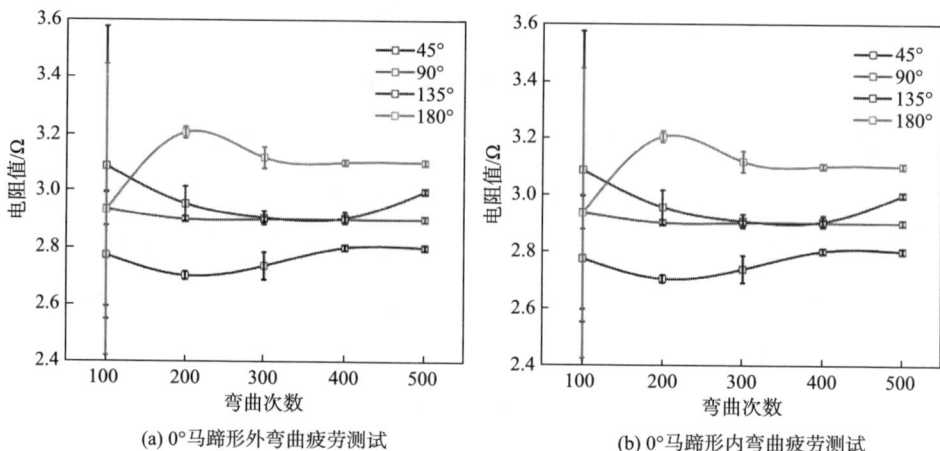

(a) 0°马蹄形外弯曲疲劳测试   (b) 0°马蹄形内弯曲疲劳测试

图6-31 导电线路单轴弯曲拉伸疲劳测试

对比可看出0°马蹄形导电线路0～100次弯曲测试，电阻值波动较大，主要是银导电线路表面疏松的银颗粒脱落导致的，100～300次弯曲测试，电阻波动趋势逐渐减小，400次之后，电阻值基本保持不变且维持在较低水平，在整个弯曲测试阶段，电阻值没有出现明显增长，说明本书制备的织物基可拉伸导电线路具有良好的弯曲疲劳特性。

本节主要对针织物基可拉伸导电线路成形机理和工艺条件影响因素进行了分析，采用单因素控制变量法，研究了烧结温度、烧结时间及其预拉伸等工艺参数对成形银导电线路表面微观形貌和拉伸性能的影响，并对制备的银导电线路进行拉伸和弯曲疲劳测试，得到如下结论。

① 烧结温度对导电线路拉伸性能及微观形貌的影响研究表明：在烧结温度为110℃时，拉伸性能最好，测得横向最大伸长量为30.41%，纵向最大伸长量为26.99%，电阻值为3.34Ω。

② 烧结时间对导电线路拉伸性能及微观形貌的影响研究表明：在烧结时间为15min时，拉伸性能最好，测得横向最大伸长量为32.64%，纵向最大伸长量为25.86%，电阻值为3.02Ω。

③ 预拉伸对导电线路拉伸性能及微观形貌的影响研究表明：在预拉伸为15%时，拉伸性能最好，横向最大伸长量为52.55%，纵向最大伸长量为

34.77%，电阻值为2.1Ω。

④拉伸疲劳测试表明：在拉伸范围内，针织物基柔性可拉伸导电线路循环拉伸50次，电阻值均维持在较低水平，并没有出现明显变化，表明具有良好的拉伸疲劳特性；弯曲疲劳测试表明：弯曲循环500次，电阻值均维持在较低水平，说明本书制备的织物基柔性可拉伸导电线路具有良好的弯曲疲劳特性。

参考文献

［1］郝志远，陈慧敏，沈琼，等. 基于均匀化理论的针织物拉伸形变有限元模拟［J］. 东华大学学报（自然科学版），2020，46（1）：47–52.

［2］Study on the Modeling and tensile performance simulation of knitted fabric based conductive line［J］. Journal of Physics: Conference Series, 2021，1759（1）：012030

［3］Dinh T D, Weeger O, Kaijima S, et al. Prediction of mechanical properties of knitted fabrics under tensile and shear loading: Mesoscale analysis using representative unit cells and its validation［J］. J.Composites Part B,2018,148:81–92.

［4］蒋玉川，李章政. 弹性力学与有限元法简明教程［M］. 北京：化学工业出版社，2010.

［5］Olga Kononova, Andrejs Krasnikovs, Karlis Dzelzitis, et al. Modelling and Experimental Verification of Mechanical Properties of Cotton Knitted Fabric Composites［J］. Estonian Journal of Engineering, 2011,17（1）：39–50.

［6］Sari Merilampi, Toni Björninen, Veikko Haukka, et al. Analysis of electrically conductive silver ink on stretchable substrates undertensile load［J］. Microelectronics Reliability, 2010,50（12）：2001–2011.

［7］Bavani Balakrisnan,Aleksandar Nacev,Jeffrey M Burke,Abhijit Dasgupta,Elisabeth Smela. Design of compliant meanders for applications in MEMS, actuators, and flexible electronics［J］. Smart Materials and Structures, 2012,21（7）：075033.

［8］D.S. Gray, J. Tien, C.S. Chen. High–Conductivity Elastomeric Electronics［J］.

Advanced Materials, 2004,16（5）: 393-397.

[9] Jahanshahi A, Salvo P, Vanfleteren J. Reliable stretchable gold interconnects in biocompatible elastomers [J]. Journal of Polymer Science Part B: Polymer Physics, 2012, 50（11）: 773-776.

[10] Amir Jahanshahi et al 2013 Jpn. J. Appl. Phys. 52 05DA18.

[11] Hang Chen, Feng Zhu, Kyung-In Jang, et al. The equivalent medium of cellular substrate under large stretching, with applications to stretchable electronics [J]. Journal of the Mechanics and Physics of Solids, 2018, 120: 199-207.

[12] Kwang-Seok Kim, Kwang-Ho Jung, Seung-Boo Jung. Design and fabrication of screen-printed silver circuits for stretchable electronics [J]. Microelectronic Engineering, 2014, 120: 216-220.

[13] Stempien Z, Rybicki E, Rybicki T, etal. Inkjet-printing deposition of silver electro-conductive layers on textile substrates at low sintering temperature by using an aqueous silver ions-containing ink for textronic applications [J]. Sensors & Actuators: B. Chemical, 2016, 224: 714-715.

[14] Jaemyon Lee, Seungjun Chung, Hyunsoo Song, etal. Lateral-crack-free, buckled, inkjet-printed silver electrodes on highly pre-stretched elastomeric substrates [J]. Journal of Physics D: Applied Physics, 2013, 46（10）: 105305.

[15] X J Sun, C C Wang, J Zhang, et al. Thickness dependent fatigue life at microcrack nucleation for metal thin films on flexible substrates [J]. Journal of Physics D: Applied Physics, 2008, 41（19）: 195404.

第7章　微滴喷射打印织物基柔性元件应用

7.1　RFID标签天线

在进行导线沉积实验的基础上，本节进行RFID标签天线的打印成形。首先需要通过设计天线的形状和尺寸，并使用仿真软件进行仿真；然后根据所设计的形状尺寸，利用前期实验得到的实验条件，分别在铜版纸和棉织物两种基质上喷射打印出RFID标签天线，对喷射打印成形的RFID标签天线参数进行测试。

7.1.1　天线基本参数

天线的主要参数有：频带宽度、输入阻抗、回波损耗、增益、效率、方向性等。这里对部分参数进行简要的介绍。

（1）频率带宽

频率的带宽是指满足天线指标的频带范围。带宽范围内的所有频率统称工作频率，其中工作频率的最低频率用f_l表示，工作频率的最高频率用f_h表示，天线工作频率的中心频率用f_c表示。天线的线宽有几种表示形式：绝对带宽$\Delta f = f_h - f_l$，对于窄带天线的相对带宽$BW = \Delta f / f_c = (f_h - f_l)/f_c$，对于宽带天线倍频带宽$BW = f_h / f_l$。

（2）输入阻抗

天线的输入电阻是指输入端所呈现的阻抗。天线输入阻抗表达式为：

$$Z_A = R_A + jX_A \qquad\qquad （7-1）$$

式中：R_A，X_A分别为输入的电阻和电抗。

由式（7-1）可以看出，天线的阻抗是一个复数，其中R_A，X_A分别表示输入的电阻即阻抗的实部，输入的电抗即阻抗的虚部。

天线本身的工作频率、结构、周围介质甚至周围环境等都会影响天线的输入电阻，因此从理论上计算比较困难。天线的输入阻抗与馈线的阻抗较好地匹配，能够使天线获得较高的辐射效率。射频系统的输入线特性阻抗一般为50Ω或者75Ω，因此要想获得较高的辐射效率，就应该是天线输入阻抗实部是50Ω或者75Ω，虚部为0。

（3）回波损耗

回波损耗是指传输线端口的反射功率与入射功率之比，以对数形式表示，单位dB，一般为负值，其绝对值可以称为反射损耗。形象来说是指入射波的一部分在接口产生反射而重新回到馈线，这部分反射波所带来功率的损耗称为回波损耗。回波损耗S_{11}表达式为：

$$S_{11} = 20 \lg |\Gamma| \qquad\qquad （7-2）$$

式中：Γ为反射系数。

它的表达式为：

$$\Gamma = \frac{Z_A - Z_0}{Z_A + Z_0} \qquad\qquad （7-3）$$

式中：Z_A表示输入阻抗；Z_0表示馈线的特性阻抗。

天线输入阻抗从理论计算比较困难，因此回波损耗也很难计算，但是可以使用矢量网络分析仪进行测量。

7.1.2　天线的设计与仿真

微滴喷射打印所制备的天线，一般为平面天线，平面天线包括短偶极子天线、偶极天线，半波偶极子天线、小环天线、微带天线、平面倒F天线（PIFA）等。考虑到结构、制备过程的难易程度，在本节中选择的是结构简单的半波偶极子天线。本节对结构进行了设计，并使用仿真软件在对两种基板的半波偶极子天线进行仿真。

7.1.2.1　天线结构的设计

选择的天线频率是世界范围内工业、科学、医用领域应用比较广的2.4GHz。半波偶极子天线波长计算公式为：

$$\lambda = c/f \tag{7-4}$$

式中：c为光速（m/s）；f为天线的工作频率（Hz）。

将2.4GHz代入公式得到半波偶极子天线的波长为125mm，确定出偶极子天线的臂长为31.25mm，其结构尺寸如图7-1所示。

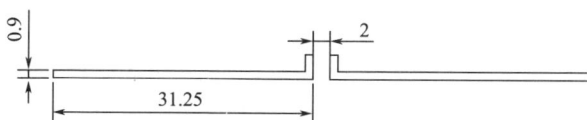

图7-1　半波偶极子天线原型结构尺寸示意图（单位：mm）

7.1.2.2　天线的仿真

常用的电磁仿真软件主要有CST(computer simulation technology)，ADS(advanced design system)，HFSS（high frequency structure simulator)等。进行了比较之后发现HFSS具有高的仿真精度和较快仿真速度，方便易用的操作界面，并且可靠性较高。因此本节采用Ansoft HFSS软件平台对设计的半波偶极子天线的谐振频率、谐振点阻抗、谐振点回波损耗（S_{11}）进行仿真研究：

① 设定天线的介电材料为铜版纸，其相对介电常数为2.5，厚度为260μm。天线的电阻率为$1.57 \times 10^{-5}\Omega \cdot m$，得到的天线性能参数如图7-2所示。

由图7-2可以看出，天线的谐振频率为2.01GHZ，谐振点回波损耗S_{11}参数为-28.84dB，带宽为1.93~2.09GHZ，谐振点阻抗为50Ω，与实验所用同轴电缆特性阻抗一致，满足阻抗匹配要求。

② 设定天线的介电材料为纯棉织物，其相对介电常数为1.54，厚度为240μm。天线的电阻率为$3.75 \times 10^{-5}\Omega \cdot m$，得到的天线性能参数如图7-3所示。

Name	x	Y
m1	2.0090	-28.8374
m2	1.9300	-10.0520
m3	2.0900	-10.0461

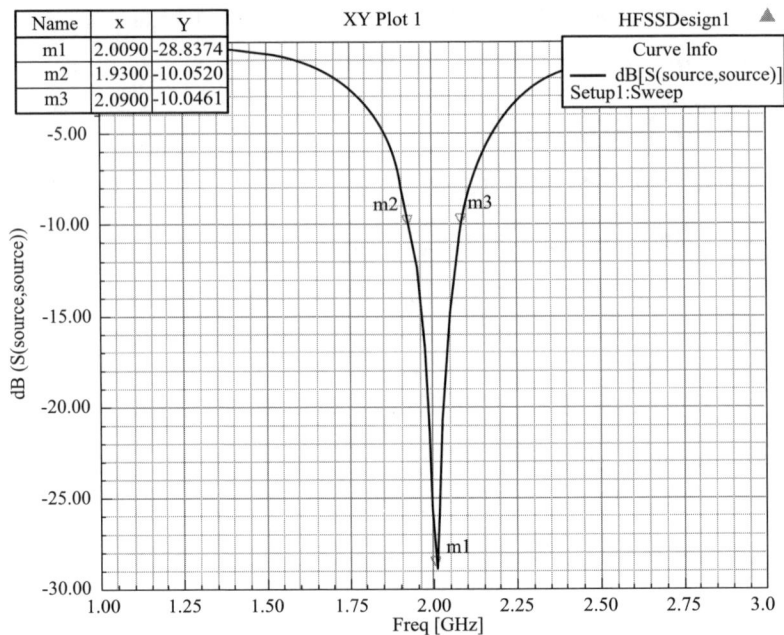

(a) HFSS仿真S_{11}参数

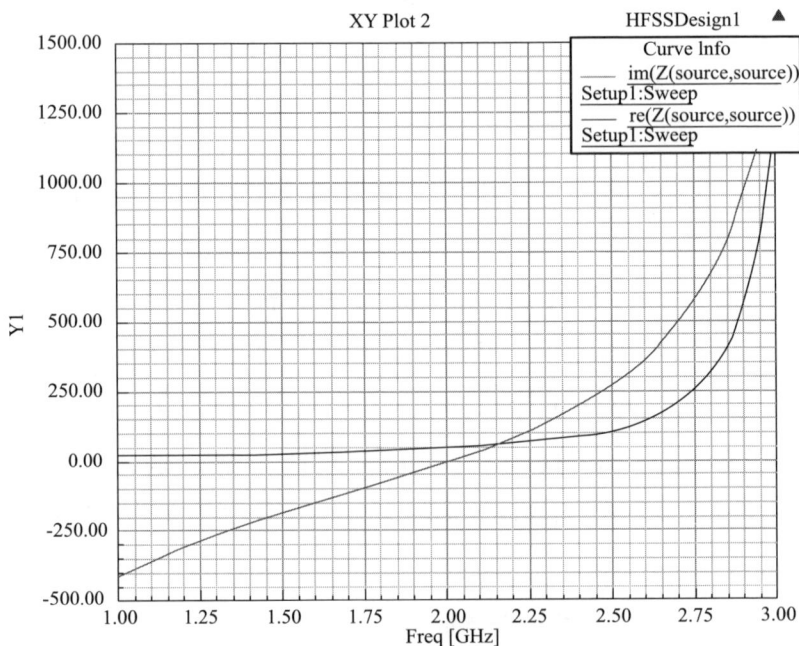

(b) HFSS仿真天线阻抗值

图7-2　铜版纸基板的天线HFSS仿真天线参数

Name	x	Y
m1	2.3100	-20.7169
m2	2.2200	-10.0335
m3	2.4000	-10.2494

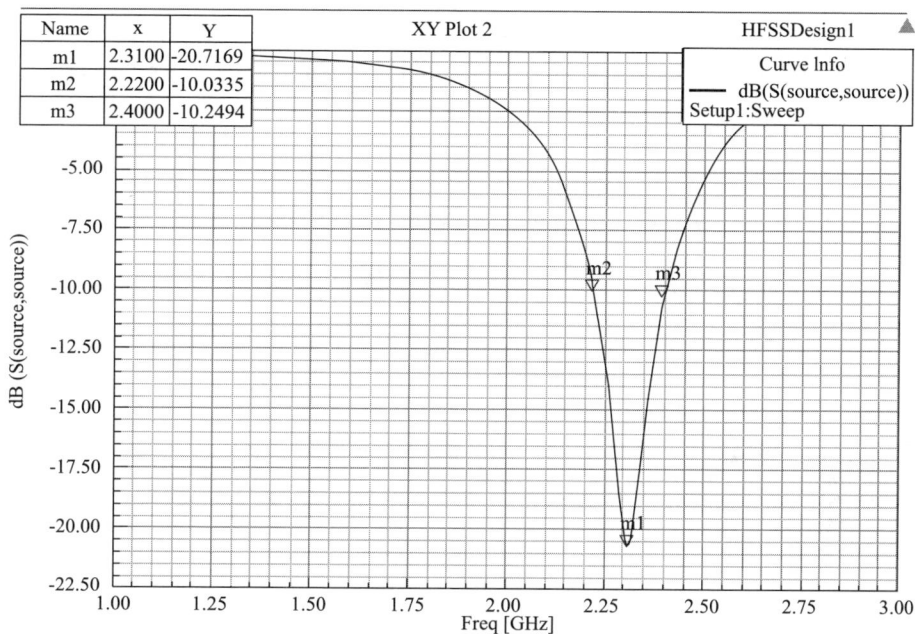

(a) HFSS仿真 S_{11} 参数

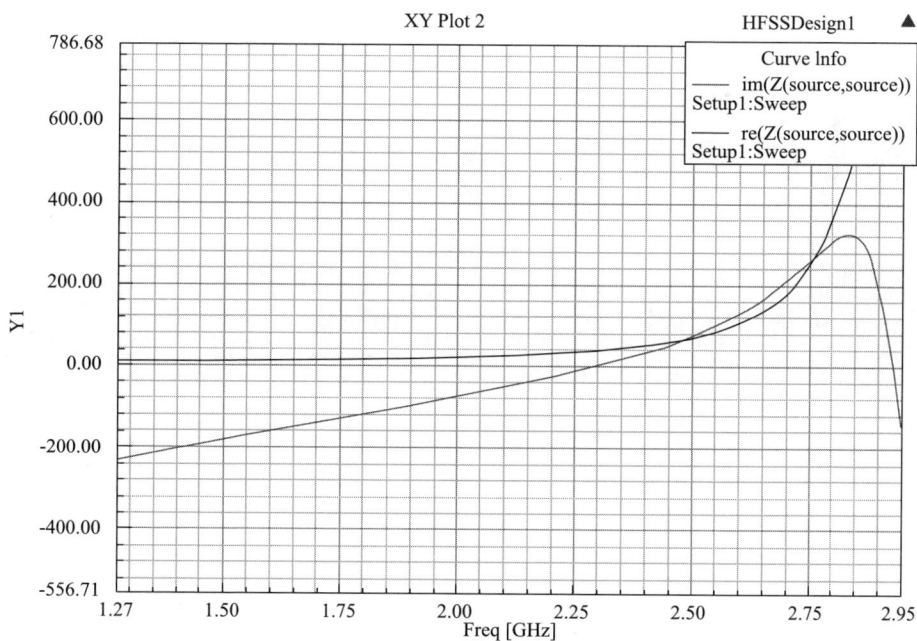

(b) HFSS仿真天线阻抗值

图 7-3　棉织物为基板的天线HFSS仿真天线参数

由图7-3可以看出，天线的谐振频率为2.31GHZ，谐振点回波损耗S_{11}参数为−20.71dB，带宽为2.22～2.40GHZ，谐振点阻抗为50Ω，与实验所用同轴电缆特性阻抗一致，满足阻抗匹配要求。

7.1.3 铜版纸基板上天线的微滴喷射打印成形

喷射硝酸银和抗坏血酸溶液所使用的是孔径分别为120μm和165μm的喷嘴，喷射硝酸银和抗坏血酸时，基板的速度考虑到边缘的光滑度和喷射效率分别为0.5mm/s，0.6mm/s。喷嘴相对于基板的运动轨迹如图7-4所示。图中虚线部分表示在这一部分时，运动平台移动，而喷嘴不喷射液滴。在铜版纸基板预定轨迹上先后喷射硝酸银和抗坏血酸，获得两者反应沉积室温固化24h后的天线如图7-5所示。

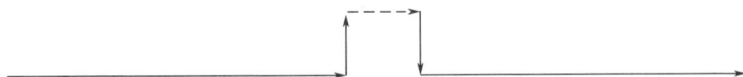

图7-4　喷嘴相对基板走过的轨迹图

图7-5　在铜版纸基板上沉积成形的半波偶极子天线

由图7-5可以看出，在铜版纸基板上反应沉积成形的天线的宽度均匀，经测量其线宽为900μm，长度为31.3mm，基本符合设计尺寸要求。对沉积的天线进行SEM电子显微镜观察，得到其微观照片如图7-6所示。

由图7-6可以看出在铜版纸基板上反应后的银颗粒为类球状或者片状多面体，微粒最小粒径达到纳米级。

图7-6 纸质基板上沉积成形偶极子天线的SEM图

7.1.4 纯棉织物基板上天线的微滴喷射打印成形

本节选择在经过预处理的纯棉平纹机织织物上打印所设计形状的半波偶极子天线。实验中采用喷射硝酸银和抗坏血酸溶液所使用的喷嘴孔径分别为135μm和165μm，其中硝酸银和抗坏血酸稳定喷射参数与第3章在棉织物进行实验的条件相同见表7-1和表7-2，基板的运动速度为0.3mm/s。打印过程中喷嘴相对基板所走的轨迹如图7-4所示，通过打印一层硝酸银一层抗坏血酸等固化以后，再打印一层硝酸银一层抗坏血酸的方法制备，在纯棉平纹机织织物上所打印成形的天线在室温下固化48h后如图7-7所示。

表 7-1 硝酸银稳定喷射控制参数表

参数	供气压力 p/MPa	脉冲宽度 b/ms	喷射频率 f/Hz	球阀开口 θ/(°)
数值	0.02	1.953	1	35

表 7-2　抗坏血酸稳定喷射控制参数表

参数	供气压力 p/MPa	脉冲宽度 b/ms	喷射频率 f/Hz	球阀开口 θ/（°）
数值	0.02	1.953	1	20

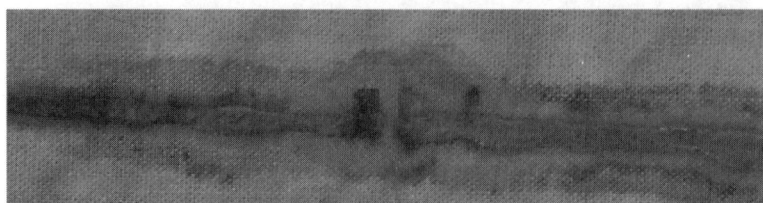

图7-7　在棉织物上沉积的半波偶极子天线

由图7-7所示，在纯棉织物上沉积的天线的宽度不太均匀，平均宽度为1mm，长度为31.3mm，长度符合要求。

7.1.5　天线参数的检测

矢量网络分析仪是一种电磁波能量的测试设备，能够对天线的频带宽度、输入阻抗、回波损耗、方向性等进行检测。矢量网络分析仪 Agilent E5071B 能够检测的频率范围为300kHz～8.5GHz，本书中所打印的天线的频率为 2.4GHz，在能够检测的范围内。

7.1.5.1　铜版纸基板天线参数的检测

采用矢量网络分析仪Agilent E5071B对铜版纸基板上制备的半波偶极子天线进行检测，以50Ω的同轴线进行信号传输，网络分析仪在1～3GHz内进行扫频检测，检测出的天线谐振频率、谐振点S_{11}参数、天线阻抗值分别为如图7-8和图7-9所示。

由图7-8和图7-9所示，可以得到铜版纸基板上天线的谐振频率为2.07GHz，天线参数S_{11}为-26.91dB，谐振点阻抗值为51.4Ω，天线的带宽为1.63～2.60GHz。与仿真参数相比，制备的天线谐振频率比仿真值大0.06GHz；参数S_{11}比仿真值小1.93dB；谐振点阻抗比仿真值大；天线带宽比仿真值宽。由天线的性能检测和仿真结果对比可知，在铜版纸基板上制备的平面偶极子天线的谐振频率、谐振点回波损耗等性能参数与仿真结果较一致，但是制备的天线的带宽较宽。

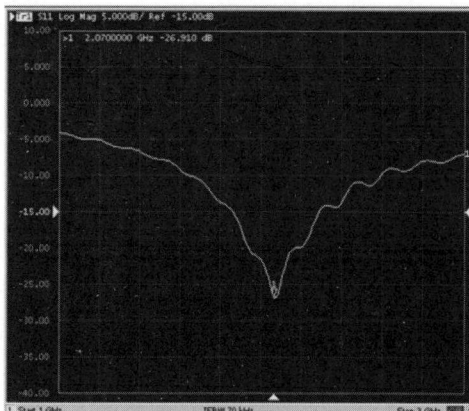

图7-8　纸质基板上半波偶极子
天线的S_{11}性能参数

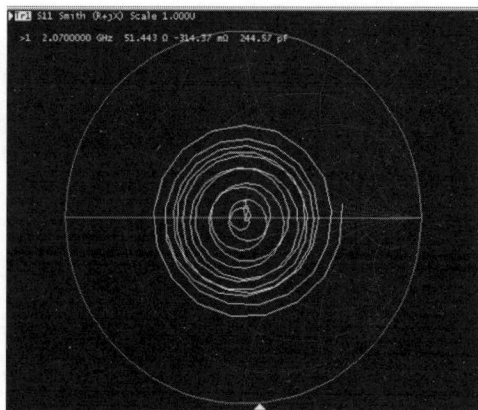

图7-9　纸质基板上半波偶极子
天线的阻抗值

7.1.5.2　棉织物基板天线参数的检测

采用矢量网络分析仪Agilent E5071B对纯棉平纹机织织物基板上制备的半波偶极子天线进行检测，以50Ω的同轴线进行信号传输，网络分析仪在1～3GHz内进行扫频检测，检测出的天线谐振频率、谐振点S_{11}参数如图7-10所示。

由图7-10可以得到棉织物基板上天线的谐振频率为2.12GHz，天线参数S_{11}为-14.66dB，天线的带宽为1.84～2.70GHz。与仿真参数相比，制备的天线谐振频率比仿真值小0.19GHz；参数S_{11}比仿真值小6.04dB；天线带宽比仿真值宽。由

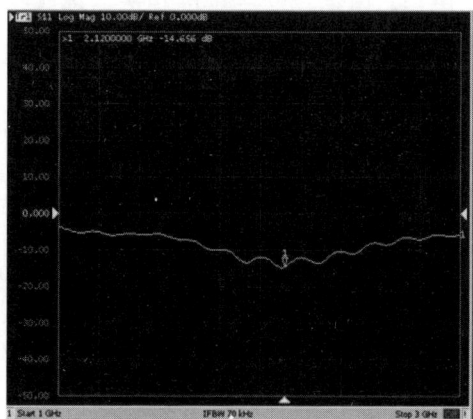

图7-10　棉织物基板上半波偶极子
天线的S_{11}性能参数

天线的性能检测和仿真结果对比可知，在棉织物基板上制备的平面偶极子天线的谐振频率、谐振点回波损耗等性能参数与仿真结果有一定的差异。出现此种情况的原因是成形的导线导电性不好，天线宽度、天线导电性不均匀等原因。

7.2　心电电极

7.2.1　人体心电基础

7.2.1.1　心电的产生

心脏作为人体血液维持正常循环时的重要器官，相当于一台血液泵，通过其四个腔室——左、右心室，左、右心房持续且规律的兴奋、收缩，推动血液循环，不断将大量氧气与养分带入人体内的各个器官，并将代谢废物带走，进而维持身体各个组织器官的正常功能。心脏中有两类心肌细胞——普通心肌细胞和特殊心肌细胞，其中普通心肌细胞主要负责收缩和舒张应对兴奋刺激的产生与结束，特殊心肌细胞主要负责节律性产生兴奋并进行传导至其他心肌细胞。而人体心电信号正是众多心肌细胞电活动的整体表现，心肌细胞除、复极阶段与心电信号产生极度相关。静息状态下，心肌细胞膜外带正电荷，膜内带等量负电荷，此时电荷分布即为极化状态，膜内外的电位差即为静息电位。当心肌细胞膜一侧有相应程度的刺激时，其细胞膜（多层离子选择透过性半透膜）对钠、钾、钙、氯等离子通透性改变，膜内外正负离子流动，为维持平衡，心肌细胞进行规律性去极化与复极化动作，与邻近周围仍在静息状态的细胞膜形成对电偶，从而产生生物电流，然后通过人体各组织液传到体表，由于人体各部组织不同，距心脏距离不同，使身体表面产生不同但有规律性的电位变化，即身体表面电位差。医学上通常把测量电极放置于人体皮肤表面将身体表面各部位不同电位差的变化利用心电信号采集技术进行连续采集记录，并生成其幅值随时间变化的动态曲线图——心电图（Electrocardiogram，ECG）。

7.2.1.2　心电图波形及其特点

心电图能记录心脏活动过程中人体各部位电位规律变化的先后顺序、路径、方向及周期等信息，反映了心肌细胞电活动产生—传导—恢复全过程，在心血管疾病预测、诊断方面意义重大。心电信号在国际上被分为具有几个不同特征波段与间期的波形，分别为P波、QRS波、T波、U波，其中，P波、QRS波与T波为主要特征波，U波产生的机理还在研究之中，临床上实际测量时其产生的幅值最小，并不易被监测到，此外，还对波形间几个特征间期进行了区分，分别为R—R间期、P—R间期、Q—T间期、QRS波群和S—T波段等。临床医学一般以心电信号中各个特征波幅值及间期大小作为医生对患者病情进行预测、诊断的依据。如图7-11所示为心电信号的典型波形示意图。

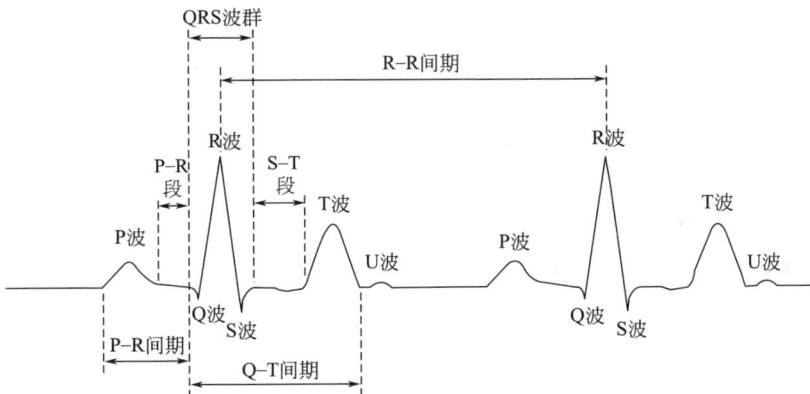

图7-11　心电信号典型波形示意图

图7-11中，P波表示心房开始收缩，心脏右、左心房先后去极化的电活动电位变化过程。一般情况下，P波幅值正常时不超过0.25mV，持续时间不超过0.11s。

P—R间期表示心房电活动传导于心室，即左右心房除极时期。

QRS波群表示心室开始收缩，心脏左、右心室去极化的电活动过程。因心室肌较为发达，故QRS特征波较为清楚，一般情况下，QRS波正常时其R波幅值不超过2mV，波群持续时间不超过0.1s。

S—T波段表示心室逐渐恢复，心室各部已进入去极化过程，电位差消失。

S—T波段持续时长与心率的变化有关，一般情况下不超过0.25s。

T波表示心室开始扩张，进行快速复极的电活动电位变化。T波幅值一般不超过0.8mV，持续时间不超过0.25s。

Q—T间期表示心脏电收缩的持续时间，也是心室去极化与复极整体所需时间。

U波表示的含义仍待进一步研究，暂无定论。

心电信号测量的对象主要是一些富有生命力的生物，心电信号除了具有与其他生物医学信号相同的一般特点——因人而异，因时间与空间而异，因社会与自然环境而异之外，另有以下几个特点：

① 信号微弱，处于毫伏级（$10\mu V \sim 5mV$，典型值：$1mV$）的幅值范围。

② 信号低频，频率一般分布于$0.05 \sim 100Hz$，频谱能量多在$0.5 \sim 35Hz$。

③ 信号随机，一般无法使用某种函数关系准确的描绘心电信号。

④ 信号易受干扰，一般心电信号采集时，电极与人体未形成稳定接触引起的噪声、人体自身肌肉运动收缩形成的肌电运动噪声、人体正常呼吸引起的基线漂移噪声以及最常见的工频干扰噪声等都会对心电信号采集有不同程度的干扰。

7.2.1.3 心电导联方式

通常采集心电信号时电极安放数量、位置以及连接方式等的不同对应不同的导联方式，心电导联方式的不同会影响最终测得心电图曲线，目前应用最广泛的为标准十二导联，包括肢体导联与胸导联两种导联方式，其中，肢体导联又分为标准双极Ⅰ、Ⅱ、Ⅲ导联以及加压单极aVR、aVL、aVF导联。

由Einthoven提出的标准双极Ⅰ、Ⅱ、Ⅲ导联主要通过获取人体两肢体之间的电压差来采集心电信号，其采集导联示意图如图7-12所示，其中Ⅰ、Ⅱ、Ⅲ导联分别表示了人体两上肢（RA、LA）间，人体左下肢同右上肢（LL、RA）间，左上肢同左下肢（LA、LL）间电压差。

由Wilson提出，由Goldberger加以改进的加压单极aVR、aVL、aVF导联主要将人体两上肢与左下肢（RA、LA、LL）间，两两组合作为中心电位点与另一肢体电位间的电压差。其采集导联示意图如图7-13所示。

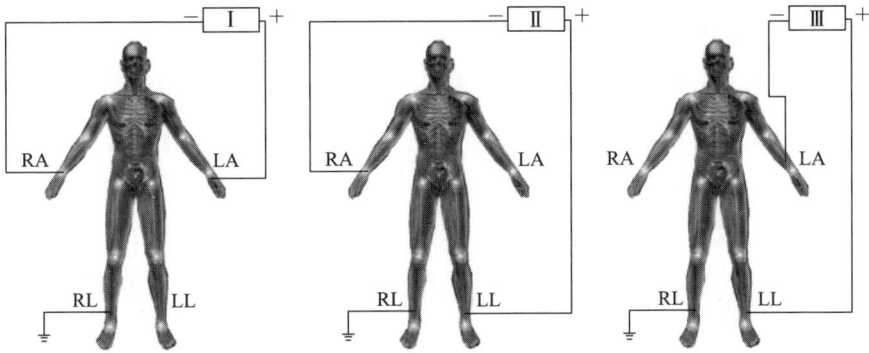

图7-12 标准双极Ⅰ、Ⅱ、Ⅲ导联

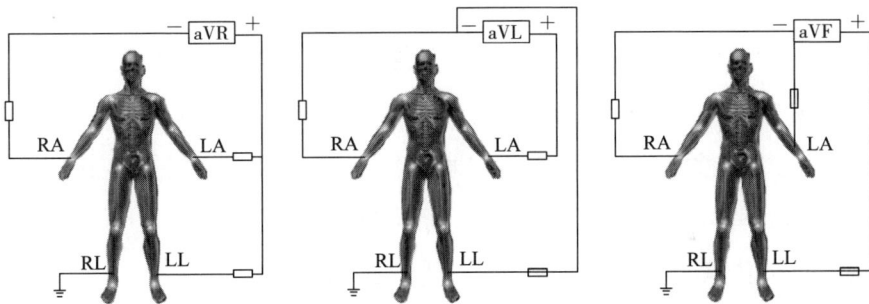

图7-13 加压单极aVL、aVR、aVF导联

由Wilson提出的胸导联主要是将人体两上肢与左下肢（RA、LA、LL）连接起来作为一个中心电位点后分别利用$V_1 \sim V_6$等六个检测电极测量人体心脏局部区域电位的变化，其采集导联示意图如图7-14所示。

本节进行心电监测系统设计时为提高心电信号采集电压的幅值，参考标准双极Ⅰ导联，分别将两电极安置于人体左右胸部，并增加DRL（右腿驱动）电极以减小共模噪声。

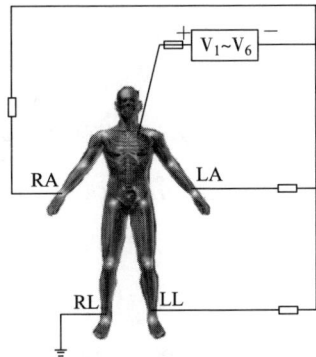

图7-14 胸导联

7.2.2 心电监测系统总体设计方案

7.2.2.1 系统总体设计原则

心电信号监测系统主要用来对用户心电信号进行采集，并将采集到的信号发送至专业医护人员进行分析评价，以便最终做出对患者最有效的治疗方案等。因此，在进行心电监测系统设计实现其主要功能的同时一般需遵循以下几个主要原则：

① 系统安全性。心电监测系统在实际使用时采用可穿戴式监测方式，由于难免会与人体皮肤产生长时间间接或是直接的接触，因此无论是所采用的电极抑或是电路的设计，整个系统必须在保证安全的前提下进行后续的相关设计。

② 系统可靠性。如上所述，心电信号属于低频低幅值且易受干扰信号，因此设计出合理地放大、滤波电路，信号传输电路，可实时监测的心电监测系统等对保证心电信号采集的准确性及整个系统的可靠性尤为重要。

③ 系统稳定性。心电监测系统对监测、诊断发病率不稳定或随机性发生的心血管疾病具有重要意义，因此在进行系统设计时需要考虑到心电采集信号的稳定性、信号传输的稳定性等，确保系统能长期稳定地实施监测。

④ 系统舒适易操作性。传统心电监测系统需要患者前往医院，使用ECG监测设备之前需要对人体皮肤进行处理，且临床监测容易对患者心理造成压力，导致数据不准确等。因此在进行系统设计时，还必须考虑到在日常情况下患者使用心电监测系统的舒适性以尽量减少心理因素对采集心电信号的影响，且系统应用要简单易操作，让患者用得舒心。

7.2.2.2 系统总体设计方案

为满足可穿戴心电监测系统对心电信号采集、处理、传输及显示分析等功能要求，设计的可穿戴式心电监测系统由下位机和上位机组成。其中，下位机由自主设计的织物心电电极（心电检测电极），ADI公司的AD8232芯片（心电模拟采集前端），意法半导体（ST）公司的STM32F103C8T6（微处理器），蓝牙模块HC-05（数据传输单元），电源模块等结合组成，主要实现心电信号的采集与传输等功能；上位机由NI公司的LabVIEW软件实现数据的接收、显示分析和存储等功能。系统总体设计结构图如图7-15所示。

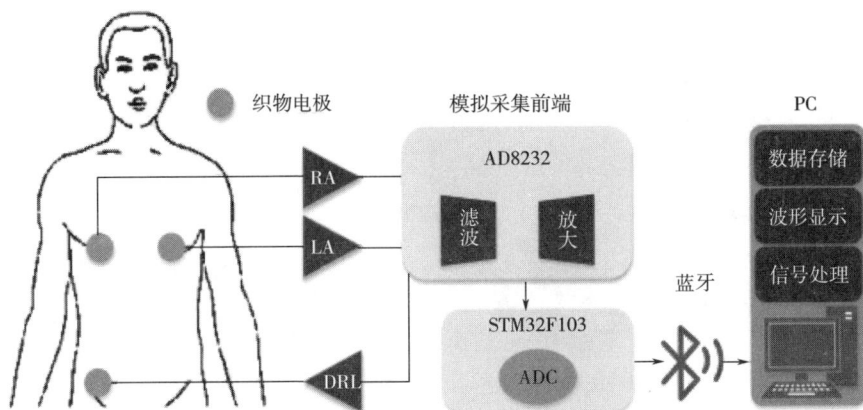

图7-15 系统总体设计结构图

7.2.3 系统硬件的设计

系统硬件的设计是整个心电监测系统设计的"形"，是系统能否得到有效、高质量心电数据的基础。本系统在硬件设计过程中，采用织物心电电极在人体表面采集心电信号，然后由心电模拟采集前端对信号滤波与放大后由微处理器进行模数转换，为尽可能提升用户穿戴的舒适性，摒弃下位机存储，直接将得到的数字信号经蓝牙模块传输至上位机，为了简化用户的操作及实现硬件系统的小型化，摒弃过多按键与传统采用的电池，直接采用微型充电宝供电，实现即插即用。

7.2.3.1 心电检测电极

本节将织物心电电极作为人体心电检测电极，织物心电电极一般是利用纺织工艺成形的具有纺织结构，可感知人体体表生物电信号的一种医用传感器，具备良好的柔性、生物兼容性、易集成性等。本系统采用基于微滴喷射打印原电池置换沉积技术直接在织物表面成形制备的织物心电电极作为心电检测电极，其制备流程图如图7-16所示，织物心电电极导电层的制备主要分为五步，一是细砂纸打磨铜箔，二是抗坏血酸溶液浸湿织物贴于铜箔表面，三是喷射打印沉积电极导电层，四是冲洗织物心电电极导电层，五是引出接线端。

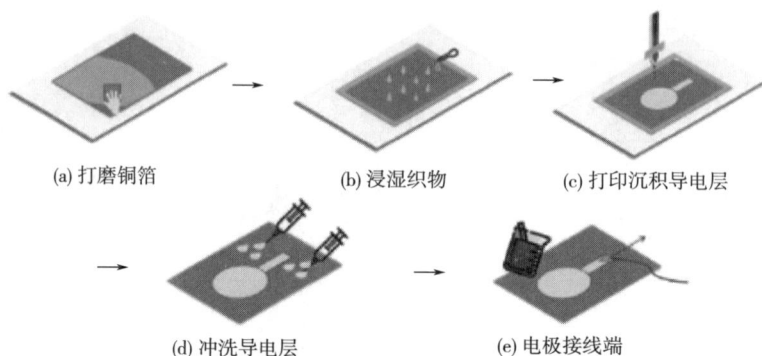

(a) 打磨铜箔　　　　　(b) 浸湿织物　　　　　(c) 打印沉积导电层

(d) 冲洗导电层　　　　　(e) 电极接线端

图7-16　织物心电电极制备流程图

织物心电电极的性能要求目前虽仍未有统一标准，但其电学性能的好坏是影响其质量的关键。本章以织物为基底，通过微滴喷射打印原电池置换沉积技术，结合开发的压电式微滴喷射系统，在织物表面沉积成形银导电层以进行织物心电电极制备实验。首先，配制氧化剂硝酸银溶液以及还原剂抗坏血酸溶液；其次，将铜箔紧贴于运动基板表面，经砂纸打磨及酸洗以去除上层氧化铜薄膜；再次，裁剪织物平铺于打磨后的铜箔表面并用抗坏血酸溶液浸湿以提高微滴在织物表面的渗透与铺展速度；从次，设计一定面积及形状的电极图案导入压电式微滴喷射系统并设置系统驱动电压参数，将配备好的硝酸银溶液滴加于压电式喷头中，打印多层后将织物取下，经无水乙醇冲洗以去除织物中残留的抗坏血酸；最后，将冲洗好的电极置于加热炉中100℃恒温加热30min，增强银层颗粒间的黏结性，为便于织物心电电极信号稳定传输，采用导电银浆将铜线与导电层粘接引出。利用前述获得的最佳工艺参数制备的织物心电电极如图7-17所示。

7.2.3.2　心电模拟采集前端

心电模拟采集前端的匹配设计是实现采集高质量信号的保障，由于心电信

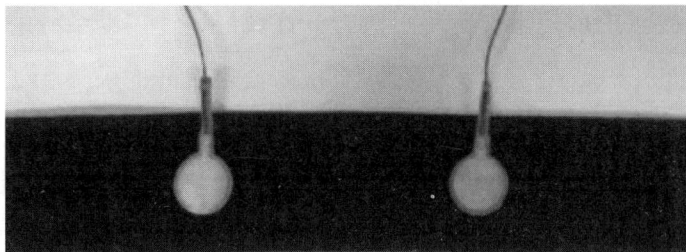

图7-17　织物心电电极

号本身比较微弱（0.01～5mV），为保证获取较为有效的心电信号，需要对织物心电电极感知的微弱心电信号滤波、放大。本系统考虑到可穿戴设计需求，采用ADI公司开发的低功耗、单导联式心电模拟采集前端AD8232进行系统设计。AD8232芯片是一款用于ECG等其他生理信号监测的集成信号调理模块，该模块集成了专用仪表放大器、运算放大器、右腿驱动放大器及基压缓冲器等，可抑制人体心电采集过程中的运动伪影、半电池电位及共模噪声等，实现人体心电信号的提取、滤波及放大。本系统基于AD8232进行三电极心电采集电路设计，系统总增益为1100倍，其电路图如图7-18所示。

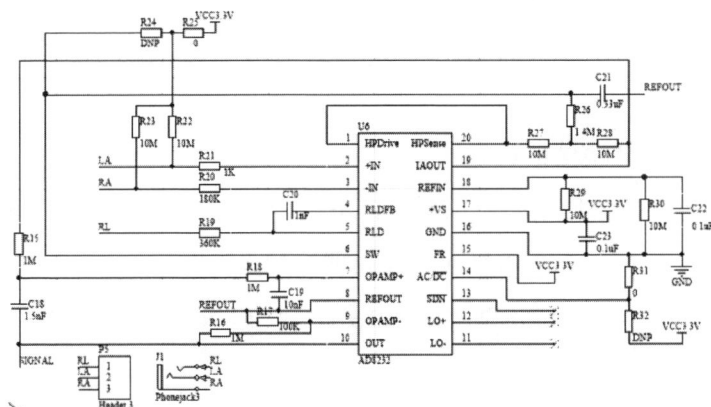

图7-18　心电模拟采集前端

7.2.3.3　微处理器的选型与设计

微处理器的性能及其片上资源影响着心电监测系统工作的质量与效率，

在满足性能要求的前提下，为尽可能提升穿戴舒适性，本系统采用质量轻、体积小的STM32F103C8T6作为微处理器实现心电信号的采集、处理及通过蓝牙HC-05与上位机的数据传输等功能。STM32F103C8T6是ST公司的一款低功耗32位RAM结构MCU，工作电压为2.0～3.6V，采样精度高的12位模数转换器（ADC）。微处理器控制电路设计图如图7-19所示。

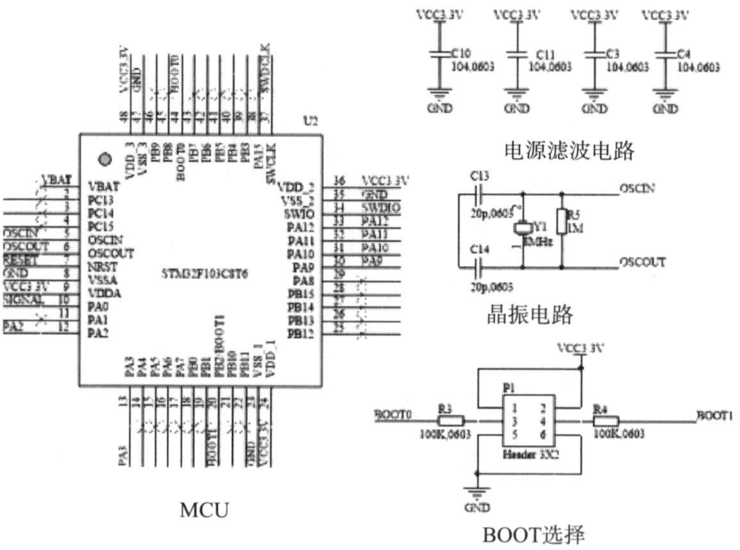

图7-19　STMF103C8T6微处理器控制电路

7.2.3.4　蓝牙模块的设计

蓝牙模块所能实现的数据无线传输功能是心电监测系统上下位机的数据纽带。本系统在完成系统采集前端及微处理器的设计基础之上，系统采用基于CSR芯片设计的低功耗蓝牙串口通信模块HC-05进行信号传输，HC-05具有宽的波特率范围（4800-1382400），且满足系统低功耗、小型化、传输灵敏等功能。通过配置蓝牙2.0与上位机自动连接进行数据通信，实时上传心电信号数据，以满足患者进行长期实时的心电监测，进而医生能根据患者长期监测的数据及趋势分析更为快捷、有效地帮助患者。蓝牙模块电路设计图如图7-20所示。

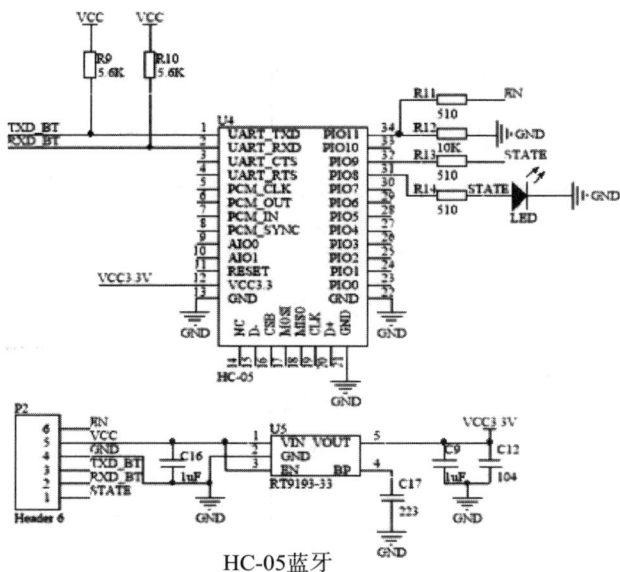

图7-20 蓝牙模块

7.2.3.5 电源模块的设计

电源模块是确保整个硬件采集系统正常工作必不可少的一部分，本着简化设计与用户操作的设计理念，摒弃了传统大多采用的锂电池而选择使用方便、安全的即插即用型微型充电宝代替，利用RT9193-33型降压芯片将由微型充电宝USB端口5V的电压转换成硬件系统所需的供电电压3.3V。其电路设计图如图7-21所示。

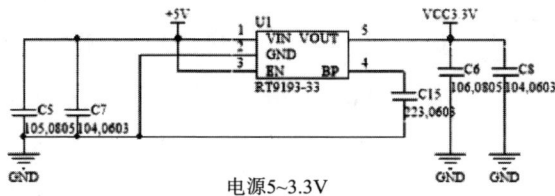

图7-21 电源转换模块

7.2.4 系统软件的设计

系统的软件设计是整个心电监测系统的核心，包括下位机、上位机软件设计两部分，下位机采用STM32F103系列芯片对应的ARM环境开发软件Keil μVision5，核心功能为实现心电信号的采集、滤波、放大后ADC转换及数据打包发送等；上位机采用LabVIEW 2018图形化编程软件，核心功能为实现心电信号的读取、解包、数据处理及心电波形绘制等。

7.2.4.1 下位机软件的设计

系统下位机软件程序主要实现心电信号采集、模数转换后数据打包以及通过蓝牙模块串口发送的数据传输功能。系统下位机软件程序设计流程图如图7-22所示。

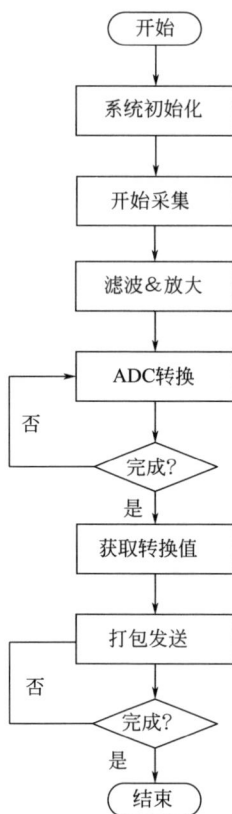

结合程序设计流程图，软件程序主要设计采集信号的ADC转换及其串口发送功能，ADC转换即是将模拟输入信号经微处理器转换成计算机可识别的数字信号，待转换完成之后对一个通道的数据完成读取称为采样周期，通常等于转换时间与读取时间之和。在本系统采用微处理器中转换时间等于采样时间加12.5个时钟周期，其中采样时间越长数据越精确。由于心电信号在0.05~100Hz之间，为尽可能采集准确的心电信号，初步定其周期为10ms，每周期500个采样点，则两采样点间隔10ms/500=20μs，ADC可编程采样时间选择最长的239.5周期，则ADC采样一周期为20μs/239.5≈0.0835μs，故ADC时钟频率为1/0.0835μs≈11.976MHz，此处取为12MHz，ADC对应时钟频率可由系统PCLC272MHz进行6分频后得到。因此，信号单次ADC

图7-22 下位机程序设计流程图

转换时间为21μs，满足设计要求。后续进行ADC时钟的开启、配置，待每次ADC转换完成后，交由USART进行所得转换数值数据格式的封装，以BCD码存入指向数组中并通过配置对应的引脚PA2、PA3进行数据传输。

具体的软件程序设计时主要是基于核心微处理器STM32F103C8T6的编程，结合本系统硬件，所用到的主要引脚定义见表7-3。

表 7-3　微处理器部分使用引脚定义

编号	名称	类型	主功能	默认复用功能
10	PA0–WKUP	I/O	PA0	WKUP/USART2_CTS ADC12_IN0/ TIM2_CH1_ETR
12	PA2	I/O	PA2	USART2_TX/ ADC12_IN2/TIM2_CH3
13	PA3	I/O	PA3	USART2_RX/ ADC12_IN3/TIM2_CH4

7.2.4.2　上位机软件的设计

系统上位机软件程序主要实现心电信号接收、解包滤波、显示、存储、心率计算等功能。主要包括用户登录界面、信号采集、处理、显示开始界面、信号存储界面以及信号回放界面、系统退出界面等。下面对系统上位机主要功能界面进行设计，其整体软件程序设计流程图如图7-23所示。

（1）用户登录

为保证用户监测数据的安全性、私密性，除硬件与上位机连接时蓝牙模块的连接密码外另设计用户登录界面，在数据的传输及数据的显示方面都分别进行安全保护，在登录系统时若用户名或密码错误时，则显示字段为"账号或密码错误，请重试！"，以便提醒用户，正确进入系统后进入心电采集与后处理的循环界面。用户登录的程序设计框图和界面分别为如图7-24和图7-25所示。

（2）信号采集、处理及显示

在用户正确登录心电监测系统之后，通过上位机LabVIEW的仪器I/O--VISA

图7-24 用户登录的程序框图设计

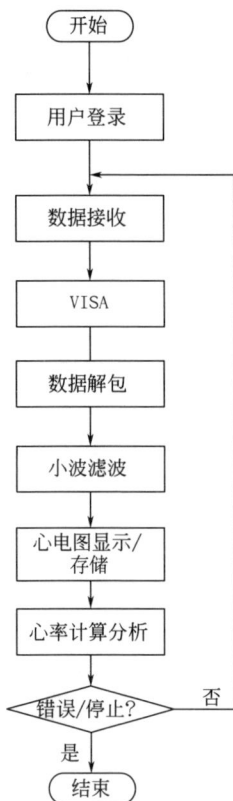

图7-23 上位机程序设计流程图

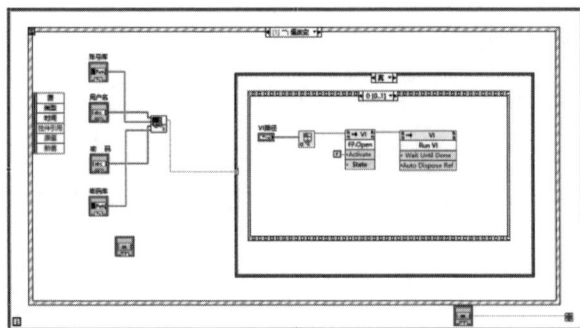

图7-25 用户登录的前面板设计

控件接收时与下位机串口发送数据格式的一致配置，实现下位机数据的正确接收并将其字符串格式的数据转换为数值，随后由于在下位机只进行了模数转换，故在此将转换的数值转换成真实的电压值，还原出心电信号的真实幅值，真实信号幅值由式（7-5）计算求得。如图7-26所示为信号采集的程序框图设计。

$$V_{\text{真实}} = 3.3 \times \frac{V_{\text{转换}}}{2^{12}} \tag{7-5}$$

式中：$V_{\text{真实}}$ 为真实信号幅值；$V_{\text{转换}}$ 模数转换信号幅值。

将采集到的心电信号转换为波形之后，分别进行原始数据波形的显示以及之后针对原始心电图的滤波，本书在之前的硬件电路设计中心电采集模拟前端已经具备了相应的模拟滤波电路，为了能够获得更为有效的高质量心电图，本

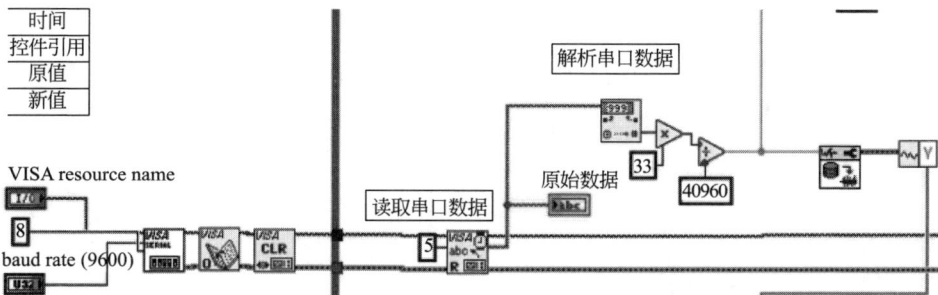

图7-26　信号采集程序框图

书采用LabVIEW小波滤波对原始心电信号进行滤波，采用不同的小波函数进行处理得到的结果也不尽相同，本文结合相关文献与实验效果选择db09小波，8尺度分解、重构后将去噪后的心电图以波形图显示，随后采用多尺度波峰检测控件进行R波的检测识别，检测时阈值设置为一组数据最大值的0.7倍，系统实时显示6s内的R波个数并以此进行心率的计算。如图7-27所示为信号采集、处理、显示界面。

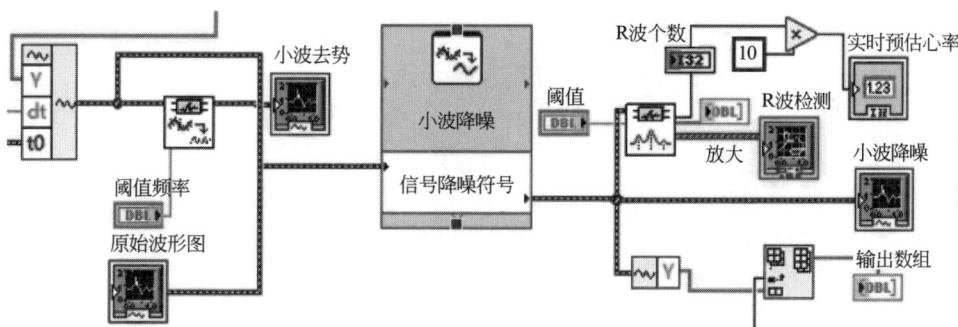

图7-27　信号采集、处理、显示程序框图设计

（3）信号存储与回放

为将患者心电信号记录存储，方便患者或医师人员对其历史心电数据的分析，需要对采集到的心电图进行存储与回放。本文通过将采集心电图数据进行"写入测量文件"，用户可自行选择文件保存位置，由于整个系统登录时已经验证为正确用户的信号采集，因此在数据保存时不需要额外的用户信息。保存

363

时，指示灯变为蓝色。其信号存储程序框图设计如图7-28（a）所示。待需要回放历史心电数据时，采用"读取测量文件"对之前保存文件的数据进行读取并将其还原为心电图。其信号回放程序框图设计如图7-28（b）所示。

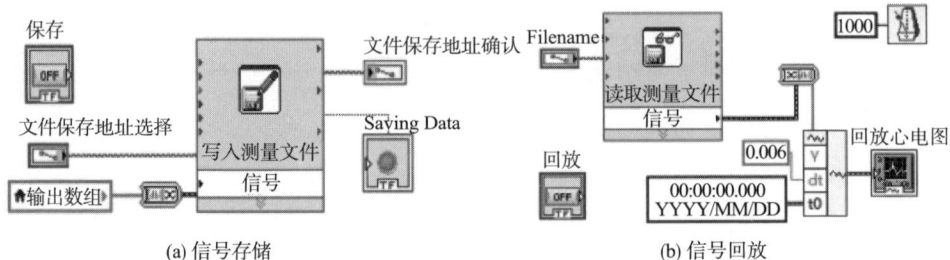

(a) 信号存储　　　　　　　　　　　　　　　　(b) 信号回放

图7-28　信号存储与回放程序框图

最终整个心电监测系统上位机软件程序框图的前面板设计结果如图7-29所示。

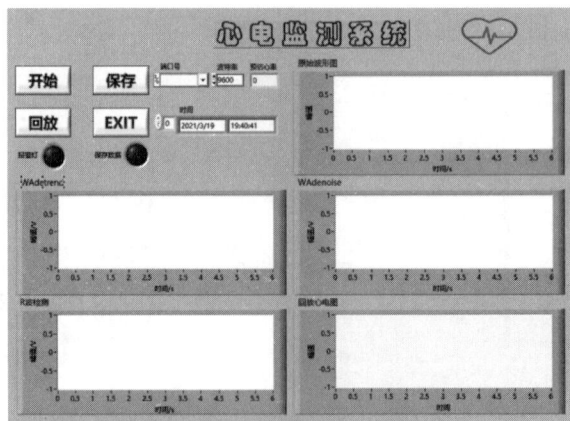

图7-29　上位机程序框图前面板

7.2.5　人体心电监测实验

在上节制备了织物心电电极并设计了人体心电监测系统的基础上，测试验证所制备织物心电电极的心电信号采集效果以及心电监测系统功能，设计并制成满足可穿戴要求的心电监测背带，测试可穿戴式心电监测系统的可行性，然后分别对人体不同运动状态下的心电信号进行监测，并将织物心电电极与标准Ag—AgCl电极采集的心电信号进行对比以评判系统整体性能。

7.2.5.1　心电测试背带的设计

在已研究制备出性能良好的心电监测用织物心电电极以及设计心电监测系统的基础上，为满足人体可穿戴式心电监测要求，本节设计的心电测试背带，如图7-30所示，其中（a）为设计意示图，（b）为实物图，整个背带由四条弹性绷带、三个织物心电电极以及三个金属电极扣组成，其中，绷带1、2为两条普通松紧弹力绷带，绷带3、4为两条松紧弹力黏扣带。三种织物心电电极A、B、C分别对应心电信号硬件监测电路的RA、LA、RL三路信道并分别通过铜导线与三个金属暗扣a、b、c相连，A、B电极中心间距10cm，同时可以通过调整

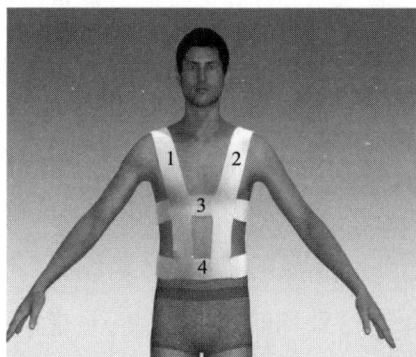

(a) 设计图

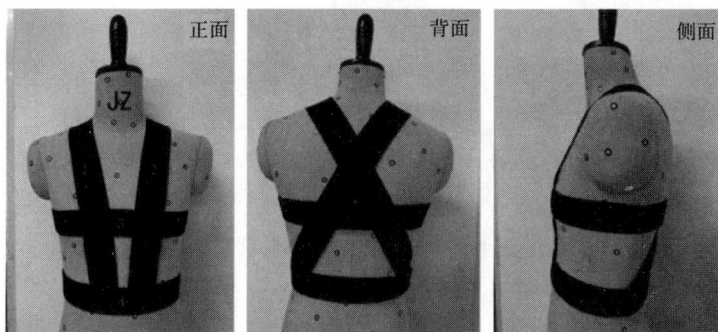

(b) 人台穿戴实物图

图7-30　心电测试背带

3、4号绷带的黏扣位置调整穿戴压力以及适应不同胸围、腰围的人穿戴。为限制检测电极在实际监测中监测位置随着弹性绷带的拉伸而产生移位甚至电极变形等，将1号与3号绷带、2号与3号绷带以及2号与4号绷带交接处进行固定，此外，为避免三个金属电极扣与皮肤、汗液接触影响心电信号的采集，以便真实反映所制备织物心电电极自身的性能，将1号绷带缝于金属扣下形成屏蔽区。

7.2.5.2 心电信号监测系统测试

为验证制备的织物心电电极采集心电信号的可行性，本节以织物心电电极为心电检测电极，采用可穿戴式心电监测设备常用的3导联监测方式，测试对象为一名26岁健康男性，正负电极中心间距10cm，使用设计的心电测试背带固定织物心电电极，如图7-31所示，以保证织物心电电极与人体皮肤的有效贴合。心电信号采集基于芯片作为控制芯片来实现所提取信号的放大、滤波，随后经STM32F103C8T6单片机进行AD转换并由HC-05蓝牙传输模块无线发送至上位机LabVIEW，实现心电信号实时采集、处理及显示等。同时，为进一步验证织物心电电极监测心电信号的有效性，将织物心电电极采集后进行去噪处理的心电信号与标准Ag-AgCl电极采集的心电信号对比，如图7-32所示。

由图7-32（a）可以看出，采集到的心电图各波形特征波形T波、QRS波、P波位置较为清晰，R波为心电波形最主要的特征波也较易辨认，但同时由于基线漂移、织物心电电极接触噪声、运动伪影噪声、电磁干扰等，心电波形不够纯净清晰，因此经心电监测系统中小波变换对采集波形进行去噪处理以重建无噪声心电信号。经图7-32（b）、（c）可以看出，噪声基本得以消除且特征波形幅值基本未衰减，其整体与（d）标准Ag—AgCl电极所采集的R波信号幅值相当，表明制备的织物心电

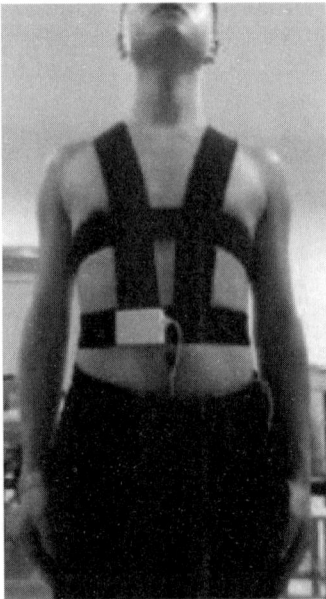

图7-31　人体心电信号采集

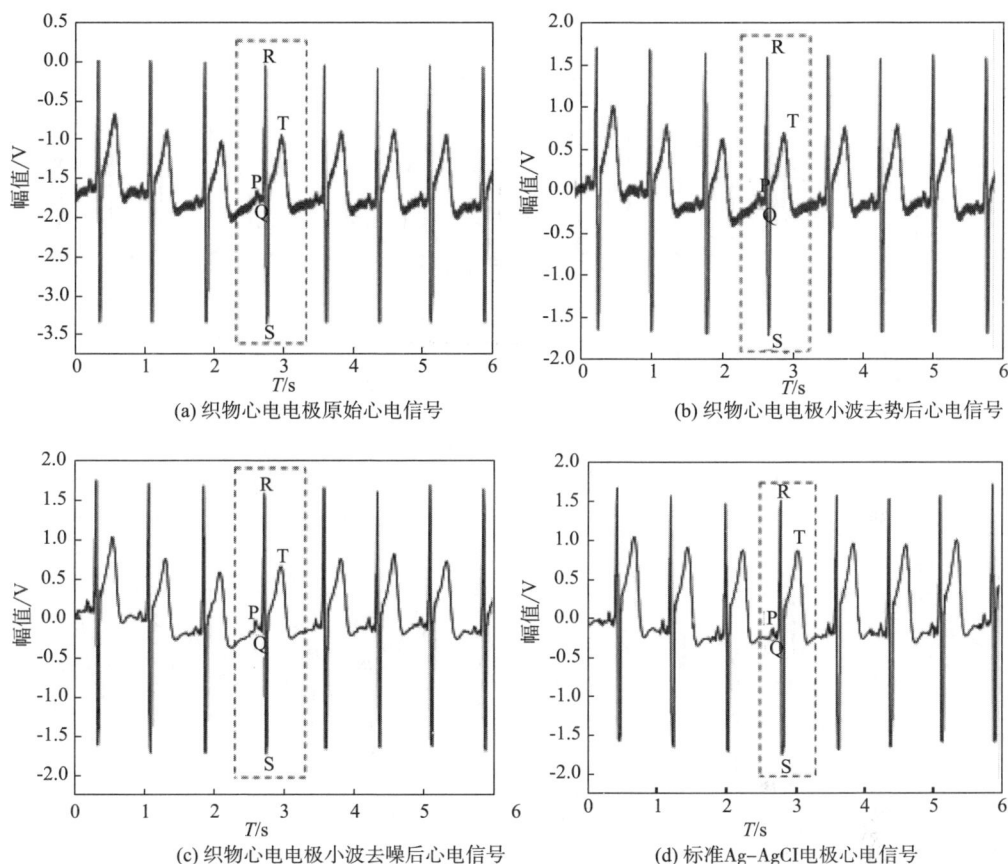

(a) 织物心电电极原始心电信号

(b) 织物心电电极小波去势后心电信号

(c) 织物心电电极小波去噪后心电信号

(d) 标准Ag–AgCl电极心电信号

图7-32　心电采集波形图

电极能够实现对人体心电信号的有效监测。

7.2.5.3　人体不同运动状态下的心电信号

利用本系统对受试者在不同活动状态（站立，行走，跑步）同一监测位置下的心电信号进行监测，同时，将织物心电电极采集的心电信号与标准医用Ag—AgCl电极心电信号对比，并将上位机心电图分析计算心率（PR）与人工记录心率（HR）进行比较，结果如图7-33所示。

由图7-33可以看出，在人体站立、行走及跑步不同活动状态下的心电波形图中，Ag—AgCl电极与织物心电电极在三个状态下均能较为准确的监测人体心率及心电信号，随着人体运动幅度的增大，人体皮肤与电极之间的摩擦等因素

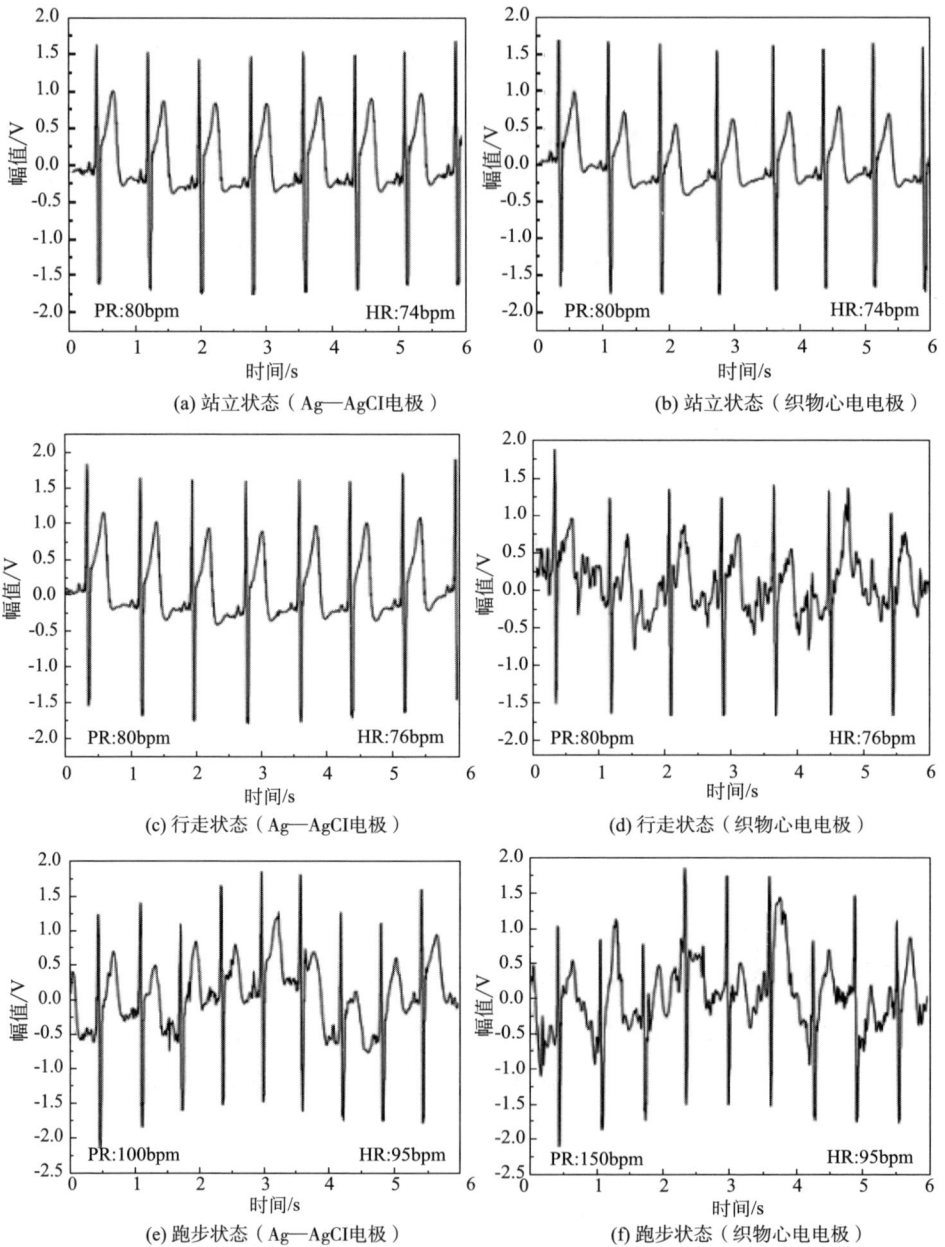

(a) 站立状态（Ag—AgCl电极）

(b) 站立状态（织物心电电极）

(c) 行走状态（Ag—AgCl电极）

(d) 行走状态（织物心电电极）

(e) 跑步状态（Ag—AgCl电极）

(f) 跑步状态（织物心电电极）

图7-33　人体不同活动状态下的心电信号波形图

使得心电信号监测质量及心率监测准确度依次有所下降，且织物心电电极因未使用导电凝胶等原因其监测心电信号质量更易受人体运动影响，但在不同活动状态下的心电波形图特征波仍可分辨，因此，本设计基本可以满足人体日常情况下的心电监测。

7.3　织物基电容式传感器

本节将在第5章对织物基导电线路研究的基础上，依据电容式传感器理论，设计两种结构（三明治结构、平面叉指结构）的电容式传感器分别应用于压力检测和物质检测。

7.3.1　传感器工作原理

电容式传感器可将外界刺激（压力、介质等)变化转换成电容值，进而反馈压力、介质变化。本节采用压电式直接驱动式微滴喷射装置，以织物为柔性衬底，制备织物基柔性传感器。

传感器计算公式，如式（7-6）所示。

$$C_0 = \frac{\varepsilon_0 \varepsilon_r A}{d} \qquad (7\text{-}6)$$

式中：C_0为传感器初始电容值；ε_0为真空介电常数；ε_r为介电层相对介电常数；A为电极相对面积；d为传感器介电层间距。

从式（7-6）可知，当改变任意变量ε_r，A，d时，传感器电容值会随之发生改变，且电容值的变化与ε_r，A成正比，与d成反比。

对于变间距型的电容式传感器，是指通过改变d进而改变传感器输出电容值C，当ε_r和A一定时，传感器受到一个外界载荷P，当P的施加能够造成传感器介电层产生Δd微小位移时，传感器电容值将发生变化，根据公式（6-1）得微小位移Δd与C之间变化关系式（7-7）所示：

$$C = \frac{\varepsilon_0 \varepsilon_r A}{d - \Delta d} = \frac{\varepsilon_0 \varepsilon_r A}{d(1 - \frac{\Delta d}{d})} = C_0 \left(\frac{1}{1 - \frac{\Delta d}{d}} \right) \tag{7-7}$$

式中：d为传感器介电层间距；Δd为介电层的微小位移；C_0为传感器初始电容值。

根据式（7-8）得C随d的变化时产生了电容变化量ΔC，计算公式如式（7-7）所示。

$$\Delta C = C - C_0 = C_0 \left(\frac{1}{1 - \frac{\Delta d}{d}} \right) - C_0 = C_0 \frac{\Delta d}{d} \left(1 - \frac{\Delta d}{d} \right)^{-1} \tag{7-8}$$

将式（7-8）采用泰勒展开式展开得：

$$\Delta C = C_0 \frac{\Delta d}{d} + \left[1 + \left(\frac{\Delta d}{d} \right)^2 + \left(\frac{\Delta d}{d} \right)^3 + \dots \right] = \tag{7-9}$$

从式（7-8）中可以看出，Δd与ΔC呈非线性关系，仅当$\Delta d = d$时，可近似看成两者呈线性关系，如式（7-10）所示。

$$\Delta C = C_0 \frac{\Delta d}{d} \tag{7-10}$$

式中：d为传感器介电层间距；Δd为介电层的微小位移；C_0为传感器初始电容值。

基于式（7-10）便可通过测量传感器电容输出值变化量，得到传感器受压变形情况，进一步反映出传感器受力状况。

基于变介质型电容式传感器响应机理，通过改变式7-5中传感器电极间原本的相对介电常数，进而改变传感器输出电容值，以此检测不同介电常数的被测物。当被测物与传感器电极之间的介质存在介电差，传感器电容值发生改变。因此，可通过电容–介质的变化变化关系来分辨推断被测物。

7.3.2　传感器测试系统

通常对于变间距型电容式传感器的性能测试，包括静态性能（线性度、灵敏度、迟滞性、分辨率、重复性等）测试，以及动态性能（稳定性）测试。其中传感器的灵敏度、迟滞性定义如下。

灵敏度S：采用每千帕压力P范围内引起的电容变化进行表征，计算公式如式（7-11）所示：

$$S=\frac{(C-C_0)/C_0}{P}=\frac{\Delta C/C_0}{P} \qquad （7-11）$$

式中：C_0为传感器初始电容值；ΔC为电容变化量；P为外界载荷。

迟滞性：采用加载与卸载时电容变化率与载荷的关系曲线的高度差来表征，通常以最大迟滞误差表示，计算公式如式（7-12）所示。

$$E_H=\frac{\Delta_{max}}{Y_{FS}} \times 100\% \qquad （7-12）$$

式中：E_H为最大迟滞误差；Δ_{max}为正反行程最大差值；Y_{FS}为满量程输出。

根据传感器工作原理及性能测试需求，传感器的静态性能测试，采用ZQ-21B-1型手动拉力实验机（最大量程500N，分度值0.1N）对传感器施加载荷，选用VICTOR4091C型LCR数字电桥（电压、频率、阻抗可调）测试传感器输出电容值；由上位机对测试的输出电容进行存储以及处理。搭建的传感器静态性能测试平台，如图7-34所示。

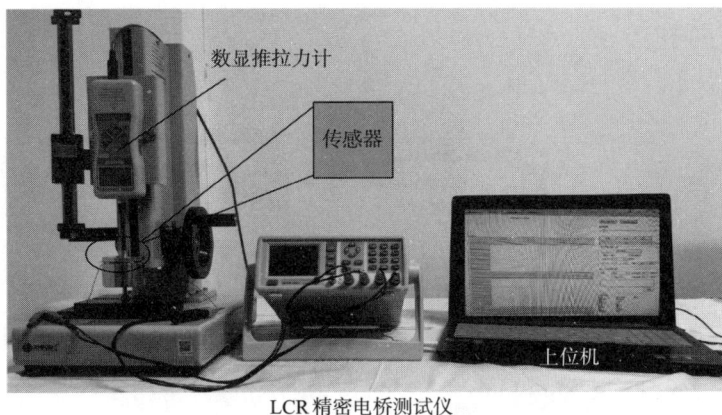

图7-34　传感器静态性能测试平台

数显推拉力计手动对传感器加载压力，LCR精密电桥测试仪测试电容变化，并传输给上位机进行采集和存储。

图7-35　步进式压块装置

传感器的动态性能（稳定性）测试：将数显推拉力计替换成自组装的步进式压块装置，测试平台其余部分不变，通过调节步进电动机的转速以及压块对传感器加载的压力大小，实现传感器同一压力加载下的循环稳定性测试，自组装的步进式压块装置如图7-35所示。

7.3.3　铜箔电极三明治结构电容式柔性传感器

根据变极距型电容式传感器响应机理，制备的织物基三明治结构电容式柔性传感器由上下互成90°的叉指型电极层、中间织物介质层及PDMS整体覆膜层组成，传感器电极结构示意图如图7-36所示：由上下互成90°的叉指型电极层构成，叉指个数定为N，叉指长度为a，叉指宽度为b，上下极板间距为d。

织物基三明治结构电容式柔性传感器工作原理示意图如图7-37所示。

图7-37中，通过给传感器表面施加载荷，三明治结构传感器织物介电层发生挤压，改变了传感器上下电极的相对间距，引起传感器输出电容的变化，进而反馈力的变化。

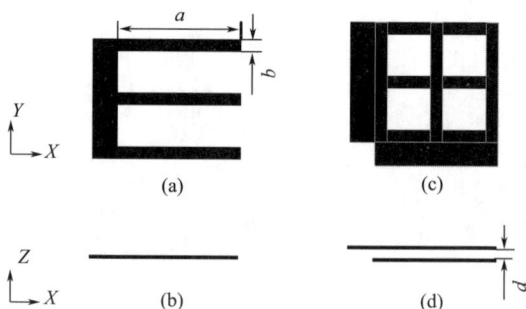

图7-36　电极结构示意图

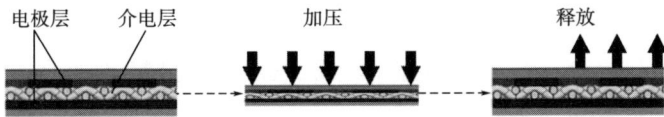

图7-37　传感器工作原理示意图

由于采用织物作为三明治结构电容式传感器的介电层，且电极层采用叉指式阵列方式组成阵列传感单元，选材与结构都较为特殊，因此，在采用银电极喷射打印成形的方式制备织物基三明治结构电容式柔性传感器前，先采用铜箔电极贴附织物两侧的方式制备柔性传感器，进行传感器性能（灵敏度、迟滞性、重复性以及稳定性）以及外部激励（手指按压，弯曲）的响应性测试，验证所采用织物作为传感器介电层，以及传感器阵列结构的可行性。

7.3.3.1　传感器的制备

通过在织物上下表面贴附等宽叉指型铜箔并采用聚二甲基硅氧烷（PDMS）覆膜封装织物及铜箔电极，制得织物基三明治结构铜箔叉指电极电容式柔性传感器，制备工艺流程如图7-38所示。

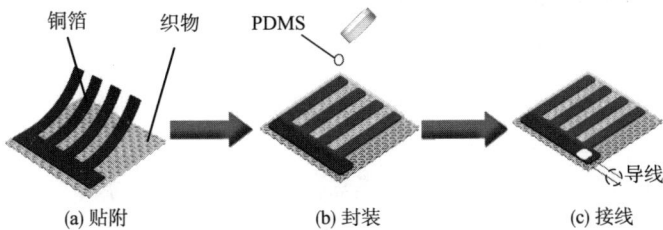

图7-38　传感器制备工艺流程图

传感器的制备主要由三步组成：

步骤一：铜箔贴附织物表面，将两片叉指型导电铜箔以空间互成的交叉状贴附在织物上下面，并将其放置在装夹模具中。

步骤二：PDMS覆膜封装铜箔及织物，将PDMS缓慢浇注到装夹织物基传感器的模具中，静置1h除气泡后放入固化炉70℃固化2h，得到封装好的传感器。

步骤三：焊接引线。

图7-39 传感器实物图

经过以上三步，制得的传感器实物如图7-39所示，PDMS将传感器封装成一个整体，传感器电极尺寸为单叉指电极长24mm，宽3mm，叉指型导电铜箔阵列单元共32个，每单个阵列单元长3mm，宽3mm。

对制备的传感器采用电镜进行截面微观形貌观察，截面微观形貌如图7-40所示。

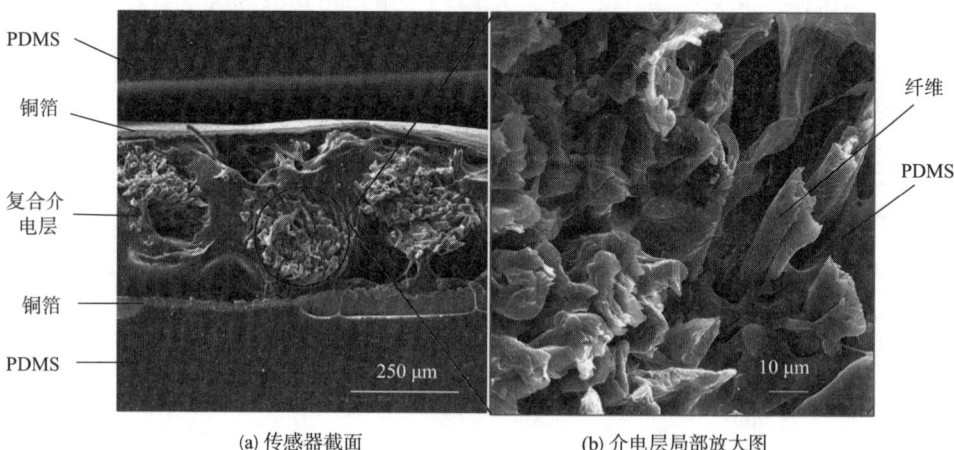

(a) 传感器截面　　　　　　　　(b) 介电层局部放大图

图7-40　织物/PDMS复合结构传感器截面微观形貌SEM图

从图7-40（a）中可以看出，传感器由上下PDMS保护层，上下铜箔电极层及织物/PDMS复合介电层五部分构成，复合介电层处PDMS包覆织物纱线并填充在织物纱线间隙；为进一步观察复合介电层微观结合结构，从图7-40（b）介电层局部放大图，可以看到PDMS包覆纤维且纤维之间存在微小空隙。PDMS作为电极的保护层，防止电极脱落，作为部分介电层实现织物/PDMS复合介电层的制备，且复合层物质之间存在微小的空隙，将提高介电层的弹性，进而增大传感器的受载范围，改善传感器的灵敏度等性能。

7.3.3.2　传感器性能测试

为了测试铜箔电极贴附方式制备的织物基三明治结构电容式柔性传感器

的灵敏度、迟滞性、重复性和稳定性，采用7.3.2搭建的传感器测试平台进行测试。将传感器平放在拉力机的上下压块中间，实现传感器0～580kPa范围内的压力加载，设置LCR数字电桥，电压1V、频率10kHz、阻抗100Ω，一端将夹头夹住传感器测试端子，另一端采用USB接口连接上位机实现传感器输出电容值的采集与存储。传感器测试结果如图7-41所示。

从图7-41（a）可知，在0～580kPa范围内，传感器电容值随加载压力的升高而增大，灵敏度随着压力的增大而减小，传感器灵敏度在0～120kPa和125～580kPa的压力范围内，分别为$0.9 \times 10^{-3} kPa^{-1}$，$R^2=0.89$和$0.43 \times 10^{-3} kPa^{-1}$，

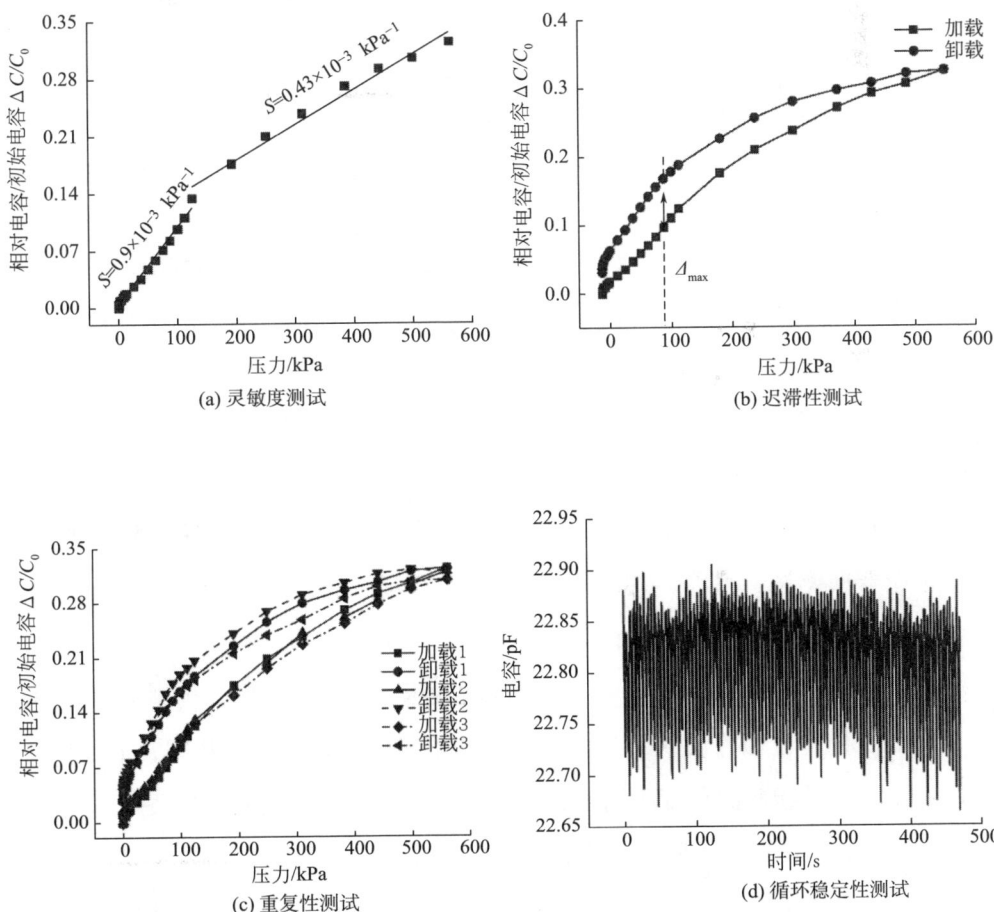

(a) 灵敏度测试

(b) 迟滞性测试

(c) 重复性测试

(d) 循环稳定性测试

图7-41　传感器性能测试

R^2=0.9791，初始施压阶段，织物/PDMS复合微孔结构受压缩闭合，主要表现为传感器厚度变小，当织物/PDMS弹性体在压力加载到一定范围后，受压变形缓慢导致灵敏度降低；从图7–41（b）可以看出，传感器的加载曲线与卸载曲线存在一定的高度差，且在压力为85.5kPa处出现了最大高度差，传感器最大迟滞误差约5.5%。迟滞性的存在可能是由于复合织物/PDMS介电层在受力变形过程中，PDMS之间相互摩擦以及其本身的迟滞效应和织物经纬纱线之间压缩不均匀造成的；从图7–41（c）可以看出，3次往复输出电容曲线整体形状相似，在0～125kPa范围压力内传感器的重复性较好，在125～580kPa范围压力内传感器的重复性较差，造成重复性误差主要由于传感器的复合弹性微孔介电层，随着受载的增大，弹性体之间相互摩擦力加大以及PDMS本身的迟滞效应引起的；从图7–41（d）可以看出，传感器电容变化整体呈现周期性尖锐的带状形态，峰值之间存在约0.05pF的差异。

7.3.3.3　传感器应用性测试

为了测试铜箔电极贴附方式制备的织物基三明治结构电容式柔性传感器对外界刺激（手指按压、弯曲）的响应性，采用6.5.1搭建的传感器测试平台进行测试。将传感器分别固定于鼠标左键以及手指关节处，设置LCR数字电桥，电压1V、频率10kHz、阻抗100Ω，一端将夹头夹住传感器测试端子，另一端采用USB接口连接上位机实现传感器输出电容值的采集与存储。

手指按压测试，每间隔10s触压、抬起，连续 4 次，采集传感器输出电容值；手指弯曲测试，弯曲0～90°不同的角度，每间隔30°采集10个数据点求取平均值，采集传感器输出电容值，测试结果如图7–42所示。

从图7–42（a）可以看出，在连续4次的触压、抬起过程中，传感器电容输出与时间变化呈近似方波状，且具有良好的重复性及稳定性；从图7–42（b）可以看出，随手指弯曲角度的增加，电容值增加幅度逐渐变大，指关节弯曲角度越大，传感器电极间的间距越小，因此电容值增大。

选用导电铜箔黏贴在织物表面形成电极，传感器在反复多次测试过程中发现铜箔电极表面出现褶皱，如图7–43所示。

(a) 按压测试

(b) 弯曲测试

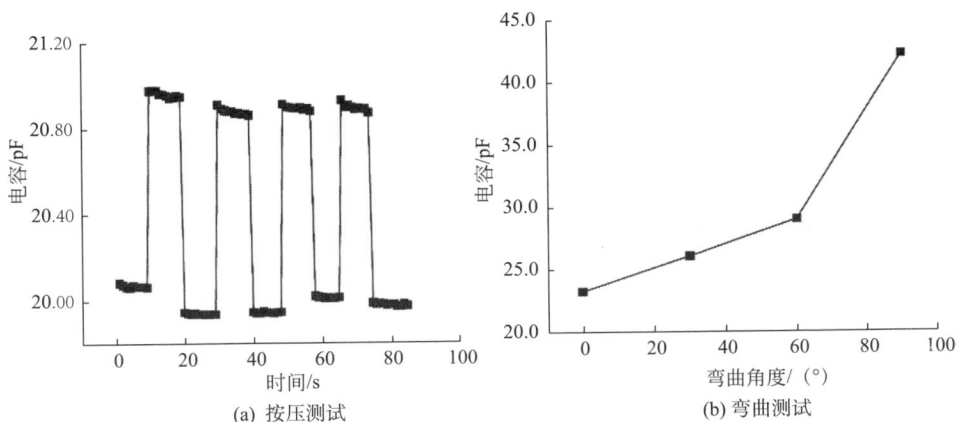

图7-42 传感器应用性测试

综上，铜箔电极三明治结构电容式柔性传感器性能以及应用性测试结果表明，传感器具有一定的传感性能以及对手指按压、弯曲刺激有一定的感知和反馈能力。但由于采用铜箔贴附在织物基底上制备传感器，铜箔与织物的耦合性较差，导致传感器经过多次挤压、弯折后，电极叉指边缘出现裂痕，这

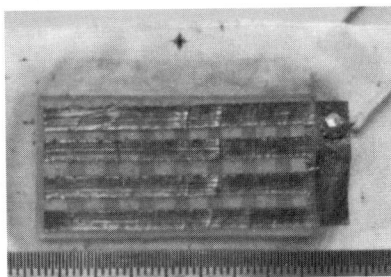

图7-43 传感器叉指电极端褶皱现象

些将导致传感器出现严重的迟滞性、稳定性差以及使用寿命降低等问题。

7.3.4 织物基三明治结构电容式传感器

7.3.4.1 传感器的制备

织物基三明治结构电容式传感器由喷射打印成形的上下银电极层，电极空间结构示意图如图7-44所示，织物介电层以及PDMS覆膜封装层组成。由于织物基柔性传感器敏感单元趋向于微小型化，本节将制备的传感器敏感单元缩小至1mm×1mm，单层电极具体尺寸如图7-44所示。

织物基三明治结构电容式柔性传感器制备，工艺流程图如图7-45所示。

第一步，织物预处理。将织物完全浸泡在浓度为0.1g/mL的NaOH溶液中沸

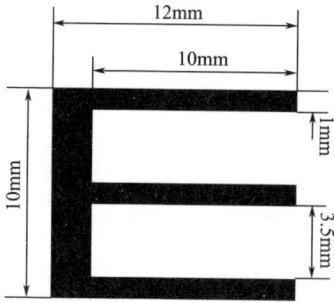

图7-44 电极空间结构示意图

煮1h，进行除杂和去油污处理，然后用去离子水冲洗、晾干备用。

第二步，传感器电极的制备。配制硝酸银溶液，浓度为0.6g/mL，抗坏血酸溶液浓度为0.15g/mL，硝酸银溶液打印层数5层，最后将喷射打印成形的织物电极用无水乙醇及离子水反复冲洗，除去织物表面未反应的残余$C_6H_8O_6$液以及其他生成物，并将冲洗干净的织物电极平放

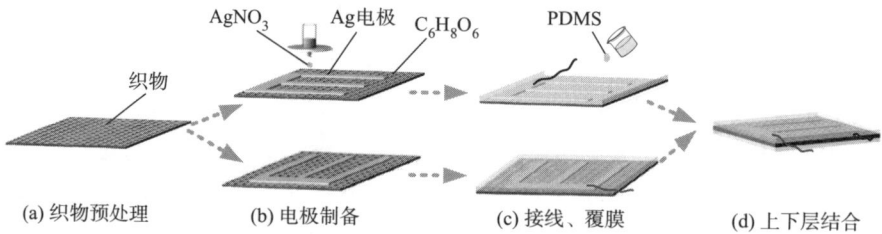

图7-45 织物基三明治结构电容式柔性传感器制备工艺流程

于玻璃板上，进入固化炉中烧结，烧结温度90℃，烧结时间15min。

第三步，接线、覆膜。采用导电银浆连通外接测试端，采用PDMS对电极进行覆膜，将质量比为10∶1的PDMS主剂和固化剂注入烧杯中常温下搅拌均匀后，静置30min去除气泡，缓慢均匀地滴在织物电极上，待室温下静置30min后放入固化炉中于70℃固化2h形成。

第四步，上下层结合。采用微量PDMS将制备的电极背对背叉指互成90°黏合。

基于以上四步，欲制备性能良好的织物基三明治结构电容式柔性传感器，需要对传感器电极喷射打印成形过程中工艺参数（反应物浓度、打印层数、烧结温度以及烧结时间）对电极导电性的影响进行研究；需要对织物介电层进行改性处理（碳纳米管浸染），因为织物作为介电层时，本身介电常数较低，随着传感器电极尺寸的减小，上下电极相对面积将减小，最终导致制备的传感器

初始电容值很小，在工作时易受周围仪器等的干扰。

制备的传感器织物电极进行微观结构形貌表征，织物电极平面微观形貌如图7-46（a）所示，织物电极截面微观形貌如图7-46（b）所示。

(a) 平面微观形貌图　　　　　　　　(b) 截面微观形貌图

图7-46　织物电极微观形貌图

从图7-46（a）中可以看出，银电极层由众多的银颗粒堆积聚集而成，且基本完全包覆了织物的组织结构，保证了银电极层的导电性，从图7-46（b）可以看出，银层主要存在于织物表面以及纱线的间隙部位。

在对传感器电极喷射打印成形工艺参数研究后，得到电极最佳制备参数组合$A_3B_2C_4D_3E_1$，在此基础上，对碳纳米管改性织物介电层参数进行研究。

在制备传感器织物电极的基础上，对织物介电层进行处理，织物介电层碳纳米管改性处理具体步骤：

步骤一：溶液稀释及织物浸染，将浓度为10%（质量分数）的碳纳米管溶液进行稀释为2%（质量分数），采用去离子水稀释，随后将织物浸泡进不同浓度的碳纳米管溶液中，进行30min不间断的机械搅拌。

步骤二：烘干处理，将浸染了碳纳米管的织物平铺在玻璃板上，送入固化炉中100℃烘干10min。

对浸染了碳纳米管的织物进行微观形貌表征，结果如图7-47所示。

从图7-47中可以看出，碳纳米管紧密的包覆在织物的单根纤维。

采用Concept-40宽频介电阻抗谱仪对浸染碳纳米管的织物介电层进行相对

介电常数测试，得到在频率为10kHz时相对介电常数为23.3462。

采用图7-45所示的传感器制备工艺，制得传感器实物如图7-48所示。

对图7-48传感器截面结构进行表征，截面微观形貌如图7-49所示。

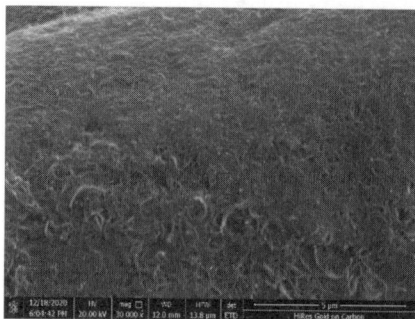

图7-47　含碳纳米管浓度2%（质量分数）微观形貌表征图

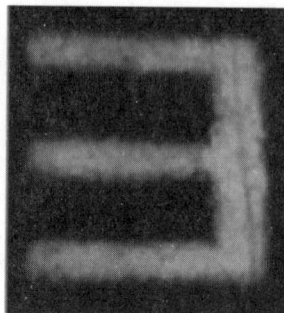

图7-48　含碳纳米管浓度的传感器实物

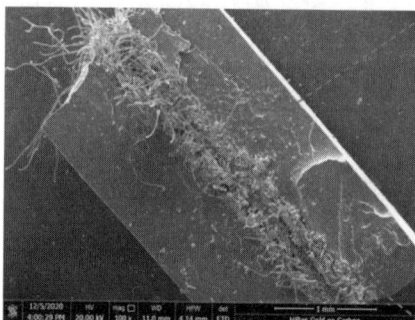

(a) 传感器截面微观形貌图

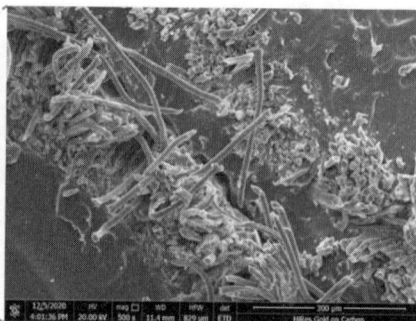

(b) 传感器截面微观形貌放大图

图7-49　传感器截面结构SEM图

从图7-49中可以看出，传感器的介电层中存在含碳纳米管的织物与PDMS之间的复合以及微小空隙，且织物电极上下表面、纱线间隙以及银层都被PDMS完全包覆，达到对电极层的保护。

7.3.4.2 传感器性能测试

对制备的织物基三明治结构电容式柔性传感器的线性度、灵敏度、迟滞性、分辨率和稳定性进行测试，采用7.3.2搭建的传感器测试平台进行测试。将传感器平放在拉力机的上下压块中间，实现传感器0~100kPa内压力加载，设置LCR数字电桥，电压1V、频率10kHz、阻抗100Ω，一端将夹头夹住传感器测试端子，另一端采用USB接口连接上位机实现传感器输出电容值的采集与存储。传感器性能测试中，分辨率采用0.24g，0.57g以及1g微小重量对传感器进行加载测试，采用图7-35的步进式压块装置进行1000次同一压力的加压测试，传感器性能测试结果如图7-50所示。

从图7-50（a）中传感器随着电容值随压力的增大而增大，传感器对应的初始值31pF，对采集的数据点进行最小二乘法线性拟合，拟合直线为$y=32.654+103\times10^{-3}x$，$R^2=0.9539$；从图7-50（b）可以看出，随着压力的增大，传感器灵敏度均随压力的增大而减小，这是由于在初始低压力下柔性介

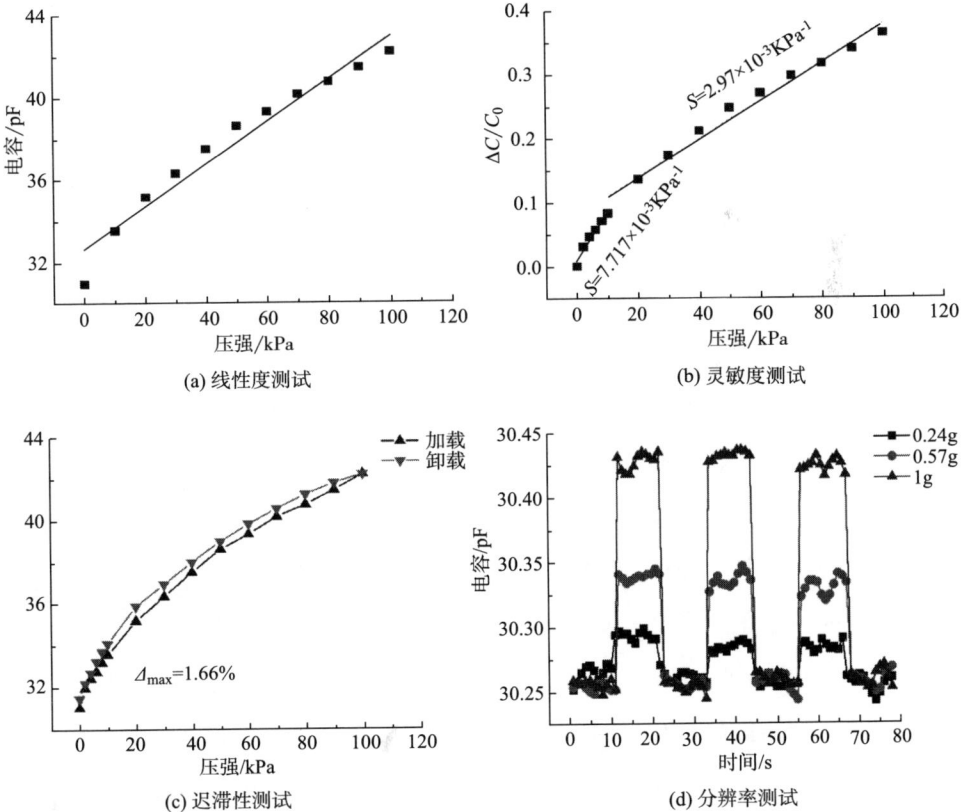

(a) 线性度测试

(b) 灵敏度测试

(c) 迟滞性测试

(d) 分辨率测试

图7-50

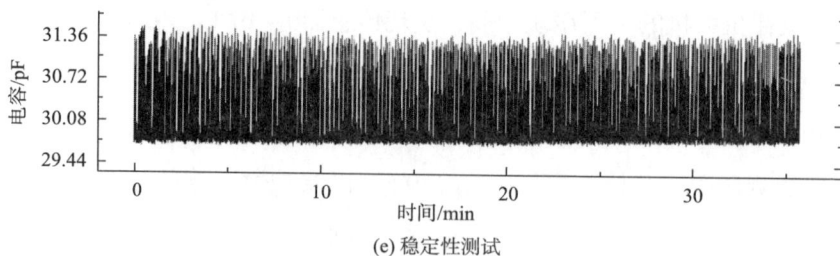

(e) 稳定性测试

图7-50 传感器性能测试

电层易被压缩使得电极间距减小以及碳纳米管之间相互导通引起电容值的改变，随着压力的增大，传感器的介电层弹性体的压缩量增加缓慢，电容值随之增加缓慢，灵敏度也有所下降，传感器的灵敏度在 $0 \sim 10kPa$ 压力范围内为 $7.71 \times 10^{-3}kPa^{-1}$，在 $10 \sim 100kPa$ 压力范围内为 $2.97 \times 10^{-3}kPa^{-1}$；从图7-50（c）中可以看出，传感器的最大迟滞性为1.66%，表现出了良好的回复性，是因为织物本身的三维结构外加PDMS包覆纤维，PDMS优良的弹性有利于传感器在往复载荷过程中保持良好的回复性，致使小的迟滞性；从图7-50（d）可以看出，传感器对三种重量的分辨明显，在 $0.24 \sim 0.57g$ 之间电容值增加约0.05pF，$0.57 \sim 1g$ 之间电容值增加约0.1pF；从图7-50（e）可知，传感器在进行了1000次的循环稳定性测试过程中，具有良好的稳定性。

7.3.4.3 传感器应用性测试

为测试制备的传感器对外界激励的响应性，对传感器进行手指按压、手指弯曲以及生理信号监测等方面的应用性测试。

（1）手指按压检测

将传感器平置于测试平台上，采用食指对传感器进行反复施压释压过程，每间隔10s进行按压，重复6次，测试结果如图7-51（a）所示；进行摩斯密码点击测试，测试结果如（b）所示。

从图7-51中可以看出，传感器具有良好的响应性，能够感知人体手指对其施加压力和释放，受压时的响应容值有差异是因为手指按压并不能保证每次按压的压力是相同的，释压过程中出现了迟滞的现象。

(a) 食指按压

(b) XGCD摩斯密码点击

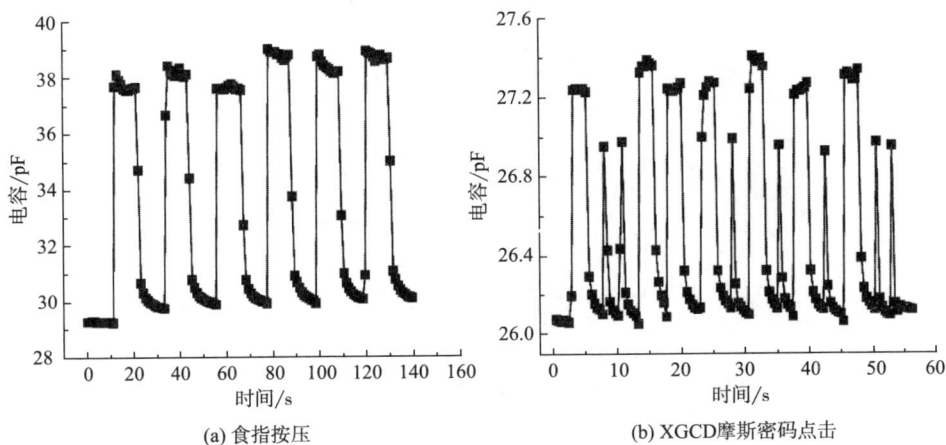

图7-51 指压测试

（2）手指弯曲测试

用于可穿戴方面的柔性传感器不但需要对受压释压有所响应，同样需要对弯曲进行响应，在检测人体运动时，传感器贴近关节，关节产生弯曲，挤压传感器产生电容变化。在此首先对传感器进行弯曲角度测试，角度从0至120°，每间隔10s增加30°，结果如图7-52（a）所示；而后将传感器用双面胶粘贴在柔性橡胶手套上，单个传感器依次黏贴在手套的大拇指的第一关节外侧，食

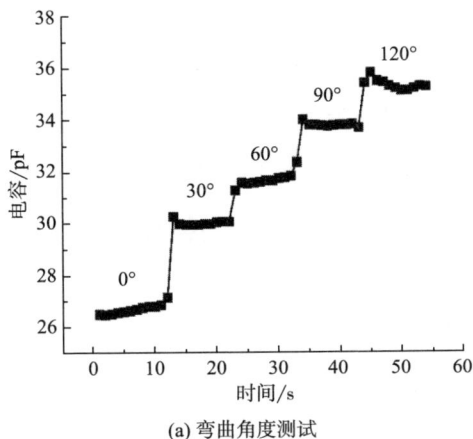

(a) 弯曲角度测试

图7-52

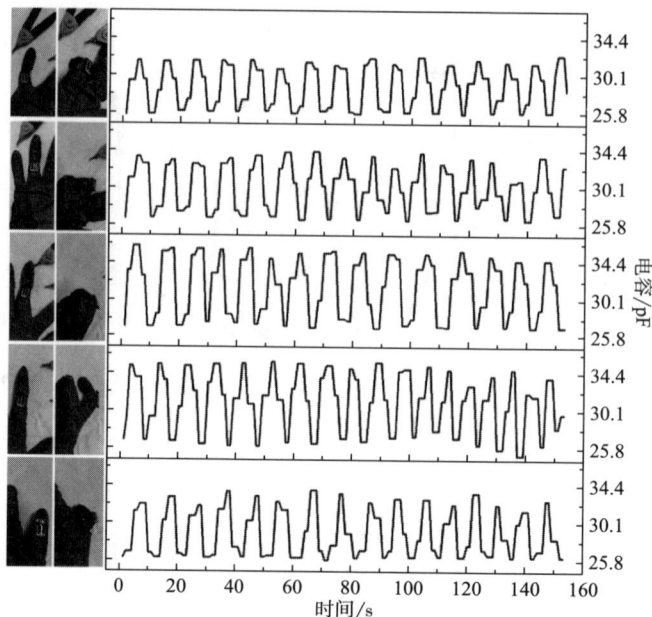

(b) 关节弯曲运动测试

图7-52　弯曲测试

指、中指、无名指以及小拇指的第二关节外侧，测试各个手指关节在最大弯曲时的传感器响应，分别循环15次，检测传感器对各个指关节弯曲的分辨及响应，测试结果如图7-52（b）所示。

　　从图7-52（a）中可以看出，传感器测试角度时在0～30°时响应大于30～120°，随着弯折角度的增大，传感器电容值变化量在降低。从图7-52（b）中可以看出，传感器对不同指关节弯曲均能响应，且存在电容值变化量上的响应差异，中指弯曲时响应最大，小拇指弯曲时响应最小，是由于不同指关节在做最大弯曲时力度、角度以及与传感器的受力接触面大小的不同均影响着传感器输出电容的变化。

　　（3）生理信号监测

　　将传感器黏贴在人体的手腕动脉处，测试脉搏跳动，测试结如图7-53所示。

　　从图7-53中可以看出，脉搏每跳动一次，传感器输出电容值增大形成尖锐

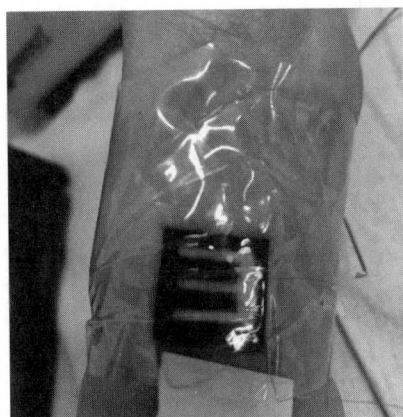

(a) 脉搏跳动测试实物图

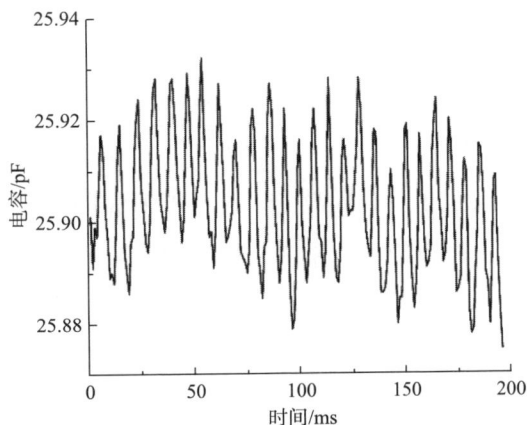

(b) 脉搏跳动测试

图7-53　脉搏跳动测试图

峰值，峰值存在上下波动现象，可能由于人体脉搏跳动的平稳性以及测试仪器的精度方面的影响。

7.3.5　织物基平面叉指电容式柔性传感器

7.3.5.1　传感器的制备

本节所制备的织物基平面叉指电容式柔性传感器由同一平面相互平行的银叉指型电极层、基底织物层及PDMS整体覆膜层组成，其中叉指电极结构示意图如图7-54所示。

通过上节研究了传感器结构参数对电容值、穿透深度以及灵敏度的影响，在此基础上，本节采用微滴喷射打印原电池置换沉积技术，制备织物基平面叉指电容式柔性传感器，测试其性能以验证模型的准确性。

传感器结构参数见表7-4。

传感器电极制备步骤及材料等同7.3.4.1所述，在制备的电极两接线端用导电银浆引出测试端子

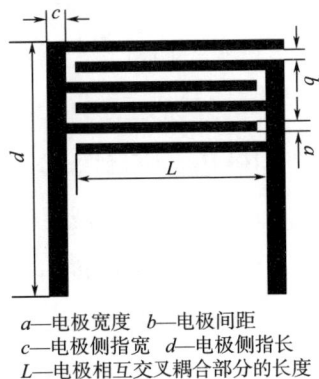

a—电极宽度　b—电极间距
c—电极侧指宽　d—电极侧指长
L—电极相互交叉耦合部分的长度

图7-54　叉指电极结构示意图

表7-4　传感器结构参数

名称	a	b	L	h_2	h_5
尺寸/mm	1	Range（0.6，0.2，1.4）	24	0.3	0.5

并放置于覆膜模具中，进行PDMS覆膜，制备工艺如图7-55所示。

制得织物基平面结构电容式传感器实物如图7-56所示。

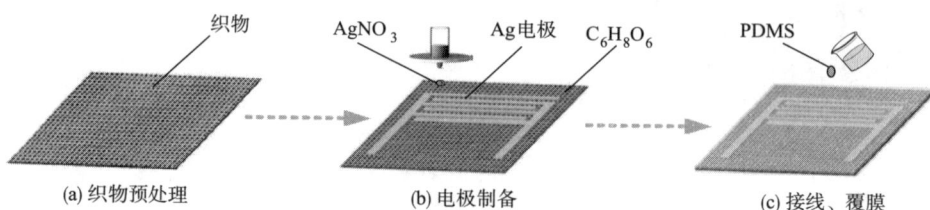

(a) 织物预处理　　　(b) 电极制备　　　(c) 接线、覆膜

图7-55　平面叉指电容传感器制备工艺流程

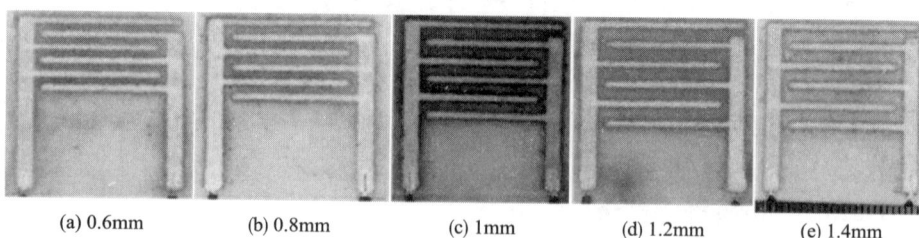

(a) 0.6mm　　(b) 0.8mm　　(c) 1mm　　(d) 1.2mm　　(e) 1.4mm

图7-56　传感器实物

7.3.5.2　传感器性能测试

常见平面电容传感器性能测试包括电容值、穿透深度以及灵敏度测试，本节部分测试依托于7.3.2搭建的传感器测试平台，设置LCR数字电桥（电压2V、频率10kHz、阻抗100Ω），一端将夹头夹住传感器测试端子，另一端采用USB接口连接上位机实现传感器输出电容值的采集与存储。

电容值测试：将制备的传感器电极面积不变，电极宽度为1mm，电极间距变化，将传感器凌空放置于空气中，测量传感器的电容值随电极间距变化；

穿透深度测试：将传感器放置于压力测试机压块中间并用滤纸将上下压块与传感器隔开，通过手动调节压块从远到近测试传感器电容变化；

灵敏度测试：将传感器放置在空气中、亚克力板间、酒精和水中，其中酒精和水用烧杯盛装相同的高度，将制备的传感器竖直浸入进行测试。结果如图7-57所示。

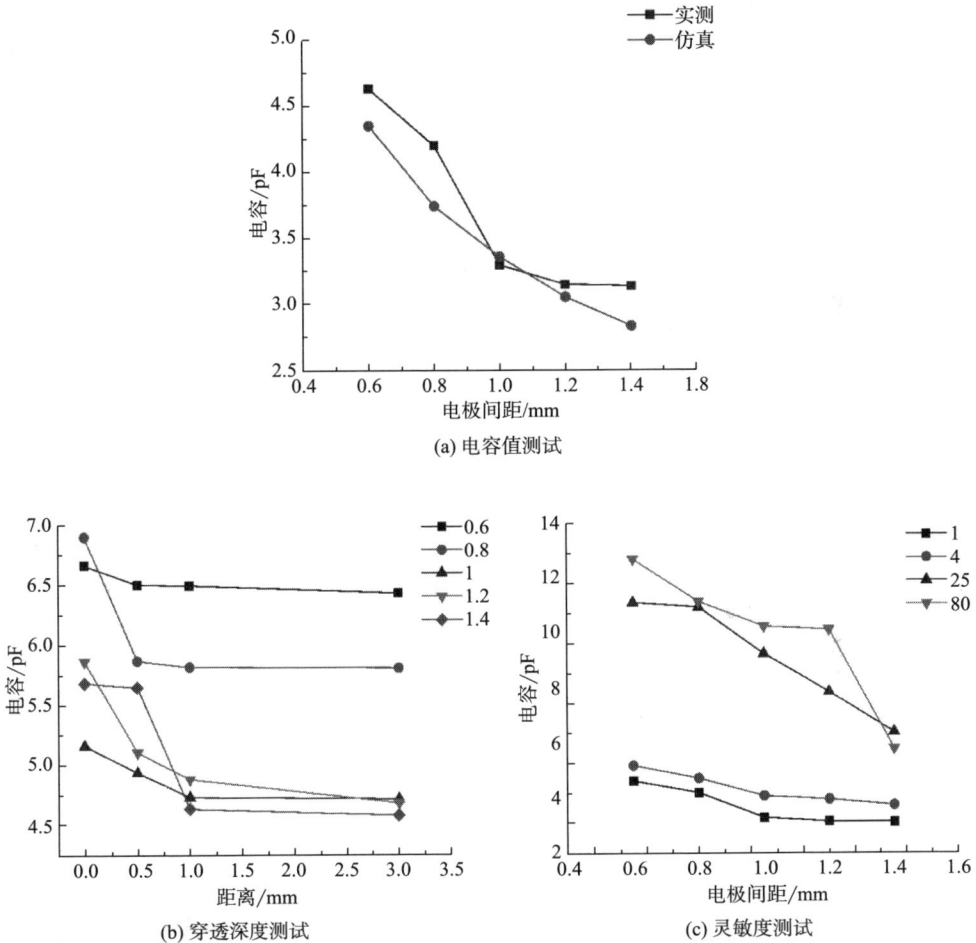

(a) 电容值测试

(b) 穿透深度测试

(c) 灵敏度测试

图7-57 传感器性能测试

由图7-57（a）中可知，传感器的电容值随着电极间距b的增大而减小，当电极间距大于1mm时，传感器电容值随间距变化变缓。

由图7-57（b）中可以看出，随着压块的接近，传感器的电容值呈递增趋势，先缓慢增长后快速增长，且随着电极间距的增大，电容值随检测距离的增大拐点在增大，在电极间距为1.2mm时传感器对物体移动距离的探测深度最大。

由图7-57（c）可以看出，传感器在空气、亚克力板、酒精以及水中电容值不同，且在电极间距越小时，变化越大，灵敏度越高。

7.3.5.3　传感器应用性测试

为测试所制备的传感器在外界物体激励下的响应性，采用制备的电极间距为1.2mm的传感器进行人体手指接触以及手背触水检测。手指接触测试：将传感器放置于橡胶实验台上，传感器接线端与LCR精密电桥测试仪端子连接，测试电压2V，阻抗100Ω，实验者食指相对于传感器接触、抬起，测试传感器电容值变化量；手背触水测试：将传感器粘贴在实验者手背部，带上橡胶手套，避免传感器接线端触水，传感器测试端与LCR精密电桥测试仪端子连接，将手伸入水中20s再离开水域，循环四次，测试传感器电容值变化量。结果如图7-58所示。

从图7-58（a）可知，在手指接触传感器表面时电容值减小，在离开传感器表面时电容值增大，这是由于人体手指是导体，在接触传感器时，电极产生的电场部分被人体吸收导入大地，使得传感器电容值减小，在手指接触远离循环中电容响应较为稳定，能够反映出手指是否接触；从图7-58（b）中可知，在手伸进水中时传感器电容值增大，离开水中电容值减小，在水中平均电容值达到6.5pF，水外平均电容值为5.4pF，可以检测是否接触到水。

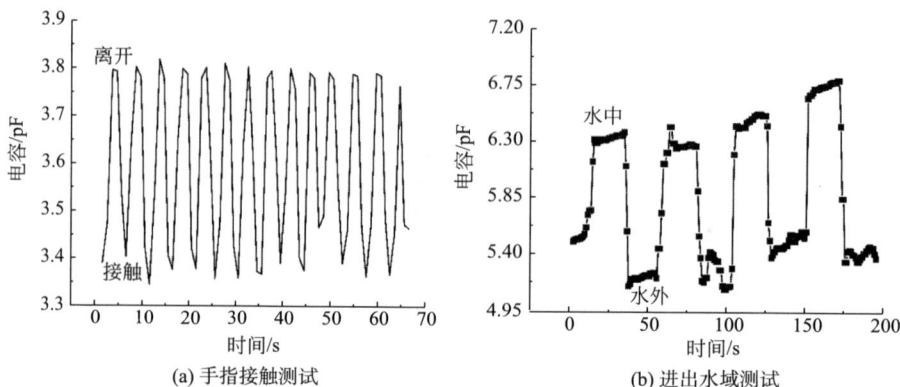

(a) 手指接触测试　　　　　　　(b) 进出水域测试

图7-58　应用性测试

参考文献

［1］肖渊，黄亚超，蒋龙，等．喷射打印和化学沉积成形微细电路中微滴可控喷射研究［J］．中国机械工程，2015，26（13）：1806-1810.

［2］肖渊，刘金玲，吴姗，等．纸基RFID标签天线喷射打印化学反应沉积成形［J］．光学精密工程，2017，25（3）：689-696.

［3］陈坤鹏．UHF频段RFID读写器天线和标签天线的研究和设计［D］．北京：北京邮电大学，2012.

［4］刘金玲．RFID标签天线喷射打印成形基础研究［D］．西安：西安工程大学，2017.

［5］姜志荣，董果雄．心电图学与临床实践［M］．青岛：青岛出版社，2003.

［6］陈雪龙．基于织物电极的非接触式心电信号采集系统研究［D］．天津：天津工业大学，2016.

［7］汪君军．无线可穿戴ECG监护系统研究与开发［D］．杭州：杭州电子科技大学，2017.

［8］商帅．具有远程诊断功能的便携式心电监护系统的设计［D］．哈尔滨：哈尔滨理工大学，2019.

［9］李刚．基于MIPS的MCU便携式十二导联心电采集系统的设计与实现［D］．西安：西安电子科技大学，2019.

［10］张岩．穿戴式单导联ECG监护系统的设计［D］．太原：中北大学，2019.

［11］Nils-Krister P, Martinez J G, Zhong Y, et al. Actuating Textiles: Next Generation of Smart Textiles［J］. Advanced Materials Technologies, 2018, 3（10）: 1700397.

［12］Gong Z, Xiang Z, Ouyang X, et al. Wearable Fiber Optic Technology Based on Smart Textile: A Review［J］. Materials, 2019, 12（20）: 3311.

［13］杨晨啸，李鹏．柔性智能纺织品与功能纤维的融合［J］．纺织学报，2018，39（5）：160-169.